国家级一流本科课程配套教材
北大社·"十四五"普通高等教育本科规划教材
高等院校材料专业"互联网+"创新规划教材

材料科学基础

（第3版）

主　编　向　嵩　雷源源　马　瑞
副主编　于　杰　万明攀
参　编　鲁圣军　黄朝文　李　伟
　　　　石　维　徐平伟　谭元标

内 容 简 介

本书全面系统地介绍了材料科学基础知识。全书共分为11章，主要内容包括金属的晶体结构、晶体缺陷、金属材料的形变、二元合金相图及其分类、三元合金相图、固体金属中的扩散、纯金属和合金的凝固、回复与再结晶、陶瓷材料、高分子材料及复合材料。本书为学生学习和研究各种材料提供了必要的基础知识。

本书是在教学实践和学科发展的基础上，对第2版内容做了适当的修改和调整，并为部分重点、难点链接了讲解视频，以适应教学之需。

本书既可作为高等学校材料科学与工程专业及相关专业的教材，也可作为从事材料研究、生产及应用的科研人员和工程技术人员的参考书。

图书在版编目(CIP)数据

材料科学基础/向嵩，雷源源，马瑞主编. —3版. —北京：北京大学出版社，2023.7
高等院校材料专业"互联网+"创新规划教材
ISBN 978-7-301-34196-4

Ⅰ. ①材… Ⅱ. ①向… ②雷… ③马… Ⅲ. ①材料科学—高等学校—教材 Ⅳ. ①TB3

中国国家版本馆CIP数据核字（2023）第125762号

书　　名	材料科学基础（第3版）
	CAILIAO KEXUE JICHU (DI-SAN BAN)
著作责任者	向　嵩　雷源源　马　瑞　主编
策划编辑	童君鑫
责任编辑	关　英　童君鑫
数字编辑	蒙俞材
标准书号	ISBN 978-7-301-34196-4
出版发行	北京大学出版社
地　　址	北京市海淀区成府路205号　100871
网　　址	http://www.pup.cn　新浪微博：@北京大学出版社
电子邮箱	编辑室 pup6@pup.cn　总编室 zpup@pup.cn
电　　话	邮购部 010-62752015　发行部 010-62750672　编辑部 010-62750667
印　刷　者	北京溢漾印刷有限公司
经　销　者	新华书店
	787毫米×1092毫米　16开本　22印张　513千字
	2009年8月第1版　2014年6月第2版
	2023年7月第3版　2025年6月第2次印刷
定　　价	69.00元

未经许可，不得以任何方式复制或抄袭本书之部分或全部内容。
版权所有，侵权必究
举报电话：010-62752024　电子邮箱：fd@pup.cn
图书如有印装质量问题，请与出版部联系，电话：010-62756370

第 3 版前言

能源、信息、材料被认为是人类社会发展的三大支柱。其中，材料是人类一切生产和生活水平提高的物质基础，是人类进步的里程碑。可以说，没有先进的材料，就没有先进的工业、农业和科学技术。材料科学是研究材料的成分、组织结构、制备工艺、材料性能及应用，以及它们之间的相互关系的科学。某些新材料的出现成功地推动了社会的进步，提升了人类的物质文明。人类文明的发展史就是一部如何更好地利用材料和创造材料的历史。材料科学的不断创新和发展极大地推动了社会经济的发展。因此，材料科学与工程专业承担着为国民经济建设培养新材料领域高级技术人才的使命。

"材料科学基础"是一门材料科学与工程专业本科生的重要专业基础课。该课程以介绍材料的基础知识为目的，主要内容包括材料的微观结构、晶体缺陷、材料的形变、相图、固体金属中的扩散、纯金属和合金的凝固，以及回复与再结晶等。本书是编者根据材料科学与工程一级学科办学的专业基础课教学实际需要，结合自己多年来从事本门课程的教学实践和体会，本着加强基础理论、淡化专业界限和拓宽专业口径的宗旨编写的，主要作为材料科学与工程专业的专业基础课教材。本书着重对材料科学基本概念和基础理论进行系统阐述，从材料的内部结构探讨其性质与行为，揭示材料结构与性能的内在联系及规律，为认识和改进材料的性能提供必备的基础知识。

党的二十大报告指出，实施科教兴国战略，强化现代化建设人才支撑。教育、科技、人才是全面建设社会主义现代化国家的基础性、战略性支撑。本书结合一流专业建设、国家一流课程建设和课程思政建设目标，旨在培养德才兼备的材料专业人才。随着我国现代化建设的不断发展，材料科学与工程的应用越来越广，渗透到与材料制备、结构、性质和应用有关的许多领域，多学科性成为材料科学与工程的重要特征。未来科学技术的综合化趋势对人才培养提出了新的要求，材料科学与工程专业的学生除了要熟悉金属材料，还需要了解陶瓷材料、高分子材料和复合材料。为了建立更为宽广的基础知识体系，本书以金属材料为主，在此基础上又介绍了陶瓷材料、高分子材料和复合材料，并为部分重点、难点链接了讲解视频，为学生学习和研究各种材料提供了必要的基础知识。

本书力求内容更具科学性、简洁性和实用性，在章节的安排上注意了课程的系统性及其与相关课程的衔接。全书由 11 章组成：第 1~8 章为金属材料，包括金属的晶体结构、晶体缺陷、形变、合金相图、扩散、凝固、回复与再结晶；第 9 章为陶瓷材料，包括陶瓷的晶体结构、晶体缺陷、相图和变形；第 10 章为高分子材料，包括高分子材料的制备、结构、性能和断裂；第 11 章为复合材料，包括复合材料的增强体、金属基复合材料、陶瓷基复合材料和聚合物基复合材料。

本书由贵州大学向嵩教授（第 4 章）、雷源源副教授（第 1 章，第 9 章 9.4 节、9.5

节)、马瑞教授(第 7 章)任主编,贵州大学于杰教授(第 10 章 10.1 节、10.2 节、10.4 节)、贵州大学万明攀教授(第 8 章)任副主编,贵州大学鲁圣军教授(第 10 章 10.3 节)、黄朝文教授(第 3 章)、李伟教授(第 2 章)、石维教授(第 5 章)、徐平伟副教授(第 11 章)、谭元标副教授(第 6 章,第 9 章 9.1 节、9.2 节、9.3 节)参编。贵州大学"材料科学基础"课程于 2020 年入选首批国家级一流本科课程,该课程网络资源地址为 https://mooc1-1.chaoxing.com/course/200368752.html。

  编者在本书的编写过程中,参阅并引用了国内外相关优秀教材及文献资料,在此谨向相关著作者表示真诚的谢意!

  由于编者水平有限,本书难免存在不当之处,恳请读者批评指正。

编 者
2023 年 5 月

资源索引

目 录

第 1 章 金属的晶体结构 1
1.1 原子间的键合 2
1.1.1 离子键 2
1.1.2 共价键 3
1.1.3 金属键 3
1.1.4 范德瓦耳斯键 4
1.1.5 氢键 4
1.2 晶体学基础 5
1.2.1 空间点阵 5
1.2.2 晶向指数和晶面指数 10
1.2.3 晶体的对称性 15
1.2.4 极射投影 18
1.3 纯金属的晶体结构 21
1.3.1 三种典型的金属晶体结构 21
1.3.2 金属的多晶型性 27
1.4 合金相结构 27
1.4.1 固溶体 28
1.4.2 中间相 34
习题 39

第 2 章 晶体缺陷 40
2.1 点缺陷 41
2.1.1 点缺陷的形成 41
2.1.2 点缺陷的平衡浓度 42
2.1.3 点缺陷的运动 44
2.2 位错 44
2.2.1 位错的基本类型和特征 45
2.2.2 柏氏回路及柏氏矢量 48
2.2.3 作用在位错上的力和位错的运动 51
2.2.4 位错的应力场及位错与晶体缺陷间的交互作用 53
2.2.5 位错的增殖 63
2.2.6 位错的交割 65
2.2.7 面角位错引发的强化 67
2.2.8 位错的分解与合成 68
2.3 面缺陷 72
2.3.1 固体表面 72
2.3.2 固体界面 76
习题 84

第 3 章 金属材料的形变 86
3.1 金属形变基础 87
3.2 金属的弹性形变 89
3.3 金属的塑性形变 90
3.3.1 滑移系统 90
3.3.2 单晶体的塑性形变 94
3.3.3 多晶体的塑性形变 97
3.3.4 合金的塑性形变 100
3.3.5 塑性形变对金属材料组织与性能的影响 108
习题 111

第 4 章 二元合金相图及其分类 112
4.1 相图的基本知识 113
4.1.1 相平衡和相律 113
4.1.2 二元合金相图的测定方法 114
4.1.3 杠杆定律 115
4.2 匀晶相图及非平衡凝固 116
4.2.1 匀晶相图分析 116
4.2.2 非平衡凝固过程 117
4.3 共晶相图及其结晶过程 118
4.3.1 共晶相图 118
4.3.2 共晶系典型合金的平衡结晶过程及其显微组织 120
4.3.3 共晶系典型合金的非平衡结晶过程及其显微组织 124
4.4 包晶相图及其结晶过程 126
4.4.1 包晶相图 126
4.4.2 包晶合金的平衡结晶过程及其显微组织 126
4.4.3 包晶合金的非平衡结晶过程 128

4.5 其他类型的二元合金相图 ………… 129
4.6 二元合金相图的分析和使用 ……… 134
  4.6.1 二元合金相图分析方法 ……… 134
  4.6.2 根据相图推测合金的性能 …… 136
4.7 铁碳相图 …………………………… 137
  4.7.1 铁碳相图的组元与基本相 …… 137
  4.7.2 铁碳相图分析 ………………… 139
  4.7.3 铁碳合金的平衡结晶过程及
       显微组织 ……………………… 141
  4.7.4 含碳量对铁碳合金平衡组织和
       性能的影响 …………………… 147
习题 ………………………………………… 149

第5章 三元合金相图 ………………… 151
5.1 三元合金相图的表示方法 ………… 152
5.2 三元系平衡相的定量法则 ………… 155
  5.2.1 直线法则和杠杆定律 ………… 155
  5.2.2 重心定律 ……………………… 156
5.3 三元匀晶相图 ……………………… 157
  5.3.1 三元匀晶相图的空间模型 …… 157
  5.3.2 三元合金的结晶过程 ………… 157
  5.3.3 三元相图的截面图及投影图 … 158
5.4 三元共晶相图 ……………………… 161
  5.4.1 组元在固态下完全不溶的共晶
       相图 …………………………… 161
  5.4.2 组元在固态下有限溶解的三元
       共晶相图 ……………………… 168
5.5 三元合金相图实例分析 …………… 175
  5.5.1 Fe-C-Cr 三元系的等温
       截面 …………………………… 175
  5.5.2 Fe-C-Si 三元系的变温
       截面 …………………………… 177
5.6 三元合金相图小结 ………………… 178
习题 ………………………………………… 181

第6章 固体金属中的扩散 …………… 183
6.1 表象理论 …………………………… 184
  6.1.1 菲克第一定律 ………………… 184
  6.1.2 菲克第二定律 ………………… 184
  6.1.3 菲克第二定律的应用 ………… 185
  6.1.4 互扩散 ………………………… 191
  6.1.5 反应扩散 ……………………… 193
6.2 扩散的热力学分析 ………………… 194
  6.2.1 扩散驱动力 …………………… 194
  6.2.2 扩散原子迁移率 ……………… 195
6.3 扩散的微观机理 …………………… 196
  6.3.1 扩散机制 ……………………… 196
  6.3.2 晶体中原子跳跃频率与扩散
       系数 …………………………… 197
  6.3.3 扩散激活能 …………………… 200
6.4 影响扩散的因素 …………………… 201
  6.4.1 温度 …………………………… 201
  6.4.2 晶体结构 ……………………… 201
  6.4.3 化学成分 ……………………… 202
  6.4.4 应力 …………………………… 204
习题 ………………………………………… 204

第7章 纯金属和合金的凝固 ………… 206
7.1 纯金属的凝固 ……………………… 207
  7.1.1 液态纯金属的结构 …………… 207
  7.1.2 液态纯金属的凝固过程 ……… 207
  7.1.3 液态纯金属凝固的热力学
       条件 …………………………… 208
  7.1.4 晶核的形成 …………………… 209
  7.1.5 晶核的长大 …………………… 214
7.2 合金的凝固 ………………………… 219
  7.2.1 平衡分配系数 ………………… 219
  7.2.2 合金的平衡凝固 ……………… 219
  7.2.3 合金的非平衡凝固 …………… 220
  7.2.4 合金凝固时溶质的再分配 …… 222
  7.2.5 合金凝固中的成分过冷 ……… 226
7.3 铸锭的组织与缺陷 ………………… 228
  7.3.1 铸锭的三个晶区 ……………… 229
  7.3.2 铸锭的缺陷 …………………… 231
习题 ………………………………………… 233

第8章 回复与再结晶 ………………… 235
8.1 冷变形金属在加热时组织与性能的
    变化 ………………………………… 236
  8.1.1 显微组织的变化 ……………… 236
  8.1.2 冷变形金属中的储存能的
       变化 …………………………… 236
  8.1.3 冷变形金属在加热过程中的
       力学性能和物理性能的变化 … 237
8.2 回复 ………………………………… 238
  8.2.1 回复过程中微观结构的变化 … 238

8.2.2　回复动力学 ………………… 239
　8.3　再结晶 …………………………… 240
　　8.3.1　再结晶过程中的形核机制 … 241
　　8.3.2　再结晶动力学曲线 ………… 243
　　8.3.3　再结晶温度及其影响因素 … 244
　　8.3.4　再结晶晶粒尺寸的控制 …… 245
　　8.3.5　再结晶后的晶粒长大 ……… 246
　8.4　热加工 …………………………… 248
　　8.4.1　动态回复和动态再结晶 …… 249
　　8.4.2　热加工后金属的组织与性能 … 250
　习题 …………………………………… 251

第9章　陶瓷材料 ………………… 252
　9.1　陶瓷材料概论 …………………… 253
　9.2　陶瓷的晶体结构 ………………… 254
　　9.2.1　离子晶体的结构规则 ……… 254
　　9.2.2　陶瓷的晶体结构 …………… 256
　9.3　陶瓷的晶体缺陷 ………………… 266
　　9.3.1　陶瓷中的点缺陷 …………… 267
　　9.3.2　位错 ………………………… 269
　9.4　陶瓷材料的相图 ………………… 269
　　9.4.1　Al_2O_3-SiO_2 二元相图 …… 269
　　9.4.2　CaO-SiO_2-Al_2O_3 三元相图 … 271
　9.5　陶瓷材料的变形 ………………… 271
　　9.5.1　陶瓷材料变形的特点 ……… 272
　　9.5.2　非晶体陶瓷的变形 ………… 274
　习题 …………………………………… 276

第10章　高分子材料 ……………… 277
　10.1　高分子材料概论 ………………… 278
　　10.1.1　高分子材料的基本概念 …… 278
　　10.1.2　高分子材料的分类 ………… 279
　10.2　高分子材料的制备 ……………… 281
　　10.2.1　连锁聚合 …………………… 281
　　10.2.2　逐步聚合反应 ……………… 285
　　10.2.3　高分子共混物的制备方法 … 287

　10.3　高分子材料的结构 ……………… 290
　　10.3.1　分子的链结构 ……………… 290
　　10.3.2　高分子材料的聚集态结构 … 293
　　10.3.3　高分子材料共混物的形态
　　　　　　结构 …………………… 300
　10.4　高分子材料的性能和断裂 ……… 302
　　10.4.1　高分子材料的力学性能 …… 302
　　10.4.2　高分子材料的耐热性 ……… 306
　　10.4.3　高分子材料的断裂 ………… 307
　习题 …………………………………… 311

第11章　复合材料 ………………… 313
　11.1　复合材料概论 …………………… 314
　　11.1.1　复合材料的发展概况 ……… 314
　　11.1.2　复合材料的命名和分类 …… 314
　11.2　复合材料的增强体 ……………… 315
　　11.2.1　增强体的概念 ……………… 315
　　11.2.2　增强体的分类及原理 ……… 316
　11.3　金属基复合材料 ………………… 322
　　11.3.1　金属基复合材料的种类和
　　　　　　性能特点 ………………… 322
　　11.3.2　金属基复合材料的制造工艺 … 325
　11.4　陶瓷基复合材料 ………………… 326
　　11.4.1　陶瓷基复合材料的种类 …… 326
　　11.4.2　陶瓷基复合材料的性能特征 … 329
　11.5　聚合物基复合材料 ……………… 331
　　11.5.1　聚合物基复合材料的种类及
　　　　　　性能特征 ………………… 331
　　11.5.2　常用的纤维增强体 ………… 332
　　11.5.3　热固性和热塑性聚合物基
　　　　　　复合材料 ………………… 337
　习题 …………………………………… 340

参考文献 ……………………………… 341

附录　AI伴学内容及提示词 ………… 342

第1章

金属的晶体结构

 本章教学要求

知 识 要 点	掌 握 程 度	相 关 知 识
原子间的键合	掌握原子间结合键的分类及其特点，重点掌握金属键	元素性质、原子结构和该元素在周期表中的位置三者之间的关系； 元素的电负性
晶体学基础	掌握空间点阵的概念、特点，以及与晶体结构的关系； 掌握晶面指数和晶向指数的确定步骤	晶胞的选取及空间点阵参数； 7个晶系； 14种布拉维点阵； 晶向族和晶面族； 晶带； 晶面间距和晶面夹角
纯金属的晶体结构	熟悉三种典型的金属晶体结构（fcc、bcc、hcp）的晶体学特点	金属的多晶型性
合金相结构	掌握固溶体和中间相的分类及其结构特点	合金及相的基本概念

金属在固态下通常是晶体。晶体是指其内部的质点（原子、分子或离子）在三维空间呈有规则的周期性重复排列的物质。晶体中的质点（原子、分子或离子）在三维空间的具体排列方式称为**晶体结构**。金属的许多性能都与晶体中的质点（原子、分子或离子）的排列方式有关，因此分析金属的晶体结构是研究金属材料的关键。金属的晶体结构包括晶体中原子的相互作用、原子的排列方式和规律、各种晶体的特点和差异等。

1.1　原子间的键合

材料的许多性能在很大程度上取决于原子结合键。例如，金刚石和石墨都是含碳的单质，但金刚石是无色坚硬的晶体，而石墨是黑色光滑的片状物，两者性能相差甚远的原因是碳原子间的键合方式不同。

根据原子间结合键结合力的强弱，原子间结合键可以分为两大类：一类是结合力较强的主价键（或称一次键），包括离子键、共价键和金属键；另一类是结合力较弱的次价键（或称二次键），包括范德瓦耳斯键和氢键。下面一一介绍这五种结合键。

1.1.1　离子键

金属元素，特别是ⅠA、ⅡA族金属元素，在其原子的满壳层外面有1~2个价电子很容易脱离原子核，而ⅥA、ⅦA族的非金属元素原子的外壳层容易得到1~2个电子而形成稳定的电子结构。当这两类元素结合时，金属元素的外层电子就会转移到非金属元素的外壳层上，两者都形成稳定的电子结构，使体系的能量降低。此时，金属元素和非金属元素分别成为正离子和负离子，正负离子间由于静电引力相互吸引，原子结合在一起，形成离子键。因此，这种结合是以离子而不是以原子为结合单元，并且没有方向性和饱和性。

NaCl是典型的离子键结合而形成的离子晶体。NaCl的离子键结合示意图如图1.1所示，Na原子的最外层电子贡献给Cl原子，Na原子变为带正电的离子，并使最外层电子数为8，即最外层是满壳层；Cl原子接受一个电子，变为带负电的离子，并使最外层电子数为8，即最外层也是满壳层。所以，一个Na原子和一个Cl原子依靠正负离子间的静电引力而结合在一起。

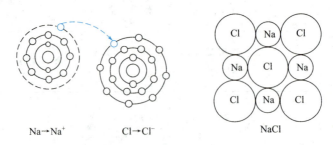

图1.1　NaCl的离子键结合示意图

一般离子晶体中正负离子静电引力较强，所以其熔点高、硬度大。如果离子晶体发生相对移动，则失去电平衡，离子键遭到破坏，故以离子键结合的材料是脆性的。此外，由于离子晶体很难产生可以自由运动的电子，因此它们都是良好的绝缘体。

1.1.2 共价键

共价键是由两个或多个电负性相差不大的原子通过共用电子对而形成的化学键。元素周期表中的ⅣA、ⅤA族元素,其价电子数分别为4、5,因此它们得失电子都较困难,不容易实现离子结合。在这种情况下,相邻原子会通过共用电子对来实现稳定的电子结构。例如,金刚石是典型的共价键结合而形成的共价晶体。金刚石的共价键结合示意图如图1.2所示,一个C原子的四个价电子分别与周围四个C原子的电子组成四对共用电子对,达到八电子稳定结构。一般来说,两个相邻原子只能共用一对电子,一个原子的共价键数最多只能等于 $8-N$(N表示该原子最外层电子数),所以共价键具有明显的饱和性。此外,在形成共价键时,为使电子云达到最大限度的重叠,共价键还有方向性。例如,金刚石中每一个C原子周围都有四个C原子各成一定角度和它相邻。

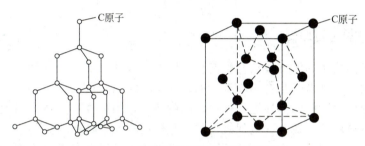

图1.2 金刚石的共价键结合示意图

共价键的结合力很大,因此共价晶体具有结构比较稳定、硬度高、强度大、脆性大、熔点高等特点。

1.1.3 金属键

金属元素原子结构的典型特点是其最外层电子数很少,容易失去外壳层电子而使原子具有稳定的电子结构。当金属元素原子相互靠近时,其最外层电子脱离原子成为自由电子。自由电子在整个晶体内运动,为全部金属正离子所共有,即弥漫于金属正离子组成的晶格中,从而形成电子云。这种由金属中的自由电子和金属正离子之间相互作用构成的键称为金属键,金属键结合示意图如图1.3所示。

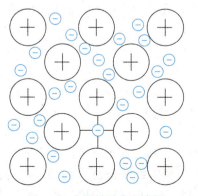

金属键

图1.3 金属键结合示意图

绝大多数金属晶体均以金属键结合，金属键的基本特点是电子的共有化。此外，金属键无饱和性和方向性，因此每个原子都有可能同更多的原子结合。原子排列得越紧密，体系的能量越低，晶体也就越稳定，所以金属晶体中的原子排列都比较紧密。

金属键的本质特征可以用来解释固态金属的一些特性。例如，在外电场作用下，金属中的自由电子沿着电场方向做定向运动，从而形成电流，使金属显示出良好的导电性。自由电子的运动和正离子的振动还使金属具有良好的导热性。随着温度的升高，正离子（或原子）本身的振幅增大，阻碍电子通过，使电阻增大，因而金属具有正的电阻温度系数。由于自由电子很容易提高可见光的能量，被激发到较高的能级，因此当它跳回到原来的能级时，所吸收的可见光能量被辐射出来，从而使金属不透明而具有金属光泽。此外，因为金属键没有饱和性和方向性，所以当金属的两部分发生相对位移时，金属的正离子始终被包围在电子云中，金属键仍旧保持，故金属能经形变而不断裂，具有良好的延展性。

1.1.4　范德瓦耳斯键

原子或离子结构中的无序波动会引起核周围电子云的畸变，而这种波动是由热振动或电磁振动引起的。核外电子是在不断运动的，在每一瞬间，负电荷中心并不和正电荷中心重合，这样就形成瞬时的电偶极矩，偶极之间的相互作用可以产生弱吸引力，范德瓦耳斯力就是借助这种微弱的、瞬时的电偶极矩的感应作用将原来具有稳定的电子结构的原子或分子结合为一体，如图 1.4 所示。范德瓦耳斯键本质上是一种静电键。偶极波动在所有固体中都有，但范德瓦耳斯键在原来具有稳定的电子结构的原子及分子之间起主要作用。例如，具有满壳层结构的惰性气体元素或已形成共价键结合的分子等，当它们结合成晶体时，每个原子或分子基本上都保持原来的电子结构。

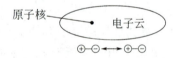

图 1.4　范德瓦耳斯键结合示意图

范德瓦耳斯键属于次价键，没有方向性和饱和性，普遍存在于各种分子之间，通常它的键能比化学键的键能小 1~2 个数量级，远不如化学键结合得牢固。由于范德瓦耳斯键很弱，分子晶体的结合力很小，在外力作用下，易产生滑动，造成大的变形。因此，分子晶体的熔点和硬度很低。

1.1.5　氢键

氢键是一种特殊的分子间作用力，它是由氢原子同时与两个电负性很大而原子半径很小的原子（如 O 原子、F 原子、N 原子等）结合而产生的，它比范德瓦耳斯键要强得多，但比化学键弱。

氢键具有饱和性和方向性，普遍存在于分子内或分子间。由氢键结合的 HF、H_2O 及 NH_3 的熔点和沸点比由范德瓦耳斯键结合的 CH_4 和 Ne 等高得多。由氢键结合的物质，其液态温度范围较宽；而由范德瓦耳斯键结合的物质，其液态温度范围较窄。

实际上，大部分材料的内部原子结合键往往是几种结合键的混合。例如，金属主要是以金属键结合，但也会出现一些非金属键结合；再如，过渡族元素的原子结合中也会出现少量的共价键结合，这也是过渡族金属具有高熔点的原因。

以上简单讨论了五种结合键的类型和特征。部分物质的键合类型、键能和熔融温度见表1-1。

表1-1 部分物质的键合类型、键能和熔融温度

物质	键合类型	键能		熔融温度/℃
		kJ/mol	eV/质点	
NaCl	离子键	640	3.3	801
MgO		1000	5.2	2800
Si	共价键	450	4.7	1410
C（金刚石）		713	7.4	>3550
Hg	金属键	68	0.7	−39
Al		324	3.4	660
Fe		406	4.2	1538
W		849	8.8	3410
Ar	范德瓦耳斯键	7.7	0.08	−189
Cl_2		31	0.32	−101
NH_3	氢键	35	0.36	−78
H_2O		51	0.52	0

1.2 晶体学基础

无论是金属还是非金属，通常都是晶体。晶体结构的基本特征是：晶体中的质点（原子、分子或离子）在三维空间呈周期性重复排列，是长程有序的。为了便于了解晶体结构的基本特征，下面介绍晶体学的基本知识。

1.2.1 空间点阵

1. 空间点阵的概念

晶体中的质点（原子、分子或离子）在三维空间可以有无限种排列方式。为了便于分析、研究晶体中质点（原子、分子或离子）的排列情况，可把它们抽象为规则排列于空间的无数个几何点，这些点可以是原子或分子的中心，也可以是原子群或分子群的中心，但各点的周围环境都必须相同。这些点的空间排列称为**空间点阵**。空间点阵中的点称为阵点（或结点）。在表达空间点阵的几何图形时，为了观察方便，可用许多平行的直线将所有阵点连接起来，构成三维几何格架，这种三维几何格架称为空间格子，如图1.5所示。空间

点阵只是表示原子或原子团分布规律的一种几何学抽象，每个阵点可能代表一个原子，也可能代表一群原子。每个阵点都是等同的，周围环境都相同。

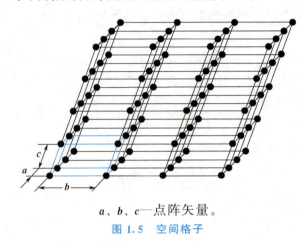

a、b、c—点阵矢量。

图1.5　空间格子

2. 晶胞

由于各阵点的周围环境相同，空间点阵具有周期性和重复性。为了说明空间点阵排列的规律和特点，可在空间点阵中取一个具有代表性的基本单元（通常取一个最小的平行六面体）作为空间点阵的组成单元，称为 晶胞。将晶胞作三维的重复堆砌就构成了空间点阵。由此可见，采用晶胞来反映晶体中的质点（原子、分子或离子）排列的规律性更简单明了。但是，同一空间点阵可能因选取晶胞方式的不同而得到不同的晶胞，如图1.6所示。正确选取晶胞的原则是：要使选取的晶胞尽量反映出空间点阵的 高度对称性，并且尽可能选取简单晶胞，即只在平行六面体的八个顶角上有阵点。有时为了更好地表现出空间点阵的对称性，也可不选取简单晶胞而使晶胞中心或面的中心也存在阵点，如选取体心（在平行六面体的中心有一阵点）或底心（在上下底面的中心各有一阵点）的晶胞。

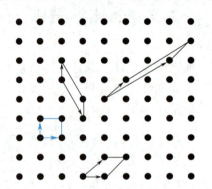

图1.6　同一空间点阵中选取晶胞的不同方式

晶胞的形状和大小是通过晶胞顶角上的某一阵点（往往取左下角后面一点），沿其三条棱边作 x、y、z 坐标轴（称为晶轴），由三条棱边的边长 a、b、c（称为 点阵常数）及棱间夹角 α、β、γ 六个空间点阵参数来描述的，如图1.7所示。实际上，采用三个点阵矢量 a、b、c 来表示晶胞更方便。这三个点阵矢量不仅确定了晶胞的形状和大小，并且完全确定了此空间点阵。只要任选一个阵点为原点，沿这三个点阵矢量平移（平移的方向和单位

距离由点阵矢量规定),就可以此确定空间点阵中任何一个阵点的位置,即

$$r_{uvw} = u\boldsymbol{a} + v\boldsymbol{b} + w\boldsymbol{c} \quad (1-1)$$

式中,r_{uvw} 为从原点到某一阵点的矢量;u、v、w 分别为沿三个点阵矢量的平移量,即该阵点的坐标。

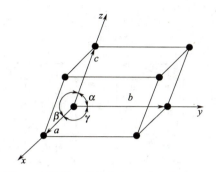

图 1.7 晶轴、点阵常数及空间点阵参数

3. 晶系

根据上述六个空间点阵参数间的相互关系,可将全部空间点阵归属为 7 种类型,即 7 个晶系,见表 1-2。

表 1-2 7 个晶系

晶　系	棱边长度及夹角关系	举　例
三斜晶系	$a \neq b \neq c$,$\alpha \neq \beta \neq \gamma \neq 90°$	K_2CrO_7
单斜晶系	$a \neq b \neq c$,$\alpha = \gamma = 90°$,$\beta \neq 90°$	$\beta-S$、$CaSO_4 \cdot 2H_2O$
正交晶系	$a \neq b \neq c$,$\alpha = \beta = \gamma = 90°$	$\alpha-S$、Ga、Fe_3C
六方晶系	$a = b \neq c$,$\alpha = \beta = 90°$,$\gamma = 120°$	Zn、Cd、Mg、NiAs
菱方晶系	$a = b = c$,$\alpha = \beta = \gamma \neq 90°$	As、Sb、Bi
四方晶系	$a = b \neq c$,$\alpha = \beta = \gamma = 90°$	$\beta-Sn$、TiO_2
立方晶系	$a = b = c$,$\alpha = \beta = \gamma = 90°$	Fe、Cr、Cu、Ag、Au

4. 布拉维点阵

14种布拉维点阵

自然界中的晶体有很多种,它们都具有各自的晶体结构,为了研究方便,引入空间点阵的概念。按每个阵点周围环境都相同的要求,法国物理学家布拉维(A.Bravais)于1848年用数学方法证明空间点阵只能有 14 种,故这 14 种空间点阵称为布拉维点阵(图 1.8)。它们分属 7 个晶系,见表 1-3。

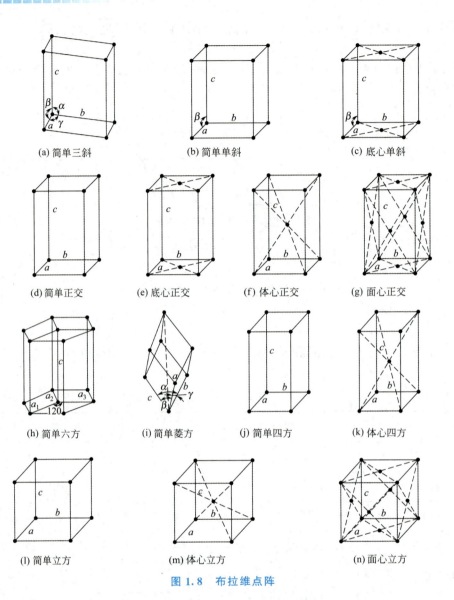

图 1.8 布拉维点阵

表 1-3 布拉维点阵及其所属晶系

布拉维点阵	晶 系	布拉维点阵	晶 系
简单三斜	三斜晶系	简单六方	六方晶系
简单单斜 底心单斜	单斜晶系	简单菱方	菱方晶系
		简单四方 体心四方	四方晶系
简单正交 底心正交 体心正交 面心正交	正交晶系	简单立方 体心立方 面心立方	立方晶系

同一空间点阵可能因选取晶胞的方式不同而得到不同的晶胞。例如，体心立方晶胞可用简单三斜晶胞表示 [图 1.9（a）]，面心立方晶胞可用简单菱方晶胞表示 [图 1.9（b）]。但是，这样选取晶胞的缺点是它们的高度对称性得不到反映，故不能这样选取。

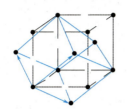
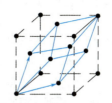

空间点阵为什么是14种？

(a) 体心立方晶胞可用简单三斜晶胞表示　　(b) 面心立方晶胞可用简单菱方晶胞表示

图 1.9　体心立方晶胞和面心立方晶胞的不同选取方式

5. 空间点阵和晶体结构的关系

空间点阵和晶体结构既有联系又有区别。空间点阵用以描述和分析晶体结构的周期性和对称性，是晶体中质点（原子、分子或离子）排列的几何学抽象。由于各阵点必须等同且周围环境相同，因此空间点阵只能有 14 种类型。晶体结构则是指晶体中实际质点（包括同类或异类的原子、分子或离子）的具体排列情况，它们能组成各种类型的排列，因此可能出现的晶体结构是无限的。但是，各种晶体结构总能够按质点排列的周期性和对称性归属于 14 种空间点阵中的一种。

空间点阵和晶体结构的关系

对于一些简单金属，其晶体结构可能等同于空间点阵。例如，金、银、铜、铝、镍、铅等的晶体结构和空间点阵都是面心立方；钒、铌、铬、钼、钨等的晶体结构和空间点阵都是体心立方。但是，有些金属，特别是具有复杂结构的金属和合金，其晶体结构不等同于空间点阵。例如，NaCl 晶体结构中的 Na$^+$ 和 Cl$^-$ 不等同，其周围环境也不相同，不能称为 NaCl 空间点阵，因此要把它抽象为面心立方空间点阵，其中每个阵点包含一个 Na$^+$ 和一个 Cl$^-$。

不同的晶体结构可能属于同一空间点阵，而相似的晶体结构又可能属于不同的空间点阵。 例如，图 1.10 所示的 Cu、CaF$_2$ 和 NaCl 三种晶体结构有很大的差异，然而它们的空间点阵是一样的，都属于面心立方空间点阵；又如，当图 1.11（b）~图 1.11（e）四种不同的质点抽象为一个空间点阵时，都与图 1.11（a）所示相同，属于同一个空间点阵，但属于不同的晶体结构；再如，图 1.12 所示的 Cr 和 CsCl 的晶体结构，它们都是体心立方晶体结构，但空间点阵却不相同，Cr 为体心立方空间点阵，而 CsCl 为简单立方空间点阵。

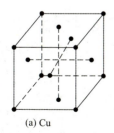
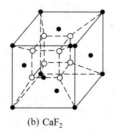
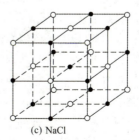

(a) Cu　　　　　　　(b) CaF$_2$　　　　　　(c) NaCl

图 1.10　具有相同空间点阵的不同晶体结构

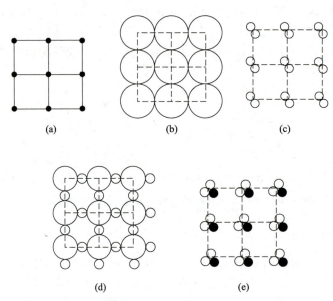

图 1.11 属于同一种空间点阵的几种不同晶体结构

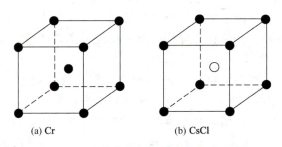

图 1.12 晶体结构相似而空间点阵不同

1.2.2 晶向指数和晶面指数

在材料科学中研究分析有关晶体的生长、形变、相变及性能等问题时，常涉及晶体中的某些方向（称为晶向）和原子构成的平面（称为晶面）。

1. 晶向指数

晶向指数的确定步骤如下。

(1) 建立坐标系。以晶胞的某一阵点 O 为原点，三条棱边为坐标轴（x、y、z），并以晶胞棱边的长度（晶胞的点阵常数 a、b、c）分别作为坐标轴的长度单位。

(2) 过原点 O 作一条直线 OP，使其平行于待定的晶向。

(3) 在直线 OP 上选取距原点 O 最近的一个阵点，并确定该点的三个坐标值。

(4) 将三个坐标值化为最小整数 u、v、w，加上方括号，[uvw] 即待定晶向的晶向指数。如果 [uvw] 中某个数值为负，则在这个数值的上方加负号，如 [$0\bar{1}2$]、[$1\bar{1}0$] 等。

正交晶系中部分晶向的晶向指数如图 1.3 所示。一个晶向指数不仅表示一个晶向，而且表示一组互相平行、方向一致的晶向。若所指的方向相反，则晶向指数的数字相同，符号相反。由于晶体结构具有对称性，因此原子排列情况相同、空间位向不同的一组晶向称为**晶向族**，用<uvw>来表示。例如，立方晶系中的 [100]、[010]、[001] 和 [$\bar{1}$00]、[0$\bar{1}$0]、[00$\bar{1}$] 六个晶向，它们的原子排列情况完全相同，性质相同，故可用晶向族 <100> 表示。但是，如果不是立方晶系，改变晶向指数的顺序所表示的晶向可能是不等同的。例如，在正交晶系中由于 $a\neq b\neq c$，即 [100]、[010]、[001] 各晶向的原子间距并不相等，故不属于同一晶向族。

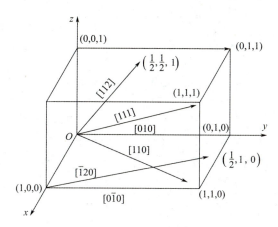

图 1.13 正交晶系中部分晶向的晶向指数

2. 晶面指数

在晶体中，原子的排列构成了许多不同方位的晶面，因此需要用晶面指数来表示和区分这些晶面。

晶面指数的确定步骤如下。

（1）建立如晶向指数所述的坐标系，但原点要定于待定晶面外，避免出现零截距。

（2）求出待定晶面在三个坐标轴上的截距，若该晶面和某坐标轴平行，则在此轴上的截距为∞。

（3）取这些截距的倒数。

（4）将上述倒数化为最小的简单整数，并加上圆括号，即表示晶面指数，又称米勒指数，记为 (hkl)。

晶面指数的表示方法如图 1.14 所示。a_1、b_1、c_1 在三个坐标轴上的截距分别为 1/2、1/3、2/3，其倒数分别为 2、3、3/2，化为简单整数分别为 4、6、3，所以晶面 a_1、b_1、c_1 的晶面指数为 (463)。如果所求晶面在坐标轴上的截距为负值，则在相应的指数上方加负号，如 (10$\bar{1}$)。例如，正交晶系中几个晶面的晶面指数如图 1.15 所示。

所有相互平行的晶面在三个坐标轴上的截距虽然不同，但它们是成比例的，其倒数也仍然成比例，经化简可以得到相同的最小整数。因此，所有相互平行的晶面，其晶面指数相同，或者相差负号。由此可见，晶面指数代表的不仅是某一晶面，而且代表一组相互平行的晶面。

在确定晶面指数时，应注意以下几点。

（1）坐标系可以平移，但不能旋转。

（2）坐标系原点可以选在任何结点上，但不能选在待定晶面上。

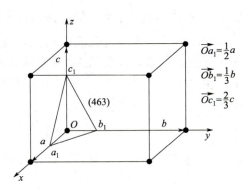

图 1.14 晶面指数的表示方法

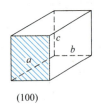
(100)

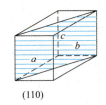
(110)

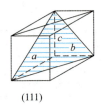
(111)

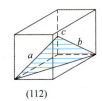
(112)

图 1.15 正交晶系中几个晶面的晶面指数

(3) 三个晶面指数同时乘以 -1，晶面不变，如 (111) 和 ($\bar{1}\bar{1}\bar{1}$) 相同。

(4) 如果晶面平行于某个坐标轴，则相应的坐标轴指数为 0。

此外，在晶体中有些晶面原子排列情况相同，面间距也相同，只是空间位向不同，可将其归为一个 <u>晶面族</u>，用 {hkl} 表示。在立方晶系中，可以用 h、k、l 三个数字的排列组合方法求得。例如，{111} 和 {100} 可表示为

$$\{111\} = (111) + (\bar{1}11) + (1\bar{1}1) + (11\bar{1}) + (\bar{1}\bar{1}1) + (\bar{1}1\bar{1}) + (1\bar{1}\bar{1}) + (\bar{1}\bar{1}\bar{1})$$

$$\{100\} = (100) + (010) + (001) + (\bar{1}00) + (0\bar{1}0) + (00\bar{1})$$

若不是立方晶系（如正交晶系），由于点阵常数 $a \neq b \neq c$，因此 (100) 与 (010) 不属于同一晶面族。在立方晶系中，具有相同指数的晶面和晶向相互垂直。例如，[101] ⊥ (101)、[121] ⊥ (121)。但是，这个关系不适用于其他晶系。

3. 六方晶系指数

六方晶系的晶向指数和晶面指数可以用上述方法标定，这时取 a_1、a_2、c 为晶轴，而 a_1 轴与 a_2 轴的夹角为 120°，c 轴与 a_1 轴、a_2 轴相互垂直，用三轴坐标可以求得六方晶胞的六个柱面晶面指数分别是 (100)(010)($\bar{1}$10)($\bar{1}$00)(0$\bar{1}$0)(1$\bar{1}$0)。显然，这六个柱面的原子排列规律是相同的，应该属于同一晶面族，但从六个柱面的晶面指数上反映不出来。为了克服这一缺点，通常采用专用于六方晶系的晶面指数来表示。

根据六方晶系的对称特点，六方晶系取 a_1、a_2、a_3、c 四个晶轴，a_1、a_2、a_3 之间的夹角均为 120°，c 与 a_1、a_2、a_3 相互垂直。晶面指数标定方法与三轴坐标系相同，但其晶面指数用 (hkil) 四个指数来表示。采用这种标定方法，等同的晶面可以从指数上反映出来。如图 1.16 所示，上述六个柱面的指数分别为 (10$\bar{1}$0)(01$\bar{1}$0)($\bar{1}$100)($\bar{1}$010)(0$\bar{1}$10)(1$\bar{1}$00)，这六个晶面可归并为同一晶面族，即 {10$\bar{1}$0}。

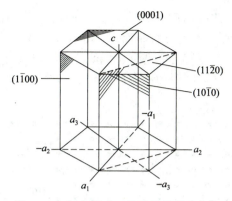

图 1.16 六方晶系一些晶面的晶面指数

根据几何学知识,三维空间独立的坐标轴最多不超过三个,但应用上述方法标定的晶面指数形式上是四个指数,这是由于前三个指数中只有两个是独立的,并且

$$i=-(h+k)$$

同样,四轴坐标系中晶向指数的确定方法也和三轴坐标系相同,但需用 $[uvtw]$ 来表示。同理,u、v、t 中也只有两个是独立的,并且

$$t=-(u+v)$$

六方晶系按两种晶轴坐标所得的晶向指数和晶面指数可相互转换。其中,晶面指数的转换较简单,三指数转换为四指数时,只要加上 $i=-(h+k)$ 即可;反之,去掉 i。对晶向指数而言,$[UVW]$ 与 $[uvtw]$ 之间的转换关系为

$$U=u-t, V=v-t, W=w$$

$$u=\frac{1}{3}(2U-V), v=\frac{1}{3}(2V-U), t=-(u+v), w=W \tag{1-2}$$

4. 晶带

相交于或平行于同一直线的一组晶面组成一个晶带,这一组晶面称为**共带面**,该直线称为**晶带轴**。晶带轴 $[uvw]$ 与该晶带中任一晶面 (hkl) 之间存在的关系为

$$hu+kv+lw=0 \tag{1-3}$$

凡满足此关系的晶面都属于以 $[uvw]$ 为晶带轴的共带面,此关系式称为**晶带定律**。此外,如果有两个不平行的晶面 $(h_1k_1l_1)$ 和 $(h_2k_2l_2)$,则其晶带轴的晶向指数 $[uvw]$ 可从下式求得,即

$$u=k_1l_2-k_2l_1$$
$$v=l_1h_2-l_2h_1$$
$$w=h_1k_2-h_2k_1$$

同样,若已知两个不平行的晶带轴 $[u_1v_1w_1]$ 和 $[u_2v_2w_2]$,则由此二晶向所确定的晶面指数 (hkl) 为

$$h=v_1w_2-v_2w_1$$
$$k=w_1u_2-w_2u_1$$
$$l=u_1v_2-u_2v_1$$

5. 晶面间距与晶面夹角

晶面间距是指两个相邻的平行晶面的垂直距离。晶面族 $\{hkl\}$ 指数不同,其晶面间

距也不同。低指数的晶面，其晶面间距通常较大，而高指数的晶面，其晶面间距通常较小。如图 1.17 所示，晶面族 {100} 的晶面间距最大，晶面族 {120} 的晶面间距较小，而晶面族 {320} 的间距更小。晶面间距还与空间点阵的类型有关，如体心立方空间点阵和面心立方空间点阵的最大晶面间距的晶面族分别为 {110} 和 {111}，而不是 {100}。

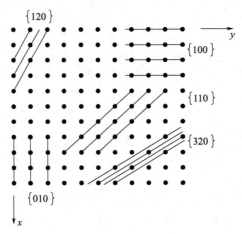

图 1.17　晶面间距

此外，**晶面间距最大的晶面总是原子最密排的晶面**。晶面间距越小，晶面上原子排列越稀疏。正是由于不同晶面和晶向原子排列情况不同，单晶体表现为各向异性，见表 1-4。

表 1-4　单晶体的各向异性

金属	弹性模量/MPa		抗拉强度/MPa		延伸率/(%)	
	最大	最小	最大	最小	最大	最小
Cu	191000	66700	346	128	55	10
α-Fe	293000	125000	225	158	80	20
Mg	506000	42900	840	294	220	20

晶面间距 d_{hkl} 与晶面指数 (hkl) 和点阵常数 (a、b、c) 的关系为

正交晶系：

$$d_{hkl} = \frac{1}{\sqrt{\left(\frac{h}{a}\right)^2 + \left(\frac{k}{b}\right)^2 + \left(\frac{l}{c}\right)^2}} \tag{1-4}$$

立方晶系：

$$d_{hkl} = \frac{a}{\sqrt{h^2 + k^2 + l^2}} \tag{1-5}$$

六方晶系：

$$d_{hkl} = \frac{1}{\sqrt{\frac{4}{3}\frac{(h^2 + hk + k^2)}{a^2} + \left(\frac{l}{c}\right)^2}} \tag{1-6}$$

上述公式算出的晶面间距是对简单晶胞而言的。若是复杂空间点阵，在计算时则应考虑晶面层数增加的影响。例如，在体心立方晶胞或面心立方晶胞中，上下底面（001）之间还有一层同类型的晶面，故实际的晶面间距应为 $\frac{1}{2}d_{001}$。

除晶面间距可以通过上述方法和公式进行计算外，$(h_1k_1l_1)$ 和 $(h_2k_2l_2)$ 两个晶面之间的夹角 θ 也可通过类似的几何关系推出，即

正交晶系：

$$\theta = \cos^{-1}\left[\frac{\frac{h_1h_2}{a^2}+\frac{k_1k_2}{b^2}+\frac{l_1l_2}{c^2}}{\sqrt{\frac{h_1^2}{a^2}+\frac{k_1^2}{b^2}+\frac{l_1^2}{c^2}} \cdot \sqrt{\frac{h_2^2}{a^2}+\frac{k_2^2}{b^2}+\frac{l_2^2}{c^2}}}\right] \quad (1-7)$$

立方晶系：

$$\theta = \cos^{-1}\left[\frac{h_1h_2+k_1k_2+l_1l_2}{\sqrt{h_1^2+k_1^2+l_1^2} \cdot \sqrt{h_2^2+k_2^2+l_2^2}}\right] \quad (1-8)$$

六方晶系：

$$\theta = \cos^{-1}\left\{\frac{\frac{4}{3a^2}\left[h_1h_2+k_1k_2+\frac{1}{2}(h_1k_2+h_2k_1)\right]+\frac{l_1l_2}{c^2}}{\sqrt{\frac{4}{3a^2}(h_1^2+k_1^2+h_1k_1)+\frac{l_1^2}{c^2}} \cdot \sqrt{\frac{4}{3a^2}(h_2^2+k_2^2+h_2k_2)+\frac{l_2^2}{c^2}}}\right\} \quad (1-9)$$

1.2.3 晶体的对称性

自然界的许多晶体（如天然金刚石和水晶等）往往具有规则的几何外形。晶体外形的宏观对称性是其内部微观对称性的表现，晶体的对称性也可以从其物理性质方面（如热膨胀、弹性模量和光学常数等）反映出来。因此，分析探讨晶体的对称性对研究晶体结构及其性能都具有重要意义。

1. 对称要素

对称动作进行时要借助对称要素，晶体经过对称动作后所处的位置与其原始位置完全重合。例如，立方晶体每次围绕其垂直于面中心的轴回转 90°后，都与其原始位置重合，故此轴是立方晶体的对称要素。

晶体的对称要素可分为宏观对称要素和微观对称要素两类。宏观对称要素反映晶体外形及其宏观性质的对称性，而微观对称要素与宏观对称要素配合运用反映晶体中原子排列的对称性。

（1）宏观对称要素。

① 回转对称轴。当晶体围绕某轴回转而能完全复原时，此轴即为回转对称轴，如图 1.18 所示。在回转一周（360°）的过程中，晶体能完全复原几次，就称为几次对称轴。晶体中实际可能存在的对称轴有 1、2、3、4、6 五种，并用符号 n（n=1、2、3、4、6）表示。5 次及高于 6 次的对称轴不可能存在，因为具有这种对称性的晶胞在堆垛时会留有空隙。

② 对称面。若通过晶体作一平面，晶体的各对应点经此平面反映后都能重合，则该平面称为对称面，用符号 m 表示，如图 1.19 所示。

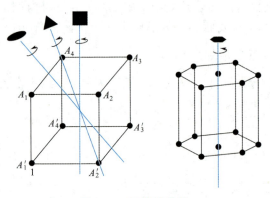
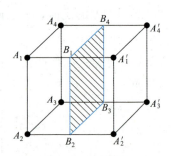

图1.18 回转对称轴　　　　　　　　　图1.19 对称面

③ 对称中心。若晶体中所有的点在经过某一点反演后能复原，则该点就称为对称中心，或称反演中心，用符号 i 表示，如图1.20所示。

④ 回转-反演轴。当晶体绕某一轴回转一定角度（$360°/n$），再以轴上的一个中心点做反演后能得到复原时，则该轴称为回转-反演轴，如图1.21所示。例如，P 点绕 BB' 轴回转 $180°$ 与 P_3 点重合，再经 O 点反演与 P' 重合，则 BB' 为2次回转-反演轴。回转-反演轴可有1次、2次、3次、4次和6次，分别用符号 $\bar{1}$、$\bar{2}$、$\bar{3}$、$\bar{4}$ 和 $\bar{6}$ 表示。事实上，$\bar{1}$ 与对称中心等效，$\bar{2}$ 与对称面等效。

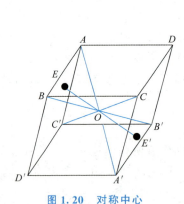
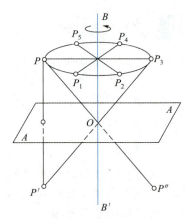

图1.20 对称中心　　　　　　　　　图1.21 回转-反演轴

（2）微观对称元素。

在分析晶体结构的对称性时，还需增加含有平移动作的两种对称要素——滑动面和螺旋轴。

① 滑动面。滑动面由对称面和沿此面的平移动作组成。晶体结构可借此面的反映并沿此面平移一定距离而复原。如图1.22（a）所示，点2是点1的反映，BB' 面是对称面，点1仅通过 BB' 面反映后即可与点2重合；但图1.22（b）所示的结构就不同，点1仅通过 BB' 面反映后不能得到复原，需再平移 $a/2$ 的距离才能与点2重合，这时 BB' 面是滑动面。

滑动面的表示符号可以分为 a、b、c、n 和 d 五种：沿轴向平移 $a/2$、$b/2$、$c/2$ 的距离，写作 a、b、c；沿对角线平移 1/2 的距离，写作 n；沿面对角线平移 1/4 的距离，写作 d。

② 螺旋轴。螺旋轴由回转轴和平行于轴的平移动作组成。晶体结构绕螺旋轴回转 $360°/n$，并沿轴平移一定距离（阵点间距的几分之一）而得到重合，此螺旋轴称为 n 次螺旋轴。图 1.23 所示为 3 次螺旋轴，晶体结构绕此轴回转 $120°$，并沿轴平移 $c/3$ 的距离而得到重合。螺旋轴按其回转方向有右旋和左旋之分，图中右边是右旋螺旋轴，左边是左旋螺旋轴。螺旋轴有 2 次螺旋轴（平移距离为 $c/2$，不分左右旋）、3 次螺旋轴（平移距离为 $c/3$，分左右旋）、4 次螺旋轴（平移距离为 $c/4$ 和 $c/2$，前者分左右旋，后者不分）和 6 次螺旋轴（平移距离为 $c/6$、$c/3$ 和 $c/2$，前两者分左右旋，后者不分），用符号分别表示为 2_1（表示 2 次螺旋轴，平移距离为 $c/2$）、3_1（表示 3 次螺旋轴，平移距离为 $c/3$，右旋）、3_2（表示 3 次螺旋轴，平移距离为 $c/3$，左旋）、4_1（表示 4 次螺旋轴，平移距离为 $c/4$，右旋）、4_2（表示 4 次螺旋轴，平移距离为 $c/2$）、4_3（表示 4 次螺旋轴，平移距离为 $c/4$，左旋）、6_1（6 次螺旋轴，平移距离为 $c/6$，右旋）、6_2（6 次螺旋轴，平移距离为 $c/3$，右旋）、6_3（6 次螺旋轴，平移距离为 $c/2$）、6_4（6 次螺旋轴，平移距离为 $c/6$，左旋）和 6_5（6 次螺旋轴，平移距离为 $c/3$，左旋）。

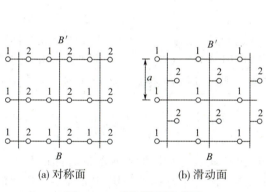

图 1.22 对称面及滑动面

(a) 对称面　　(b) 滑动面

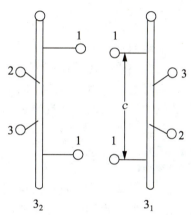

图 1.23 3 次螺旋轴

综上所述，对称要素可归纳为

回转对称轴：1、2、3、4、6。

对称面：m。

对称中心：i。

回转-反演轴：$\bar{1}$、$\bar{2}$、$\bar{3}$、$\bar{4}$、$\bar{6}$。

滑动面：a、b、c、n、d。

螺旋轴：2_1、3_1、3_2、4_1、4_2、4_3、6_1、6_2、6_3、6_4、6_5。

2. 点群及空间群

（1）点群。

点群在宏观上表现为晶体外形的对称。晶体的对称性可通过一些对称要素的运用而体现。各种晶体的对称性不同，其所具有的对称要素也不同。例如，三斜晶系的对称要素只有 1 或 $\bar{1}$（不具有特征对称要素），而立方晶系具有多种对称要素（三个 4、四个 3、六个

2,以及m、$\bar{1}$等)。晶体可能存在的对称类型可通过宏观对称要素在一点上组合应用得出,但这些组合并不是任意的,如对称面不能与位于此面以外的对称中心或任意倾斜的对称轴组合。因此,分析各种可能的组合情况后,点群只能有 32 种,见表 1-5。

表 1-5 32 种点群

晶系	三斜晶系	单斜晶系	正交晶系	四方晶系	菱方晶系	六方晶系	立方晶系
对称要素	1 $\bar{1}$	m 2 $2/m$①	$2\ m\ m$ $2\ 2\ 2$ $2/m\ 2/m\ 2/m$	$\bar{4}$ 4 $4/m$ $\bar{4}\ 2\ m$ $4\ m\ m$ $4\ 2\ 2$ $4/m\ 2/m\ 2/m$	3 $\bar{3}$ $3m$ $3\ 2$ $\bar{3}\ 2/m$	$\bar{6}$ 6 $6/m$ $\bar{6}\ 2\ m$ $6\ m\ m$ $6\ 2\ 2$ $6/m\ 2/m\ 2/m$	$2\ 3$ $2/m\ \bar{3}$ $\bar{4}\ 3m$ $4\ 3\ 2$ $4/m\ \bar{3}\ 2/m$
特征对称要素	无	一个 2 或 m	三个互相垂直的 2 或两个互相垂直的 m	一个 4 或 $\bar{4}$	一个 3 或 $\bar{3}$	一个 6 或 $\bar{6}$	四个 3

① $2/m$ 表示其对称面与 2 次轴相互垂直,其余以此类推。

(2) 空间群。

空间群用以描述晶体中原子组合的所有可能方式,通过微观对称要素和宏观对称要素在三维空间的组合得出。属于同一点群的晶体可因其微观对称要素的不同而分属不同的空间群,故可能存在的空间群数远远多于点群数。现已证明晶体中可能存在的空间群有 230 种,并分属于 32 个点群。

1.2.4 极射投影

在进行晶体结构分析时,采用立体图难以清晰地表达晶体的各种晶向、晶面及其之间的夹角,可通过投影图将三维立体图转化到二维平面上。晶体的投影方法很多,广泛应用的是极射投影。

1. 极射投影原理

设想将一个很小的晶体或晶胞置于一个大球的中心,这样可近似认为晶胞中所有晶面的法线和晶向均通过球心,这个球称为参考球。过球心作晶面的法线或晶向的延长线与球面的交点称为极点,这一点即为该晶面或晶向的代表点,极点的相互位置可用来确定与之相对应的晶向或晶面之间的夹角。

极射投影原理如图 1.24 所示。在参考球中选定一条过球心 C 的直线 AB,过 A 点作一平面与参考球相切,该平面即为投影面,也称极射面。设球面上一极点 P,连接 BP 并延长,使其与投影面相交于 P',P' 即为极点 P 在投影面上的投影。过球心 C 作一平面 $NESW$ 与 AB 垂直(与投影面平行),它在球面上形成一个直径与球径相等的圆,称为大圆。该大圆在投影面上的投影为 $N'E'S'W'$ 也是一个圆,称为基圆。所有位于左半球球面的极点,投影后的极射投影点均落在基圆内。将投影面移到 B 点,并以 A 点为投影点,将所有位于右半球球面上的所有极点投影到位于 B 处的投影面上,并加上负号。将 A 处和 B 处的极射投影图重叠并画在一张图上,这样球面上所有可能出现的极点都可以包含在

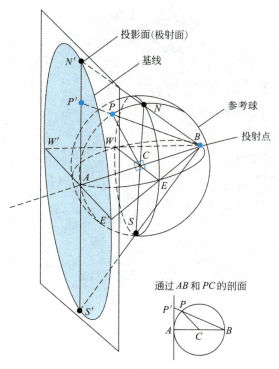

图 1.24 极射投影原理

同一张极射投影图上。

参考球上包含直线 AB 的大圆在投影图上的投影为一条直线,其他大圆投影到投影图上时均呈圆弧形(两头包含基圆直径的弧段);而球面上不包含参考球直径的小圆,投影结果既可能是一段弧,也可能是一个圆,但其圆心不在投影圆的圆心上。如果把参考球看作地球,A 点为北极,B 点为南极,过球心的投影面就是地球的赤道平面,将球面投影到赤道平面上,称为极射赤面投影。

2. 吴氏网

吴氏网(图 1.25)是由经线和纬线组成的。其中经线是由参考球面空间每隔 2°等分且以 NS 轴为直径的一组大圆投影而成的,纬线则是由参考球面空间每隔 2°等分且垂直于 NS 轴的一组圆投影而成的。吴氏网在绘制时如实地保留了角度关系,是研究晶体投影、晶体取向等问题的有力工具,因此利用吴氏网可读出任一极点的方位,还可测定投影面上任意两极点间的夹角。

使用吴氏网测量时,用透明纸画出直径与吴氏网相等的基圆,并作晶向或晶面的投影点,然后将透明纸盖在吴氏网上测量。特别注意测量时应使两投影点位于吴氏网同一经线或赤道线上,而不能位于同一纬线上,这样才能正确测出晶向或晶面之间的夹角。如图 1.26(a) 所示,B、C 两点位于同一经线上,在吴氏网上可读出其夹角为 30°,对照图 1.26(b),可看出 B、C 两点之间的实际夹角 $\beta = 30°$;而位于同一纬线上的 A、B 两点,它们之间的实际夹角为 α',但用吴氏网量出的夹角为 α,因为 $\alpha \neq \alpha'$,所以不能在小圆上测量这两点间的夹角。要测量 A、B 两点间的夹角,应将盖在吴氏网上的透明纸绕圆心转动,使 A、B 两点落在同一经线上或赤道上,然后读出它们之间的夹角。

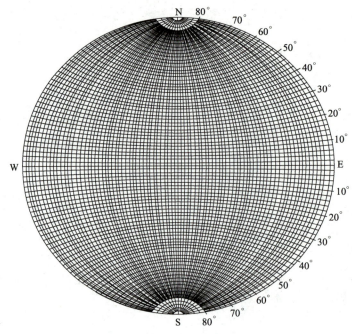

图1.25 吴氏网

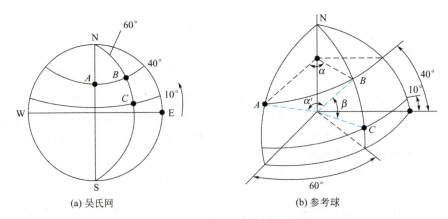

(a) 吴氏网　　　　　　　　　(b) 参考球

图1.26 吴氏网和参考球的关系

3. 标准投影图

以晶体的某个晶面平行于投影面，作出全部主要晶面的极射投影图，称为标准投影图。一般选择一些重要的低指数晶面作为投影面，如立方晶系（001）（110）（111）及六方晶系（0001）等。其中，立方晶系（001）标准投影图是以（001）为投影面进行极射投影而得，如图1.27所示。对于立方晶系，相同指数的晶向和晶面是垂直的，所以标准投影图中的点既代表晶向，也代表晶面。

同一晶带各晶面的法线位于同一平面上，因此同一晶带各晶面的极点位于参考球的同一大圆上，所以在投影图上同一晶带的晶面投影点也位于同一弧段上（两头包含基圆直径的弧段）。由于晶带轴与其晶面的法线是相互垂直的，因此可根据晶面所在的弧段求出该晶带的晶带轴。例如，图1.27中（100）（3$\bar{2}$1）（2$\bar{2}$1）（1$\bar{2}$1）（0$\bar{2}$1）和（$\bar{1}$00）等位于同一经线上,它们属于同一晶带,使用吴氏网在赤道线上向右测量 90°角,可求出其晶带轴为 [012]。

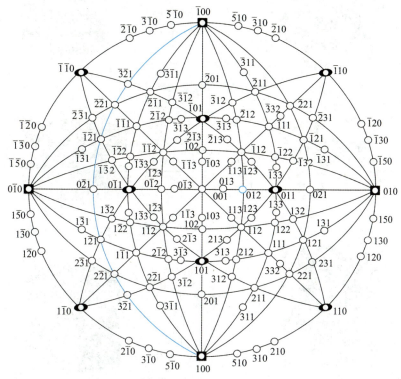

图 1.27 立方晶系 (001) 标准投影图

1.3 纯金属的晶体结构

在元素周期表中,金属元素占约 80%。金属在固态下一般都是晶体。晶体中的原子在空间呈有规则的周期性重复排列,原子排列在决定材料的组织和性能中起到极为重要的作用,因此研究晶体原子排列和分布规律是了解并掌握材料性能的基础。决定晶体结构的内在因素是原子、分子或离子间键合的类型和键的强弱。金属晶体中的结合键是金属键,由于金属键无饱和性和方向性,因此大多数金属晶体都是具有紧密排列及对称性高等特点的简单晶体结构。本节着重讨论三种典型的金属晶体结构。

1.3.1 三种典型的金属晶体结构

典型的金属晶体结构有三种,即面心立方结构、体心立方结构和密排六方结构,分别如图 1.28、图 1.29 和图 1.30 所示。在常见的金属中,如 Al、Cu、Ni、Au、Ag、Pt、Pb 和 γ-Fe 等具有面心立方结构,该结构可用符号 fcc 或 A1 来表示;α-Fe、δ-Fe、W、Mo、Ta、Nb、V 和 β-Ti 等具有体心立方结构,该结构可用符号 bcc 或 A2 来表示;Mg、Zn、Cd、α-Be、α-Ti、α-Zr 和 α-Co 等具有密排六方结构,该结构可用符号 hcp 或 A3 来表示。

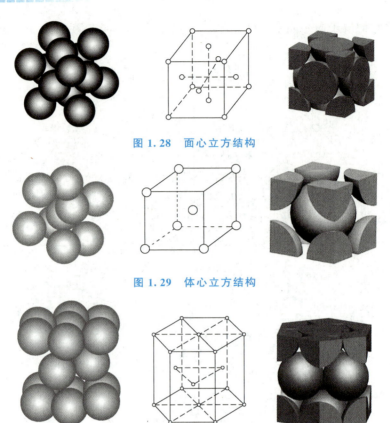

图 1.28　面心立方结构

图 1.29　体心立方结构

图 1.30　密排六方结构

下面进一步分析晶体结构的几个重要参数。

1. 晶胞中的原子数

晶体由大量晶胞堆砌而成，处于晶胞顶角上的原子不是一个晶胞独有，而是几个晶胞共有，只有在晶胞体积内的原子才为一个晶胞所独有。三种典型的金属晶体结构中每个晶胞所拥有的原子数如下。

面心立方结构：
$$n = 8 \times 1/8 + 6 \times 1/2 = 4$$

体心立方结构：
$$n = 8 \times 1/8 + 1 = 2$$

密排六方结构：
$$n = 12 \times 1/6 + 2 \times 1/2 + 3 = 6$$

2. 点阵常数与原子半径的关系

如前所述，晶胞的棱边长度（a、b、c）称为点阵常数（单位是 nm），它是表征晶体结构一个重要基本参数。不同金属可以有相同的空间点阵类型，但具有各不相同的点阵常数，并且点阵常数随温度变化。

若把金属原子看作半径为 r 的刚性球，由几何学知识可以求出点阵常数 a、b、c 与 r 之间的关系，即面心立方结构（$a=b=c$）：
$$\sqrt{2}a=4r$$
体心立方结构（$a=b=c$）：
$$\sqrt{3}a=4r$$

密排六方结构（$a=b\neq c$），点阵常数用 a 和 c 来表示。在理想的情况下，把原子看作等径刚性球，轴比 $c/a=1.633$，$a=2r$；但实际测得的轴比常常偏离此值，即 $c/a\neq 1.633$，此时 $(a^2/3+c^2/4)^{1/2}=2r$。

常见金属的晶体结构及其点阵常数见表 1-6。

表 1-6 常见金属的晶体结构及其点阵常数

金属	晶体结构	点阵常数/nm	金属	晶体结构	点阵常数/nm
Al	fcc	0.40496			
γ-Fe	fcc	0.36468			
Ni	fcc	0.35236	Mo	bcc	0.31468
Cu	fcc	0.36147	W	bcc	0.31650
Rh	fcc	0.38044	Be	hcp	$a=0.22856$ $c=0.35832$ $c/a=1.5677$
Pt	fcc	0.39239	Mg	hcp	$a=0.32094$ $c=0.52105$ $c/a=1.6235$
Ag	fcc	0.40857	Zn	hcp	$a=0.26649$ $c=0.49468$ $c/a=1.8563$
Au	fcc	0.40788	Cd	hcp	$a=0.29788$ $c=0.56167$ $c/a=1.8856$
V	bcc	0.30782	α-Ti	hcp	$a=0.29444$ $c=0.46737$ $c/a=1.5873$
Cr	bcc	0.28846	α-Co	hcp	$a=0.2502$ $c=0.4601$ $c/a=1.8389$
α-Fe	bcc	0.28664			
Nb	bcc	0.33007			

3. 配位数和致密度

晶体中原子排列的紧密程度与晶体结构类型有关。为了定量地反映原子排列的紧密程度，采用配位数和致密度这两个参数来表示。

配位数是指晶体结构中任一原子周围最近且等距离的原子数。

致密度是指晶体结构中原子体积占总体积的百分数。若以一个晶胞来计算，则致密度是晶胞中原子体积与晶体体积之比，即

$$K=\frac{nv}{V}$$

式中，K 为致密度；n 为晶胞中的原子数；v 为一个原子的体积，这里将金属原子视为等径刚性球，故 $v=\frac{4\pi}{3}r^3$；V 为晶胞体积。

三种典型金属晶体结构的配位数和致密度见表 1-7。

表 1-7 三种典型金属晶体结构的配位数和致密度

晶体结构	配位数	致密度
面心立方结构	12	0.74
体心立方结构	8	0.68
密排六方结构	12	0.74

在密排六方结构中只有当轴比 $c/a=1.633$ 时，配位数才是 12；若 $c/a\neq 1.633$，则有 6 个最近邻原子（同一层的 6 个原子）和 6 个次近邻原子（上下层的各 3 个原子），其配位数应记为 6+6。

4. 金属晶体结构中的间隙

从致密度的分析可知，金属晶体中一定存在许多间隙。分析间隙的大小、数量及其位置对了解金属的性能和合金相结构，以及金属在固态下的扩散、相变等过程都是很重要的。

三种典型的金属晶体结构中的间隙分别如图 1.31、图 1.32、图 1.33 所示。其中，位于 6 个原子所组成的八面体中的间隙称为八面体间隙，位于 4 个原子所组成的四面体中的间隙称为四面体间隙。图中实心圆代表金属原子，令其半径为 r_A；空心圆代表间隙，令其半径为 r_B，r_B 实质上表示能放入间隙内的小球的最大半径。最紧密堆垛原子间隙的钢球模型如图 1.34 所示。

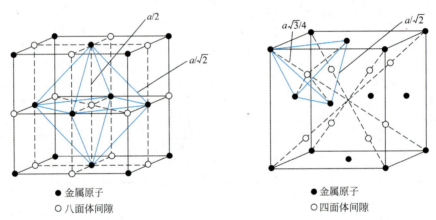

图 1.31　面心立方结构中的间隙

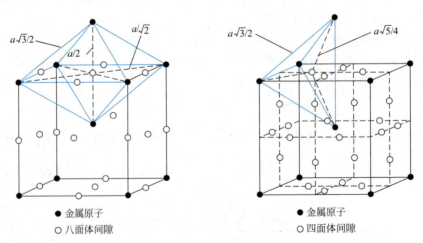

图 1.32　体心立方结构中的间隙

面心立方结构中的八面体间隙及四面体间隙与密排六方结构中的同类间隙的形状相似，都是正八面体和正四面体。在原子半径相同的条件下，两种结构的同类间隙的大小也

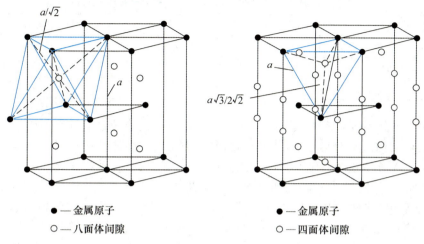

图 1.33 密排六方结构中的间隙

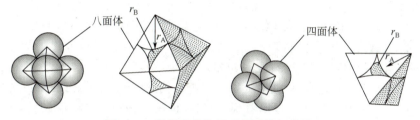

图 1.34 最紧密堆垛原子间隙的钢球模型

相等,并且八面体间隙大于四面体间隙。而体心立方结构中的八面体间隙比四面体间隙小,并且二者的形状都不对称,其棱边长度不全相等。

三种典型金属晶体结构中的八面体间隙和四面体间隙的数目和大小见表 1-8。

表 1-8 三种典型金属晶体结构中的八面体间隙和四面体间隙的数目和大小

晶 体 结 构	间 隙 类 型	间 隙 数 目	间 隙 大 小 (r_B/r_A)
面心立方(fcc)	八面体间隙 四面体间隙	4 8	0.414 0.225
体心立方(bcc)	八面体间隙 四面体间隙	6 12	0.154⟨100⟩ 0.633⟨110⟩ 0.291
密排六方(hcp) (c/a=1.633)	八面体间隙 四面体间隙	6 12	0.414 0.225

5. 原子的堆垛方式

三种典型金属晶体结构中均有一组原子密排面和原子密排方向,见表 1-9。

表 1-9　三种典型金属晶体结构中的原子密排面和原子密排方向

晶 体 结 构	原子密排面	原子密排方向
面心立方结构	{111}	⟨110⟩
体心立方结构	{110}	⟨111⟩
密排六方结构	{0001}	⟨11$\bar{2}$0⟩

这些原子密排面在空间沿其法线方向一层一层平行地堆垛起来就分别构成上述三种典型的金属晶体结构。虽然面心立方结构和密排六方结构的晶体结构不同，但是配位数与致密度相同。为了弄清这个问题，必须从晶体中原子的堆垛方式进行分析。

面心立方结构中{111}晶面和密排六方结构中{0001}晶面上的原子排列情况完全相同，都是等径原子球的最紧密排列方式，如图 1.35 所示。假设等径原子球所处的位置为 A 位置，然后把这些原子密排面在空间沿其法线方向一层一层地堆垛，在原子密排面上有两种间隙位置，即 B 位置和 C 位置，如图 1.36 所示。在第一层原子密排面上堆垛第二层原子密排面时，可以将其排在这两个间隙位置；在第二层原子密排面上堆垛第三层原子密排面时，同样也可以排列在两个间隙位置中的任何一个。依次类推，这样不断堆垛的结果，就可能产生两种不同的情况：第一种情况是第三层原子的排列位置与第一层原子的位置重合，形成 ABABAB…的堆垛顺序，这就是密排六方结构的堆垛方式；第二种情况是第二层原子排在 B 位置，第三层原子排在 C 位置，第四层原子的位置才与第一层原子的位置重合，形成 ABCABC…的堆垛顺序，这就是面心立方结构的堆垛方式。当沿面心立方晶胞的体对角线（[111]方向）观察时，就可以看到 (111) 面的这种堆垛方式(图 1.37)。

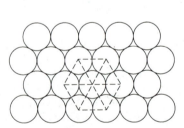
(a) 面心立方结构中{111}晶面

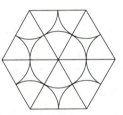
(b) 密排六方结构中{0001}晶面

图 1.35　密排六方结构中晶面上的原子排列情况

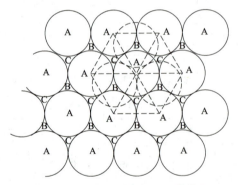

图 1.36　等径原子球在原子密排面上最紧密的堆垛方式

面心立方和密排六方为什么有很多相似之处？

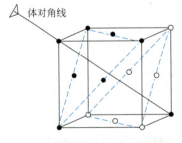
(a) 面心立方晶胞的体对角线

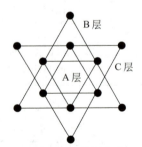
(b) (111)面的堆垛方式

图 1.37　面心立方结构中的密排面堆垛方式

1.3.2 金属的多晶型性

在不同温度或压力下，有些金属（如 Fe、Mn、Ti、Co、Sn、Zr、U、Pu）固态时具有不同的晶体结构，即具有多晶型性。例如，在 1atm 下，铁在 912℃ 以下为体心立方结构，称为 **α-Fe**；在 912～1394℃ 为面心立方结构，称为 **γ-Fe**；在 1394～1538℃（熔点）为体心立方结构，称为 **δ-Fe**。把这种同一元素在固态时随温度或压力变化所发生的晶体结构的转变称为**多晶型转变或同素异构转变**。由于不同晶体结构的致密度不同，当金属由一种晶体结构转变为另一种晶体结构时，将伴随质量体积的跃变，即体积的突变。图 1.38 所示为纯铁加热时的膨胀曲线，在 α-Fe 转变为 γ-Fe 及 γ-Fe 铁转变为 δ-Fe 时，均会因体积突变而使曲线出现明显的转折点。钢铁材料能进行热处理的原因之一就是铁具有多晶型性。因此，多晶型转变可用来改变金属性能。

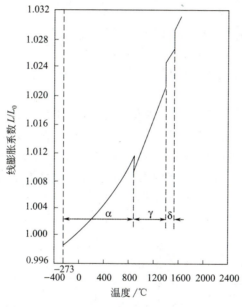

图 1.38 纯铁加热时的膨胀曲线

1.4 合金相结构

纯金属在工业中有着重要的用途，但其强度偏低，因此，在工业上广泛使用的金属材料大部分是合金。合金是指由两种或两种以上的金属与非金属经熔炼、烧结或其他方法组合，并具有金属特性的物质，如黄铜是铜锌合金，钢和铸铁是铁碳合金。组成合金最基本的、最独立的物质称为组元。组元可以是金属元素或非金属元素，也可以是化合物。组元间由于物理和化学的相互作用，可形成各种相。相是指合金中具有同一聚集状态、同一晶体结构和性质，并以界面相互隔开的均匀组成部分。由一种相组成的合金称为单相合金，由几种不同的相组成的合金称为多相合金。尽管合金中的组成相很多，但根据合金组成元素及其原子相互作用的不同，**合金相基本上可分为固溶体和中间相两大类**。

固溶体是固体溶液,是溶质原子溶入溶剂中所形成的均匀混合的物质,它保持了溶剂的晶体结构类型。两组元 A 和 B 组成的合金在形成有限固溶体的情况下,如果溶质含量超过其溶解度时,将会出现新相,其晶体结构类型既不同于溶质,也不同于溶剂,其成分处于 A 在 B 中和 B 在 A 中的最大溶解度之间,故称其为中间相。

1.4.1 固溶体

固溶体晶体结构的最大特点是保持了溶剂的晶体结构。根据溶质原子在溶剂点阵中所处的位置不同,可将固溶体分为置换固溶体和间隙固溶体两类。若溶质原子有规则地占据溶剂点阵中的固定位置,而且溶质与溶剂的原子数之比一定,则这种固溶体称为有序固溶体;若溶质与溶剂以任何比例都能互溶,固溶度达到 100%,则这种固溶体称为无限固溶体,固溶度未达到 100% 的则称为有限固溶体。

1. 置换固溶体

当溶质原子溶入溶剂中,置换了溶剂点阵中的部分溶剂原子,这种固溶体称为置换固溶体。许多元素之间都能形成置换固溶体,但溶解度差异很大,有些能无限溶解,有的只能部分溶解。溶解度主要受以下因素影响。

(1) 晶体结构因素。

若溶质与溶剂晶体结构相同,则溶解度较大;若溶质与溶剂晶体结构不同,则溶解度较小。例如,面心立方结构的 Mn、Co、Ni、Cu 等元素在面心立方结构的 γ-Fe 中的溶解度较大,而在体心立方结构的 α-Fe 中的溶解度较小。晶体结构相同是形成无限固溶体的必要条件。只有当组元 A 和 B 的结构类型相同时,B 原子才可能连续不断地置换 A 原子,如图 1.39 所示。若两组元的晶体结构类型不同,则只能形成有限固溶体。部分合金元素在铁中的溶解度见表 1-10。

图 1.39 无限置换固溶体中两组元原子置换示意图

表 1-10 部分合金元素在铁中的溶解度

元 素	晶 体 结 构	在 γ-Fe 中的最大溶解度/(%)	在 α-Fe 中的最大溶解度/(%)	室温下在 α-Fe 中的溶解度/(%)
C	六方金刚石型	2.11	0.0218	0.008(600℃)
N	简单立方	2.8	0.1	0.001(100℃)
B	正 交	0.018~0.026	~0.008	<0.001
H	六 方	0.0008	0.003	~0.0001
P	正 交	0.3	2.55	~1.2
Al	面心立方	0.625	~36	35

续表

元素	晶体结构	在 γ-Fe 中的最大溶解度/(%)	在 α-Fe 中的最大溶解度/(%)	室温下在 α-Fe 中的溶解度/(%)
Ti	β-Ti 体心立方（>882℃） α-Ti 密排六方（<882℃）	0.63	7～9	～2.5（600℃）
Zr	β-Zr 体心立方（>862℃） α-Zr 密排六方（<862℃）	0.7	～0.3	0.3（385℃）
V	体心立方	1.4	100	100
Nb	体心立方	2.0	1.8	0.1～0.2
Mo	体心立方	～3	37.5	1.4
W	体心立方	～3.2	35.5	4.5（700℃）
Cr	体心立方	12.8	100	100
Mn	δ-Mn 体心立方（>1133℃） γ-Mn 面心立方（1095～1133℃） α-Mn、β-Mn 复杂立方（<1095℃）	100	～3	～3
Co	β-Co 面心立方（>450℃） α-Co 密排六方（<450℃）	100	76	76
Ni	面心立方	100	～10	～10
Cu	面心立方	～8	2.13	0.2
Si	金刚石型	2.15	18.5	15

（2）尺寸因素。

原子半径差对溶解度的影响是由于溶质原子的溶入会使溶剂的晶体结构产生点阵畸变（图 1.40），从而使体系能量升高，这种由点阵畸变产生的能量称为畸变能。溶质与溶剂原子半径相差越大，则点阵畸变的程度越大，畸变能越高，结构的稳定性越低，溶解度越小。在其他条件相近的情况下，当原子半径差 $\Delta r < 15\%$ 时，有利于形成固溶度较大的固溶体；而当 $\Delta r \geq 15\%$ 时，Δr 越大，溶解度越小。$\Delta r < 15\%$ 是形成无限固溶体的又一个必要条件。另外，当 $\Delta r > 30\%$ 时，就不易形成置换固溶体，而容易形成中间相或间隙固溶体。

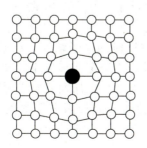 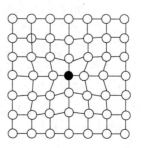

图 1.40　点阵畸变

(3) 电负性因素。

电负性是用来衡量原子获得电子形成负离子的能力。在元素周期表中，同一周期内的元素的电负性由左向右依次递增，而在同一族内的元素的电负性由上向下依次递减。溶质与溶剂的电负性相差越大，溶解度越小，越倾向于形成化合物而不利于形成固溶体。生成的化合物越稳定，则固溶体的溶解度越小。只有电负性相近的原子才可能具有大的溶解度。例如，以 Cu 为溶剂，ⅣA族、ⅤA族、ⅥA族中金属元素和亚金属元素为溶质，则 ⅣA族 Si、Ge、Sn、Pb 在 Cu 中的溶解度大于ⅤA族 As、Sb、Bi，而且ⅥA族 Se 和 Te 在 Cu 中的溶解度极小，易形成稳定化合物。各元素的电负性如图 1.41 所示。

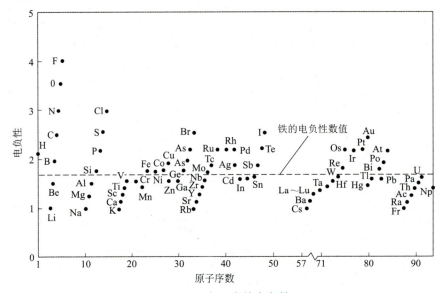

图 1.41 各元素的电负性

(4) 电子浓度因素。

电子浓度是指合金中各组成元素价电子总数 e 与原子总数 a 之比。设溶剂元素的原子价为 A，溶质元素的原子价为 B，溶质原子在合金中的原子百分数为 x，则合金的电子浓度为

$$e/a = \frac{A(100-x) + Bx}{100}$$

当原子尺寸因素较为有利时，在某些以一价金属（如 Cu，Ag，Au）为基的固溶体中，溶质的原子价越高，其溶解度越小。例如，Zn、Ga、Ge 和 As 在 Cu 中的最大溶解度分别为 38%、20%、12% 和 7%（图 1.42）；而 Cd、In、Sn 和 Sb 在 Ag 中的最大溶解度分别为 42%、20%、12% 和 7%（图 1.43）。

根据电子浓度公式计算出这些合金在最大溶解度时的电子浓度，结果都接近 1.4，这就是所谓的极限电子浓度，超过此值时，固溶体就会不稳定而形成中间相。理论计算结果表明，极限电子浓度还与溶剂晶体结构类型有关。对一价金属而言，若晶体结构为面心立方，则极限电子浓度为 1.36；若晶体结构为体心立方，则极限电子浓度为 1.48；若晶体结构为密排六方，则极限电子浓度为 1.75。

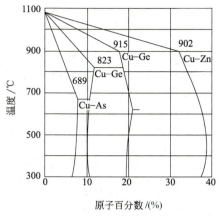

图 1.42 铜合金的固相线和固溶度曲线

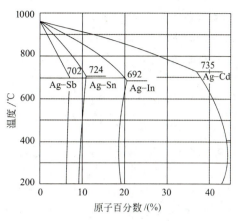

图 1.43 银合金的固相线和固溶度曲线

溶解度除与上述因素有关外，还与温度有关。一般而言，温度升高，溶解度增大。

2. 间隙固溶体

溶质原子分布于溶剂晶格间隙而形成的固溶体称为间隙固溶体。当溶质与溶剂原子半径差 $\Delta r > 30\%$ 时，不易形成置换固溶体，而且当 $\Delta r > 41\%$ 时，溶质原子就可能进入溶剂晶格间隙中而形成间隙固溶体。由于间隙的尺寸很小，能够形成间隙固溶体的溶质元素只能是那些原子半径小于 0.1nm 的非金属元素，如 H、O、N、C 和 B 等（它们的原子半径分别为 0.046nm、0.060nm、0.071nm、0.077nm 和 0.097nm）。尽管它们的原子半径很小，但仍比溶剂晶格中的间隙大。当它们溶入溶剂时，会使溶剂的晶体结构产生点阵畸变，从而点阵常数增大，畸变能升高。因此，间隙固溶体都是有限固溶体，而且溶解度很小。

间隙固溶体的溶解度不仅与溶质原子的大小有关，还与溶剂晶体结构中间隙的形状和大小等因素有关。例如，C 在 γ-Fe 中的最大溶解度为 2.11%，而在 α-Fe 中的最大溶解度仅为 0.0218%。这是由于固溶于 γ-Fe 和 α-Fe 中的碳均处在八面体间隙中，而 γ-Fe 的八面体间隙比 α-Fe 的八面体间隙大。另外，在 α-Fe 中，四面体间隙和八面体间隙都是不对称的，碳原子溶入八面体间隙时，只需推开 z 轴方向的上下两个原子即可，这比挤入四面体间隙要同时推开四个铁原子更容易。虽然如此，但是间隙固溶体的溶解度仍很小。

3. 固溶体的结构特点

固溶体的最大特点是仍然保持溶剂的晶体结构。工业材料中大部分固溶体的溶剂元素都是金属，所以固溶体的晶体结构一般比较简单，如 fcc、bcc 和 hcp。但和纯金属相比，由于溶质原子的溶入，固溶体会发生以下几方面的变化。

(1) 平均点阵常数的变化。

由于溶质原子和溶剂原子存在尺寸差，原先溶剂原子排列的规则性在一定范围内受到干扰，产生点阵畸变，从而导致点阵常数的变化。对置换固溶体而言，当溶质原子半径大于溶剂原子半径时，溶质原子周围点阵膨胀，平均点阵常数增大；当溶质原子半径小于溶剂原子半径时，溶质原子周围点阵收缩，平均点阵常数减小。对间隙固溶体而言，随着溶质原子的加入，平均点阵常数总是增大的。

(2) 固溶强化。

和纯金属相比，由于溶质原子的溶入，固溶体的一个很明显的变化是其强度和硬度增大,这种变化称为固溶强化。

(3) 物理性能和化学性能的变化。

一般而言,固溶体合金随着固溶度的增加,点阵畸变增大,电阻率升高,电阻温度系数降低。例如,Si 加入 α-Fe 中可以提高磁导率,因此 $w_{Si}=2\%\sim4\%$ 的硅钢片是一种应用广泛的软磁材料。

4. 固溶体的微观不均匀性

在固溶体中,溶质原子的分布通常是无序且随机的,但在一定条件下,它们可能会有规则地分布,形成有序固溶体。实际中,完全无序的固溶体是不存在的,可以认为在热力学上处于平衡状态的无序固溶体中,溶质原子的分布在宏观上均匀,但在微观上并不均匀。

固溶体中溶质原子的分布方式如图 1.44 所示,包括完全无序、偏聚、部分有序(短程有序)和完全有序(长程有序)。它主要取决于同类原子(即 A-A 和 B-B)间的结合能 E_{AA} 与 E_{BB} 和异类原子(即 A-B)间的结合能 E_{AB} 的相对大小。原子间结合能是指原子结合时所需的克服原子间相互作用力的外力所做的功。原子间结合能越大,原子越不容易结合。如果同类原子间结合能和异类原子间结合能相近,即 $E_{AA}\approx E_{BB}\approx E_{AB}$,则溶质原子倾向于呈完全无序分布;如果同类原子间结合能小于异类原子间结合能,即 $(E_{AA}+E_{BB})/2<E_{AB}$,则溶质原子倾向于呈偏聚分布;若异类原子间结合能小于同类原子间结合能,即 $E_{AB}<(E_{AA}+E_{BB})/2$,则溶质原子呈部分有序分布或完全有序分布。对于某些合金,在较高温度下为部分有序固溶体,当其成分接近一定的原子比时,缓慢冷却至某一临界温度以下时会转变为完全有序固溶体(简称有序固溶体),这一转变称为固溶体的有序化,发生有序化的温度称为有序化温度。有序固溶体与无序固溶体不同,在 X 射线衍射图上会产生附加的衍射线条,称为超结构线,所以有序固溶体通常称为超结构或超点阵。

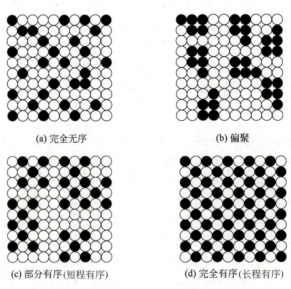

图 1.44 固溶体中溶质原子的分布方式

超点阵结构的类型很多,如图 1.45 所示。例如,面心立方结构中的 Cu_3Au 和 $CuAu$ 等,体心立方结构中的 $CuZn$、Fe_3Al 和 $MgCd_3$ 等。

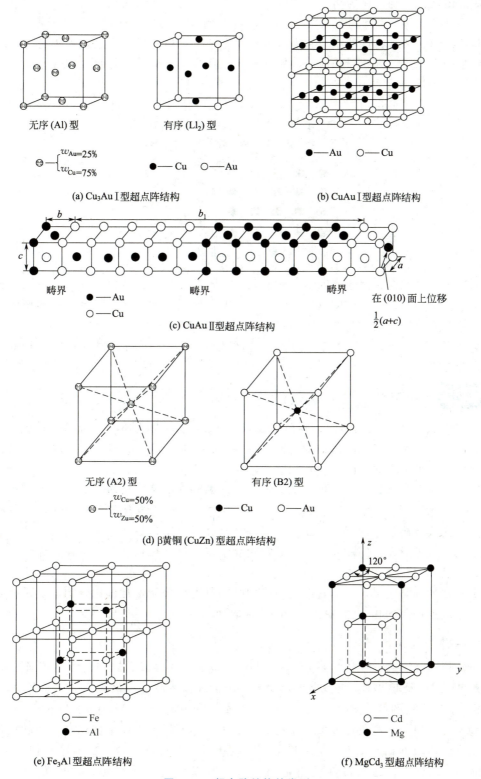

图 1.45 超点阵结构的类型

固溶体从无序到有序的转变是通过原子迁移实现的,其间存在形核和长大的过程。最初核心是部分有序的微小区域,当合金缓慢冷却到某一临界温度时,各个核心逐渐长大,直至相互接壤,通常将这种小块有序区域称为有序畴。当两个有序畴长大相遇时,若其边界恰好是同类原子,则相遇构成明显的分界面,称为反相畴界,其两边的有序畴称为反相畴,如图1.46所示。

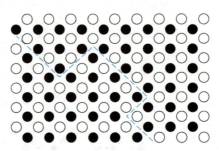

图1.46 反相畴

固溶体有序化时,因原子间结合能增大、点阵畸变和反相畴存在等因素,固溶体性能会发生突变。例如,固溶体的电导率降低,硬度和屈服强度增大,甚至有些非铁磁性合金有序化后会具有明显的铁磁性。影响固溶体有序化的因素有温度、冷却速度和合金成分等。温度升高、冷却速度加快或合金成分偏离理想成分均不利于固溶体得到完全有序的转变。

1.4.2 中间相

两组元A和B形成合金时,除可形成以组元A为基或以组元B为基的固溶体(端际固溶体)外,还可能形成晶体结构与两组元A和B均不同的新相。由于这些新相在相图上的位置总是处于中间,因此通常把这些相称为中间相。

中间相可以是化合物,也可以是以化合物为基的固溶体(称为二次固溶体或第二类固溶体)。中间相可用化学分子式来表示。中间相中原子间的结合键是金属键,并兼有离子键、共价键或范德瓦耳斯键。因此,中间相具有金属性质,故又称金属间化合物。其晶体结构不同于其组成元素的晶体结构,通常较复杂,并且其熔点高、硬度高、脆性大,常作为合金中的强化相。

中间相的种类很多,根据其形成规律和结构特点可分为正常价化合物、电子化合物和原子尺寸因素控制的化合物三类。下面分别介绍。

1. 正常价化合物

正常价化合物是一种主要受电负性控制的中间相,由金属元素与电负性较强的ⅣA族、ⅤA族和ⅥA族元素组成。它符合化合物的原子价规律,并可用化学分子式来表示。例如,2价的Mg和4价的Pb、Sn、Ge、Si形成的Mg_2Pb、Mg_2Sn、Mg_2Ge、Mg_2Si。这些化合物的稳定性与组元的电负性差值大小有关。电负性相差越大,稳定性越高,并越接近于离子键结合;电负性相差较小,越不稳定,并越接近于金属键结合。在上述几种化合物中,由Pb到Si,与Mg的电负性差值逐渐增大,所以Mg_2Si最稳定,熔点为1012℃;而Mg_2Pb最不稳定,熔点仅为550℃,其电阻随温度升高而增加,而且金属键占主导地位。

正常价化合物的结构类型对应于同类分子式的离子化合物结构，如 NaCl 型结构、Ca_2F 型结构、立方 ZnS 型结构和六方 ZnS 型结构等。

2. 电子化合物

电子化合物是指由ⅠB族或过渡族金属元素与ⅡB族、ⅢA族和ⅣA族金属元素组成的金属化合物。它不遵守化合价规则，而是按一定电子浓度形成。电子浓度不同，所形成的化合物的晶体结构也不同。这类化合物的特点是电子浓度决定晶体结构。

对于大多数电子化合物，其晶体结构与电子浓度都有对应关系：电子浓度为 21/14 的电子化合物称为 β 相，大多具有体心立方结构，少数具有复杂立方结构（β-Mn 结构）和密排六方结构；电子浓度为 21/13 的电子化合物称为 γ 相，具有复杂立方结构；电子浓度为 21/12 的电子化合物称为 ε 相，具有密排六方结构。常见的电子化合物及其结构类型见表 1-11。计算电子浓度时，过渡族元素的价电子数视为 0。

表 1-11 常见的电子化合物及其结构类型

电子浓度＝21/14			电子浓度＝21/13	电子浓度＝21/12
体心立方结构	复杂立方结构（β-Mn 结构）	密排六方结构	复杂立方结构（γ-黄铜结构）	密排六方结构
CuZn	Cu_5Si	Cu_3Ga	Cu_5Zn_8	$CuZn_3$
CuBe	Ag_3Al	Cu_5Ge	Cu_5Cd_8	$CuCd_3$
Cu_3Al	Au_3Al	AgZn	Cu_5Hg_8	Cu_3Sn
Cn_3Ga*	$CoZn_3$	AgCd	Cu_9Al_4	Cu_3Si
Cu_3In		Ag_3Al	Cu_9Ga_4	$AgZn_3$
Cu_5Si*		Ag_3Ga	Cu_9In_4	$AgCd_3$
Cu_5Sn		Ag_3In	$Cu_{31}Si_8$	Ag_3Sn
AgMg*		Ag_5Sn	$Cu_{31}Sn_8$	Ag_5Al_3
AgZn*		Ag_7Sb	Ag_5Zn_8	$AuZn_3$
AgCd*		Au_3In	Ag_5Cd_8	$AuCd_3$
Ag_3Al*		Au_5Sn	Ag_5Hg_8	Au_3Sn
Ag_3In*			Ag_9In_4	Au_5Al_3
AuMg			Au_5In_8	
AuZn			Au_5Cd_8	
AuCd			Au_9In_4	
FeAl			Fe_5Zn_{21}	
CoAl			Co_5Zn_{21}	
NiAl			Ni_5Be_{21}	
PdIn			$Na_{31}Pb_8$	

注：* 表示在不同温度出现不同的结构。

虽然电子化合物可用化学分子式表示，但不符合化合价规则。实际上，其成分是在一定范围内变化的。电子化合物可以看作以化合物为基的固溶体，其电子浓度也在一定范围内变化。电子化合物中原子间的结合方式以金属键为主，故其具有明显的金属特性。

3. 原子尺寸因素控制的化合物

该类化合物主要受组元的原子尺寸因素控制，通常是由过渡族金属元素与原子半径很小的非金属元素组成。当两种原子半径相差很大的元素组成化合物时，该化合物倾向于形成间隙相和间隙化合物；当两种原子半径相差不太大的元素组成化合物时，该化合物倾向于形成拓扑密堆相。下面分别介绍间隙相、间隙化合物和拓扑密堆相。

(1) 间隙相。

当过渡族金属元素（A）与非金属元素（B）之间电负性相差较大，并且 $r_B/r_A < 0.59$ 时，形成的中间相具有简单的晶体结构，称为间隙相。它们大多具有面心立方（fcc）结构或密排六方（hcp）结构，少数具有体心立方（bcc）结构或简单六方结构。间隙相的晶体结构和组元的晶体结构均不相同。在晶体中，金属原子占据正常的位置，而非金属原子规则地分布于晶格间隙中，构成一种新的晶体结构。例如，间隙相 VC 中金属 V 是体心立方结构，但与 C 形成 VC 间隙相后，其晶体结构为面心立方结构。其中，V 原子构成面心立方结构，C 原子位于其八面体间隙中。非金属原子在间隙相中的位置主要取决于原子尺寸。当 $r_B/r_A < 0.414$ 时，非金属原子进入四面体间隙；当 $r_B/r_A > 0.414$ 时，非金属原子进入八面体间隙。

间隙相可用化学分子式来表示，它们有 AB、AB_2、A_4B 和 A_2B 等类型。在面心立方结构和密排六方结构中，八面体间隙和四面体间隙与晶胞内原子数的比值分别是 1 和 2。当非金属原子填满八面体间隙时，间隙相的类型为 AB，结构为 NaCl 型结构（也可能是闪锌矿结构，非金属原子占据四面体间隙的一半）；当非金属原子填满四面体间隙时，则形成 AB_2 类型的间隙相；当非金属原子在面心立方结构中，每个晶胞占据一个八面体间隙时，则形成 A_4B 类型的间隙相；当非金属原子占据八面体间隙的一半或者四面体间隙的四分之一时，则形成 A_2B 类型的间隙相。常见的间隙相及其晶体结构见表 1-12。尽管间隙相可以用化学分子式来表示，但其成分在一定范围内变化，也可视为以化合物为基的固溶体。间隙相不仅可以溶解其组成元素，间隙相之间也能互相溶解。如果两种间隙相具有相同的晶体结构，并且这两种金属原子半径差小于 15%，它们还可以形成无限固溶体，如 TiC-ZrC、TiC-VC、ZrC-NbC 和 VC-NbC 等。

表 1-12 常见的间隙相及其晶体结构

化学分子式	间 隙 相	晶 体 结 构
AB	TaC、TiC、ZrC、VC、ZrN、VN、TiN、CrN、ZrH、TiH	面心立方
	TaH、NbH	体心立方
	WC、MoN	简单六方
AB_2	TiH_2、ThH_2、ZnH_2	面心立方
A_4B	Fe_4N、Mn_4N	面心立方
A_2B	Ti_2H、Zr_2H、Fe_2N、Cr_2N、V_2N、W_2C、Mo_2C、V_2C	密排六方

间隙相中原子间的结合键为共价键和金属键,故间隙相具有极高的熔点和极高的硬度,并具有明显的金属特性,是合金工具钢和硬质合金中的重要组成相。表面处理(如氮化和激光涂覆)可使工件表面形成含有间隙相的薄层,可显著提高工件表面硬度和耐磨性,延长工件的使用寿命。

(2) 间隙化合物。

当非金属原子半径与过渡族金属原子半径之比 $r_B/r_A > 0.59$ 时,形成的中间相往往具有复杂的晶体结构,这就是间隙化合物。间隙化合物通常是由过渡族金属元素与碳元素形成的碳化物。常见的间隙化合物有 A_3C 型(如 Fe_3C 和 Mn_3C)、A_7C_3 型(如 Cr_7C_3)、$A_{23}C_6$ 型(如 $Cr_{23}C_6$)和 A_6C 型(如 Fe_3W_3C 和 Fe_4W_2C)等。间隙化合物中的金属元素常常会被其他金属元素置换而形成以化合物为基的固溶体,如 $(Fe,Mn)_3C$、$(Cr,Fe)_7C_3$ 和 $(Cr,Fe,Mo,W)_{23}C_6$ 等。

间隙化合物的晶体结构很复杂。例如,$Cr_{23}C_6$ 和 Fe_3W_3C 的晶体结构都属于立方晶系。$Cr_{23}C_6$ 的晶胞中共有 116 个原子,包括 92 个 Cr 原子和 24 个 C 原子;Fe_3W_3C 的晶胞中共有 112 个原子,包括 48 个 Fe 原子、48 个 W 原子和 16 个 C 原子。不管晶体结构多么复杂,C 原子总是位于金属原子的间隙中。下面以 Fe_3C 为例来说明。

Fe_3C 是合金中的一个基本相,称为渗碳体。其晶体结构如图 1.47 所示,为正交晶系。C 原子与 Fe 原子的原子半径比为 0.63。晶胞的三个点阵常数不相等,晶胞中共有 16 个原子,包括 12 个 Fe 原子和 4 个 C 原子,符合 Fe∶C=3∶1 的关系。Fe_3C 中的 Fe 原子可以被 Mn、Cr、Mo、W 或 V 等金属原子置换,从而形成合金渗碳体,如 $(Fe,Mn)_3C$ 等。Fe_3C 硬而脆,其硬度为 950~1050HV。

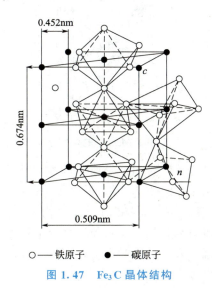

图 1.47　Fe_3C 晶体结构

○——铁原子　●——碳原子

间隙化合物中原子间结合键为共价键和金属键。其熔点和硬度均较高,如 $Cr_{23}C_6$ 和 Fe_3W_3C 的硬度分别为 1050HV 和 1100HV,因此间隙化合物是钢中的主要强化相。在钢中只有周期表中位于 Fe 左方的过渡族金属元素才能形成碳化物(包括间隙相和间隙化合物),它们的 d 层电子越少,与碳的亲和力越强,形成的碳化物越稳定。

(3) 拓扑密堆相。

对于纯金属,由于原子半径相同,由等径刚性球堆成的密排结构是 fcc 和 hcp 结构,配位数为 12，其中存在较大的四面体间隙和八面体间隙。将两种大小不同的刚性球组合起来，得到主要存在四面体间隙的密排结构，其由配位数（CN）为 12、14、15、16 的配位多面体堆垛而成。配位多面体是以某一原子为中心，将其周围紧密相邻的各原子中心用直线连接起来而构成的多面体。而由两种大小不同的原子通过适当的配合而构成的具有高致密度和高配位数的晶体结构的中间相称为拓扑密堆相。决定拓扑密堆相形成的主要因素是原子尺寸。

拓扑密堆相的种类很多，已经发现的有拉弗斯相（如 $MgCu_2$、$MgZn_2$、$MgNi_2$ 和 $TiFe_2$）、σ 相（如 FeCr、FeV、FeMo、CrCo 和 WCo）和 μ 相（如 Fe_7W_6 和 Co_7Mo_6）。下面主要介绍拉弗斯相和 σ 相的晶体结构。

① 拉弗斯相。大部分金属之间形成的金属间化合物属于拉弗斯相，其典型的化学分子式为 AB_2。其中 A 原子略大于 B 原子，理论比值为 $r_A/r_B=1.255$，而实际比值为 1.05~1.68。拉弗斯相的晶体结构有三种类型，它们的典型代表分别为 $MgCu_2$、$MgZn_2$ 和 $MgNi_2$。以 $MgCu_2$ 为例，其晶胞结构如图 1.48 所示。$MgCu_2$ 具有复杂立方结构，其晶胞共有 24 个原子，包括 8 个 Mg 原子和 16 个 Cu 原子；较大的 Mg 原子构成金刚石结构，较小的 Cu 原子则构成四面体结构，这就使晶体结构中只存在四面体间隙。Mg 原子周围有 12 个 Cu 原子和 4 个 Mg 原子，故配位数为 16；而 Cu 原子周围是 6 个 Mg 原子和 6 个 Cu 原子，故配位数为 12。因此该相也可看作由配位数为 16 和 12 的两种配位多面体相配合而成。

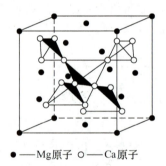

● ——Mg 原子　○ ——Ca 原子

图 1.48　$MgCu_2$ 的晶胞结构

虽然决定拉弗斯相晶体结构的主要因素是原子尺寸，但电子浓度对晶体结构也有很大的影响。例如，当电子浓度为 1.33~1.75 时，镁合金中的拉弗斯相具有 $MgCu_2$ 结构；当电子浓度为 1.8~2.0 时，它具有 $MgZn_2$ 和 $MgNi_2$ 结构。

拉弗斯相是镁合金中的重要强化相。在其他许多合金系中也能形成拉弗斯相，如在高合金不锈钢和铁基、镍基高温合金中；有时也会在固溶体基体上形成针状拉弗斯相，当其数量较多时会使钢变脆，降低合金性能。

② σ 相。σ 相通常存在于过渡族金属元素组成的合金中，其化学分子式为 AB 或 A_xB_y，如 FeCr、FeV、FeMo、CrMo、MoCrNi、WCrNi 和 $(Cr,Mo,W)_x(Fe,Co,Ni)_y$ 等。尽管 σ 相可用化学分子式表示，但其化学成分在一定范围内变化，也可视为以化合物为基的固溶体。

σ 相具有复杂的四方结构，其轴比 $c/a≈0.52$，每个晶胞中有 30 个原子，其晶体结构如图 1.49 所示。

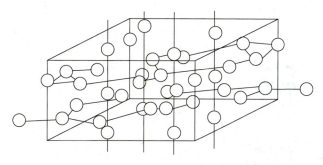

图 1.49　σ 相的晶体结构

σ相在常温下硬而脆，通常对合金性能有害。例如，在不锈钢中出现 σ 相会引起晶间腐蚀和脆性；在镍基高温合金和耐热钢中，若处理不当，产生了片状的硬而脆的 σ 相沉淀，则会使材料变脆，降低合金性能。

习　题

1. 金刚石是碳的一种晶体结构，其晶格常数 $a=0.357\text{nm}$，当它转换成石墨（$\rho=2.25\text{g/cm}^3$）结构时，其体积如何改变？

2. 试归纳三种典型的金属晶体结构的特征。

3. Cr 的晶格常数 $a=0.2884\text{nm}$，密度 $\rho=7.19\text{g/cm}^3$，试确定此时 Cr 的晶体结构。

4. 渗碳体（Fe_3C）是一种间隙化合物，它具有正交点阵结构，其点阵常数 $a=0.4514\text{nm}$，$b=0.508\text{nm}$，$c=0.6734\text{nm}$，密度 $\rho=7.66\text{g/cm}^3$，试求 Fe_3C 每单位晶胞中含 Fe 原子与 C 原子的数目。

5. 从晶体结构的角度，试说明间隙固溶体、间隙相及间隙化合物之间的区别。

6. 试说明 $(\bar{1}\bar{1}0)(\bar{3}11)(\bar{2}21)$ 是否属于同一晶带，若属于同一晶带，请指出其晶带轴，并写出五个属于该晶带轴的晶面。

7. 在立方晶系的晶胞中画出下列晶面或晶向：

$(113)(210)(\bar{1}30)$　　$[\bar{1}10]$　　$[210]$　　$[123]$

8. 有一正交点阵，点阵常数 $a=b$，$c=a/2$，某晶面在三个晶轴上的截距分别为两个、三个和六个原子间距，求该晶面的米勒指数。

9. 立方晶系的 $\{111\}$ 和 $\{110\}$ 晶面族各包括多少晶面？分别写出它们的米勒指数。

10. 写出六方晶系中 $\{10\bar{1}2\}$ 晶面族中所有晶面的米勒指数，并在六方晶胞中画出 $[11\bar{2}0]$ 和 $[1\bar{1}01]$ 的晶向。

11. 底心立方是不是一种独立的布拉维点阵，为什么？

第 2 章 晶体缺陷

本章教学要求

知 识 要 点	掌 握 程 度	相 关 知 识
点缺陷	理解点缺陷的形成； 重点掌握点缺陷的平衡浓度	能量起伏
位错	掌握位错的基本类型和特征； 理解柏氏回路及柏氏矢量； 重点掌握作用在位错上的力和位错的运动； 掌握位错的应力场及位错与晶体缺陷间的交互作用； 理解位错的交割； 掌握位错的分解与合成	位错概念的提出； 柏氏矢量的确定方法； 连续介质弹性模型； 应力分量； 割阶与扭折； 全位错与不全位错
面缺陷	理解固体表面的表面结构、吸附表面和表面能； 重点掌握固体界面	固相界面的自由度

晶体点阵中的完整性只是一个理论概念，自然界存在的晶体总是不完整的。在实际晶体中，由于晶体点阵中的质点（原子、分子或离子）的热运动、晶体的形成条件、冷热加工过程、辐射和杂质等因素的影响，晶体点阵中的质点（原子、分子或离子）排列可能不规则，或多或少地存在偏离完整性的状态，通常把这种偏离完整性的状态称为晶体缺陷。对于晶体结构而言，完整性是主要的，非完整性是次要的；但对于晶体的许多性能，特别是力学性能，起主要作用的是晶体的非完整性，即晶体缺陷扮演主角，而晶体的完整性只占次要地位。

根据晶体缺陷的几何特征，可将其分为以下三类。

（1）点缺陷。其特征是在三维空间的各个方向上尺寸都很小，约为一个或几个原子尺度，故也称零维缺陷，如空位、间隙原子、杂质或溶质原子等。

（2）线缺陷。其特征是在空间两个方向上尺寸都很小，另外一个方向上的尺寸相对很大，故也称一维缺陷，如位错等。

（3）面缺陷。其特征是在空间一个方向上尺寸很小，另外两个方向上的尺寸相对很大，故也称二维缺陷，如晶界、相界、孪晶界和堆垛层错等。

在晶体中，这三类缺陷并不是静止地、稳定不变地存在，而是随着各种条件的改变而不断变动，它们相互联系、相互制约，在一定条件下还能相互转化，从而对晶体性能产生复杂的影响。下面分别讨论这三类缺陷（线缺陷以位错为例展开）的形成、运动方式、交互作用，以及与晶体的组织和性能有关的主要问题。

2.1 点 缺 陷

晶体中的点缺陷包括空位、间隙原子、杂质或溶质原子，以及由它们组成的复杂缺陷（如空位对、空位团和空位-溶质原子对）等。这里主要讨论空位和间隙原子。

2.1.1 点缺陷的形成

在金属晶体中，位于阵点上的原子并非是静止的，而是以各自的平衡位置为中心不停地做热振动。原子的振幅大小与温度有关，温度越高，振幅越大。在一定的温度下，每个原子的振动能量并不完全相同，在某一瞬间，某些原子的能量可能高些，其振幅就要大些；而另一些原子的能量可能低些，其振幅就要小些。对一个原子来说，这一瞬间能量可能高些，另一瞬间能量可能低些，这种现象称为能量起伏。根据统计规律，在某一温度的某一瞬间总有一些原子的热振动能量高到足以克服周围原子的束缚，它们便有可能离开原来的平衡位置跳到一个新的位置上，并在原来的位置平衡上留下空位。离位原子大致有三个去处：一是迁移到晶体表面或晶界，这样所形成的空位称为肖脱基空位，如图 2.1（a）所示；二是迁移到晶体间隙中，这样所形成的空位称为弗仑克尔空位，如图 2.1（b）所示，与此同时，还形成了相同数量的间隙原子；三是迁移到其他空位处，造成空位迁移，但不增加空位的数目。在一定条件下，晶体表面的原子也可能迁移到晶体内部的间隙位置，成为间隙原子，如图 2.1（c）所示。

点缺陷的存在会造成点阵畸变，使晶体的内能升高，热力学稳定性降低，但点缺陷引起的点阵畸变仅出现在几个原子间距范围内。

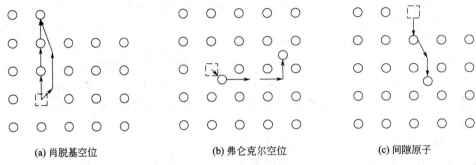

(a) 肖脱基空位　　　　　(b) 弗仑克尔空位　　　　　(c) 间隙原子

图 2.1　晶体中的点缺陷

由于空位的存在，其周围原子失去了一个近邻原子而使相互间的作用失去平衡，因此它们会朝空位方向稍有移动，偏离其平衡位置，在空位的周围出现一个涉及几个原子间距范围的弹性畸变区，这种现象称为晶格畸变。处于间隙位置的间隙原子，同样会使其周围点阵产生晶格畸变，而且畸变程度要比空位引起的晶格畸变大得多，因此它的形成能大，在晶体中的浓度一般很低。

点缺陷对金属的性能有一定的影响，它可使金属的电阻升高，体积膨胀，密度减小。另外，过饱和点缺陷（如淬火空位和辐射缺陷）可提高金属的屈服极限。

2.1.2　点缺陷的平衡浓度

点缺陷（如空位和间隙原子等）的存在一方面造成点阵畸变，使晶体的内能升高，热力学稳定性降低；另一方面增加了原子排列的混乱程度，增强了晶体的热力学稳定性。这两个相互矛盾的因素使晶体中的点缺陷在一定温度下有一定的平衡浓度。因此，**点缺陷是热力学稳定缺陷**。

根据热力学理论可推导出点缺陷的平衡浓度。以空位为例，由热力学原理可知，在恒温下系统的自由能 F 为

$$F = U - TS \tag{2-1}$$

式中，U 为内能；T 为绝对温度；S 为总熵值。

设晶体中有 N 个原子位置，平衡时晶体中空位数为 n 个，则原子数为 $(N-n)$ 个。假设一个空位所需的能量为 E_v，则晶体中含有 n 个空位时其内能将增加 $\Delta U = nE_v$；而 n 个空位造成晶体中的排列有许多不同组态而引起的组态熵为 S_c，空位改变它周围的原子的振动而引起的振动熵为 nS_f，则系统自由能的改变 ΔF 为

$$\Delta F = nE_v - T(S_c + nS_f) \tag{2-2}$$

根据统计热力学，组态熵可表示为

$$S_c = k\ln\omega \tag{2-3}$$

式中，k 为玻耳兹曼常数（1.38×10^{-23} J/K）；ω 为微观状态的数目，即晶体中 n 个空位在 N 个位置上可能的排列方式的数目，有

$$\omega = \frac{N!}{(N-n)!\,n!}$$

代入式(2-3)，得

$$S_c = k\ln\frac{N!}{(N-n)!\,n!} \tag{2-4}$$

当 N 和 n 都非常大时，可用斯特林公式 $\ln x! \approx x\ln x - x$，将式(2-4) 改写为

$$S_c = k[N\ln N - (N-n)\ln(N-n) - n\ln n] \qquad (2-5)$$

代入式(2-2)，得

$$\Delta F = nE_v - kT[N\ln N - (N-n)\ln(N-n) - n\ln n] - nTS_f$$

在平衡时，自由能最小，即 $\left(\dfrac{\partial \Delta F}{\partial n}\right)_T = 0$，可求得

$$E_v - kT\ln\left(\dfrac{n}{N-n}\right) - TS_f = 0$$

即

$$\dfrac{n}{N-n} = \exp\left(-\dfrac{E_v - TS_f}{kT}\right) \qquad (2-6)$$

当 $n \ll N$ 时，$\dfrac{n}{N-n} \approx \dfrac{n}{N}$，空位的平均浓度为

$$C = \dfrac{n}{N} = \exp\left(-\dfrac{E_v - TS_f}{kT}\right) = A\exp\left(-\dfrac{E_v}{kT}\right) \qquad (2-7)$$

式中，$A = \exp\left(\dfrac{S_f}{k}\right)$ 为由振动熵决定的系数，一般为 $1\sim10$。

如果将式(2-7)中指数的分子分母同乘以阿伏伽德罗常数 N_A（$6.022\times10^{23}\,\text{mol}^{-1}$），于是有

$$C = A\exp\left(-\dfrac{N_A E_v}{kN_A T}\right) = A\exp\left(-\dfrac{Q_f}{RT}\right) \qquad (2-8)$$

式中，$Q_f = N_A E_v$，为形成 1mol 空位所需做的功，单位为 J/mol；$R = kN_A$，为气体常数 [8.314J/(mol·K)]。

按类似的计算方法，也可求出间隙原子的平衡浓度，即

$$C' = \dfrac{n'}{N'} = \exp\left(-\dfrac{E'_v - TS'_f}{kT}\right) = A'\exp\left(-\dfrac{E'_v}{kT}\right) \qquad (2-9)$$

式中，$A' = \exp\left(\dfrac{S'_f}{k}\right)$；$N'$ 为间隙原子位置总数；n' 为间隙原子数；E'_v 为形成一个间隙原子所需的能量。

在一般的晶体中，间隙原子的形成能 E'_v 较大（为空位形成能 E_v 的 $3\sim4$ 倍）。因此，在同一温度下，晶体中间隙原子的平衡浓度远低于空位的平衡浓度。例如，Cu 的空位形成能为 1.7×10^{-19}J，而间隙原子的形成能为 4.8×10^{-19}J，在 1273K 时，空位的平衡浓度约为 10^{-4}，而间隙原子的平衡浓度仅约为 10^{-14}，两者浓度比接近 10^{10}。因此，在通常情况下，晶体中间隙原子数非常少，相对于空位可忽略不计；但在高能粒子辐照后会产生大量的弗仑克尔缺陷，此时间隙原子数就不能忽略不计了。

对于高分子材料而言，以上讨论的平衡浓度的概念是不成立的。高分子材料中存在比金属中平衡空位还多的分子尺寸的空隙，但这些空隙的形态和数量是由高分子链的构成和分布状态决定的。

对于离子晶体而言，计算平衡浓度时应考虑肖脱基缺陷和弗仑克尔缺陷都是成对出现的；与纯金属相比，离子晶体的点缺陷形成能一般都相当大，故在平衡状态下，一般离子晶体中存在的点缺陷的平衡浓度是极其微小的，通过实验测定相当困难。

2.1.3 点缺陷的运动

晶体中空位或间隙原子并非固定不动,而是处于不断运动中。空位周围的原子由于热振动能量的起伏,有可能跳入空位,此时在这个原子原来的位置就形成空位,空位与周围原子的不断换位,形成空位运动。由于热运动,间隙原子也可由一个间隙位置跳到另一个间隙位置。如果间隙原子与空位相遇,两者将消失,此过程称为复合。与此同时,由于能量起伏,在其他位置又会出现新的空位或间隙原子,以保持该温度下的平衡浓度。

点缺陷不断地无规则运动,以及空位或间隙原子不断地产生和复合是晶体中许多物理过程(如扩散、相变和蠕变等)的基础。

空位和间隙原子的平衡浓度随温度升高呈指数增加。另外,淬火、冷加工、高温粒子轰击及氧化等也会使它们的浓度显著高于平衡浓度,即形成过饱和空位或过饱和间隙原子。这种过饱和点缺陷是不稳定的,会通过复合消失或形成较稳定的复合体。

2.2 位 错

晶体的塑性变形很早就被人们所注意,根据晶体表面留下的滑移痕迹,人们认识到塑性变形一定是在晶体中密排面之间的互相滑移时产生的。若从原子角度来阐述滑移,则认为滑移面两侧晶体像刚体一样,在滑移过程中所有原子同步平移,这就是所谓的刚性模型。1929 年,弗仑克尔用刚性模型推算了理想晶体的临界分切应力,即 $\tau_m = G/2\pi$(G 为晶体的切变模量)。当外力达到 τ_m 时,原子就可以从一个平衡位置迁移到另一个平衡位置,晶体开始滑移并产生塑性变形。τ_m 是临界分切应力理论值,或称理论切变强度。一般工程用的金属,G 为 $10^4 \sim 10^5$ MPa,所以金属的理论切变强度应为 $10^3 \sim 10^4$ MPa。实际上,金属单晶体的临界分切应力值只有 $1 \sim 10$ MPa,即理论值是实际值之间的一千至一万倍。这是一个困惑材料科学家数十年的问题,人们设想晶体中一定存在某种缺陷,因为它的存在和它的运动引起晶体的塑性变形,设想的这种缺陷结构及特性必须和晶体宏观的塑性变形现象相符。根据晶体宏观塑性变形的特点,引入晶体中的这种缺陷必须符合以下几点。

(1) 它的晶体学要素不依赖于外力,而由晶体结构本身确定。
(2) 引入的这种缺陷是易动的,但它不像空位那样易受热起伏影响。
(3) 它能解释变形的不均匀性,即能说明它的结构敏感性。
(4) 它能说明变形过程的传播性。
(5) 它应有合理的增殖机制。

在晶体中引入的这种缺陷就是下面要讨论的位错。

1934 年,泰勒、波拉尼和奥罗万三人几乎同时提出位错的概念,并用位错成功地解释了金属的变形。他们认为晶体的实际滑移过程并不是滑移面两边的所有原子同时做整体刚性滑动,而是通过在晶体中存在的称为位错的线缺陷来进行的。位错在较低应力的作用下就能开始移动,从而使滑移区逐渐扩大,直到整个滑移面上的原子都先后发生相对位移。位错的产生和运动可使晶体发生塑性变形,而产生和推动位错运动所需切应力远小于滑移面整体原子运动所需的理论切变强度(在 2.2.3 节中将表明),并且以位错形式使材料产生塑性变形所需的临界分切应力与实际测量值基本符合。20 世纪 50 年代后，随着电子显微技术的发展，位错模型被实验所证实，位错理论有了进一步的发展。

晶体中的位错是一种线型畸变。在它周围的严重畸变区域的尺度中，其中一个尺度比垂直于此线的其他二维尺度大得多，也可以把严重畸变区域用类似一个管道来描述，这个管道贯穿于晶体之中，其直径通常仅有几个原子间距。在管道内，原子间的坐标与在完整晶体中原子间的坐标不同，而在管道外的原子间的坐标接近于在完整晶体中原子间的坐标。这里所谓的管道内部和管道外部之间并无明确界线，它们之间是逐渐过渡的，并且管道的截面也不一定是圆形。管道内部这个定义不很精确的区域称为位错核心。

2.2.1 位错的基本类型和特征

位错作为一种线缺陷，只存在于晶体材料中，只有金属材料和陶瓷材料的塑性变形是通过位错来进行的。金属材料是点阵对称性很高的晶体，原子间的作用力在各个方向上差异很小，位错只有在这样的晶体中才有很多的滑移面和滑移方向，才可以自由运动并容易产生和增殖。在陶瓷材料中，位错的结构相当复杂，位错的产生和运动都比较困难。高分子材料大多以非晶态形式存在，即使在其晶体中，由于其晶体等同点对应的是很复杂的分子结构，而且晶体中存在很强的分子链方向性，位错的产生和运动都是很难实现的。因此，在高分子材料中，位错对塑性变形不起明显作用。

位错是晶体原子排列的一种特殊组态，并且位错线结构非常复杂。不同的滑移方式会形成三种类型的位错，即刃型位错、螺型位错和混合型位错。但是，不论多么复杂的位错线，都可以看成由两种简单类型的位错（即刃型位错和螺型位错）混合而成。

1. 刃型位错

取一简单立方晶体，在切应力 τ 的作用下，晶体的左侧上半部分相对下半部分沿滑移面 $ABCD$ 向右滑移了一个原子间距 b，滑移终止在晶体内部，图 2.2（a）中的阴影表示已滑移区，已滑移区与未滑移区交界（EF）垂直于滑移方向。在已滑移区（$ADFE$）和未滑移区（$EFCB$）之间出现了一个多余半原子面（$EFGH$），多余半原子面和已滑移区的交线 EF 就是位错线，其周围的原子排列状态如图 2.2（b）所示。E 和 F 分别是位错在晶体两边的露头，这种位错在晶体中有一个刀刃状的多余半原子面，所以这种位错称为刃型位错。

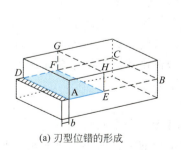

(a) 刃型位错的形成　　　　(b) 位错线周围的原子排列状态

图 2.2　刃型位错

刃型位错具有以下特征。

(1) 刃型位错有一个多余半原子面。习惯上把多余半原子面在滑移面上方的称为正刃型位错,用"⊥"表示;多余半原子面在滑移面下方的称为负刃型位错,用"⊤"表示。正刃型位错和负刃型位错是相对而言的。

(2) 刃型位错线可视为晶体中已滑移区与未滑移区的边界线。它不一定是直线,也可以是折线,如图 2.3 所示,但它必与滑移方向和滑移矢量相互垂直。

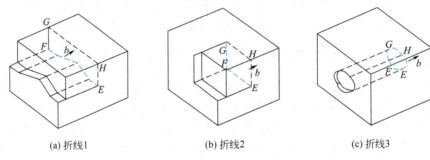

(a) 折线1　　　　　　(b) 折线2　　　　　　(c) 折线3

图 2.3　刃型位错线

(3) **滑移面必定是由位错线和滑移矢量组成的平面**。由于位错线与滑移矢量相互垂直,因此由它们所构成的平面是唯一的。

(4) 由于晶体中刃型位错的存在,位错周围的点阵发生弹性畸变,并且既有切应变,又有正应变。就正刃型位错而言,滑移面上方点阵受到压应力,下方点阵受到拉应力;负刃型位错与此相反。

(5) 在位错线周围的过渡区(畸变区),每个原子具有较大的平均能量。但是,过渡区是窄长的管道,该区只有几个原子间距宽。

2. 螺型位错

螺型位错的结构比刃型位错要复杂些,它的结构特点可由图 2.4 加以说明。设正方晶体右侧在切应力 τ 的作用下,其右侧上、下两部分沿滑移面 ABCD 相对地向后移动了一个原子间距 b [图 2.4 (a)]。此时已滑移区和未滑移区的边界线 bb' 即为位错线。图 2.4 (b) 所示为位错线周围的原子排列状态。图中用"·"表示滑移面 ABCD 下方的原子,用"○"表示滑移面 ABCD 上方的原子。在 aa' 右边晶体的上下层原子相对错动了一个原子间距 b,而在 bb' 和 aa' 之间出现了一个约几个原子间距宽的上、下层原子位置不相吻合的过渡区,产生点阵畸变。如果以位错线 bb' 为轴线,从 a 开始,按顺时针方向依次连接此过渡区的各原子,则其走向与右螺旋线的前进方向一样[图 2.4 (c)],故这种位错称为螺型位错。螺型位错有左螺型位错和右螺型位错之分。根据螺旋面的旋转方向,符合右手法则(即以右手拇指代表螺旋面前进的方向,其他四指代表螺旋面的旋转方向)的称为右螺型位错,符合左手法则的称为左螺型位错。右螺型位错和左螺型位错是绝对的,从任何角度去看,右螺型位错都不会成为左螺型位错,反之亦然。

螺型位错具有以下特征。

(1) 螺型位错的原子错排是呈轴对称的,并且无多余半原子面。

(2) 螺型位错线与滑移矢量平行,因此螺型位错的滑移面不是唯一的。但是,螺型位错线的移动方向与晶体滑移方向和滑移矢量相互垂直。

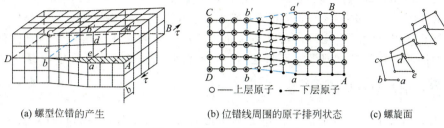

(a) 螺型位错的产生　　(b) 位错线周围的原子排列状态　　(c) 螺旋面

图 2.4　螺型位错的结构特点

（3）螺型位错周围的点阵畸变随离位错线距离的增加而急剧减少，故它也是包含几个原子间距宽度的线缺陷。

（4）螺型位错线周围的点阵也发生弹性畸变。但是，该弹性畸变只有平行于位错线的切应变而无正应变，即不引起体积的膨胀或收缩。

3．混合型位错

除上面介绍的两种基本类型的位错外，还有一种形式更为普遍的位错，其滑移矢量既不平行于也不垂直于位错线，而是与位错线相交成任意角度，这种位错称为混合型位错，如图 2.5 所示。混合型位错的位错线是一条曲线（AC）。在 A 处，位错线与滑移矢量平行，因此是螺型位错；而在 C 处，位错线与滑移矢量垂直，因此是刃型位错。A 和 C 之间，位错线既不垂直也不平行于滑移矢量，每一小段位错线都可分解为刃型位错和螺型位错两个分量。

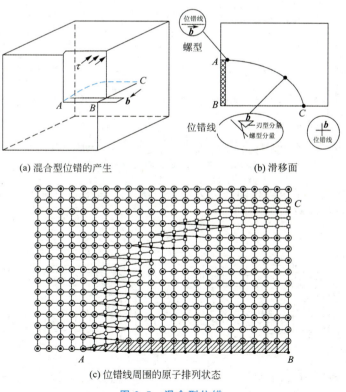

(a) 混合型位错的产生　　(b) 滑移面

(c) 位错线周围的原子排列状态

图 2.5　混合型位错

无论刃型位错、螺型位错还是混合型位错，位错线都是已滑移区和未滑移区的边界线。所以，位错具有一个重要性质，即位错线不能终止于晶体内部，而只能露头于晶体表面或晶界。若它终止于晶体内部，则一定与其他位错线相连接，或自身首尾相连形成位错环。位错产生的原因不仅限于塑性变形，而且在凝固、高温淬火和辐照等过程中均有可能产生。

2.2.2 柏氏回路及柏氏矢量

为了便于描述晶体中的位错，以及更确切地表征不同类型位错的特征，1939年柏格斯提出用柏氏回路来定义位错，借助这一规定得到的矢量称为柏氏矢量，柏氏矢量揭示了位错的本质。

1. 柏氏矢量的确定方法

柏氏矢量可以通过柏氏回路确定。确定刃型位错柏氏矢量的具体步骤如下。

（1）人为定义位错线的正向单位矢量为 ξ，通常规定垂直纸面向外的方向为位错线的正方向。

（2）在实际晶体中，从任一原子出发，围绕位错（避开位错线附近的严重畸变区）以一定的步数作一右旋闭合回路 MNOPQ，此回路称为柏氏回路，如图2.6（a）所示。

（3）在完整晶体中，按同样的方向和步数做相同的柏氏回路，该回路并不封闭，由终点 Q 向起点 M 引一矢量 **b**，使该回路闭合，如图2.6（b）所示。由图可见，刃型位错的柏氏矢量与位错线垂直。

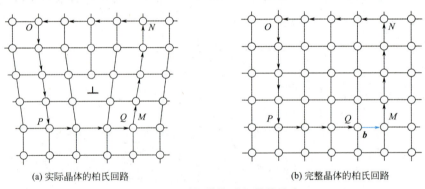

(a) 实际晶体的柏氏回路　　　　(b) 完整晶体的柏氏回路

图2.6　刃型位错柏氏矢量的确定

螺型位错的柏氏矢量也可按同样的方法加以确定，如图2.7所示。由图可见，螺型位错的柏氏矢量与位错线平行。

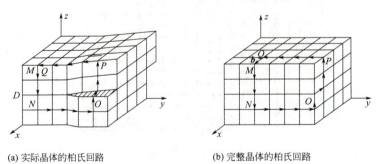

(a) 实际晶体的柏氏回路　　　　(b) 完整晶体的柏氏回路

图2.7　螺型位错柏氏矢量的确定

混合型位错的柏氏矢量与位错线既不平行也不垂直,而与位错线相交成 ϕ 角 $\left(0<\phi<\dfrac{\pi}{2}\right)$。混合位错的柏氏矢量可分解为垂直于和平行于位错线的两个分量,如图 2.8 所示。图中垂直分量 $\boldsymbol{b}_\mathrm{e}=\boldsymbol{b}_\mathrm{m}\sin\phi$(刃型位错),平行分量 $\boldsymbol{b}_\mathrm{s}=\boldsymbol{b}_\mathrm{m}\cos\phi$(螺型位错)。

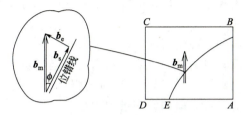

图 2.8 混合型位错的柏氏矢量

2. 柏氏矢量的重要性质

(1) 柏氏矢量 $\boldsymbol{b}$ 仅和位错周围晶体的点阵畸变有关。在确定柏氏矢量时,只规定了柏氏回路应避开位错线附近的严重畸变区选取,而对其形状、大小和位置并没有任何限制,这就意味着柏氏矢量与回路起点及其具体途径无关。一根不分岔的位错线,不管其形状如何变化(直线、曲折线或闭合的环状),也不管位错线上各处的位错类型是否相同,其各部位的柏氏矢量都相同。当位错在晶体中运动或者改变方向时,其柏氏矢量是不变的,即一根位错线具有唯一的恒定不变的柏氏矢量,这就是柏氏矢量的守恒性和唯一性。

(2) 若一个柏氏矢量为 $\boldsymbol{b}$ 的位错可以分解为柏氏矢量分别为 $\boldsymbol{b}_1,\boldsymbol{b}_2,\cdots,\boldsymbol{b}_n$ 的 n 个位错,则分解后各位错的柏氏矢量之和等于原位错的柏氏矢量,即 $\boldsymbol{b}=\sum\limits_{i=1}^{n}\boldsymbol{b}_i$。如图 2.9 所示,$\boldsymbol{b}_1$ 位错分解为 $\boldsymbol{b}_2$ 和 $\boldsymbol{b}_3$ 两个位错,则 $\boldsymbol{b}_1=\boldsymbol{b}_2+\boldsymbol{b}_3$。若有数根位错线相交于一点(称为位错结点),则指向位错结点的各位错线的柏氏矢量之和应等于离开位错结点的各位错线的柏氏矢量之和,即 $\sum\limits_{i=1}^{n}\boldsymbol{b}_i=\sum\limits_{i=1}^{n}\boldsymbol{b}'_i$。

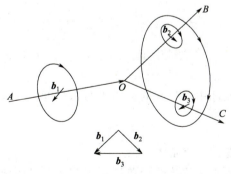

图 2.9 位错的分解

(3) 在晶体中的位错不能终止在晶体内部,它只能自我闭合形成一个位错环,或终止在其他缺陷(如晶界、表面)上,再或与其他位错相连构成位错结点。这种性质称为位错的连续性。

3. 柏氏矢量的意义

(1) 确定位错类型。

若柏氏矢量 **b** 与位错线垂直，则该位错为刃型位错；若柏氏矢量 **b** 与位错线平行，则该位错为螺型位错；若柏氏矢量 **b** 与位错线既不垂直也不平行，而是相交成任意角度，则该位错为混合型位错。

(2) 表征晶体中位错区的点阵畸变程度。

通过柏氏回路确定柏氏矢量的方法表明，柏氏矢量是反映位错周围点阵畸变总积累的物理量。该矢量的模 $|\boldsymbol{b}|$ 表示畸变的程度，即位错强度。

(3) 表征晶体滑移时的滑移方向和滑移量的大小。

由于柏氏矢量是代表晶体滑移时的滑移矢量，该矢量的方向表示位错的性质与位错的取向，因此柏氏矢量可以表征晶体滑移时的滑移方向和滑移量的大小。

4. 柏氏矢量的表示方法

柏氏矢量为研究位错提供了一种抽象而简明的方法。柏氏矢量的方向可用它在晶轴上的分量，即用点阵矢量 a、b 和 c 来表示，其模则用该晶向上的原子间距来表示。对于立方晶系，由于 $a=b=c$，因此可用与柏氏矢量 **b** 同向的晶向指数来表示。例如，从体心立方晶体的原点到体心的柏氏矢量 $\boldsymbol{b}=a/2+b/2+c/2$，可写成 $\boldsymbol{b}=\dfrac{a}{2}[111]$。这样，立方晶系中位错的柏氏矢量可记为 $\boldsymbol{b}=\dfrac{a}{n}[uvw]$，该位错柏氏矢量的模（**位错强度**）$|\boldsymbol{b}|=\dfrac{a}{n}\sqrt{u^2+v^2+w^2}$，其中 n 为正整数。

柏氏矢量可以进行矢量运算。若柏氏矢量 **b** 是柏氏矢量 $\boldsymbol{b}_1=\dfrac{a}{n}[u_1 v_1 w_1]$ 和 $\boldsymbol{b}_2=\dfrac{a}{n}[u_2 v_2 w_2]$ 之和，按矢量加法法则，有

$$\boldsymbol{b}=\boldsymbol{b}_1+\boldsymbol{b}_2=\dfrac{a}{n}[u_1 v_1 w_1]+\dfrac{a}{n}[u_2 v_2 w_2]$$
$$=\dfrac{a}{n}[u_1+u_2 \quad v_1+v_2 \quad w_1+w_2] \tag{2-10}$$

晶体中存在位错的多少可用位错密度（单位为 cm^{-2}）来描述。常用的表示位错密度的方法有以下两种。

(1) 定义为单位体积晶体中所包含的位错线的总长度。其表达式为

$$\rho=\dfrac{L}{V} \tag{2-11}$$

式中，L 为位错线的总长度；V 为晶体体积。

(2) 定义为在晶体中垂直于位错线的单位面积上所穿过的位错线数目。其表达式为

$$\rho=\dfrac{n}{A} \tag{2-12}$$

式中，n 为穿过 A 面积的位错线数目；A 为晶体截面积。

一般经充分退火的金属材料，其位错密度为 $10^6 \sim 10^8\,cm^{-2}$；但经精心制备和处理的超纯金属单晶体，其位错密度可低于 $10^3\,cm^{-2}$；而经过剧烈冷变形的金属，其位错密度可

高达 $10^{10} \sim 10^{12} \mathrm{cm}^{-2}$。

2.2.3 作用在位错上的力和位错的运动

1. 作用在位错上的力

在外加切应力的作用下，位错将在滑移面上产生滑移运动。由于位错的移动方向总是垂直于位错线，因此可理解为有一个垂直于位错线的力作用在位错线上。

利用虚功原理可以推导出这个作用在位错上的力，推导如下。

如图 2.10（a）所示，设外加切应力 τ 使一小段位错线 $\mathrm{d}l$ 移动了 $\mathrm{d}s$ 的距离，此段位错线移动的结果使晶体中 $\mathrm{d}A$ 面积（$\mathrm{d}A = \mathrm{d}l \cdot \mathrm{d}s$）沿滑移面产生了滑移，其滑移量为柏氏矢量 $\boldsymbol{b}$，则切应力所做的功为 $\mathrm{d}w = \tau \mathrm{d}A \cdot \boldsymbol{b} = \tau \mathrm{d}l \cdot \mathrm{d}s \cdot \boldsymbol{b}$。

此功相当于作用在位错上的力 $\boldsymbol{F}$ 使位错线移动 $\mathrm{d}s$ 距离所做的功，即

$$\mathrm{d}w = \boldsymbol{F} \cdot \mathrm{d}s$$
$$\tau \mathrm{d}l \cdot \mathrm{d}s \cdot \boldsymbol{b} = \boldsymbol{F} \cdot \mathrm{d}s$$
$$F = \tau \mathrm{d}l \cdot \boldsymbol{b}$$
$$f = F/\mathrm{d}l = \tau \boldsymbol{b} \tag{2-13}$$

式中，f 是作用在单位长度位错上的力，它与外加切应力 τ 和柏氏矢量 $\boldsymbol{b}$ 成正比，f 的方向与切应力 τ 的方向不同。例如，螺型位错 f 的方向与切应力 τ 的方向垂直，如图 2.10（b）所示。

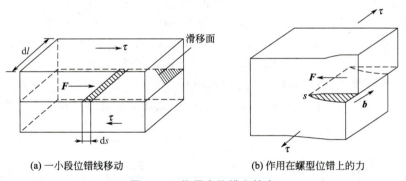

(a) 一小段位错线移动   (b) 作用在螺型位错上的力

图 2.10 作用在位错上的力

2. 位错的运动

晶体宏观的<u>塑性变形就是通过位错运动来实现的</u>，这也是位错的重要性质之一。晶体中的位错运动方式有两种，即滑移和攀移。滑移是指在外加切应力作用下，位错中心附近的原子沿柏氏矢量方向在滑移面上不断地做少量的位移（小于一个原子间距）。任何类型的位错均可进行滑移。攀移是指位错在垂直于滑移面的方向上移动。只有刃型位错才可进行攀移。

（1）位错的滑移。

刃型位错的滑移如图 2.11 所示。在外加切应力 τ 的作用下，从 Q 位置移动一个原子间距到达 Q' 位置时，位错附近的原子配合运动。在这个过程中，位错中心附近的原子由"·"位置移动小于一个原子间距的距离达到"。"位置，使位错在滑移面

上向左移动了一个原子间距。如果外加切应力继续作用,位错将继续向左移动。

当位错线沿滑移面移动并通过整个晶体时,在晶体表面沿柏氏矢量方向产生宽度为一个柏氏矢量大小的台阶,即造成晶体塑性变形,滑移过程如图 2.11(b)所示。如果有 N 个位错滑过位错的滑移面,则晶体表面处的台阶宽度将增加到 Nb。若外加切应力方向相反,则位错的运动方向也相反。在相同的外加切应力下,正刃型位错和负刃型位错的运动方向相反,但当位错滑移定其整个晶体后,所造成的滑移结果是相同的。位错的滑移面是由位错线和柏氏矢量决定的平面。刃型位错的位错线和柏氏矢量相互垂直,所以其滑移面是唯一的。刃型位错的滑移方向与位错线相互垂直,而与柏氏矢量、切应力方向及晶体滑移方向相互平行。

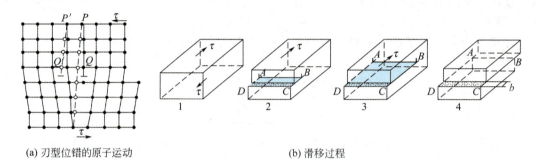

(a) 刃型位错的原子运动　　(b) 滑移过程

图 2.11　刃型位错的滑移

螺型位错的滑移如图 2.12 所示。在外加切应力 τ 的作用下,原子从虚线位置移动到实线位置,位错线滑移了一个原子间距。如同刃型位错一样,螺型位错滑移时位错线附近原子的移动量很小,所以螺型位错运动所需的力也很小。当位错线沿滑移面滑过整个晶体时,同样在晶体表面沿柏氏矢量方向产生一个宽度为 b 的滑移台阶,滑移过程如图 2.12(c)所示。螺型位错的移动方向与其柏氏矢量、外加切应力及晶体的滑移方向相互垂直。由于螺型位错的位错线与柏氏矢量平行,因此螺型位错的滑移不限于在单一的滑移面上进行。

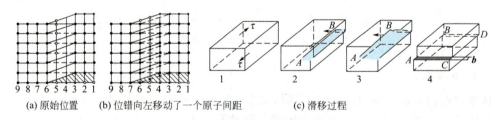

(a) 原始位置　　(b) 位错向左移动了一个原子间距　　(c) 滑移过程

图 2.12　螺型位错的滑移

混合型位错的滑移如图 2.13 所示。设在晶体内部有一个位错环,位错环上除 A、B、C、D 四点外,其余部分均为混合型位错。沿 b 的方向对晶体外加切应力 τ 时,包括 A、B、C、D 四点在内的位错环上的各点沿其法向方向在滑移面上向外扩展,当位错环沿滑移面滑过整个晶体时,在晶体表面沿柏氏矢量 b 的方向产生宽度为 b 的滑移台阶。

对于给定位错线,可根据右手法则确定其运动方向,即以拇指代表沿柏氏矢量 b 移动的那部分晶体,食指代表位错线方向,则中指表示位错线移动的方向。

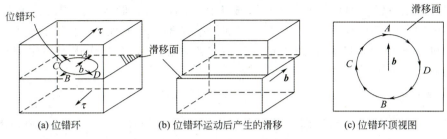

图 2.13　混合型位错的滑移

（2）位错的攀移。

刃型位错除可在滑移面上滑移外，在一定的条件下还可沿垂直于滑移面的方向运动，刃型位错的这种运动称为攀移，如图 2.14 所示。通常把多余半原子面缩小（向上运动）称为正攀移，多余半原子面扩大（向下运动）称为负攀移。刃型位错的攀移实质就是多余半原子面的扩大或缩小，因此它是通过物质迁移，即空位或原子的扩散来实现的。如果有空位向刃型位错线处扩散，或者有原子从刃型位错线处扩散到别处，多余半原子面下端会失去一排原子，位错线会向上移动一个原子间距，则表示发生正攀移；反之，若有原子向刃型位错线处扩散，或者有空位从刃型位错线处扩散到别处，多余半原子面下端会增加一排原子，位错线会向下移动一个原子间距，则表示发生负攀移。由于螺型位错没有多余半原子面，因此它不会发生攀移运动。

位错的攀移

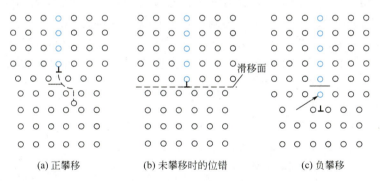

图 2.14　刃型位错的攀移

由于攀移伴随着位错线附近原子的增加或减少，即有物质迁移，需要扩散才能实现，因此位错攀移时需要热激活，也就是说攀移比滑移需要更大的能量。故攀移为非守恒运动，而滑移为守恒运动。

对于大多数材料，在室温下位错的攀移十分困难，而在较高温度下，攀移较易实现。经高温淬火、冷变形加工和高能粒子辐照后，晶体中将产生大量的空位和间隙原子。晶体中过饱和点缺陷的存在有利于攀移运动的进行。

2.2.4　位错的应力场及位错与晶体缺陷间的交互作用

在实际晶体中，由于位错的存在，其周围原子偏离平衡位置，从而导致点阵畸变和弹性应力场的产生。晶体中的位错在运动过程中与点缺陷和其他位错会发生交互作用，这些交互作用是通过其应力场实现的。要形成应力场就要做功，此功以弹性应变能的形式储存在位错中。一根位错线的总能量与其长度成正比,为降低总能量,位错线力求缩短长度,这种缩短的倾向就表现为线张力。因此,要进一步了解位错的性质,就要讨论位错的弹性应力场,进而推算出位错具有的能量、位错与点缺陷间的交互作用及位错间的交互作用等。

1. 位错应力场

要准确地对晶体中位错周围的弹性应力场进行定量计算是复杂而困难的,因此通常采用位错弹性连续介质模型来进行计算。首先,该模型假设实际晶体是完全弹性体,服从胡克定律;其次,近似地认为晶体内部由连续介质组成,晶体中没有空隙,因此晶体中的应力、应变和位移等量是连续的,可用连续函数表示;最后,把晶体视为各向同性的,这样晶体的弹性常数(弹性模量、泊松比等)不随方向而改变。应注意,该模型未考虑位错中心区的严重点阵畸变情况,因此导出的结果不适用于位错中心区(中心区的半径为0.5~1.0nm),而在位错中心区以外的区域可采用弹性连续介质模型导出应力场公式。

从材料力学中得知,固体中任一点的应力(单位面积的作用力)状态可用9个应力分量表示。9个应力分量中有3个正应力(与作用面垂直的应力)和6个切应力(与作用面平行的应力),用符号 σ_{ij} 表示。其中 i 代表应力作用面与 i 垂直, j 代表应力作用方向。当 $i=j$ 时,为正应力,当 $i \neq j$ 时,为切应力。图2.15(a)和图2.15(b)分别用直角坐标系和圆柱坐标系给出单元体上这些应力分量。根据力学平衡关系,切应力具有对称性质,即 $\sigma_{ij}=\sigma_{ji}$,因此9个应力分量中只要有6个独立应力分量(3个正应力和3个切应力)就可决定任一点的应力状态。在直角坐标系中,6个应力分量为 σ_{xx}、σ_{yy}、σ_{zz}、σ_{xy}、σ_{xz} 和 σ_{yz},相对应的有6个独立的应变分量,ε_{xx}、ε_{yy} 和 ε_{zz} 为3个正应变分量,ε_{xy}、ε_{xz} 和 ε_{yz} 为3个切应变分量。同样,在圆柱坐标系中,也有6个独立的应力分量 σ_{rr}、$\sigma_{\theta\theta}$、σ_{zz}、$\sigma_{r\theta}$、σ_{rz} 和 $\sigma_{\theta z}$,对应6个独立的应变分量 ε_{rr}、$\varepsilon_{\theta\theta}$、$\varepsilon_{zz}$、$\varepsilon_{r\theta}$、$\varepsilon_{rz}$ 和 $\varepsilon_{\theta z}$。

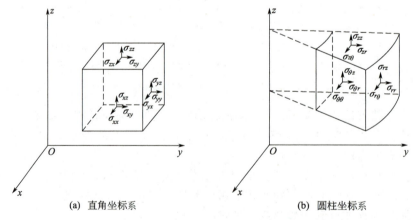

(a) 直角坐标系　　　　　　　(b) 圆柱坐标系

图 2.15　固体中任一点的应力状态

(1) 螺型位错的应力场。

设有一各向同性的、长为 L 的弹性空心圆柱体材料,先将圆柱体沿 xz 面切开,再使两个切开面沿 z 轴方向做相对位移 b,最后把这两个面粘接,这样就形成了一个位错线在 z 轴、柏氏矢量为 b 及滑移面为 xOz 的螺型位错的连续介质模型,如图2.16所示。

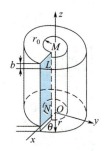

图 2.16 螺型位错的连续介质模型

采用圆柱坐标系，圆柱体只有沿 z 轴方向的位移，因此其只有切应变，并且 $\varepsilon_{\theta z}=\varepsilon_{z\theta}\neq 0$，即

$$\varepsilon_{\theta z}=\frac{b}{2\pi r} \qquad (2-14)$$

根据胡克定律，位错在 (r,θ) 处的切应力为圆柱坐标系应力分量，即

$$\sigma_{\theta z}=\sigma_{z\theta}=G\varepsilon_{\theta z}=\frac{Gb}{2\pi r} \qquad (2-15)$$

其他应力分量均为 0，即

$$\left.\begin{array}{r}\sigma_{rr}=\sigma_{\theta\theta}=\sigma_{zz}=0\\ \sigma_{r\theta}=\sigma_{\theta r}=\sigma_{rz}=\sigma_{zr}=0\end{array}\right\} \qquad (2-16)$$

若采用直角坐标系，螺型位错的应力场表达式为

$$\left.\begin{array}{r}\sigma_{xz}=\sigma_{zx}=-\dfrac{Gb}{2\pi}\dfrac{y}{x^2+y^2}\\ \sigma_{yz}=\sigma_{zy}=\dfrac{Gb}{2\pi}\dfrac{x}{x^2+y^2}\\ \sigma_{xx}=\sigma_{yy}=\sigma_{zz}=\sigma_{xy}=\sigma_{yx}=0\end{array}\right\} \qquad (2-17)$$

式中，G 为切变模量；b 为柏氏矢量的模。

螺型位错的应力场具有以下特点。

① 螺型位错的应力场只有切应力分量，正应力分量全为 0，这表明螺型位错不引起晶体的膨胀和收缩。

② 切应力与 b 成正比，与 r 成反比，与 θ 和 z 无关，这说明切应力是轴对称的，即与位错等距离的各处切应力相等，并随着与位错距离的增大，应力值减小。当 $r\to 0$ 时，$\sigma_{\theta z}\to\infty$，这说明上述结果不适用于位错中心的严重畸变区。

（2）刃型位错的应力场。

刃型位错的应力场要比螺型位错的应力场复杂得多。同样，把弹性空心圆柱体沿 xOz 面切开，然后使两个切面沿 x 轴移动一个 b 的距离，再将这两个面粘接，形成刃型位错的连续介质模型，如图 2.17 所示。

形成刃型位错时，晶体中的原子在 x 轴和 y 轴方向上都有位移，而 z 轴方向上无位移，并且 x 轴和 y 轴方向上的位移不随 z 坐标变化，故这属于平面应变问题。由弹性力学理论可求得刃型位错各应力分量为

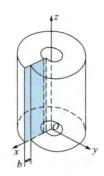

图 2.17 刃型位错的连续介质模型

$$\left.\begin{aligned}\sigma_{xx}&=-A\frac{y\,(3x^2+y^2)}{(x^2+y^2)^2}\\ \sigma_{yy}&=A\frac{y\,(x^2-y^2)}{(x^2+y^2)^2}\\ \sigma_{zz}&=\nu\,(\sigma_{xx}+\sigma_{yy})\\ \sigma_{xy}&=\sigma_{yx}=A\frac{x\,(x^2-y^2)}{(x^2+y^2)^2}\\ \sigma_{xz}&=\sigma_{zx}=\sigma_{yz}=\sigma_{zy}=0\end{aligned}\right\} \quad (2-18)$$

式中,$A=Gb/2\pi(1-\nu)$,ν 为泊松比;b 为柏氏矢量的模。

若采用圆柱坐标,则其应力分量为

$$\left.\begin{aligned}\sigma_{rr}&=\sigma_{\theta\theta}=-A\frac{\sin\theta}{r}\\ \sigma_{zz}&=\nu\,(\sigma_{rr}+\sigma_{\theta\theta})\\ \sigma_{r\theta}&=\sigma_{\theta r}=A\frac{\cos\theta}{r}\\ \sigma_{rz}&=\sigma_{zr}=\sigma_{\theta z}=\sigma_{z\theta}=0\end{aligned}\right\} \quad (2-19)$$

上述公式不适用于刃型位错中心区。

刃型位错的应力场有以下特点。

(1) 刃型位错的应力场正应力分量和切应力分量同时存在,并且各应力分量与 b 成正比,与 r 成反比。

(2) 各应力分量都是 x 和 y 的函数,与 z 无关,这表明在平行于位错线的直线上,任一点的应力均相同。在 xy 面上,正应力对称于 y 轴,即对称于多余半原子面,并且任意位置均有 $|\sigma_{xx}|>|\sigma_{yy}|$。

(3) 当 $y=0$ 时,$\sigma_{xx}=\sigma_{yy}=\sigma_{zz}=0$,说明在滑移面上正应力为 0,只有切应力 σ_{xy},而且切应力达到最大值 $\left(\dfrac{Gb}{2\pi\,(1-\nu)}\cdot\dfrac{1}{x}\right)$。

(4) 对于正刃型位错,当 $y>0$ 时,$\sigma_{xx}<0$;而当 $y<0$ 时,$\sigma_{xx}>0$。这说明位于滑移面上侧的晶体受压,位于滑移面下侧的晶体受拉。对于负刃型位错,则相反。

(5) 在 $|x|=|y|$ 处,$\sigma_{yy}=0$,$\sigma_{xy}=\sigma_{yx}=0$,说明在直角坐标系的两条对角线处,只有 σ_{xx},而且在每条对角线的两侧,σ_{xy}(σ_{yx})及 σ_{yy} 的符号相反。正刃型位错周围的应力分布情况如图 2.18 所示。

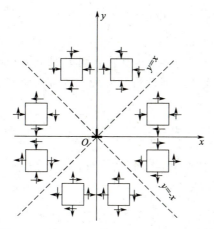

图 2.18 正刃位型错周围的应力分布情况

2. 位错的弹性应变能

位错的周围点阵畸变引起弹性应力场,从而导致晶体能量增加,这部分能量称为位错的弹性应变能。它包括两部分:一部分是位错中心畸变能 W_{core},在位错中心原子间距 $r_0 = 2|b| = 2b$ 的区域内,由于点阵畸变很大,线弹性理论不适用,不能采用连续介质模型,而只能借助点阵模型直接考虑晶体结构和原子间的相互作用,这部分能量约为总应变能的 10%,故常予以忽略;另一部分是弹性应变能,在位错中心外,长程应力场作用范围所具有的能量约占位错能的 90%,此项能量可采用连续介质弹性模型根据单位长度位错所做的功求得。

根据弹性理论,单位体积弹性物体的应变能 (W/V),与此物体所产生的所有应力分量 (σ_{ii}、σ_{ij}) 及其相应的应变分量 (ε_{ii}、ε_{ij}) 的关系为

$$\frac{W}{V} = \frac{1}{2} \sum (\sigma_{ii} \varepsilon_{ii} + \sigma_{ij} \varepsilon_{ij}) \tag{2-20}$$

对于螺型位错,由于其正应力和正应变为 0,只有切应力 $\sigma_{\theta z} = \sigma_{z\theta} = \frac{Gb}{2\pi r}$ 和切应变 $\varepsilon_{\theta z} = \varepsilon_{z\theta} = \frac{b}{2\pi r}$,故单位体积弹性物体的应变能为

$$\frac{W}{V} = \frac{1}{2} \sigma_{\theta z} \cdot \varepsilon_{\theta z} \tag{2-21}$$

根据 $\sigma_{\theta z} = \frac{Gb}{2\pi r}$ 和 $\varepsilon_{\theta z} = \frac{b}{2\pi r}$,螺型位错周围半径为 r、厚度为 dr、长度为 L 的管状体积元的应变能为

$$dW = \frac{1}{2} \sigma_{\theta z} \cdot \varepsilon_{\theta z} \cdot dV = \frac{1}{2} \cdot \frac{Gb}{2\pi r} \cdot \frac{b}{2\pi r} \cdot d(2\pi r dr L) = \frac{Gb^2}{4\pi r} \cdot L \cdot dr \tag{2-22}$$

设位错中心原子间距为 r_0,位错应力场作用范围半径为 R,则单位长度螺型位错的弹性应变能为

$$W_s = \frac{W}{L} = \frac{1}{L} \int_{r_0}^{R} \frac{Gb^2}{4\pi} \cdot L \cdot \frac{dr}{r} = \frac{Gb^2}{4\pi} \ln \frac{R}{r_0} \tag{2-23}$$

同理,可求出其刃型位错的弹性应变能为

$$W_e = \frac{Gb^2}{4\pi(1-\nu)} \ln \frac{R}{r_0} \tag{2-24}$$

而对于混合型位错，可以将其分解为一个柏氏矢量为 $b\sin\phi$ 的刃型位错分量和一个柏氏矢量为 $b\cos\phi$ 的螺型位错分量。由于相互垂直的刃型位错和螺型位错之间没有相同的应力分量，它们之间无相互作用能，因此将它们代入各自的应变能公式并叠加，就得到混合型位错的应变能，即

$$W_m = W_s + W_e = \frac{Gb^2\cos^2\phi}{4\pi}\ln\frac{R}{r_0} + \frac{Gb^2\sin^2\phi}{4\pi(1-\nu)}\ln\frac{R}{r_0} = \frac{Gb^2}{4\pi K}\ln\frac{R}{r_0} \tag{2-25}$$

式中，$K = \frac{1-\nu}{1-\cos^2\varphi\,\nu}$ 为混合型位错分解时的角度因素，其值为 0.75～1。分析式(2-25)可知，螺型位错 $K=1$，刃型位错 $K=1-\nu$。

位错应变能的大小与 r_0 和 R 有关。位错应力场的公式不适用于位错中心区，所以 r_0 不能取 0；而 $R\to\infty$ 是没有实际意义的，因为实际晶体不是无限大，并且实际晶体中的亚结构尺寸限制了应力场的范围。一般认为 r_0 与 b 值接近，约为 10^{-10} m；R 的数值为亚晶界尺寸，约为 10^{-6} m。因此单位长度位错的总应变能可简化为

$$W \approx \frac{Gb^2}{4\pi K}\ln 10^4 = \alpha Gb^2 \tag{2-26}$$

式中，α 为与几何因素有关的系数，其值为 0.5～1。

综上所述，可得出如下结论。

(1) 位错的应变能包括两部分：W_{core} 和 W。位错中心区的能量 W_{core} 小于总应变能的 1/10，常可忽略；位错的弹性应变能 $W \propto \ln(R/r_0)$，它随 R 的增加而增大，所以位错具有长程应力场。

(2) 位错的能量是以单位长度的能量来定义的，故两点间直线位错比弯曲位错具有更低的能量，即直线位错更稳定。因此，位错线有力求变直和缩短的趋势。

(3) 位错的应变能与 b^2 成正比。因此，b 的大小是分析位错组态和判断位错稳定性的一个重要依据。位错的应变能越低，其组态越稳定，所以晶体中的位错趋向于柏氏矢量最小的组态。由此可理解晶体的滑移方向总是沿原子的密排方向进行。

3. 位错的线张力

对于一根位错线，其总应变能与位错线长度成正比。为了降低总应变能，位错线有力求缩短的倾向，故在位错线上存在一种使其变直的线张力 T。位错的线张力是一种组态力，可定义为使位错线增加单位长度所需要的能量，所以位错的线张力在数值上近似等于单位长度位错线的应变能，即

$$T \approx \alpha Gb^2 \tag{2-27}$$

式中，α 为系数，对直线位错 $\alpha=1$，对弯曲位错 $\alpha=0.5$。

位错的线张力如图 2.19 所示。在外加切应力 τ 的作用下，两端固定的位错发生弯曲。平衡时，位错线曲率半径为 r，中心角为 $d\theta$，弯曲位错的长度为 ds。此时在单位长度位错线上所受到的力为 $f=\tau b$，它力图使位错线弯曲，而位错的线张力会产生恢复力 $F'=2T\sin\frac{d\theta}{2}$，它力图使位错线变直。在平衡条件下，弯曲位错所受的总力为 $\tau b\,ds$，它与 F' 相等，即

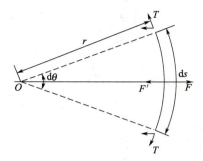

图 2.19 位错的线张力

$$\tau b \mathrm{d}s = 2T\sin\frac{\mathrm{d}\theta}{2}$$

由于 $\mathrm{d}s \approx r\mathrm{d}\theta$,$\mathrm{d}\theta$ 很小时,$\sin\frac{\mathrm{d}\theta}{2} \approx \frac{\mathrm{d}\theta}{2}$,因此 $\tau b = \frac{T}{r} = \frac{\alpha G b^2}{r}$ ($\alpha = 0.5$)

$$\tau = \frac{T}{br} = \frac{Gb}{2r} \quad \left(T \approx \frac{Gb^2}{2}\right) \tag{2-28}$$

式(2-28)表明,外加切应力 τ 在单位位错线上产生的作用力 $f = \tau b$,若位错线两端不能自由运动,则此作用力将使位错线弯曲,其曲率半径 r 与 τ 成反比。

位错的线张力不仅使位错线变直,而且使晶体中的位错呈三维网络分布。因为位错网络中相交于同一结点的各位错的线张力处于平衡状态,所以各位错在晶体中的相对稳定性高。

4. 位错与点缺陷的交互作用

晶体中存在的点缺陷会引起点阵畸变,故必然产生应力场。点缺陷的应力场与位错的应力场会发生弹性交互作用,从而使晶体的弹性应变能升高或降低。这种应变能的变化称为位错与点缺陷的交互作用能。点缺陷运动使点缺陷和位错形成特定的分布,从而使体系的自由能达到较低状态。这种位错与点缺陷的特定分布会对晶体的力学性能产生重要的影响。分析位错与点缺陷之间的交互作用是一个十分复杂的问题,这里仅对点缺陷产生球形对称畸变进行讨论。

假如晶体为弹性的连续介质,晶体内有一个柏氏矢量为 b 的刃型位错,在晶体中取一半径为 R_0(R_0 相当于在置换固溶体中溶剂原子的半径,也相当于在间隙固溶体中能够容纳间隙原子的半径)的球形孔洞,然后在球形孔洞中填入一个半径为 R 的溶质原子。位错和溶质原子的交互作用如图 2.20 所示。令 $\delta = \frac{R - R_0}{R_0}$,则两者的体积之差约为 $\Delta V = 4\pi\delta R_0^3$,而此时产生的径向位移为 ΔR。

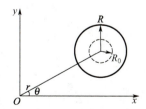

图 2.20 位错和溶质原子的交互作用

在产生径向位移过程中,位错应力场要做功。因为产生径向位移是垂直球面的,所以将其称为球形对称畸变。因此，只有位错应力场中的正应力分量做功，而切应力不做功。做功的正应力分量的平均值可用水静压力表示，即

$$\sigma_m = \frac{1}{3}(\sigma_{xx}+\sigma_{yy}+\sigma_{zz})$$

$$\sigma_m = \frac{1}{3}[\sigma_{xx}+\sigma_{yy}+\nu(\sigma_{xx}+\sigma_{yy})] = \frac{1}{3}(1+\nu)(\sigma_{xx}+\sigma_{yy})$$

$$= -\frac{Gb}{3\pi} \cdot \frac{1+\nu}{1-\nu} \cdot \frac{y}{x^2+y^2} \tag{2-29}$$

若采用圆柱坐标系，则

$$\sigma_m = -\frac{Gb}{3\pi} \cdot \frac{1+\nu}{1-\nu} \cdot \frac{\sin\theta}{r} \tag{2-30}$$

式中，r 和 θ 为溶质原子的坐标位置。

溶质原子溶入时，克服应力场所做的功为

$$W = -\sigma_m \Delta V = \frac{4}{3} \frac{Gb(1+\nu)}{1-\nu} \cdot \frac{y}{x^2+y^2} \cdot \delta R_0^3 \tag{2-31}$$

若采用圆柱坐标系，则

$$W = \frac{4}{3} \cdot \frac{1+\nu}{1-\nu} \cdot Gb\delta R_0^3 \cdot \frac{\sin\theta}{r} \tag{2-32}$$

式中，W 为位错与点缺陷的交互作用能。

若 $W<0$，则表示位错和溶质原子相互吸引；反之，则相互排斥。当 $\delta>0$ 时，即点缺陷的半径大于溶剂原子的半径时，只有在 $\pi<\theta<2\pi$ 时，W 才是负值。也就是说，这类点缺陷被吸引在正刃型位错的下侧。当 $\delta<0$ 时，则相反，也就是说空位及比溶剂原子小的置换原子被吸引在正刃型位错的上侧，间隙原子及比溶剂原子大的置换原子被吸引在正刃型位错的下侧。

由于位错与点缺陷的交互作用，位错附近的点缺陷浓度和其他地方的不同，在位错附近的点缺陷浓度比远处的点缺陷浓度高。溶质原子在位错附近聚集形成的小原子气团称为科氏气团，科氏气团的存在会造成晶体的固溶强化效应。

螺型位错的应力场是纯切应力场，与球形对称畸变的点缺陷无交互作用。而纯切应力场（图 2.21）可等效于正应力场，有些非球形对称畸变的点缺陷有可能和螺型位错发生交互作用。例如，体心立方晶体中八面体间隙位置是四角对称的，间隙原子产生四方性畸变，其应力场不但有正应力分量，而且有切应力分量，于是它们不仅和刃型位错有交互作用，也和螺型位错发生交互作用。因此，体心立方晶体中的间隙原子，在有足够激活能的条件下，会偏聚在螺型位错线附近形成溶质原子气团，这种溶质原子气团称为史氏气团。

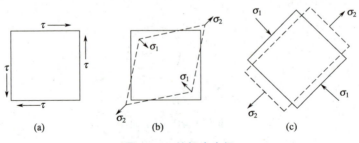

图 2.21 纯切应力场

5. 位错间的交互作用力

在实际晶体中，许多位错同时存在。任一位错在其相邻位错应力场作用下都会受到交互作用力，此交互作用力随位错类型、柏氏矢量大小和位错线的相对位置变化。在这里仅讨论两个平行螺型位错间和两个平行刃型位错间的交互作用力。

(1) 两个平行螺型位错间的交互作用力。

如图 2.22 (a) 所示，有两个平行螺型位错 s_1 和 s_2，其柏氏矢量分别为 $\boldsymbol{b}_1$ 和 $\boldsymbol{b}_2$，位错线平行于 z 轴，位错 s_1 位于坐标原点，位错 s_2 位于 (r, θ) 处。位错 s_1 在 (r, θ) 处的切应力为 $\sigma_{\theta z} = \dfrac{Gb_1}{2\pi r}$，位错 s_2 在 $\sigma_{\theta z}$ 作用下受到的力为

两个平行螺型位错间的交互作用力

$$f_r = \sigma_{\theta z} b_2 = \frac{Gb_1 b_2}{2\pi r} \tag{2-33}$$

f_r 的方向与矢径 r 的方向一致。位错 s_1 在位错 s_2 的应力场下，也受到一个大小与 f_r 相等、方向相反的作用力。

由式 (2-33) 可以看出，两个平行螺型位错间的交互作用力大小与两位错强度的乘积成正比，而与两位错间距 r 成反比。当 b_1 与 b_2 同向时，$f_r > 0$（斥力），即两同号平行螺型位错相互排斥；当 b_1 与 b_2 反向时，$f_r < 0$（引力），即两同号平行螺型位错相互吸引，如图 2.22 (b) 所示。

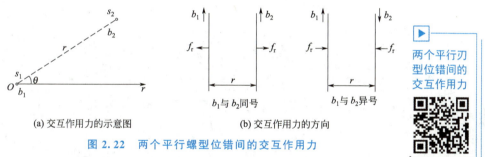

(a) 交互作用力的示意图　　　　(b) 交互作用力的方向

图 2.22　两个平行螺型位错间的交互作用力

(2) 两个平行刃型位错间的交互作用力。

设有两个同号平行刃型位错 e_1 和 e_2，分别位于两个平行滑移面上，其柏氏矢量分别为 $\boldsymbol{b}_1$ 和 $\boldsymbol{b}_2$，并且与 x 轴同向，位错线平行于 z 轴。令位错 e_1 位于坐标原点上，位错 e_2 位于 (x, y) 处，两者之间的距离为 r （图 2.23）。因此，位错 e_1 的应力场中只有切应力分量 σ_{yx} 和正应力分量 σ_{xx} 对位错 e_2 起作用，分别导致位错 e_2 沿 x 轴方向滑移和沿 y 轴方向攀移。这两个平行刃型位错的交互作用力分别为

$$\left. \begin{array}{l} f_x = \sigma_{yx} \cdot b_2 = \dfrac{Gb_1 b_2}{2\pi(1-\nu)} \cdot \dfrac{x(x^2 - y^2)}{(x^2 + y^2)^2} \\[2mm] f_y = -\sigma_{xx} \cdot b_2 = \dfrac{Gb_1 b_2}{2\pi(1-\nu)} \cdot \dfrac{y(3x^2 + y^2)}{(x^2 + y^2)^2} \end{array} \right\} \tag{2-34}$$

对于两个同号平行的刃型位错，由式 (2-34) 可以看出，滑移力 f_x 随位错 e_2 所处的位置而变化，变化规律如下：

(1) 当 $|x| > |y|$ 时，若 $x > 0$，则 $f_x > 0$；若 $x < 0$，则 $f_x < 0$，这说明当位错 e_2 位于图 2.24 (a) 中的①区域或②区域时，两个位错相互排斥。

(2) 当 $|x| < |y|$ 时，若 $x > 0$，则 $f_x < 0$；若 $x < 0$，则 $f_x > 0$，这说明当位错 e_2

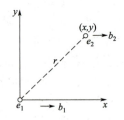

图 2.23 两个平行刃型位错间的交互作用力

位于图 2.24（a）中的③区域或④区域时，两个位错相互吸引。

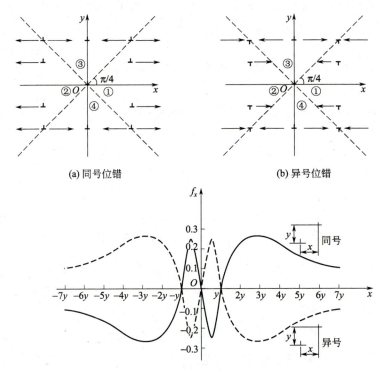

(a) 同号位错 (b) 异号位错

(c) 两个平行刃型位错沿柏氏矢量方向的交互作用力

图 2.24 两个刃型位错在 x 轴方向上的交互作用力

(3) 当 $|x|=|y|$ 时，$f_x=0$，位错 e_2 处于介稳定平衡状态，一旦偏离此位置就会受到位错 e_1 的吸引或排斥，使它偏离得更远。它们之间的交互作用归纳如下。

① 当 $x=0$ 时，$f_x=0$，位错 e_2 处于稳定平衡位置，一旦偏离此位置就会受到位错 e_1 的吸引而退回原处，使位错垂直地排列起来，这种位错组态称为位错墙。位错墙可构成小角度晶界。

② 当 $y=0$ 时，若 $x>0$，则 $f_x>0$；若 $x<0$，则 $f_x<0$，此时 f_x 的绝对值和 x 成反比，即处于同一滑移面上的同号刃型位错总是相互排斥的。位错间距离越小，排斥力越大。

两个异号平行刃型位错间的交互作用力分别为

$$\left.\begin{aligned}f_x &= \sigma_{yx} \cdot (-b_2) = -\frac{Gb_1b_2}{2\pi(1-\nu)} \cdot \frac{x(x^2-y^2)}{(x^2+y^2)^2} \\ f_y &= -\sigma_{xx} \cdot (-b_2) = -\frac{Gb_1b_2}{2\pi(1-\nu)} \cdot \frac{y(3x^2+y^2)}{(x^2+y^2)^2}\end{aligned}\right\} \quad (2-35)$$

由式(2-35)可以看出，当两个刃型位错符号相反时，它们之间的交互作用力 f_x 和 f_y 的方向与上述同号位错时相反，而且位错 e_2 的稳定位置和介稳定位置相互对换，如图 2.24 (b) 所示。

分析攀移力 f_y 可知，对于同号位错 e_2，当 $y>0$ 时，$f_y>0$，在 y 轴正方向受力；当 $y<0$ 时，$f_y<0$，在 y 轴反方向受力。所以，同号位错相排斥，位错间距离越小，排斥力越大。对于异号位错 e_2，当 $y>0$ 时，$f_y<0$；当 $y<0$ 时，$f_y>0$。所以，异号位错相吸引，并尽可能靠近乃至最后消失。

图 2.24 (c) 则给出了 f_x 大小沿 x 轴的变化规律。两个同号位错间的交互作用力（图中实线）与两个异号位错间交互作用力（图中虚线）大小相等，方向相反。

除上述情况外，在相互平行的螺型位错与刃型位错之间，由于两者的柏氏矢量相互垂直，各自的应力场均没有使对方受力的应力分量，因此彼此不发生作用。若在两个平行位错中含有混合型位错，可先将混合型位错分解为刃型位错分量和螺型位错分量，再分别考虑它们之间交互作用力的关系，最后叠加起来就可得到总的交互作用力。

2.2.5 位错的增殖

经剧烈塑性变形后的金属晶体，其位错密度可增加 4～5 个数量级，这种现象充分说明<u>晶体在变形过程中位错必然是在不断地增殖</u>。当晶体中位错的分布比较均匀时，流变应力和位错密度的关系为

位错的增殖

$$\tau = \tau_0 + \alpha Gb\sqrt{\rho} \quad (2-36)$$

式中，ρ 为位错密度；G 为切变模量；b 为柏氏矢量；α 为系数，多晶体铁素体 $\alpha=0.4$；参数 τ_0 表示位错除交互作用外的因素对位错运动造成的阻力。当 ρ 增高时，τ 增大。金属在塑性变形后会引起位错增殖的机制很多，下面主要介绍弗兰克-瑞德位错源和双交滑移增殖机制两种。

(1) 弗兰克-瑞德位错源（简称 F-R 源）。

F-R 源的增殖过程如图 2.25 所示。若某滑移面有一段刃型位错 CD [图 2.25 (a)]，它的两个端点上连有其他位错 AC 和 BD，C 点和 D 点是位错线的结点 [图 2.25 (b)]，不能运动。沿柏氏矢量 b 的方向施加切应力，使位错线 CD 在滑移面上运动，但由于 C、D 两端固定，因此只能使位错线发生弯曲 [图 2.25 (c)]。单位长度位错线所受的滑移力 $F_d = \tau b$ 总是与位错线相互垂直，所以弯曲后的位错每一小段继续受到的作用力沿它的法线方向向外扩展，其两端则分别绕结点 C、D 发生回转 [图 2.25 (d)]。当两端弯曲的线段相互靠近时，由于两线段平行于 b，但位错线方向相反，因此它们分别属于左螺旋位错和右螺旋位错。它们可以<u>互相抵消</u>，形成一闭合的位错环和位错环内的一小段弯曲位错线 [图 2.25 (e)]。只要外加切应力继续作用，位错环便继续向外扩张，同时环内的弯曲位错线在线张力作用下又被拉直，恢复到原始状态。上述过程不断重复，新的位错环不断产生 [图 2.25 (f)]，从而引起位错的增殖，使晶体产生可观的滑移量。

为使 F-R 源增殖，外加切应力必须克服位错线弯曲时线张力引起的阻力。在弯曲位错

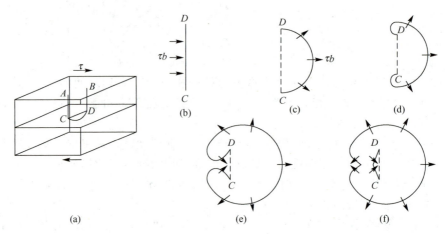

图 2.25　F-R 源的增殖过程

线中取一微单元弧段，由力的平衡关系：$\tau b \mathrm{d}s = 2T\sin\dfrac{\mathrm{d}\theta}{2}$，即 $\tau b R \mathrm{d}\theta = 2T\dfrac{\mathrm{d}\theta}{2}$，令 $T = \dfrac{1}{2}Gb^2$，可得

$$\tau = \dfrac{Gb}{2R} \tag{2-37}$$

由式(2-37)可知，外加切应力的大小和位错线曲率半径 R 成反比，即曲率半径 R 越小，所需的切应力 τ 越大。当位错线弯曲成半圆时，τ 最大 $\left(R = \dfrac{CD}{2} = \dfrac{L}{2}\right)$，故使 F-R 源发生作用的临界切应力为

$$\tau_c = \dfrac{Gb}{L} \tag{2-38}$$

F-R 源增殖机制已被实验证实，人们已在硅、锗、铝铜合金和铝镁合金等晶体中直接观察到类似的 F-R 源的迹象。另外，实验观察到的退火态金属的位错网络长度平均为 10^{-4} cm 左右，如取 $L \approx 10^{-4}$ cm、$b \approx 10^{-8}$ cm，求出的临界切应力 $\tau_c = 10^{-4}G$，这个数值接近于实际晶体的屈服强度。因此，晶体的屈服强度可以理解为开动 F-R 源的临界切应力。

F-R 源开动后并不是永远不断地放出位错。当位错环遇到障碍就会塞积，位错塞积后的应力集中对位错源有反作用力，这个反作用力使位错源停止动作。

（2）双交滑移增殖机制。

如果位错在原滑移面上运动受阻，位错就会转到和原滑移面相交的另一滑移面上，这就是交滑移。当位错又转回和原滑移面平行的面时，这个过程称为双交滑移。对高层错能的面心立方金属和体心立方金属，其变形时的位错增殖主要靠双交滑移。设有一螺型位错先在面心立方晶体的 (111) 晶面（m 面）上滑移 [图 2.26（a）]，遇到障碍通过交滑移转移到另一滑移面 n 面 [图 2.26（b）]，绕过障碍后又转到与 m 面平行的另一滑移面 m' 面 [图 2.26（c）]，这样就在 n 面上生成刃型位错 AC 和 BD。由于刃型位错 AC 和 BD 不能随螺型位错一起运动，对于 m' 面上的位错 CD 来说，其两端 C、D 被钉扎，于是位错线 CD 在 m' 面上以 F-R 源增殖位错，这种位错增殖方式称为双交滑移增殖机制。有时在 m'

面扩展出来的位错环又可以通过交滑移转移到第三个（111）面上进行增殖，从而使位错迅速增加。因此，双交滑移增殖机制是比 F-R 源更有效的增殖机制。

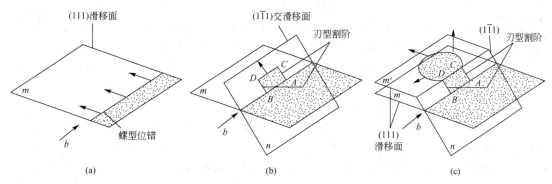

图 2.26　双交滑移增殖机制

2.2.6　位错的交割

晶体中位错的方位各不相同，在发生多滑移过程中，不同滑移面上的位错在运动中相遇就有可能发生位错互相切割的现象，称为位错的交割。位错交割的结果是在原来直位错线上形成一段一个或几个原子间距大小的折线。位错交割时会发生相互作用，这对材料的强化和点缺陷的产生有重要的意义。

（1）割阶与扭折。

在位错的滑移过程中，位错线往往很难同时实现全长的运动，因此一个运动的位错线，特别是在受到阻碍的情况下，有可能通过其中一部分线段（n 个原子间距）先进行滑移。当由此形成的弯折部分在位错的滑移面上时，该现象称为**扭折**；当弯折部分垂直于位错的滑移面时，该现象称为**割阶**。扭折和割阶也可由位错之间的交割形成。

刃型位错和螺型位错中的割阶与扭折示意图如图 2.27 所示。从图中可以看出，刃型位错的割阶部分仍为刃型位错，与柏氏矢量垂直，而刃型位错的扭折部分为螺型位错，与柏氏矢量平行；螺型位错中的割阶和扭折，均为刃型位错，均与柏氏矢量垂直。

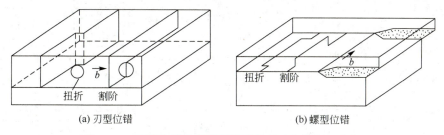

图 2.27　刃型位错和螺型位错中的割阶与扭折示意图

刃型位错的攀移是通过空位或原子向位错线的扩散而实现的，但空位（或原子）并不可能在某一瞬间就能一起聚集到整条位错线上，而是逐步迁移到位错线上。这样，在位错的已攀移段与未攀移段之间产生一个台阶，即在位错线上形成了割阶。因此，位错的攀移可理解为割阶沿位错线逐步推移，而使位错线上升或下降。攀移过程与割阶的形成能和移动速度有关。

(2) 典型的位错交割。

① 两个柏氏矢量相互平行的刃型位错的交割。

两个刃型位错的交割

如图 2.28（a）所示，交割后，在 XY 和 AB 位错线上分别产生了平行于柏氏矢量 b_1 和 b_2 的 QQ' 和 PP' 台阶，但它们的滑移面和原位错的滑移面一致，该现象为扭折。折线 QQ' 和 PP' 分别平行于 b_1 和 b_2，故扭折部分为螺型位错。在运动过程中，这种扭折在线张力的作用下可能被拉直而消失，因此扭折对原位错的运动影响不大。

② 两个柏氏矢量相互垂直的刃型位错的交割。

如图 2.28（b）所示，柏氏矢量为 b_1 的刃型位错 XY 和柏氏矢量为 b_2 的刃型位错 AB 分别位于相互垂直的平面 P_{XY} 和平面 P_{AB} 上。若 AB 为不动位错，而 XY 向下运动与 AB 交割时，由于 XY 扫过的区域其滑移面 P_{XY} 两侧的晶体将发生 b_1 距离的相对位移，因此 XY 与 AB 交割后在位错线 AB 上产生 PP' 小台阶，位错线 AB 变为 $APP'B$，折线因不在位错线 AB 运动的滑移面上，该现象为割阶。割阶的大小和方向取决于 b_1，但因为线段 PP' 仍属于位错线 $APP'B$，其柏氏矢量还是 b_2，所以 PP' 为刃型割阶。位错线 XY 仍为直线，并没有割阶，这是因为位错线 XY 和柏氏矢量 b_2 平行。在位错线 AB 形成割阶后，线段 AP 和线段 $P'B$ 容易在自身存在的滑移面上运动，而刃型割阶 PP' 运动的平面由 PP' 和 b_2 决定，常常是不易滑动的平面，这样带割阶的刃型位错运动就困难些。

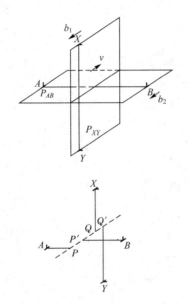
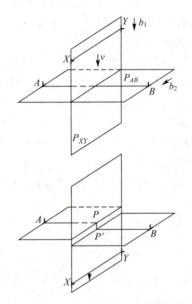

(a) 两个柏氏矢量相互平行的刃型位错的交割　　(b) 两个柏氏矢量相互垂直的刃型位错的交割

图 2.28　两个刃型位错的交割

③ 两个柏氏矢量相互垂直的刃型位错和螺型位错的交割。

如图 2.29 所示，设有一柏氏矢量为 b_1 的刃型位错 AB 在滑移面上运动，还有一穿过其滑移面的柏氏矢量为 b_2 的螺型位错 CD 与其交割。交割后在刃型位错 AB 上形成大小等于 $|b_2|$ 且平行于 b_2 的割阶 PQ，其柏氏矢量为 b_1。由于该割阶的滑移面与原刃型位错 AB 的滑移面不同，因此带有这种割阶的位错继续运动时将受到一定的阻力。同样，交割后在螺型位错 CD 上也形成大小等于 $|b_1|$ 且垂直于 b_2 的一段折线 MN，由于它垂直于 b_2，因此

MN 属于刃型位错。另外,由于 MN 位于螺型位错 CD 的滑移面上,因此该现象为扭折。

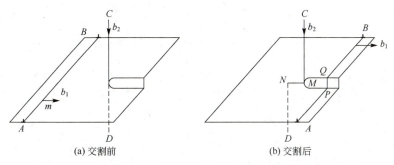

图 2.29　两个柏氏矢量相互垂直的刃型位错和螺型位错的交割

④ 两个柏氏矢量相互垂直的螺型位错的交割。

如图 2.30 所示,运动位错 AA' 和位错 BB' 交割后,在 AA' 上形成大小等于 $|b_2|$ 且平行于 b_2 的割阶 MM'。MM' 的柏氏矢量为 b_1,其滑移面不在 AA' 的滑移面上,故 MM' 为刃型割阶。割阶 MM' 不能随位错 AA' 滑移,只能做攀移,结果形成一系列的空位或间隙原子。显然,这种割阶对位错的滑移起阻碍作用。同样,在位错 BB' 上也形成刃型割阶 NN'。当螺型位错上的刃型割阶高度为 1～2 个原子间距时,螺型位错可带动割阶一起运动。当割阶高度较大时,割阶就对螺型位错的运动造成很大阻力。

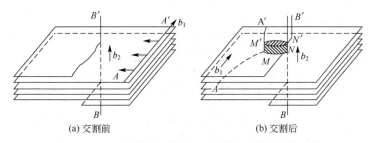

图 2.30　两个柏氏矢量相互垂直的螺型位错的交割

综上所述,可以得出以下一般性结论。

(1) 任意两种类型的位错相互交割时,都可能产生扭折或割阶,其大小和方向取决于另一位错的柏氏矢量。所有的割阶必定是刃型位错,而扭折可以是刃型位错,也可以是螺型位错。

(2) 扭折与原位错线在同一滑移面上,可随主位错线一起运动,几乎不产生阻力,而且扭折在线张力的作用下易消失。但是,割阶与原位错线不在同一滑移面上,故除非割阶产生攀移,否则割阶就不能跟随主位错线一起运动而成为位错运动的障碍。

(3) 螺型位错上的割阶比刃型位错上的割阶运动阻力大。尽管螺型位错没有固定的滑移面,似乎螺型位错更容易运动,特别是交滑移,但螺型位错上一旦形成割阶,尤其是割阶高度较大时,其运动就变得困难。

2.2.7　面角位错引发的强化

在面心立方的 $(1\bar{1}1)$ 和 $(\bar{1}11)$ 面上分别有全位错 $\dfrac{a}{2}[10\bar{1}]$ 和 $\dfrac{a}{2}[0\bar{1}1]$ [图 2.31 (a)],

它们在各自滑移面上分解为扩展位错

$$\left.\begin{array}{l}\dfrac{a}{2}[10\bar{1}] \rightarrow \dfrac{a}{6}[21\bar{1}] + \dfrac{a}{6}[1\bar{1}\bar{2}] \\ \dfrac{a}{2}[0\bar{1}1] \rightarrow \dfrac{a}{6}[1\bar{1}2] + \dfrac{a}{6}[\bar{1}\bar{2}1]\end{array}\right\} \qquad (2-39)$$

这两个扩展位错各在自己的滑移面上相向移动。当每个扩展位错在两个滑移面的交线上相遇时，就会发生位错反应，生成新的先导位错，如图2.31（b）所示，即

$$\dfrac{a}{6}[\bar{1}\bar{2}1] + \dfrac{a}{6}[21\bar{1}] \rightarrow \dfrac{a}{6}[1\bar{1}0] \qquad (2-40)$$

即两个滑移面上各有一个肖克莱不全位错相互作用，结合成新位错。

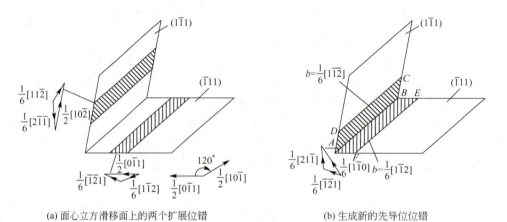

(a) 面心立方滑移面上的两个扩展位错　　　(b) 生成新的先导位位错

图2.31　面角位错的形成过程

新位错的特征为新位错的位错线为两个滑移面的交线，交线 AB 的方向为 $[1\bar{1}0]$，位错的柏氏矢量为 $\dfrac{1}{6}[1\bar{1}0]$。柏氏矢量和位错线的点乘积为0（即柏氏矢量和位错线垂直），故生成的是刃型位错。该刃型位错的滑移面由柏氏矢量和位错线的叉乘积决定，叉乘积的结果代表滑移面的法线方向，即位错线的滑移面为（001）。由于面心立方金属的滑移面是 {111}，因此位错是固定位错，通常称为梯杆位错。不仅如此，它还带动两片分别位于 $(1\bar{1}1)$ 和 $(\bar{1}11)$ 上的层错，以及 $\dfrac{a}{6}[1\bar{1}2]$ 和 $\dfrac{a}{6}[1\bar{1}2]$ 两个不全位错。这种形成于两个 {111} 面之间的面角上，由两片层错和三个不全位错构成的位错组态称为面角位错。面角位错好像一个压杆，压在两个滑移面上，使另两个肖克莱不全位错难以运动，因此它对低层错能的面心立方金属的变形强化起重要作用。

2.2.8　位错的分解与合成

在实际晶体中，位错的柏氏矢量 b 除等于点阵矢量外，还有可能小于或大于点阵矢量。通常把柏氏矢量等于点阵矢量的位错称为单位位错，把柏氏矢量等于点阵矢量或其整数倍的位错称为全位错。全位错滑移后晶体原子排列不变。把柏氏矢量不等于点阵矢量或其整数倍的位错称为不全位错。其中，把柏氏矢量小于点阵矢量的称为部分位错。不全位错滑移后原子排列规律发生变化。

从能量方面考虑，由于位错的应变能和 b^2 成正比，因此各种可能出现的位错稳定性并不一样。能量较高的位错不稳定，但可以通过位错反应将其分解为能量较低的位错，以最短的点阵矢量（单位位错为柏氏矢量的位错）在晶体中最稳定。三种典型金属晶体结构中全位错和不全位错的柏氏矢量见表2-1。

表2-1 三种典型金属晶体结构中全位错和不全位错的柏氏矢量

晶 体 结 构	位 错 类 型	柏 氏 矢 量
体心立方	全位错	$\frac{a}{2}<111>$、$a<100>$
	不全位错	$\frac{a}{3}<111>$、$\frac{a}{6}<111>$、$\frac{a}{8}<110>$、$\frac{a}{3}<112>$
面心立方	全位错	$\frac{a}{2}<110>$、$a<100>$
	不全位错	$\frac{a}{6}<112>$、$\frac{a}{3}<111>$、$\frac{a}{3}<100>$、$\frac{a}{6}<110>$、$\frac{a}{6}<103>$、$\frac{a}{3}<110>$
密排六方	全位错	$\frac{a}{3}<11\bar{2}0>$、$\frac{a}{3}<11\bar{2}3>$、$c<0001>$
	不全位错	$\frac{a}{6}<20\bar{2}3>$、$\frac{a}{3}<10\bar{1}0>$、$\frac{c}{2}<0001>$

下面仅以面心立方晶体结构中存在的两种形式的不全位错为例进行讨论。

具有面心立方结构的晶体是以密排面{111}堆垛而成的，正常的堆垛顺序为 ABCABC…。如果由于某种原因破坏了密排面的堆垛顺序，导致整个一层密排面上的原子都发生错排，则这种缺陷称为层错。例如，在面心立方晶体的堆垛顺序中插入或抽出一层密排面，或者将密排面中的任意一层向该面上的 $<211>$ 方向移动 $\frac{a}{6}<211>$ 的距离，就能使面心立方晶体产生堆垛层错，如图2.32所示。面心立方晶体产生堆垛层错时，几乎不产生点阵畸变；但堆垛层错是一种晶格缺陷，它破坏了晶体的完整性和正常的周期性，从而引起能量上升。通常把产生单位面积层错所需要的能量称为层错能。层错能越小的金属，出现层错的概率就越大，如在不锈钢中常常可以看到大量的层错。若层错不是发生在晶体的整个密排面上，而只是发生在部分区域，则在层错与完整晶体的交接处会存在柏氏矢量 **b** 不等于点阵矢量的不全位错。

在面心立方晶体中，有两种重要的不全位错：肖克莱不全位错和弗兰克不全位错。面心立方晶体中的肖克莱不全位错如图2.33所示。图面代表 $(10\bar{1})$ 面，密排面(111)垂直于图面。图中右边晶体按 ABCABC…正常顺序堆垛，而左边晶体按 ABCBCAB…顺序堆垛，即有层错存在。层错与完整晶体的边界就是肖克莱不全位错，这相当于左侧原来的 A 层原子面沿 $[1\bar{2}1]$ 方向滑移到 B 层位置。位错的柏氏矢量 $\boldsymbol{b}=\frac{a}{6}[121]$，它与位错线相互垂直，故其为刃型不全位错。

肖克莱不全位错

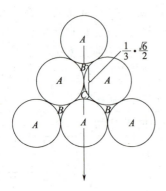
图 2.32 面心立方晶体的堆垛层错

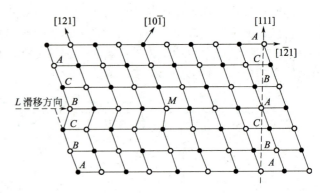
图 2.33 面心立方晶体中的肖克莱不全位错

根据肖克莱不全位错的柏氏矢量与位错线的夹角关系,肖克莱不全位错既可以是刃型位错,也可以是螺型位错或混合型位错。肖克莱不全位错可以在它所在的{111}面上滑移,使层错扩大或缩小。即使是刃型的肖克莱不全位错也不能攀移,这是因为它与确定的层错相连。

面心立方晶体中的弗兰克不全位错如图 2.34 所示。弗兰克不全位错属于刃型位错,其柏氏矢量为 $\frac{a}{3}<111>$,并且垂直于层错面{111}。这种位错不能在滑移面上滑移,但能通过点缺陷的运动沿层错面攀移,使层错面扩大或缩小。

弗兰克不全位错

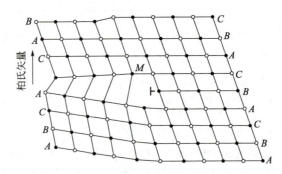
图 2.34 面心立方晶体中的弗兰克不全位错

在实际晶体中,组态不稳定的位错可以转变为组态稳定的位错;具有不同柏氏矢量的位错线可以合并为一条位错线,一条位错线也可以分解为两条或更多条具有不同柏氏矢量的位错线。通常将位错之间的相互转化(分解与合成)称为位错反应。位错反应必须满足两个条件。

(1)几何条件。$\sum \boldsymbol{b}_{前} = \sum \boldsymbol{b}_{后}$,即反应前后位错的柏氏矢量之和相等,以满足柏氏矢量的守恒性。

(2)能量条件。$\sum b_{前}^2 > \sum b_{后}^2$,即位错反应后应变能降低。

下面举例说明实际晶体中的位错反应。

(1)面心立方晶体中一个全位错可以分解为两个肖克莱不全位错,位错反应式为

$$\frac{a}{2}[110] \rightarrow \frac{a}{6}[211] + \frac{a}{6}[12\bar{1}]$$

(2)面心立方晶体中一个肖克莱不全位错和一个弗兰克不全位错可以合并为一个全位

错，位错反应式为

$$\frac{a}{6}[112]+\frac{a}{3}[11\bar{1}]\to\frac{a}{2}[110]$$

(3) 面心立方晶体中两个全位错可以合并为另一个同一类型的全位错，位错反应式为

$$\frac{a}{2}[011]+\frac{a}{2}[10\bar{1}]\to\frac{a}{2}[110]$$

(4) 体心立方晶体中两个位错可以合并重组合成另外两个位错，位错反应式为

$$a[100]+a[010]\to\frac{a}{2}[111]+\frac{a}{2}[11\bar{1}]$$

面心立方晶体中 {111} 面上的 $\frac{a}{2}<110>$ 全位错可以分解为两个 $\frac{a}{6}<112>$ 肖克莱不全位错。由图 2.35 可以看出，这两个肖克莱不全位错中间是堆垛层错区。通常把两个不全位错连同堆垛层错区一起称为扩展位错，如图 2.36 所示。

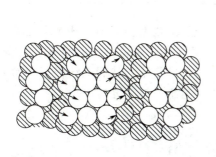
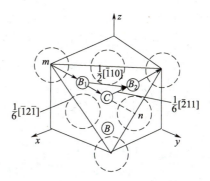

(a) 肖克莱不全位错的滑移　　(b) 面心立方晶体中的肖克莱不全位错的分解

图 2.35　面心立方晶体中的肖克莱不全位错

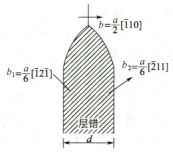

图 2.36　扩展位错

在扩展位错中，b_1 和 b_2 具有同符号的分量，它们相互排斥，单位长度位错上的排斥力近似为 $f=G(b_1\cdot b_2)/2\pi d$，该斥力使两个不全位错的宽度增加。为了降低两个不全位错的层错能，使两个不全位错的间距缩小，须给予两个不全位错一个引力，数值上等于层错能 γ。当斥力与引力平衡时，不全位错之间的距离一定，这个平衡距离就是扩展位错的宽度 d，即

$$d=G(b_1\cdot b_2)/2\pi\gamma \tag{2-41}$$

扩展位错的宽度 d 与层错能 γ 成反比，与切变模量 G 成正比。例如，在层错能较低的

不锈钢和α黄铜中,存在很宽的扩展位错;而在层错能很高的铝中,由于拓展位错宽度很窄,即使在电子显微镜下也很难分辨,几乎见不到扩展位错。几种金属的层错能和扩展位错的宽度见表2-2。

表2-2 几种金属的层错能和扩展位错的宽度

金属	层错能 $\gamma/(J \cdot m^{-2})$	扩展位错的宽度 d/原子间距
银	0.02	12.0
金	0.06	5.7
铜	0.04	10.0
铝	0.20	1.5
镍	0.25	2.0
钴	0.02	35.0

当扩展位错受到某种障碍时,在外加切应力作用下其宽度会缩小,甚至会缩小为原来的全位错,这个过程称为**束集**。扩展位错若要进行交滑移,则必须先束集成全螺型位错,再交滑移到另一滑移面,并在新滑移面上重新分解为扩展位错,然后继续进行交滑移。显然,层错能越小,扩展位错宽度越宽,束集越困难,越不容易交滑移。

2.3 面缺陷

实际中应用的晶态材料(如金属、陶瓷和高分子材料)大多数是多晶体,多晶体材料的界面是构成晶态固体组织的重要组成部分。严格地说,界面包括外表面(自由表面)和内界面。相对于理想的完整晶体而言,表面和界面通常包含几个原子层厚的区域,该区域内的原子排列及化学成分不同于晶体内部,可以近似地看成是晶体材料的二维结构分布,故属于晶体的面缺陷。表面和界面的结构不同于晶体内部,因而其性能也不同于晶体内部。材料的许多性能,如摩擦、磨损、腐蚀、氧化、催化、吸附、光的吸收与反射等都要受到表面与界面结构的影响。晶体生长、界面迁动、异类原子在晶界的偏聚、界面的扩散等也都和界面结构有关。如今,表面与界面已成为一门新兴的综合性学科。本节着重介绍表面和界面结构的基本概念,并相应地介绍它们的一些性质,为学生以后对其的深入研究和应用打下基础。

2.3.1 固体表面

晶态固体表面是指固态材料与气体或液体的分界面。从晶体学角度看,表面是指晶体内的三维周期性结构开始破坏到真空之间的整个过渡区,它大约有几个原子层的厚度,这种表面实际上是理想表面。此外,表面还有清洁表面和吸附表面等。

1. 表面结构

如果固体是没有杂质的单晶,把固体表面看成与晶体内部是相同的,即晶体内部的结构无改变地延续到表面,直至截断为止。这样的表面为理想表面,是理论上的结构完整的二维点阵平面。它忽略了晶体内部周期性势场在晶体表面中断的影响,忽略了表面原子的热运动、热扩散和热缺陷等,忽略了外界对表面的物理化学作用等。实际上,这种理想表面是不存在的。

为了寻求到更贴近实际的晶体表面结构,低能电子衍射技术在表面晶体学研究的有关资料中提出清洁表面的概念。清洁表面是指不存在任何吸附、催化反应和杂质扩散等物理化学效应的表面。根据表面原子的排列,清洁表面又分为弛豫表面和重构表面。

(1) 弛豫表面。

由于晶态固体点阵的三维周期性在固体表面突然中断,表面层原子的配位数发生变化,相应地表面层原子附近的电荷分布将有所变化,表面层原子的受力情况会出现明显的不对称性。为了使体系能量降低,表面层原子会产生相对于正常位置的上、下位移,使表面原子层间距偏离体内原子层间距,产生压缩或膨胀。表面层原子的这种位移称为表面弛豫。弛豫是指表面层之间及表面和体内原子层之间的垂直间距 d_s 和体内原子层间距 d_0 相比有所膨胀和压缩的现象,如图 2.37 所示。弛豫往往涉及几个原子层,而每层间的相对膨胀和压缩的变化是不同的,而且离晶体内部越远,变化越显著。

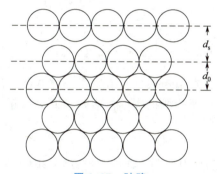

图 2.37 弛豫

对于多元素的合金,在同一层上几种元素的膨胀和压缩情况也可能不同。例如,LiF (001) 面的弛豫如图 2.38 所示,Li 原子次层和 F 原子次层分别向体内压缩 0.035nm 和 0.01nm,两种原子不再处于同一平面,两平面间距 0.025 nm。弛豫也可以发生在第二层或第三层,但随着距表面距离的增加,弛豫会迅速消失。因此,一般只考虑第一层的弛豫。

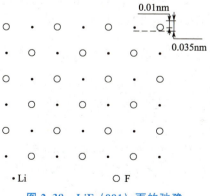

图 2.38 LiF (001) 面的弛豫

(2) 重构表面。

重构是指表面原子层在水平方向上的周期性不同于晶体内部，但垂直方向的层间距与晶体内部相同，也就是说表面层的晶体结构和晶体内部有本质的不同，如图 2.39 所示。重构通常表现为表面超结构的出现，即二维晶胞的基矢按整数倍扩大。例如，(110)面(1×2)表示(110)面的一个矢量不变，另一个矢量加倍。同一种材料的不同晶面及相同晶面经不同加热处理后，可能出现不同的重构结构。例如，硅的(111)面劈断后，出现(2×1)结构，它是亚稳态的，在370～400℃加热后，两个基矢都比增大了7倍，出现(7×7)结构。这种重构在硅半导体中常见，这可能与半导体的键合方向性及四面体的配位有关。金属键不具有明显的方向性，因而表面重构比较少见。

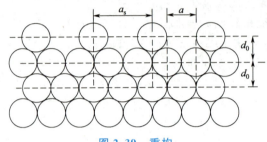

图 2.39 重构

2. 吸附表面

吸附表面也称界面，是指在清洁表面上有来自晶体内部扩散到表面的杂质和来自表面周围空间吸附在表面上的质点所构成的表面。吸附表面会引起材料实际表面的一系列物理性能、化学性能及力学性能的变化。

(1) 表面偶电层的形成。

由于在垂直表面方向上晶体内部的周期性遭到破坏，因此在表面附近的电子波函数会发生变化，从而形成新的电子态。这种电子波函数的变化必然影响表面原子排列，新的原子排列又影响电子波函数，这种相互影响会建立起与晶体内部不同的自洽势，在表面形成势垒。由于微观的隧道效应，一些具有较大动能的电子可以穿透势垒，在表面形成一层稀薄的电子云，而晶体内部邻近表面处的电子云密度降低，于是在表面形成一个偶电层。金属晶体表面偶电层的示意图如图 2.40 所示。图中六边形是每个原子的元胞，大黑点表示原子中心位置，小黑点的密度表示电子云的密度。对于金属材料，电子云向真空深入的距离约为 0.1nm，电子云的密度随其深入真空中的距离以指数形式迅速衰减，其厚度约为晶体内部的点阵常数。对于半导体和绝缘体，用共价键和离子键来描述电子波函数比用电子云来描

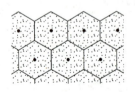
(a) 无表面影响的电子云均匀分布

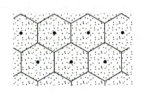
(b) 表面电子逸出在表面形成电子云

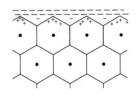
(c) 形成表面偶电层

图 2.40 金属晶体表面偶电层的示意图

述更合适，这是由于表面层共价键或离子键在表面法线方向发生极化而产生偶电层。

表面偶电层的形成使晶体表面极易吸附其他物质。例如，在 1×10^{-3} MPa 的压力下，金属表面在 2min 内即可被气体分子覆盖。

(2) 物理吸附与化学吸附。

表面吸附可分为物理吸附和化学吸附两种。

物理吸附是反应分子靠范德瓦耳斯力吸附在固气交界面上。每一个原子或分子在某种程度上都是可极化的。接近表面时，表面原子和吸附原子相互极化，使系统能量降低，形成范德瓦耳斯力。由于范德瓦耳斯力的作用较弱，因此被物理吸附的分子在结构上变化不大，和在气体中的分子状态差不多。物理吸附热较低，在低温时表面以物理吸附为主。

化学吸附类似化学反应，吸附剂和吸附物的原子和分子间要发生电子转移，改变了吸附分子的结构。和物理吸附不同，化学吸附时吸附剂与吸附物分子或原子之间的作用力主要是静电库仑力。在化学吸附中，如果吸附剂和吸附物之间发生了完全的电子转移，吸附剂和吸附物的原子或分子变成离子，两者之间结合是纯离子键，则称为离子吸附。如果吸附剂和吸附物之间的电子转移不完全，两者之一或双方都提供电子作为共有化电子，形成局部价键（共价键、离子键或配位键），而且两者之间的共有化电子不是等同的，则称为化学键吸附。化学吸附的结合力主要是共有化电子与离子之间的库仑力。在实际化学吸附中，除上述两种情况外，还有两者兼有的情况。

物理吸附和化学吸附存在以下不同点。

① 吸附热不同。吸附本身是一个放热过程，吸附热是负值。化学吸附中的吸附热与化学反应热同数量级，一般为几万焦每摩尔，而物理吸附最多每摩尔不超过几千焦，所以化学吸附的脱附温度比同种固体物理吸附的高。

② 吸附的脱附速率不同。物理吸附过程一般不需要热激活；而大多数化学吸附是一个热激活过程，需要一定激活能，所以化学吸附的吸附及脱附速率比物理吸附的慢。

③ 吸附的选择性不同。化学吸附具有很强的选择性，即一种固体表面只能吸附某些气体，而不吸附另一种气体。例如，氢会被钨和镍化学吸附，却不能被铝化学吸附。物理吸附则无选择性，任何气体在任何固体表面在气体沸点附近都可以进行物理吸附。

④ 吸附层的厚度不同。化学吸附仅限于单原子层或单分子层吸附，而物理吸附在低压下是单层吸附，在高压下会变成多层吸附。

⑤ 吸附态的光谱不同。物理吸附只能使原来吸附分子的特征吸收峰发生一些位移，或使吸收峰的强度有所改变，而化学吸附会在紫外、红外或可见光谱区产生新的吸收峰。

物理吸附和化学吸附也有一定的联系。有些化学吸附可以直接在吸附剂和吸附物之间进行，但大多数化学吸附必须先经过物理吸附后，再进行化学吸附。物理吸附和化学吸附可以在一定条件下转化。例如，氢分子在铜表面上的物理吸附，经活化而进一步与铜催化表面接近，可以转化为解理面氢的化学吸附。另外，在某些情况下，在物理吸附后，吸附剂与吸附物之间的相互作用力会起到拉长某些化学键的作用，甚至使分子的化学性质改变，以至于很难区别它是物理吸附还是化学吸附。

3. 表面能

处于固体表面上的原子只有一侧存在邻近原子，因此表面上的原子的邻近原子数就比内部原子的少。成分偏聚和表面吸附作用往往导致表面成分与晶体内部成分不一样，这些均是表面层原子间结合键与晶体内部并不相等的原因。因此，表面原子就会偏离其正常的平衡位置并影响邻近的几层原子，造成表面的点阵畸变，使它们的能量比内部原子高。晶体表面单位面积自由能的增加称为表面能 σ（J/m²）。表面能也可以理解为产生单位面积新表面所做的功，即

$$\sigma = \frac{dW}{dS} \tag{2-42}$$

式中，dW 为产生 dS 表面所做的功。

表面能也可用单位长度上的表面张力（N/m）表示。

由于表面是一个原子排列的终止面，另一侧无固体中原子的键合，如同被割断，因此表面能可看成是在形成表面时破坏了一定数量的结合键而引起的。具有不同晶面的表面所割断的结合键的数目是不同的，因而不同晶面具有不同的表面能。表面能的破坏键模型如图2.41所示，在简单立方二维晶体中切出一晶面与其（01）面交成 θ 角，形成此面需要破坏的键数为

$$f(\theta) = \frac{1}{a} + \frac{\tan\theta}{a} \tag{2-43}$$

式中，a 为原子间距；$\frac{1}{a}$ 为一个单位长度上切断垂直方向上键的数目；$\frac{\tan\theta}{a}$ 为切断水平方向上键的数目。

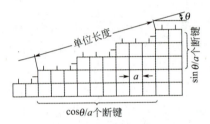

图 2.41 表面能的破坏键模型

假设切断一个结合键所需的能量为 U_b，则表面能 σ_θ 可写成

$$\sigma_\theta = \frac{\text{切断的总键能}}{\text{形成的表面面积}} = \frac{U_b f(\theta)}{2/\cos\theta} \tag{2-44}$$

式中，$2/\cos\theta$ 为形成的表面面积。

将式（2-43）代入式（2-44）中，得

$$\sigma_\theta = \frac{U_b}{2a}(\cos\theta + \sin\theta) = \frac{U_b}{2\sqrt{2}}\cos\left(\theta - \frac{\pi}{4}\right) \tag{2-45}$$

表面能与晶体表面原子排列的致密度有关。原子密排面具有最小的表面能，当以原子密排面作表面时，晶体的能量最低，晶体最稳定，所以自由晶体暴露在外的表面通常是低表面能的原子密排面。表面能除与晶体表面原子排列的致密程度有关，还与晶体表面曲率有关。当其他条件相同时，晶体表面曲率越大，表面能越大。表面能的这些性质对晶体的生长、固态相变中新相形成和陶瓷材料的烧结等都起着重要的作用。

2.3.2 固体界面

界面一般是指两相之间的接触面。固体界面分为两类：一类是同相界面，它是指相同

晶体结构及相同化学成分的晶粒之间的界面；另一类是异相界面（相界面），它是指不同晶体结构（化学成分也可能不同）的区域之间的紧密界面。

1. 同相界面

（1）固相界面的自由度。

晶界的性质取决于它的结构，而晶界的结构在很大程度上取决于与其邻接的两个晶粒的相对取向和晶界相对于其中一个晶粒的相对位向。

为了描述晶界的几何性质，先讨论二维晶粒。如图 2.42 所示，对于二维晶粒来说，其晶界位置可用两个晶粒的位相差 θ 和晶界相对于一个晶粒（晶面）的取向角 ϕ 来确定。因此，二维晶粒的晶界自由度为 2。

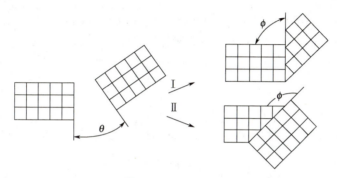

图 2.42　二维晶粒

对于三维晶粒来说，要想说明其晶界位置，用一个 θ 角是不够的，而且要说明晶界面相对于一个晶粒的取向关系用一个 ϕ 角也是不够的。如图 2.43（a）所示，设有一个晶体沿 x-z 面切开，然后使右侧晶体围绕 x 轴旋转一定角度，此时晶体的两部分便出现了取向差。同样，右侧晶体还可以绕 x 轴或 y 轴旋转。因此，为了确定两个晶粒之间的位向，必须给定三个角度。如图 2.43（b）所示，若在 x-z 面有一个界面，将这个界面绕 x 轴或 z 轴旋转，可以改变界面的位置；但绕 y 轴旋转时，界面的位置不变。为了确定界面本身的位向，还需要确定两个角度。这就是说，一般三维晶粒具有 5 个自由度。其中 3 个自由度确定了一个晶粒相对于另一个晶粒的取向，2 个自由度确定了晶界相对于另一个晶粒的取向。

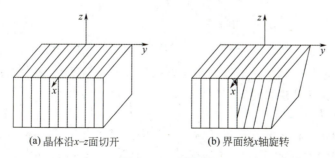

(a) 晶体沿 x-z 面切开　　(b) 界面绕 x 轴旋转

图 2.43　三维晶粒

根据相邻晶粒之间 θ 角的不同，晶界可分为小角度晶界（$\theta<10°$）和大角度晶界（$\theta>10°$）。亚晶界属于小角度晶界（一般 $\theta<2°$），而多晶体材料各晶粒之间的界面属于大角度晶界。

(2) 小角度晶界。

按相邻晶粒之间位相差的形式不同,可将小角度晶界分为倾斜晶界(也称倾侧晶界)和扭转晶界。前者由刃型位错组成,后者由螺型位错组成。

三种典型的小角度晶界的模型示意图如图 2.44 所示。对称倾斜晶界[图 2.44(a)]由一系列柏氏矢量相互平行的同号刃型位错垂直排列而构成。晶界两边是对称的,两个晶粒的位向差为 θ,位错的柏氏矢量为 b,晶界中位错间距 D 为

$$D = \frac{b}{2\sin\frac{\theta}{2}} \qquad (2-46)$$

当 θ 很小时,则 $\sin\frac{\theta}{2} \approx \frac{\theta}{2}$,$D \approx \frac{b}{\theta}$。

不对称倾斜晶界[图 2.44(b)]由柏氏矢量相互垂直的刃型位错交叉排列组成。两组位错的数量取决于 θ 角和 ϕ 角,这两组位错各自之间的距离分别为

$$\left. \begin{array}{l} D_\perp = \dfrac{b_\perp}{\theta\sin\phi} \\[6pt] D_\vdash = \dfrac{b_\vdash}{\theta\cos\phi} \end{array} \right\} \qquad (2-47)$$

扭转晶界[图 2.44(c)]由两组交叉的同号螺型位错网络组成。

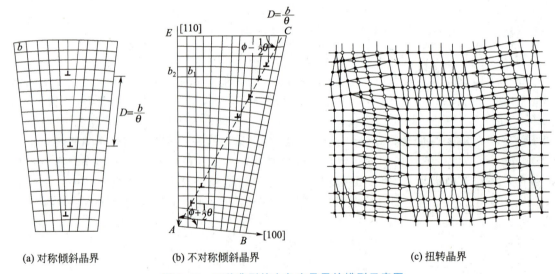

(a) 对称倾斜晶界　　(b) 不对称倾斜晶界　　(c) 扭转晶界

图 2.44　三种典型的小角度晶界的模型示意图

上述三种典型晶界是理想情况下的小角度晶界,而小角度晶界的实际情况是比较复杂的,一般是由刃型位错和螺型位错组合而成的。

(3) 大角度晶界。

多晶体材料中各晶粒之间的晶界通常为大角度晶界。大角度晶界的结构较复杂,晶界两侧晶粒的取向差较大,但其过渡区却很窄(仅有十几纳米),其中原子排列较不规则,很难用位错模型来描述。一般大角度晶界的界面能为 $0.5 \sim 0.6 \mathrm{J/m^2}$,与相邻晶粒的取向差无关。但是,有些特殊取向的大角度晶界的界面能比其他任意取向的大角度晶界的界面能低。为了解释这些特殊晶界的性质,人们应用场离子显微镜研究晶界,提出了一系列晶

界点阵结构模型,如重合位置点阵(coincidence site lattice,CSL)模型、O 点阵模型、完整型位移点阵模型、结构单元模型和多面体单元模型等。下面仅介绍 CSL 模型。

① CSL 模型的定义。假设两个相互穿插的点阵 1 和点阵 2 做相对平移或旋转,当达到某一特定位置时,其中有些阵点相互重合。这些重合点必然构成周期性的相对于点阵 1 和点阵 2 的超点阵,这个超点阵就是 CSL。CSL 的阵点相对于点阵 1 和点阵 2 没有畸变的位置就是其最佳匹配的位置。两个二维简单立方点阵绕 [001] 轴旋转 28.1°后形成 CSL,其示意图如图 2.45 所示。图中的黑点是原来的点阵,小圆圈是旋转后的点阵,用直线连接起来的是 CSL。可以看出,CSL 是变换前后两个晶体点阵的超点阵。

② 重合位置密度的计算。为了描述 CSL 的特征,这里引入重合位置密度的概念。重合位置密度是指 CSL 阵点数与原有晶体点阵之阵点数的比值,记为 $1/\Sigma$。若 17 个阵点中有一个重合,则 $1/\Sigma=1/17$。其中,Σ 表示 CSL 单胞的体积与晶体点阵单胞体积之比($\Sigma \geqslant 1$)。当 $\Sigma=1$ 时,表示点阵完全重合。

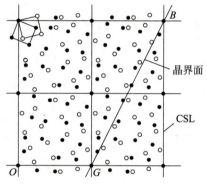

图 2.45 CSL 示意图

如图 2.46 所示,设有两个立方晶体,当围绕 $[hkl]$ 轴相对旋转 θ 角后有阵点重合,在垂直于 $[hkl]$ 的晶面上,原晶体点阵的晶胞参数为 a 和 b,而 CSL 的晶胞参数为 P 和 Q。设任意一个重合点的坐标为 (x,y),x、y 为整数,则有 $\tan\dfrac{\theta}{2}=\dfrac{by}{ax}$。令 $N=\dfrac{b}{a}$,则

$$\theta=2\arctan N\left(N \cdot \dfrac{y}{x}\right) \tag{2-48}$$

因为 $\Sigma=\dfrac{P \cdot Q}{a \cdot b}$,并且 CSL 的晶胞形状与晶体原有晶胞形状相似,所以 $\dfrac{a}{b}=\dfrac{P}{Q}$,于是有

$$\Sigma=\dfrac{P \cdot Q}{a \cdot b}=\dfrac{\dfrac{b}{a}P^2}{ab}=\dfrac{1}{a^2}[(ax)^2+(by)^2]=x^2+Ny^2 \tag{2-49}$$

再在 (hkl) 面上任找两个相互垂直的短矢量,如 $[0,l,\bar{k}]$ $[k^2+l^2,\bar{h}k,\bar{h}l]$,则

$$N=\sqrt{\dfrac{(k^2+l)^2+(\bar{h}k)^2+(\bar{h}l)^2}{l^2+k^2}}=\sqrt{h^2+k^2+l^2} \tag{2-50}$$

由此可见,绕确定的 $[hkl]$ 轴旋转特定的 θ 角后形成的 CSL,其重合位置密度在选定重点的坐标 (x,y) 后,便可由式(2-48)及式(2-49)计算得出。当算出的 Σ 为偶数时,要连续除以 2,以得到最小的奇数值。

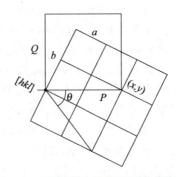

图 2.46 计算重合位置密度的示意图

立方晶体中几种重要的 CSL 见表 2-3。表中重合位置密度最高（$1/\Sigma=1/3$）的界面是孪晶共格界面，其界面能很低。体心立方点阵相对于 [110] 轴旋转 50.5°后形成的 CSL 如图 2.47 所示。

表 2-3 立方晶体中几种重要的 CSL

旋转轴	N	x	y	θ	1/Σ	旋转轴	N	x	y	θ	1/Σ
[100]	1	1	2	36.9°	1/5	[111]	$\sqrt{3}$	0	1	60°	1/3
		2	1	53.1°	1/5			2	1	38.2°	1/7
		3	2	22.6°	1/13a			1	2	27.8°	1/13b
		4	1	28.1°	1/17a			4	1	46.8°	1/19b
[110]	$\sqrt{2}$	1	1	70.5°	1/3	[210]	$\sqrt{5}$	1	1	131.8°	1/3
		1	2	38.9°	1/9			0	1	180°	1/5
		3	1	50.5°	1/11			3	1	73.4°	1/7
		3	2	86.6°	1/17b			2	1	96.4°	1/9
		1	3	26.5°	1/19a			5	1	48.2°	1/15

注：a 和 b 表示有两种 CSL 具有相同的重合位置密度。

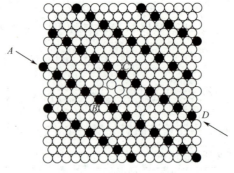

图 2.47 体心立方点阵相对于 [110] 轴旋转 50.5°后形成的 CSL

③ CSL 与大角度晶界的关系。CSL 的重要性在于其展示了晶界核心区原子结构的基本周期性。其不足之处在于：第一，它不能包括两晶粒任意取向的晶界，因为只有当绕

[hkl] 轴转动特定的 θ 角时，CSL 才会出现；第二，当晶体点阵的对称性下降时，CSL 出现得更少；第三，一般在不同的晶体点阵之间，不会出现 CSL。因此，有些学者提出了描述晶界结构的 O 点阵模型和完整型位移点阵模型。

CSL 与大角度晶界的关系：一是重合位置晶界总是处于 CSL 的最密排面上；二是当上述两者有一小角度差时，晶界上会产生台阶，使两者有最大的重合面积。

从能量观点来看，刚性晶界会先通过两个点阵的少量平移而发生松弛，以达到能量较低的位置。在此过程中，晶界核心原子会各自发生少量的位置调整（原子松弛），以找到一个能量最低的位置，从而实现点阵 1 到点阵 2 的过渡。

（4）孪晶界。

孪晶是指相邻两个晶粒（或一个晶粒内的相邻两个部分）沿一个公共晶面构成镜面对称的位向关系，这两个晶体就称为孪晶，此公共晶面就称为孪晶面。

孪晶之间的界面称为孪晶界。孪晶界可分为共格孪晶界和非共格孪晶界两类，如图 2.48 所示。

共格孪晶界 [图 2.48（a）] 就是孪晶面。在孪晶面上的原子同时位于两个晶体点阵的结点上，为两个晶体所共有。它是属于完全匹配的无畸变的共格界面，因此其界面能很低（约为普通晶界界面能的 1/10），界面很稳定，在显微镜下呈直线。

如果孪晶界相对于孪晶面旋转一定角度，即可得到另一种孪晶界——非共格孪晶界 [图 2.48（b）]。此时，孪晶面上只有部分原子为两部分晶体所共有，因此原子错排较严重，这种孪晶界的能量相对较高（约为普通晶界界面能的 1/2）。

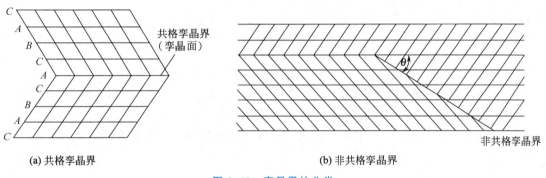

图 2.48 孪晶界的分类

2. 异相界面

按结构特点，异相界面（相界面）可分为共格界面、半共格界面和非共格界面三种类型。

（1）共格界面。

共格界面是指界面上的原子同时位于两相晶格的结点上，即两相的晶格是彼此衔接的，界面上的原子为两者所共有。图 2.49（a）所示为一种无畸变的具有完全共格的界面，其界面能很低。这种完全共格的界面一般是不存在的。对相界而言，其两侧为两个不同的相，即使两个相的晶体结构相同，其点阵常数也不可能相等。因此，在晶体中若形成共格界面，则其必然是具有弹性畸变的共格界面，如图 2.49（b）所示。

（2）半共格界面。

当相界两侧的两相晶体结构相似，但原子间距较大时，可形成半共格界面，如图 2.49（c）

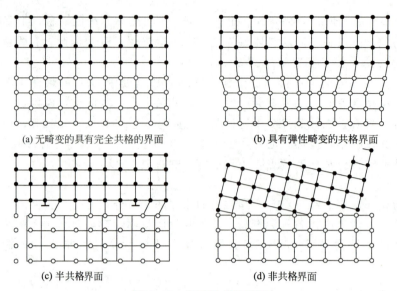

(a) 无畸变的具有完全共格的界面　　(b) 具有弹性畸变的共格界面

(c) 半共格界面　　(d) 非共格界面

图 2.49　各种形式的界面

所示。此时，相界上的共格性是靠刃型位错补偿两相原子间距上过大的差别来维持的，半共格相界上的位错间距取决于相界处两相匹配晶面的错配度。错配度 δ 为

$$\delta = \frac{a_\alpha - a_\beta}{a_\alpha} \tag{2-51}$$

式中，a_α 和 a_β 分别表示相界两侧的 α 相和 β 相的点阵常数，并且 $a_\alpha > a_\beta$。由此可求得位错间距为

$$D = \frac{a_\beta}{\delta} \tag{2-52}$$

当 δ 很小时，D 很大，α 相和 β 相在相界上趋于共格，即形成共格界面。

(3) 非共格界面。

当 δ 很大时，D 很小，α 相和 β 相在相界上完全失配，即形成非共格界面，如图 2.49 (d) 所示。这种界面与大角度晶界相似，可看成由原子不规则排列的很薄的过渡层组成。

3. 界面能

(1) 小角度晶界的能量。

小角度晶界由一组位错组成，其晶界能是晶界上所有位错的总能量，可以通过不同位错形成时的应变能进行计算。形成一个单位长度刃型位错的应变能为

$$E = \frac{Gb^2}{4\pi(1-\nu)} \ln \frac{D}{r_0} + E_c^e \tag{2-53}$$

式中，D 为排列在倾斜晶界上刃型位错的间距，当位向差 θ 很小时，$D = b/\theta$；E_c^e 为单位长度刃型位错中心区的应变能。

由刃型位错组成的单位面积倾斜晶界所具有的界面能 γ 为

$$\gamma = E/D \tag{2-54}$$

于是有

$$\gamma = \frac{Gb\theta}{4\pi(1-\nu)} \ln \frac{D}{r_0} + \frac{\theta}{b} E_c^e$$

由于倾斜晶界中刃型位错之间的应力场交替存在拉应力和压应力,在大于位错间距 D 的区域,其应力相互抵消,因此取 $R=D$,并令 $r_0=b$,则式(2-54) 可改写成

$$\gamma=\frac{Gb\theta}{4\pi(1-\nu)}\ln\frac{1}{\theta}+\frac{\theta}{b}E_c^e$$

或

$$\gamma=\gamma_0\theta(\ln\frac{1}{\theta}+A)=\gamma_0\theta(A-\ln\theta) \tag{2-55}$$

式中,$\gamma_0=Gb/4\pi(1-\nu)$,为常数;$A=E_c^e 4\pi(1-\nu)/Gb^2$,为常数。

其他类型的小角度晶界的界面能也可求解,只是其中的 γ_0 与 A 有所不同,如扭转晶界中,$\gamma_0=Gb/2\pi$,$A=E_c^e 2\pi/Gb^2$(式中 E_c^e 为单位长度螺型位错中心区的应变能)。

(2) 大角度晶界的能量。

任意大角度晶界都包含大面积的原子匹配很差的区域,具有比较松散的结构,原子间的键被割断或者被严重地歪扭,因而与小角度晶界相比,它具有较高的能量,并且基本上不随位相差改变。

大角度晶界的界面能没有计算公式,故通常对试样进行高温退火,然后测量自由表面与晶界的交角(二面角)θ,如图 2.50 所示。如果两个晶粒的自由表面能 γ_s 是相同的,则平衡三个界面张力可得

$$\gamma_b=2\gamma_s\cos(\theta/2) \tag{2-56}$$

如果 γ_s 已知,则晶界的界面能 γ_b 可计算得出。对于任意大角度晶界,界面能与位相差的角度无关,大致为表面能的 1/3,即 0.5~0.6J/m²。特殊角度的大角度晶界的界面能要比任意大角度晶界的界面能低得多。其中,孪晶界的界面能非常低,而重合点阵晶界的界面能随重合度的提高而降低。各种晶界的界面能与位向差的关系如图 2.51 所示。

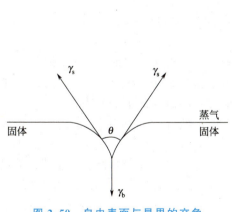

图 2.50 自由表面与晶界的交角

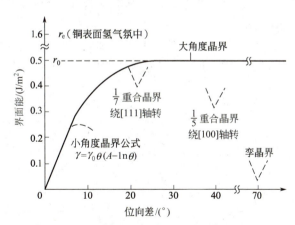

图 2.51 各种晶界的界面能与位向差的关系

界面能主要取决于界面处两相的共格状态。共格界面的界面能随其附近共格应变值的大小而变化,共格应变大则界面能高,但一般不高于 0.2J/m²;半共格界面的界面能与界面上的位错的数量和两相之间的位向差有关,一般为 0.5~0.6J/m²;完全非共格界面的界面能与两相之间的位向差没有显著关系,主要取决于两相的化学性质,界面能一般都很高,一般为 0.5~1.0J/m²。

习 题

1. 纯金属晶体中的主要点缺陷类型有哪几种？这些点缺陷对金属的结构和性能有哪些影响？

2. 纯铁的空位形成能为105kJ/mol。将纯铁加热到850K后快速冷却至室温（20℃），假设高温下的空位能全部保留，试求过饱和空位浓度与室温下平衡浓度的比值。

3. H原子可以填入α-Fe的间隙位置，若每200个铁原子伴随1个H原子，试求α-Fe理论的和实际的密度与致密度（已知α-Fe的$a=0.286$nm，$r_{Fe}=0.1241$nm，$r_H=0.036$nm）。

4. MgO（MgO具有NaCl型结构）的密度为3.58g/cm³，其晶格常数为0.42nm，试求每个单位晶胞内所含的肖脱基缺陷数。

5. 若Fe_2O_3固溶于NiO（NiO具有NaCl型结构）中，$w_{Fe_2O_3}=10\%$。此时，部分$3Ni^{2+}$被[$2Fe^{3+}+\square$（空位）]取代以维持电荷平衡。已知$r_{O^{2-}}=0.140$nm，$r_{Ni^{2+}}=0.069$nm，$r_{Fe^{3+}}=0.064$nm，求1m³中的阳离子空位数。

6. 画一个方形位错环，并在这个平面上画出柏氏矢量及位错线方向，使柏氏矢量平行于位错环的任意一条边，据此指出位错环各线段的性质。

7. 画一个圆形位错环，并在这个平面上画出它的柏氏矢量及位错线方向，据此指出位错环各线段的性质。

8. 试说明滑移、攀移及交滑移的条件、过程和结果，并阐述如何确定位错滑移运动的方向。

9. 什么是全位错、单位位错和不全位错？试指出三种典型金属晶体中单位位错的柏氏矢量。

10. fcc的（111）面如图2.52所示，在该面上有两个弯折位错线05和0′5′，它们的柏氏矢量方向和位错线方向如图中箭头所示。

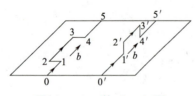

图2.52 fcc的（111）面

(1) 试判断位错线上各线段的位错类型。

(2) 这两个位错线段中（割阶和扭折），哪一根比较容易通过它们自身的滑移而去除？为什么？

(3) 哪一个位错线在（111）面上运动时会形成空位？为什么？

11. 图2.53所示为两个两端被钉扎的刃型位错线AB和CD，它们具有相同的柏氏矢量b和相同的长度x，两位错线之间的距离为$3x$。

(1) 若两位错线方向相同，在切应力作用下两位错线如何运动？试画出位错运动过程示意图。

(2) 试求使上述两位错线不断运动的临界切应力。

(3) 两位错线运动过程中能否相遇产生一个大的位错环？

(4) 如果能形成一个大的位错环，试求使该位错环运动所需的临界切应力有多大？

(5) 若两个位错的柏氏矢量b的方向相反，情况又如何？

12. 如图2.54所示，在相距为h的滑移面上有两个相互平行的同号刃型位错A和B。

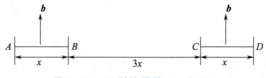

图 2.53 刃型位错线 AB 和 CD

试写出位错 B 滑移通过位错 A 上面所需的切应力表达式。

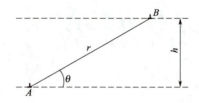

图 2.54 两个相互平行的同号刃型位错 A 和 B

13. 若面心立方晶体中有 $\boldsymbol{b}=\dfrac{a}{2}[\bar{1}01]$ 的单位位错及 $\boldsymbol{b}=\dfrac{a}{6}[12\bar{1}]$ 的不全位错，两位错相遇产生位错反应。

(1) 此反应能否进行？为什么？

(2) 试写出合成位错的柏氏矢量，并说明合成位错的性质。

14. 已知金晶体的 $G=27\text{GPa}$，并且晶体上有一刃型位错 $b=0.288\text{nm}$。试作出此位错所产生的最大分切应力与距离的关系图，并计算当距离为 $2\mu\text{m}$ 时的最大分切应力。

15. 设面心立方晶体中（111）为滑移面，位错滑移后的滑移矢量为 $[10\bar{1}]$。

(1) 在晶胞中画出柏氏矢量 $\boldsymbol{b}$ 的方向，并计算其大小。

(2) 在晶胞中画出引起该滑移的刃型位错和螺型位错的位错线方向，并写出两位错的晶向指数。

16. 已知面心立方晶体中（111）面上有一柏氏矢量为 $\boldsymbol{b}=\dfrac{a}{2}[10\bar{1}]$ 的单位位错，它可分解为两个肖克莱不全位错，设晶体的切变模量 $G=7\times10^{10}\text{N/m}^2$，点阵常数 $a=3\times10^{-10}\text{m}$，层错能 $\gamma=1\times10^{-2}\text{J/m}^2$，泊松比 $\nu=\dfrac{1}{3}$。

(1) 试写出这两个肖克莱不全位错的柏氏矢量。

(2) 若该单位位错为螺型位错，试计算分解后的两个肖克莱不全位错之间的平衡距离。

17. 镍晶体的错排间距为 2000nm，假设每一个错排都是由一个额外的（110）原子面所产生的，计算其小倾角晶界的 θ 角。

18. 若由于嵌入一额外的（111）面，α-Fe 内产生一个 1° 的小角度晶界，试求错排间的平均距离。

19. 设有两个 α 相晶粒与一个 β 相晶粒相交于一公共晶棱，并形成三叉晶界，已知 β 相所张的两面角为 100°，界面能 $\gamma_{\alpha\alpha}=0.31\text{J/m}^2$，试求 α 相与 β 相的界面能 $\gamma_{\alpha\beta}$。

第 3 章
金属材料的形变

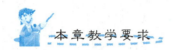
本章教学要求

知识要点	掌握程度	相关知识
金属形变基础	理解应力-延伸率曲线和真应力-真应变曲线	应力-延伸率曲线；真应力-真应变曲线
金属的弹性形变	了解金属弹性形变的特点	原子间距离的函数；胡克定律和弹性模量
金属的塑性形变	理解滑移带、滑移线、滑移系和孪生；重点掌握滑移机制；重点掌握滑移的临界分切应力；掌握晶界对多晶体塑性形变的协调作用；理解多晶体塑性形变的特点；掌握固溶强化及影响固溶强化的因素；理解低碳钢的屈服和应变时效；理解冷形变金属的组织变化；掌握冷变形金属的加工硬化；理解形变织构	派-纳力；单滑移、交滑移和多系滑移；晶界位错塞积模型；霍尔-佩奇关系；科氏气团；第二相；形变织构对金属材料物理性能的影响

材料的形变均与材料的强度和塑性这两个重要的力学性能指标密切相关。材料的强度和塑性决定了零件和构件加工成形的工艺性能，同时是零件和构件的重要使用性能，与材料的组织和结构有着密切的关系。

研究材料的形变无疑是非常重要的。零件和构件在制备过程中，有的直接利用塑性形变对材料进行加工成形（如锻造、轧制、拉拔和挤压），有的则不可避免地伴随着塑性形变（如车削、刨削、钻削、铣削和磨削），还有的则是力求避免或减少塑性形变（如铸造和热处理）。当使用制成的零件和构件时，则要求零件和构件在许用应力范围内不发生塑性形变，否则零件和构件会失效报废。

材料经形变后，不仅其外形和尺寸发生变化，还会引起材料内部组织和有关性能发生变化。因此，探讨材料塑性形变的规律对指导材料按预定的目标进行成形和加工有明确的实践意义，而且搞清材料的形变机理对提高材料的形变抗力（强化材料）有重要的理论价值。

3.1 金属形变基础

金属在外力（载荷）的作用下，先发生弹性形变，载荷增加到一定值后，除发生弹性形变外，还发生塑性形变，即弹塑性形变；继续增加载荷，塑性形变将逐渐增大，直至金属发生断裂。金属在外力作用下的形变过程可分为弹性形变、弹塑性形变和断裂三个连续的阶段。金属形变的特性一般利用拉伸试验测得的应力-延伸率曲线来研究。

1. 应力-延伸率曲线

低碳钢在单向拉伸时的应力-延伸率曲线如图 3.1 所示。在工程应用中，应力为

$$R = \frac{F}{S_0} \tag{3-1}$$

延伸率为

$$e = \frac{L - L_0}{L_0} \times 100\% \tag{3-2}$$

式中，F 为外力；S_0 为试样的原始横截面积；L_0 为试样的原始标距；L 为试样形变后标距。

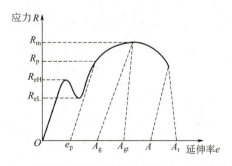

图 3.1　低碳钢在单向拉伸时的应力-延伸率曲线

图 3.1 中，e_p 为规定塑性延伸率；A_g 为最大力塑性延伸率；A_{gt} 为最大力总延伸率；A 为断后延伸率；A_t 为断裂总延伸率；R_{eL} 为下屈服强度；R_{eH} 为上屈服强度；R_p 为规定

塑性延伸强度；R_m 为抗拉强度。

从该曲线上可以看出低碳钢在单向拉伸时的形变过程有如下特点。

(1) 当应力低于 R_{eL} 时，应力与延伸率成正比，应力去除，形变便消失，即试样处于弹性形变阶段。

(2) 当应力超过 R_{eL} 后，应力-延伸率间的直线关系被破坏，并出现屈服平台或屈服齿。如果去除应力，试样的形变只能部分恢复，而保留一部分残余形变，即塑性形变，这说明材料进入弹塑性形变阶段。

(3) 当应力超过 R_{eH}（或 R_p）后，试样发生明显而均匀的塑性形变。欲使试样的延伸率增大，必须增大应力。这种随着塑性形变的增大，塑性形变抗力不断增加的现象称为加工硬化或冷变形强化。

(4) 当应力达到 R_m 后，试样的均匀塑性形变即将终止，R_m 为材料的**抗拉强度**，它表示材料的最大均匀塑性形变抗力。

(5) 在 R_m 后，试样开始发生不均匀塑性形变，并产成缩颈，此时应力下降，最后达到 R_t 时，试样断裂。R_t 为材料的规定总延伸强度。

断后试样的延伸 ΔL（$L_t - L_0$）与原始标距 L_0 的百分比称为断后伸长率 A，即

$$A = \frac{L_t - L_0}{L_0} \times 100\% \tag{3-3}$$

试样的原始横截面积 S_0 和断后最小横截面积 S_u 之差与原始横截面积 S_0 的百分比称为断面收缩率 Z，即

$$Z = \frac{S_0 - S_u}{S_0} \times 100\% \tag{3-4}$$

A 和 Z 均为材料的塑性指标，表示金属发生塑性形变的能力。无论是金属的强度指标还是塑性指标都与金属的塑性形变密切相关。

2. 真应力-真应变曲线

工程应用中的应力-延伸率曲线中的应力及延伸率是以试样的原始标距计算的。实际上，这样的计算并不能反映试样内的真实应力和真实应变，因为在拉伸过程中，试样尺寸不断变化，因此每一个瞬间的真实应力都是以其瞬时的实际横截面积 A_i 除外力 F 所得的，即

$$R_i = \frac{F}{A_i} \tag{3-5}$$

而瞬时真应变，即应变增量为 $de = dL/L$。式中，L 为试样的瞬时长度，所以总的真应变 e 为

$$e = \int_{L_0}^{L} de = \int_{L_0}^{L} \frac{dL}{L} = \ln\left(\frac{L}{L_0}\right) \tag{3-6}$$

图 3-2 所示为真应力-真应变（$S-e$）曲线，它与工程应力-应变曲线的差异在于，从原点 O 开始变形，试样产生颈缩后，尽管外加载荷已下降，但真应力仍在升高，一直到图 3-2 中 F 点（S_F, e_F），应力达到材料的断裂强度 S_F，应变达到最大真应变 e_F 才终止。

该曲线可用下列经验公式表达为

$$S_F = K e^n \tag{3-7}$$

式中，K 为常数；n 为形变强化指数，它表征金属在均匀形变阶段的形变强化能力，n 值

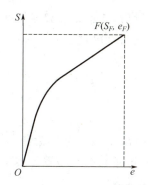

图 3.2　真应力-真应变曲线

越大,形变时的强化效果越显著。大多数金属材料的 n 值为 0.10～0.50。

3.2　金属的弹性形变

弹性形变是指外力去除后能够完全恢复的那部分形变,可从原子间结合力的角度来了解它的物理本质。

当无外力作用时,晶体内原子间的结合能和结合力可通过理论计算得出是原子间距离的函数,如图 3.3 所示。

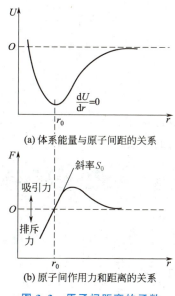

(a) 体系能量与原子间距的关系

(b) 原子间作用力和距离的关系

图 3.3　原子间距离的函数

原子处于平衡位置时,原子间距为 r_0,位能 U 处于最低位置,相互作用力为 0,这是最稳定的状态。原子受力后将偏离其平衡位置,原子间距增大时将产生引力,原子间距减小时将产生斥力。这样,外力去除后,原子都会恢复到其原来的平衡位置,所产生的形变完全消失,这就是弹性形变。

金属的弹性形变具有以下特点。

(1) 理想的弹性形变是可逆形变。加载时形变,卸载时形变消失,并恢复原状。

(2) 金属、陶瓷和部分高分子材料不论是加载或卸载,只要在弹性形变范围内,其应力-应变曲线都呈线性关系,即服从胡克定律。

在正应力下:
$$R = Ee \qquad (3-8)$$

在切应力下:
$$\tau = G\gamma \qquad (3-9)$$

式中,R 和 τ 分别为正应力和切应力;e 和 γ 分别为正应变和切应变;E 和 G 分别为弹性模量(杨氏模量)和切变模量,是重要的物理参数和力学参数。

弹性模量和切变模量之间的关系为
$$G = \frac{E}{2(1+\nu)} \qquad (3-10)$$

式中,ν 为材料的泊松比,表示材料的侧向收缩能力。

金属发生弹性形变的难易程度取决于作用力-原子间距曲线的斜率 S_0,即
$$S_0 = \frac{dF}{dr} = \frac{d^2U}{dr^2}$$

由于金属材料的弹性形变量很小(<0.1%),原子间距只在 r_0 附近变化,因此可把 S_0 看成常数。于是,弹性形变所需的外力 F 为
$$F = S_0(r - r_0)$$

由于单位面积内原子键数为 $1/r_0^2$,上式可改写为
$$\frac{F}{r_0^2} = \frac{S_0}{r_0} \cdot \frac{(r-r_0)}{r_0}$$

即 $R = \frac{S_0}{r_0}e$,则
$$E = \frac{S_0}{r_0} \qquad (3-11)$$

这就是胡克定律和弹性模量的微观解释。

弹性模量是原子结合力强弱的反映,所以它是对组织不敏感的性能指标。

3.3 金属的塑性形变

3.3.1 滑移系统

金属所承受的应力超过其屈服极限就要发生塑性形变。金属在常温下的两种塑性形变的方式是滑移和孪生。

1. 滑移

(1) 滑移带与滑移线。

将一块纯铝或纯铁的平板磨制并抛光至表面光滑无痕后进行拉伸,当应力超过它们的抗拉强度时,纯铝或纯铁产生一定的塑性形变后,在光学显微镜下无须腐蚀就能看到试样表面有许多平行的细线或几组交叉的细线,它们是相对滑动的晶体层和试样表面的交线。若将试样(复型)置于电子显微镜下仔细观察,可在光镜下观察到试样表面的一条细线是

由很多平行线构成的,通常把在光镜下看到的细线称为滑移带,在电镜下观察到的细线称为滑移线。滑移带与滑移线示意图如图 3.4 所示。滑移线之间的距离仅为 100 个原子间距,而沿每条滑移线的滑移量可达 1000 个原子间距。滑移线表明晶体各部分的塑性形变是不均匀的,滑移只是集中发生在一些晶面上,而滑移带或滑移线之间的晶体层片则产生形变,彼此之间做相对位移。

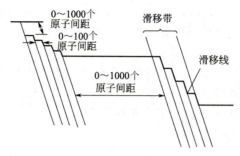

图 3.4 滑移带与滑移线示意图

(2) 滑移系。

塑性形变时位错只沿一定的晶面和晶向运动,**一个滑移面和该面上的一个滑移方向组成一个滑移系**。晶体结构不同,其滑移面和滑移方向也不同。常见金属的滑移面和滑移方向见表 3-1。

表 3-1　常见金属的滑移面和滑移方向

晶体结构	金　属	滑　移　面	滑移方向
面心立方	Cu、Ag、Au、Ni、Al	{111}	⟨110⟩
体心立方	α-Fe	{110} {112} {123}	⟨111⟩
	W、Mo、Na [于 (0.08~0.24) T_m]	{112}	⟨111⟩
	Mo、Na [于 (0.26~0.50) T_m]	{110}	⟨111⟩
	Na、K (于 $0.8T_m$)	{123}	⟨111⟩
	Nb	{110}	⟨111⟩
密排六方	Cd、Be、Te	{0001}	⟨11$\bar{2}$0⟩
	Zn	{0001} {11$\bar{2}$2}	⟨11$\bar{2}$0⟩ ⟨11$\bar{2}$3⟩
	Be、Re、Zr	{10$\bar{1}$0}	⟨11$\bar{2}$0⟩
	Mg	{0001} {11$\bar{2}$2} {10$\bar{1}$1}	⟨11$\bar{2}$0⟩ ⟨10$\bar{1}$0⟩ ⟨11$\bar{2}$0⟩
	Ti、Zr、Hf	{10$\bar{1}$0} {10$\bar{1}$1} {0001}	⟨1120⟩

注:T_m 指熔点,用绝对温度表示。

从表 3-1 可见，滑移面和滑移方向往往是金属晶体中原子密排面的晶面和晶向。这是因为原子密排面的晶面间距最大，点阵阻力最小，所以原子密排面容易发生滑移；至于滑移方向为原子密排面的晶向是由于原子密排面方向上原子间距最短，即位错的柏氏矢量 b 最小。

一般来说，在其他条件相同时，晶体中的滑移系越多，越有利于塑性形变。面心立方晶体的滑移系共有 $\{111\}_4 \langle 110 \rangle_3 = 12$（个）。体心立方晶体的滑移系最多，除 12 个 $\{110\}$ 原子密排面构成的主滑移系外，非原子密排面 $\{112\}$ 和 $\{123\}$ 也是其滑移面，因此共有 $\{110\}_6 \langle 111 \rangle_2 + \{112\}_{12} \langle 111 \rangle_1 + \{123\}_{24} \langle 111 \rangle_1 = 48$（个）。但是，不能据此推断体心立方晶体的塑性最好，因为在塑性形变时，晶体中的固定滑移系并不会同时开动。滑移系的开动要看各滑移系上分切应力的大小，只有当某一滑移系上的分切应力达到临界值后才会产生滑移。材料的塑性除与滑移系的数量有关外，还与杂质对形变和加工硬化的影响及屈服强度等因素有关。

（3）滑移机制。

由于位错的存在，晶体的塑性形变可以在很小的分切应力下就可发生，即实际测得晶体滑移的临界分切应力值较理论计算值低 3~4 个数量级。这说明晶体滑移并不是晶体的一部分相对于另一部分沿滑移面做整体位移，而是借助位错在滑移面上的运动逐步实现的。因此，晶体的滑移必须有一定的外力作用才能发生，位错的运动要克服阻力。

位错运动的阻力首先来自点阵阻力。由于点阵结构的周期性，当晶体中的位错在滑移面上沿滑移方向移动时，位错中心的能量也要发生周期性的变化。当位错从一个平衡位置移动到另一个平衡位置时，晶体两侧原子对它的作用力相等，晶体处于低能状态；而在位错移动的过程中（到达平衡位置前），位错中心将偏离平衡位置使晶体能量增加，从而构成能垒，这就是位错运动所遇到的点阵阻力。派尔斯和纳巴罗首先估算了这一阻力，故点阵阻力称为派-纳（即 P-N）力。

派-纳力与晶体结构和原子间作用力等因素有关，采用连续介质模型可近似地求出派-纳力为

$$\tau_{P-N} = \frac{2G}{1-\nu} \exp\left[-\frac{2\pi a}{(1-\nu)b}\right] = \frac{2G}{1-\nu} \exp\left[-\frac{2\pi W}{b}\right] \tag{3-12}$$

式中，ν 为泊松比；a 为滑移面的面间距；b 为滑移方向上的原子间距；$W = a/(1-\nu)$ 为位错宽度。

晶体中沿原子密排面（a 大）和密排方向（b 小）的点阵阻力最小，位错滑移所需的移动力也最小。此外，位错的宽度越大，运动阻力越小。这是因为位错宽度大，点阵畸变的范围大，位错周围原子更接近于下一个平衡位置，位错移动时相应所需周围原子的移动距离短，阻力也就小。这与实验结果是基本相符的，如面心立方晶体位错宽度大，点阵阻力小，易于滑移，因此其屈服点低；体心立方晶体则恰恰相反，尽管其滑移系很多，但由于其位错宽度小，滑移阻力大，因而其屈服点高，塑性形变能力不如面心立方晶体。

滑移和孪生的比较

2. 孪生

晶体在外力作用下以产生孪晶的方式而进行的切变过程称为孪生。除滑移外，孪生通常是晶体难以进行滑移时而产生的另一种塑性形变方式。

面心立方晶体孪生示意图如图3.5所示。当晶体在切应力作用下发生孪生形变时，晶体内局部区域的各个（111）晶面沿 $[11\bar{2}]$ 方向（即 AC' 方向）产生彼此相对移动，距离为 $\frac{a}{6}[11\bar{2}]$。图中纸面相当于 $(1\bar{1}0)$ 面，（111）面垂直于纸面；AB 为（111）面与纸面的交线，相当于 $[11\bar{2}]$ 晶向。均匀切变集中发生在中部，由 AB 至 GH 中的每个（111）面都相对于邻面沿 $[11\bar{2}]$ 方向移动了 $\frac{a}{6}[11\bar{2}]$ 的距离。这样的切变不会使晶体的点阵类型发生变化，但会使均匀切变区中的晶体取向发生变化，变为与未切变区晶体呈镜面对称的取向。形变与未形变的两部分晶体合称为孪晶。均匀切变区与未切变区的分界面（即两者的镜面对称面）称为孪晶界。发生均匀切变的那组晶面称为孪晶面，即（111）面。孪生面的移动方向称为孪生方向，即 $[11\bar{2}]$ 方向。

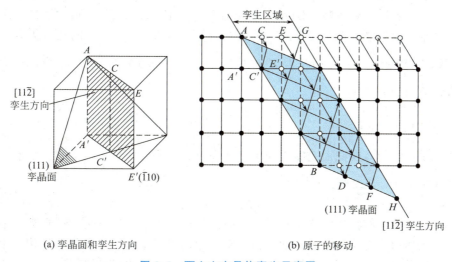

图 3.5　面心立方晶体孪生示意图

孪生具有以下特点。

(1) 孪生需要切应力。孪生所需的临界切应力比滑移时大得多，所以孪生常常发生在滑移受阻而引起的应力集中区。

(2) 孪生是一种均匀的切变。切变区内与孪晶面平行的每一层原子面均相对于其相邻晶面沿孪生方向位移了一定的距离，并且每一层原子相对于孪生面的切变量，跟它与孪生面的距离成正比。

(3) 孪晶的两部分晶体形成晶面对称的镜像关系，所以**孪生改变了晶体的位向**。

(4) 孪生对塑性形变主要是间接影响，孪生改变了晶体的位向，使其中某些原处于不利位置的滑移系转换到有利于发生滑移的位置，从而激发进一步的滑移和塑性形变。

通常，滑移系少的密排六方金属（如 Zn 和 Mg）往往容易发生孪生，密排六方金属的孪生面是 $\{10\bar{1}2\}$，孪生方向为 $\langle \bar{1}011\rangle$。对体心立方金属，当形变温度较低，形变速度较快，或由于其他原因的限制使滑移过程难以进行时，会通过孪生的方式进行塑性形变，体心立方金属的孪生面为 $\{112\}$，孪生方向为 $\langle 111\rangle$。面心立方金属的对称性高，滑移系多，而且易于滑移，孪生很难发生，常见的是退火孪晶，只有在极低温度下才可能发生孪生，面心立方金属的孪生面为｛111｝，孪生方向为〈112〉。

3.3.2 单晶体的塑性形变

工程上应用的金属及合金大多是多晶体，而多晶体的塑性形变与各个晶粒的形变行为相关联。研究金属单晶体的形变规律将有助于掌握多晶体的塑性形变的基本过程。

1. 滑移的临界分切应力

滑移的临界分切应力

金属晶体的潜在滑移系是较多的，有的多达48个（如 α-Fe），最少的也有3个（如 Cd 和 Zn）。但是，这些滑移系并不能同时开动，决定晶体能否滑移的应力一定是外力作用在滑移面上沿滑移方向的分切应力。只有分切应力达到一定临界值时，该滑移系才可发生滑移，该分切应力称为滑移的临界分切应力。

如图 3.6 所示，设有一截面积为 A 的圆柱形单晶体试棒，在轴向拉力 F 作用下发生塑性形变。单晶体的滑移面法线方向和拉力方向的夹角为 φ，滑移方向与拉力方向的夹角为 λ，滑移面的面积为 $\dfrac{A}{\cos\varphi}$，而拉力 F 在滑移方向上的分力为 $F\cos\lambda$，于是，外力在该滑移面沿滑移方向的分切应力 τ 为

$$\tau = \frac{F}{A}\cos\lambda\cos\varphi \tag{3-13}$$

式中，$\dfrac{F}{A}$ 为试样拉伸时横截面上的正应力，当 $\dfrac{F}{A}=R_{eH}$ 时，晶体开始滑移。因此，滑移的临界分切应力 τ_c 为

$$\tau_c = R_{eH}\cos\lambda\cos\varphi \tag{3-14}$$

式（3-14）称为施密特定律，即在滑移面的滑移方向上，分切应力达到某一临界值 τ_c 时，晶体开始屈服。滑移的临界分切应力 τ_c 对一定的材料来说，只与晶体结构、滑移系类型、形变温度及滑移阻力等因素有关。在一定条件下，滑移的临界分切应力 τ_c 为常数，对某种金属是定值，但材料的上屈服强度则随外力 F 相对于晶体的取向，即 φ 和 λ 而变化，所以 $\cos\lambda\cos\varphi$ 称为取向因子（或施密特因子），通常取向因子值大的称为软取向，此时材料的上屈服强度较低；反之，取向因子值小的称为硬取向，相应的材料的上屈服强度较高。

施密特定律已在密排六方晶系和面心立方金属中得到实验证实。图 3.7 所示为镁单晶体的取向因子对上屈服强度的影响。图中，"○" 为实验测试值，曲线为计算值，两者吻合

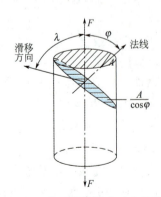

图 3.6 圆柱形单晶体某滑移系上的分切应力

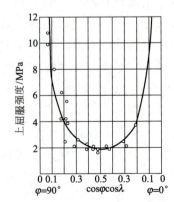

图 3.7 镁单晶体的取向因子对上屈服强度的影响

很好。当 $\varphi=90°$ 或当 $\lambda=90°$ 时，R_{eH} 均为无限大，这就是说，当滑移面与外力方向平行或使滑移方向与外力方向垂直时，不可能产生滑移；而当滑移方向位于外力方向与滑移面法线组成的平面上且 $\varphi=45°$ 时，取向因子达到最大值（0.5），R_{eH} 最小，即以最小的轴向拉力 F 就能达到发生滑移所需的分切应力值。但是，体心立方金属是不服从施密特定律的。具体表现为晶体滑移的临界分切应力并不是常数，由于拉力轴的取向不同，τ_c 也在改变；另外，在取向因子为最大的晶体取向上拉伸与压缩，两者的临界切应力是不同的。滑移方向、拉力轴和滑移面法线，这三者在一般情况下不在同一平面内，即 $\varphi+\lambda\neq90°$。

2. 滑移时晶面的转动

单晶体滑移时，除滑移面发生相对位移外，往往还伴随着晶面的转动。对于只有一组滑移面的密排六方结构，这种现象尤为明显。

图 3.8 所示为拉伸试验时单晶体发生滑移与转动的示意图。如果不受试样夹头对滑移的限制，则经外力 F 轴向拉伸，将发生图 3.8（b）所示的滑移形变和轴向偏移。但事实上，由于夹头的限制，拉力轴轴线的方向不能改变，这样就必须使晶面做相应的弯曲及转动，如图 3.8（c）所示。

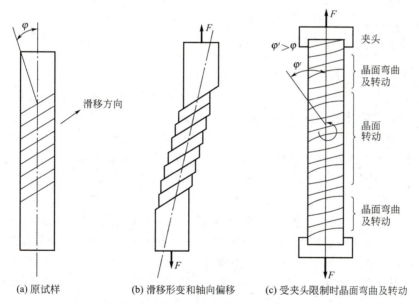

图 3.8　拉伸试验时单晶体发生滑移与转动的示意图

图 3.9 所示为单轴拉伸时晶体发生转动的力偶作用机制，这里给出了图 3.8（b）中部某三层很薄的晶体滑移后的受力分解情况。滑移前，外力只作用在轴线（O—O）上，当外力在滑移面上的分切应力达到滑移的临界分切应力 τ_c 时，晶体的各相邻上、下两部分将要发生相对位移，然而滑移一旦沿滑移方向进行，原来作用在轴线（O—O）上的外力由于晶体上、下两部分沿滑移面滑移，将作用于 O' 和 O'' 上（对中间夹层而言）。如果将作用在 O' 和 O'' 上的外加应力分解为最大切应力方向的切应力 τ' 及 τ''，以及滑移面法线方向上的正应力 n' 及 n''，则 n' 及 n'' 组成的力偶将使滑移面向外力方向转动。在滑移面上的切应力 τ' 及 τ'' 又可分解为滑移方向的分切应力 $\tau'_分$ 和 $\tau''_分$，以及垂直于滑移方向的 τ'_n 和 τ''_n。其中，

τ'_n 和 τ''_n 组成的力偶将使滑移方向向最大切应力方向转动。晶体受压形变时也要发生转动，但转动的结果是使滑移面逐渐趋于与压力轴相互垂直。

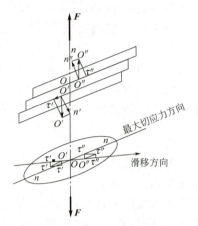

图 3.9　单轴拉伸时晶体发生转动的力偶作用机制

晶体在滑移过程中，不仅滑移面发生转动，而且滑移方向逐渐改变，最后导致滑移面上分切应力也随之发生变化。由于 $\varphi=45°$ 时，其滑移系上的分切应力最大，因此经滑移与转动后，若 φ 趋于 $45°$，则分切应力不断增大而有利于滑移；若 φ 偏离 $45°$，则分切应力逐渐减小而使滑移系的进一步滑移趋于困难。

3. 单滑移、交滑移和多系滑移

施密特定律的意义不仅在于阐明了晶体在开始塑性形变时切应力需达到某一临界值，而且说明了滑移有单滑移、交滑移和多系滑移等。

当只有一个滑移系的分切应力最大并达到滑移的临界切应力 τ_c 时，只发生单滑移，并且在一个晶粒内只有一组平行的滑移线（带）。单滑移是在形变量很小的情况下发生的，位错在滑移过程中不会与其他位错交互作用，因此其加工硬化也很弱。

交滑移是指两个或两个以上的不同滑移面，同时或交替地向相同的滑移方向滑移。螺型位错的交滑移如图 3.10 所示。螺型位错因其柏氏矢量 **b** 与位错线平行，滑移面有无限多个，因此当螺型位错在某一滑移面上的运动受阻时，可以离开该面而沿另一个与原滑移面有相同滑移方向的晶面继续滑移。由于位错的柏氏矢量不变，位错在新的滑移面上仍按原滑移方向运动，这一过程就称为交滑移。晶体发生交滑移，滑移线不是平直的，而是有转折和台阶的。

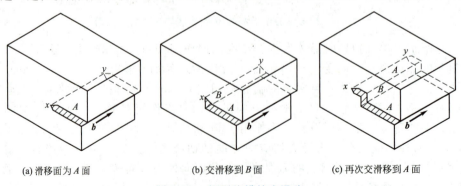

(a) 滑移面为 A 面　　　　(b) 交滑移到 B 面　　　　(c) 再次交滑移到 A 面

图 3.10　螺型位错的交滑移

一个全位错可分解为两个不全位错，中间夹有层错。带有层错的不全位错要进行交滑移必须先束集成非扩展态的螺型位错。螺型位错的滑移面不是固定的，这样才能交滑移。通常，层错能高的晶体，扩展位错宽度小，容易束集和交滑移；而层错能低的晶体情况则相反。因此，凡是层错能低的材料，交滑移都困难，材料的脆性倾向都较大。但是，某些层错能低的材料，如奥氏体不锈钢、高锰钢和α-黄铜，虽然交滑移困难，但其拉伸断裂前仍有很大的塑性。这是因为当这类材料的滑移受到抑制时，它们能以产生孪晶的方式形变，孪生形变又促使滑移的进行，这两种形变机制同时或交替发生，所以材料仍有很好的塑性。

交滑移在晶体的塑性形变中起到很重要的作用。如果没有交滑移，只增加外力，晶体是很难继续形变下去的，最后只会造成断裂。因此，容易产生交滑移的材料，其塑性都较好。

多系滑移是指在外力作用下，晶体中有两组或两组以上的不同滑移系上的分切应力同时满足 $\tau > \tau_c$，同时或交替地进行滑移。如图 3.11 所示，一个面心立方晶体若沿 [001] 方向施加外力，则可以启动 8 个滑移系；若沿 [110] 方向施加外力，则可以启动 4 个滑移系；若沿 [111] 方向施加外力，则可以启动 6 个滑移系；当拉力轴是图中 O 到 △ABC 内任一点的连线时（不包括点和线），则可以启动的滑移系只有 1 个。

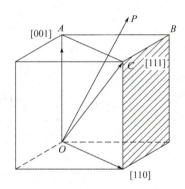

图 3.11　面心立方晶体拉力轴与滑移系的关系

多系滑移是螺型位错在两个相交的滑移面上的运动。当螺型位错在一个滑移面上的运动遇到障碍时，会转到另一个滑移面上继续滑移，滑移方向不变。因此，对于具有较多滑移系的晶体而言，除多系滑移外，还常常伴随交滑移的现象。

在多系滑移时，由于这些滑移系是由不同位向的滑移面和滑移方向构成的，因此当一个滑移系启动后，另一个滑移系的滑动就必须穿越前者，两个滑移系上的位错会有交互作用，产生交割。因此，多系滑移有较强的加工硬化。

3.3.3　多晶体的塑性形变

实际使用的材料大多是多晶体。多晶体中的各个晶粒在空间的取向是任意的，两相邻晶粒间的过渡区域称为晶界。晶界本身和相邻晶粒间的取向均对多晶体的塑性形变产生影响。室温下，多晶体中每个晶粒形变的基本方式与单晶体相同，仍是滑移和孪生。但是，由于多晶体的塑性变形较为复杂，两相邻晶粒间取向不同及晶界的存在，因此多晶体的变形既需克服晶界的阻碍，又要求各晶粒的形变相互协调与配合。

1. 多晶体塑性形变时晶界和晶体位向间的作用

当外力作用于多晶体时，由于晶体的各向异性，位向不同的各个晶体所受应力并不一致，因此各晶粒并非同时开始形变。只有那些取向因子最大，并且分切应力先达到临界分切应力的晶体开始滑移，而那些处于硬取向的晶粒可能仍处于弹性形变状态。滑移要从一个晶粒直接延续到下一个晶粒是极其困难的，也就是说，在室温下晶界对滑移具有阻碍作用。

晶体的位向差会影响晶界的结构，单用晶粒位向差很难解释晶粒大小对屈服强度的影响。晶界本身和晶体位向的差别是会共同阻碍滑移的，两者不能截然分开。因此，多晶体中各晶粒形变应该是相互传播和相互协调的过程。

多晶体试样经拉伸后，每一个晶粒中的滑移带都终止在晶界附近，位错便塞积起来。其塞积情况可用晶界位错塞积模型来描述，如图 3.12 所示。假如某晶粒中心有一位错源，在外加切应力作用下，位错沿某一滑移面运动，运动时需克服点阵摩擦力 τ_0，使位错运动的有效切应力为 $\tau-\tau_0$，位错运动的距离为 L（位错源至晶界的距离），位错塞积的数目 n 为

$$n=\frac{L(\tau-\tau_0)}{A} \tag{3-15}$$

式中，A 为常数，螺型位错 $A=\dfrac{Gb}{\pi}$，刃型位错 $A=\dfrac{Gb}{\pi(1-\nu)}$。

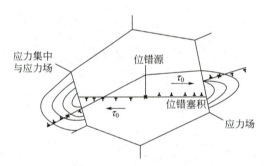

图 3.12　晶界位错塞积模型

在晶界附近产生的位错塞积群会对晶内的位错源产生反作用力。此反作用力随位错塞积的数目增多而增大，当增大到某一数值时，可使位错源停止动作，使晶体显著强化。为了使形变继续进行，就必须增大外加切应力，促使位错的塞积产生大的应力集中，当应力集中能使邻近晶粒的位错源开动时，原来取向不利的晶粒也能开始形变，相邻晶粒形变也使位错塞积产生的应力集中松弛。因此，对多晶体而言，外加切应力必须增至足以激发大量晶粒中的位错源开动，才能观察到宏观的塑性形变。这就是滑移的传播过程。

在形变过程中，晶界处于两个取向不同、形变程度也不同的晶粒之间的中间区域。要维持形变的连续性，晶界势必起折中作用，即晶界一方面要抑制那些易于形变的晶粒进行形变，另一方面要促进那些不利于形变的晶粒进行形变。图 3.13 所示为在不同形变量下的铝多晶体中部分晶粒的形变量。从图中可看出，晶粒间的形变量是极不均匀的，应变的不均匀必然伴随应力的不均匀。当总形变量为 15% 时，各晶粒的应变量可在 5%～22% 变化。对给定晶粒来说，一般是中心部位形变较大，而晶界附近形变较小，说明晶界对形变的阻力总是要比晶体内部对形变的阻力大。形变量最小值并不在晶界处，而是在晶界附近

形变量较小的晶粒一边，这正是晶界对多晶体塑性形变协调作用的体现。

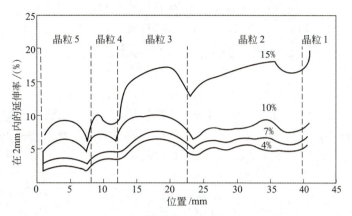

图 3.13　在不同形变量下的铝多晶体中部分晶粒的形变量

注：垂直虚线是晶界，线上的数字为总形变量。

当形变由一个晶粒传递到另一个晶粒时，必须有各晶粒间形变的协调配合，否则就难以形变，甚至会造成晶粒之间形变的不连续性，在晶界上产生空隙或裂缝。为了满足形变的协调性，理论分析指出，多晶体塑性形变时要求每个晶粒至少能在 5 个独立的滑移系上滑移，这是因为任意形变均可用 ε_{xx}、ε_{yy}、ε_{zz}、γ_{xy}、γ_{yz} 和 γ_{xz} 6 个应变分量来表示。但是，塑性形变时，晶体的体积不变（$\Delta V/V = \varepsilon_{xx} + \varepsilon_{yy} + \varepsilon_{zz} = 0$），故只有 5 个独立的应变分量，每个独立的应变分量是由一个独立滑移系来产生的。可见，多晶体的塑性形变是通过各晶粒的多系滑移来保证其相互间的协调的，即一个多晶体是否能够塑性形变取决于它是否具有 5 个独立的滑移系来满足各晶粒形变时相互协调的要求。这就与晶体的结构类型有关。例如，面心立方金属和体心立方金属能满足这个条件，故其多晶体具有很好的塑性；而密排六方金属由于滑移系少，晶粒之间的应变协调性很差，故其多晶体的塑性形变能力很低。实现密排六方金属的形变协调有两种方式：一种是在晶界附近区域除有基面（0001）滑移外，还可能在柱面 $\{10\bar{1}0\}$ 或棱柱面 $\{10\bar{1}1\}$ 上滑移；另一种是产生孪生，使孪生和滑移结合起来，连续地进行形变。

综上所述，多晶体塑性形变具有以下特点：①各晶粒变形不能同时进行；②各晶粒变形是不均匀的；③各变形晶粒必须相互协调。

2. 细晶强化

当一个晶粒在某一滑移系上动作后，在位错遇到晶界时，便塞积起来，位错塞积产生了较大的应力集中，该应力值远大于施加的外力。作用在晶界附近 r 处的塞积力 $\tau(r)$ 与位错塞积的范围 L 有关，即

$$\tau(r) = \tau_0 + \tau_0 (L/r)^{1/2} \tag{3-16}$$

位错塞积的范围 L 是晶粒平均直径 d 的一半。当材料屈服时，外力并不一定要达到滑移的临界屈服应力 τ_c，只要 $\tau(r) = \tau_c$ 即可，这时外力 τ_0 使材料屈服的条件可改写为

$$\tau_c = \tau_0 + \tau_0(L/r)^{1/2} = \tau_0\{[(d/2)^{1/2} + (r)^{1/2}]/(r)^{1/2}\}$$
$$= \tau_0(d/2r)^{1/2} \tag{3-17}$$

式（3-17）最后一步的推导是因为 $r \ll d$，所以将分子中的 $(r)^{1/2}$ 项忽略。这里仅考

虑由于晶界处位错塞积造成的使晶体屈服所需的外力的改变。这样，在式(3-17)中的 τ_0 应改写为 $\Delta\tau = \tau - \tau_i$，$\tau$ 和 τ_i 分别表示有晶界存在和无晶界存在时晶体屈服所需的外力。

式(3-17)中材料的临界屈服切应力 τ_c 是材料常数，r 是位错距晶界的平均距离，也是材料常数，因此令 $\tau_c \sqrt{2r} = K_y$，K_y 是一个新的材料常数。式(3-17)改写为

$$\Delta\tau = \tau - \tau_i = K_y d^{-1/2}$$
$$\tau = \tau_i + K_y d^{-1/2} \tag{3-18}$$

当外力等于 τ 时，已经有位错在某软取向晶粒处塞积，这时正好达到了开动临近晶粒中的位错，在这种条件下位错的运动可以贯穿整个材料而导致塑性形变传递给整个材料。因此，τ 是材料的宏观切变屈服强度，而 $\Delta\tau$ 是材料屈服强度的改变值。

如果把式(3-18)中的各项改写为

$$\sigma_y = \sigma_0 + kd^{-0.5} \tag{3-19}$$

霍尔-佩奇关系

式(3-19)就是著名的**霍尔-佩奇关系**，是 20 世纪 50 年代初从实验中得到的数学关系，这个公式从问世至今一直得到非常广泛的应用。

材料强度的提高大多是以牺牲塑性为代价的。但是，细晶强化不仅提高了强度，而且提高了材料的塑性。这主要是因为细晶材料的塑性形变分布比较均匀，减少了形变的大程度集中引起的微观裂纹的危险，使材料在断裂前能承受更多的整体塑性形变。粗晶粒位错塞积的数目多，产生的应力集中大，虽然它容易使相邻晶粒位错源开动，但如果相邻晶粒的取向特别不利于形变或其位错源受碳、氮的钉扎作用形成气团，位错源就不容易开动，应力集中不能松弛，则在相邻晶粒某一特定方向产生很大的拉应力，易形成微观裂纹，因而粗晶材料塑性较低。

霍尔-佩奇关系适用的晶粒尺寸是有一定界限的，为 $0.3 \sim 400 \mu m$。因为 $d < 0.3 \mu m$ 的非常细小的晶粒内提供不出足够数量的位错而构成足够强度的应力场，而 $d > 400 \mu m$ 的粗大的晶粒再多些塞积位错数目对应力集中应力场强度的影响也不大。

3.3.4　合金的塑性形变

工程上使用的金属材料绝大多数是合金。其形变方式和金属材料的情况类似，只是由于合金元素的存在，又具有一些新的特点。

按合金组成相不同，合金主要可分为单相固溶体合金和多相合金。它们的塑性形变各自具有不同的特点。

1. 单相固溶体合金的塑性形变

单相固溶体合金和纯金属最大的区别在于它存在溶质原子，溶质原子对其塑性形变的影响主要表现在固溶强化，固溶强化提高了塑性形变的阻力。此外，有些固溶体会出现明显的屈服点和应变时效现象，现分别叙述如下。

（1）固溶强化。

溶质原子的存在及其固溶度的增加使基体金属的变形抗力随之提高。固溶强化是利用点缺陷对金属晶体进行强化，通过溶入某种溶质元素形成固溶体使金属的强度和硬度升高，而其塑性有所下降的现象。

金属材料中存在固溶原子时，固溶原子必然会引起周围晶格的畸变，在其周围产生一

个应力场，由于固溶原子应力场与位错应力场的交互作用，溶质原子具有向位错偏聚而形成原子气团的倾向。这时，位错的运动可能摆脱这种原子气团，也可能拖带着气团一起运动。摆脱原子气团需增加一部分外力以克服它与位错间的交互吸引，拖带原子气团一起运动也需增加一部分外力。当位错上有原子偏聚形成原子气团时，原子气团对位错运动有钉扎作用。所以，位错运动的难度提高，从而造成固溶强化。

如果溶质原子在金属中形成的有序固溶体（超结构）在滑移面两侧的原子之间形成了 AB 型原子匹配关系，当有位错在滑移面上运动时，则会不断破坏这种有序关系，形成反相畴界。设反相畴界能为 γ，则单个位错在有序晶体中运动时所需施加的切应力为

$$\Delta \tau = \gamma / b$$

式中，b 为柏氏矢量的模。

当一对位错一起运动时，由于反相畴界并不增加，不会引起能量的增加，因此应力无须提高。但是，随着形变量增大而进行多组滑移时，位错要穿过与其滑移面相交的反相畴界，这就增大了无序区域的面积，导致流变应力的额外增高。此外，当位错对的前一个位错交滑移到另一个滑移面后，而后一个位错未能随之交滑移时，固定位错对就形成了，从而阻碍该位错继续滑移。

在无序固溶体中，固溶强化的实质是溶质原子的长程应力场和位错的交互作用，这种作用使位错截交成弯曲形状。溶质原子对位错的钉扎作用如图 3.14 所示。

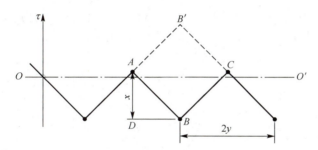

图 3.14 溶质原子对位错的钉扎作用

图中 O—O' 为未被钉扎的平直位错线沿 τ 的方向滑移，当该平直位错线与溶质原子 a、b、c 相遇时，由于 a、b、c 的钉轧作用，平直位错线呈 ABC 曲线形状。处于位错线上的少数溶质原子与位错线的交互作用很强，这些原子造成位错线的局部曲率远大于由平均内应力求出的曲率。钉扎的第一效应就是使位错线呈曲折形状。在外加切应力 τ 的作用下，由于 B 点位错张力的协调作用，ABC 段位错移到 $AB'C$，在 B' 处又钉扎起来。因为钉扎位错所释放的能量足以补偿位错长度增加而升高的弹性能，位错的弹性能反而有所降低，所以位错呈曲折弯曲形状。钉扎位错经热激活可以脱钉，因而被钉扎时相对处于低能量。ABC 段移动到 $AB'C$，ABC 和 $AB'C$ 是相邻的平衡位置，阻力最大点在位错处于中间位置 AC 时产生，外加切应力必须克服该阻力方可使位错移动。若 $AC \approx 2y$，ABC 比 $2y$ 略大，近似地当作 $2y$，ABC 变为 AC 时，一方面脱钉需要能量，另一方面位错长度的缩短要释放能量，因此共需要的能量为

$$(E_b - E_s) \cdot 2y \approx E_b \cdot 2y \tag{3-20}$$

式中，E_b 是位错脱钉所需的能量；E_s 为单位长度位错由于加长而升高的能量，$E_s \ll E_b$ 可忽略。由 ABC 变为 AC，位错线扫过的面积为 $x/2 \cdot 2y$，外加切应力需要做的功为

$\tau b(2y) \cdot x/2$,故

$$\tau b \cdot xy \approx E_b \cdot 2y \quad (3-21)$$

由图 3.14 可以看出，沿 OO' 方向，单位长度上有 $1/y$ 个溶质原子。借用科氏气团的概念，如果位错与溶质原子交互作用能为 U_0，则单位长度位错受溶质钉扎所降低的能量为

$$E_b = U_0/y \quad (3-22)$$

所以

$$\tau = 2U_0/bxy \quad (3-23)$$

设 C 为溶质原子百分数，在滑移面单位面积上有 $1/b^2$ 个原子，其中有 C/b^2 个溶质原子，xy 面积上只摊一个原子，所以 $C/b^2 \approx 1/xy$，式(3-23)可写为

$$\tau = 2U_0/b^3 C \quad (3-24)$$

式(3-24)反映了在常温下固溶强化的规律。此式表明在强钉扎下，推动位错所需的临界切应力既与 U_0 成正比，也与 C 成正比。

Cu-Ni 固溶体的力学性能与成分的关系如图 3.15 所示，随溶质含量的增加，合金的强度和硬度提高，而塑性有所下降，即产生固溶强化。固溶强化的强化效果可表示为

$$\tau = \frac{d\tau}{dc} x \quad (3-25)$$

式中，$\dfrac{d\tau}{dc}$ 为点阵畸变引起的临界分切应力的增量；x 为溶质原子的原子数分数。

铝溶于镁后的真应力-真应变曲线如图 3.16 所示，溶质原子的加入不仅提高了整个真应力-真应变曲线的水平，而且增快了合金的加工硬化速率。

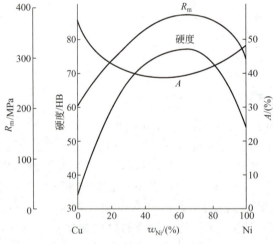

图 3.15　Cu-Ni 固溶体的力学性能与成分的关系　　图 3.16　铝溶于镁后的真应力-真应变曲线

影响固溶强化的因素很多，主要有以下几个方面。

① 溶质原子的原子数分数越高，强化作用越大，特别是当其原子数分数很低时，强化效果更为显著。

② 溶质原子与基体金属的原子尺寸相差越大，强化作用越大。

③ 间隙型溶质原子比置换型溶质原子具有更大的强化效果，并且由于间隙原子在体心立方晶体中的点阵畸变是非对称性的，因此其强化作用大于面心立方晶体；但间隙原子

的固溶度很有限,故实际强化效果也有限。

④ 溶质原子与基体金属的价电子数相差越大,强化效果越显著,即固溶体的屈服强度随合金电子浓度的增加而提高。

一般认为,固溶强化是多方面的作用,主要有溶质原子与位错的弹性交互作用、化学交互作用和静电交互作用。此外,当固溶体产生塑性形变时,位错运动改变了溶质原子在固溶体结构中以短程有序或偏聚形式存在的分布状态,从而引起系统能量的升高,由此也增加了滑移形变的阻力。

(2) 低碳钢的屈服和应变时效。

图 3.17 为低碳钢退火态的应力-应变曲线及屈服现象。低碳钢在上屈服点(R_{eH})时开始塑性形变,当应力达到 R_{eH} 后,应力开始降落;低碳钢在 R_{eL} 时发生连续形变而应力并不升高,即出现平台,通常称为屈服平台。在屈服平台范围内,试样的形变先自夹头两端开始向中间延伸,在表面形变完成后再扩展至心部。在预先磨光、抛光的拉伸试样上,可清楚地看到与外力成一定角度的变形条纹,这称为吕德斯带。屈服平台就是吕德斯带的延伸和扩展过程,屈服平台过后会产生明显的加工硬化。屈服平台的长短和钢的含碳量有关,随着含碳量的增加,屈服平台逐渐缩短乃至消失。

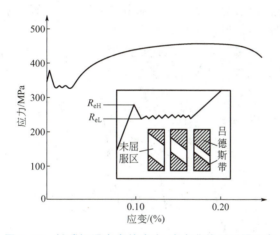

图 3.17　低碳钢退火态的应力-应变曲线及屈服现象

低碳钢有上、下屈服点和屈服平台,这种形变的不连续现象除在少数工业合金(如含锌 30% 的黄铜)中可以见到外,多数的工程合金的应力-应变曲线都是连续的。低碳钢的形变是碳原子(或氮原子)和位错的交互作用形成科氏气团及位错增殖这两个因素共同作用的结果。

先来讨论科氏气团的形成。由刃型位错的应力场可知,在滑移面以上,位错中心区域为压应力,而滑移面以下的区域为拉应力。若间隙型溶质原子(如碳原子或氮原子)或比溶剂尺寸大的置换型溶质原子在位错附近,则会与刃型位错发生交互作用而偏聚于刃型位错的下方,以抵消部分或全部(当碳原子在位错的下方达到饱和时)的拉应力,使位错的弹性应变能降低。当位错处于能量较低的状态时,位错更加稳定不易运动。科氏气团是指碳原子偏聚于刃型位错的下方,碳原子钉扎位错,使位错不易运动。位错要运动,只有从气团中挣脱出来,摆脱碳原子的钉扎。科特雷尔首先用溶质原子和位错的弹性交互作用,形成气团(因而叫科氏气团)来解释低碳钢的屈服现象。位错要从气团中挣脱出来,需要较大的力,这就形成了上屈服点;而一旦挣脱,位错的运动就比较容易,因此有了应力降落,出现下屈服点和屈服平台。

科特雷尔这一理论最初被人们广为接受,但20世纪60年代后,吉尔曼和约翰斯顿发现共价键结合的晶体硅、锗和离子晶体 LiF,以及无位错的铜晶须中都有不连续屈服现象。20世纪70年代,他们发现在高纯度的无碳纯铁中当应变速率为 $2.5\times10^{-4}s^{-1}$ 时,在室温及室温以上并不产生不连续屈服现象,而低于室温则有之,这说明碳原子并不是产生铁屈服的必要条件。因此,吉尔曼和约翰斯顿提出了位错增殖理论。他们认为晶体开始形变后,即引起大量的位错增殖。例如,通过双交滑移模型的增殖方式,当位错大量增殖后,在维持一定的应变速率时,流变应力就要降低,这就会造成屈服降落。

在低碳钢的屈服理论中,这两种理论并不互相排斥,而是互相补充,故能对此现象解释得更全面。例如,单纯的位错增殖理论的前提要求是原晶体材料中的可动位错密度很低。低碳钢中的原始位错密度为 $10^8 cm^{-2}$,但可动位错密度只有 $10^3 cm^{-2}$。低碳钢中的可动位错密度如此之低正是因为碳原子强烈钉扎位错,形成了气团。

科氏气团还能很好地解释低碳钢的应变时效。低碳钢经过少量的预变形可以不出现明显的屈服点,这是卸载后立即重新加载的情况;但如果将预变形后的低碳钢在室温下放置一段较长的时间或在低温经过短时加热,再对其进行拉伸试验(图3.18),则屈服点两次出现,并且屈服应力提高,这种现象称为低碳钢的**应变时效**。低碳钢在应变时效后,经电镜观察,并不一定有碳(或氮)化合物从铁素体中析出,这一过程很可能与碳(或氮)原子重新扩散到位错周围形成气团有关。

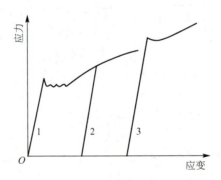

1—预变形;2—卸载后立即重新加载;3—卸载后放置一段时间或在200℃加热后再加载。

图3.18 低碳钢的拉伸试验

低碳钢的屈服和应变时效在实际生产中有重要影响。例如,深冲低碳钢薄板时,由于低碳钢出现不连续屈服现象,致使表面粗糙不平或皱折。为改善其表面质量,常将其在深冲前进行一道光整冷轧工序(压下量为0.5%~2%),以消除不连续屈服。再如,低碳钢板在卷板成型后焊接或使用时,相当于经历人工时效或自然时效过程。低碳钢板的应变时效常使钢的韧性降低,为此,生产中常在钢中加入0.05%的铝,使其与碳(或氮)原子结合,从而减小钢的应变时效倾向。

2. 第二相对合金形变的影响

工程上应用的金属材料基本上是两相合金或多相合金。当第二相以细小弥散的微粒均匀分布于基体相中时,将会产生显著的强化作用。从本质上讲,弥散强化是通过第二相对位错运动的阻碍作用表现出来的。

工业用合金所含的第二相对位错的运动来说有两种情况:一种是第二相可以形变,位错通过第二相时可以切过它们;另一种是第二相不可以形变,位错只能绕过它们向前运动。位错与第二相粒子作用示意图如图 3.19 所示。位错能否切过第二相由第二相的本性和尺寸而定。许多铝基合金(如 Al-Cu 合金、Al-Zn 合金和 Al-Li 合金等)和镍基合金(如 Ni-Cr-Al 合金和 Ni-Ti 合金等)中的第二相,当其尺寸较小并与基体保持共格时,能被位错切过,切过时因表面能增加及通过共格应变场等因素使合金强化。当第二相尺寸增大(在时效或回火温度较高时)至与基体失去共格后,位错常不能切过,而只能绕过。钢中的碳化物、氮化物,以及弥散强化合金中的氧化物一般是不能形变的,位错只能绕过它们。位错绕过它们时所需克服的阻力是可以计算的,其阻力和第二相的本质无关,而只取决于第二相的间距 L,即

$$\tau = \frac{Gb}{L} \tag{3-26}$$

可仿照 F-R 源动作的临界切应力公式,导出此结果。

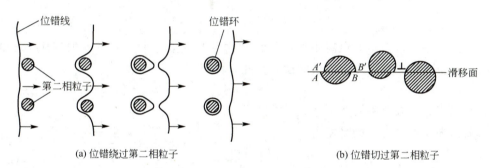

图 3.19　位错与第二相粒子作用示意图

下面对两种不同的第二相粒子对合金的强化机制进行详细解释。

(1) 不可形变粒子的强化作用。

不可形变粒子是具有较高的硬度和一定尺寸,并与母相部分共格或非共格的颗粒。当运动位错与其相遇时,将受到粒子阻碍,使位错线绕着它发生弯曲。随着外加应力的增大,位错线受阻部分的弯曲加剧,以致围绕着粒子的位错线在左右两边相遇,于是正负位错彼此抵消。当绕过的最大角 θ 达到 π 时,每一条位错线绕过颗粒后留下一个位错环,而后恢复平直状态,继续向前推移。位错按这种方式运动时受到的阻力是很大的,而且每个留下的位错环要作用于位错源一个反向应力,故继续变形时必须增大应力以克服此反向应力,使流变应力迅速提高。

计算弥散强化作用的公式是奥罗万在 1948 年提出的,假设第二相质点在滑移面上呈方阵排列,可以把位错线的张力近似取为 αGb^2,位错滑移遇障碍质点受阻(图 3.20)时,外加切应力与位错线弯曲半径 R 之间的关系为 $\tau = \alpha Gb/2R$。

由图 3.20 可知,如果质点列间距为 L,则有

$$\theta/2 + \phi/2 = 90°$$

$$\sin\frac{\theta}{2} = \cos\frac{\phi}{2}$$

故

$$\sin\frac{\theta}{2}=\frac{L}{2R}$$

$$R=\frac{L}{2\cos\frac{\phi}{2}}$$

因此

$$\tau=\frac{\alpha Gb}{L}\cdot\cos\frac{\phi}{2} \tag{3-27}$$

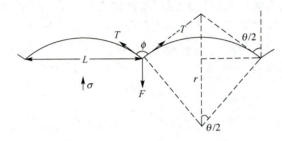

图 3.20 位错滑移遇障碍质点受阻

可见，对于一定间距的障碍质点而言，位错弓弯程度越大，所需外加切应力 τ 越大。在外力作用下，位错越过障碍质点的摆脱钉扎条件可表示为

$$\phi=\phi_c$$

式中，ϕ_c 为质点的障碍强度。

在障碍质点处，存在的平衡为

$$2T\cos\frac{\phi_c}{2}=F^* \tag{3-28}$$

式中，$\cos\dfrac{\phi_c}{2}$ 为质点障碍强度因子；F^* 为障碍质点对位错的钉扎力。

为克服第二相质点对位错运动的阻力，需要增加的应力（弥散质点使材料切应力强度的提高值）$\Delta\tau$ 为

$$\Delta\tau=\frac{\alpha Gb}{L}\cdot\cos\frac{\phi_c}{2} \tag{3-29}$$

按质点障碍强度因子的大小将障碍质点的钉扎作用分为强钉扎和弱钉扎，其主要差别在于位错摆脱钉扎时，所达到的临界弓弯程度不同。当 $\phi_c=0$ 时，不可形变粒子对位错有强钉扎作用，则式（3-29）成为常用的奥罗万公式，即

$$\Delta\tau=\frac{\alpha Gb}{L} \tag{3-30}$$

这就是不可形变粒子对屈服强度的贡献。可见位错绕过粒子所需的切应力与质点列间距成反比。当沉淀相颗粒的半径为 R，体积分数为 f，并且在基体上是弥散分布时，可导出沉淀相颗粒对材料切应力强度的提高公式为

$$\Delta\tau=\frac{2.5Gb}{2.36\pi\cdot 2R\left(\frac{\sqrt{\pi}}{4}-f^{\frac{1}{2}}\right)}f^{\frac{1}{2}}\ln\left(\frac{R}{b}\right) \tag{3-31}$$

当 f 很小时，式（3-31）可简化为

$$\Delta\tau = \frac{10Gb}{5.72\pi^{\frac{3}{2}} \cdot R} f^{\frac{1}{2}} \ln\left(\frac{R}{b}\right) \tag{3-32}$$

综上所述,第二相粒子的含量越高,尺寸越小,则弥散强化效果越显著,并且其强化效果等同于固溶强化时,它对塑性的削弱作用比较小。

(2) 可形变粒子的强化效果。

可形变粒子通常是指沉淀相与母相保持共格关系,颗粒效果尺寸小（<15nm）,可被运动位错切割,并随基体一起形变的颗粒。在这种情况下,强化效果主要取决于粒子本身的性质及其与基体的联系。其强化机制较为复杂,因此可变形粒子的强化效果与以下七方面有关。

① 位错切过粒子后产生宽度为 b 的滑移台阶,界面能增加,位错运动的能量消耗加大。

② 第二相粒子与基体的晶体结构不同或至少是点阵常数不同,故当位错切过共格颗粒时,在滑移面上会造成原子排列错配,因而增大位错运动的做功。

③ 沉淀相粒子的共格应力场与位错应力场之间产生交互作用,位错通过共格应变区时,会产生一定的强化效果。

④ 当粒子是有序结构时,位错切过粒子时会打乱滑移面上、下原子的有序排列,产生反相畴界,引起能量的升高。

⑤ 粒子和基体的层错能不同,故当形成扩展位错通过时,其宽度会发生变化,引起能量的升高。

⑥ 当粒子的弹性切变能高于基体时,位错进入沉淀相会增大位错自身的弹性畸变能,引起位错的能量和线张力变大,位错运动的阻力加大。

⑦ 粒子与基体中的滑移面取向不同,故位错切过粒子后会产生割阶,割阶会阻碍整个位错线的运动。

上述分析表明,与基体相完全共格的沉淀相粒子具有显著的强化效果。

时效处理是强化材料的常用方法。时效处理是通过在过饱和固溶体中析出弥散的第二相粒子来强化材料的,通常称为时效强化或沉淀强化。从组织形式上讲,这种强化方法应归为弥散强化。但是,时效析出相与机械加入的第二相粒子或反应生成的与基体性质差别很大的化合物粒子有很大区别。时效析出的亚稳相通常与基体保持共格关系,在其周围的基体中会形成一个应力场。该应力场与位错应力场的交互作用对基体产生强化作用。共格析出粒子对位错运动产生阻力而造成的切应力强度的提高为

$$\Delta\tau = \beta G \varepsilon^{\frac{3}{2}} (r/b)^{\frac{1}{2}} f^{\frac{1}{2}} \tag{3-33}$$

式中,β 为与位错类型有关的常数,刃型位错 $\beta=3$,螺型位错 $\beta=1$;ε 为共格应变或晶格错配度。

由式(3-33)可以看出,强化效果随第二相粒子的含量 f 和粒子尺寸增大而提高。强化值随粒子尺寸增大而提高的论断与弥散强化的原理似乎相违背,但式(3-33)的前提是粒子与基体完全共格。实际上粒子尺寸不可能过大,否则完全共格的关系就会被破坏。此外,共格应变的弥散强化机制并不要求位错一定要切过粒子,只需从粒子附近经过,共格粒子就可以有更显著的强化效果。因此,对弥散强化作用的计算必须分清弥散粒子是共格粒子还是非共格粒子。式(3-32)仅适用于共格粒子,如果是非共格粒子,就应使用式(3-33)。

3.3.5 塑性形变对金属材料组织与性能的影响

塑性形变不但可以改变金属材料的外形和尺寸,而且能使其内部组织和各种性能发生变化。

1. 冷形变金属的组织变化

金属材料经塑性形变后,组织结构会发生明显变化。每个晶粒内部除会出现大量的滑移带或孪晶带外,还会出现新的亚晶,各种结构缺陷(如位错、空位、间隙原子和层错)的浓度也会升高。随着形变量的增加,原来的等轴晶粒将逐渐沿其形变方向伸长。当形变量很大时,晶界变得模糊不清,晶粒也难以分辨,并沿材料流变伸展的方向呈现纤维状,即为纤维组织。这种纤维组织沿其形变方向强度和硬度增加,横向则不然,因此会出现性能的各向异性。

晶体的塑性形变是借助位错在应力作用下运动和不断增殖的。随着形变度的增大,晶体中的位错密度迅速提高。在经过强烈形变的金属中,位错密度可从退火态的 $10^6 \sim 10^8 \, cm^{-2}$ 增加至 $10^{11} \sim 10^{12} \, cm^{-2}$,并且形变晶体中位错的组态及其分布等亚结构也发生变化。由于位错的增殖及运动过程中的交互作用造成位错缠结,因此其组态变得错综复杂,进而构成胞状结构。位错胞内部位错密度很低,在胞壁上缠结大量位错。胞壁属于小角度晶界,但位错运动一般难以穿过胞壁。形变金属的流变应力和位错胞尺寸的关系为

$$\tau_f = \tau_0 + kd^{-1} \tag{3-34}$$

式中,τ_f 为流变应力;τ_0 为晶内对变形的阻力,相当于极大单晶的屈服强度;k 为晶界对变形的影响系数,与晶界结构有关;d 为位错胞的平均直径。

多数金属的流变应力和位错胞尺寸之间并不符合霍尔-佩奇关系。

2. 冷形变金属的加工硬化

塑性形变造成的组织和结构的变化必然导致材料性能的变化。图 3.21 所示是铜材经不同程度冷轧后拉伸性能的变化情况。金属材料经冷加工形变后,强度显著提高,而塑性很快下降,即产生了加工硬化现象。一般将金属的真应力-真应变曲线上的均匀塑性形变部分称为流变曲线,并可用经验公式表示,即

$$R = K\varepsilon^n \tag{3-35}$$

式中,K 为强化系数;n 为加工硬化指数,它们都随材料的不同而变化。

为了探讨晶体产生加工硬化的本质,排除晶界和杂质等因素的干扰,先讨论纯金属单晶体的加工硬化过程。金属单晶体加工硬化曲线如图 3.22 所示,其塑性形变部分由三个阶段组成。

第 I 阶段为易滑移阶段。此段接近于直线,其斜率 $\theta_I \left(\theta_I = \dfrac{d\tau}{d\gamma} \text{或} \dfrac{d\sigma}{d\varepsilon} \right)$ 小,即加工硬化率低,一般 θ_I 约为 $10^{-4}G$(G 为切变模量)。应力增加不多便能产生相当大的形变的原因是当外力在滑移面上的分切应力 τ 达到 τ_c 后,晶体中将只有一组主滑移系启动,位错在滑移面上运动时无干扰,可移动相当长的距离,直至到达晶体表面。由此产生的滑移线均匀、细长,并且随形变量增加,滑移线数目增多。该阶段主滑移面上的位错密度增加较快,加工硬化主要来自位错增殖引起的内应力。

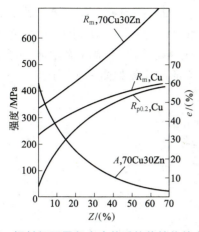

图 3.21 铜材经不同程度冷轧后拉伸性能的变化情况

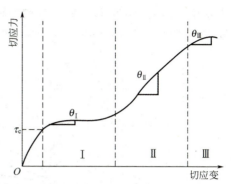

图 3.22 金属单晶体加工硬化曲线

第Ⅱ阶段为线性硬化阶段。随着应变增加，应力线性增长，此段呈直线且斜率较大，加工硬化率（θ_II）远大于第Ⅰ阶段，$\theta_\mathrm{II} \approx G/300$，近乎常数。该阶段被视为快速加工硬化的主要阶段。第Ⅱ阶段出现后，滑移线长度明显变短，并且分布不均匀。形变量越大，这种现象越明显。利用透射电镜观察可以发现大量的位错缠结和主、次滑移系相互作用的迹象，直至产生位错的胞状组织。这说明在第Ⅱ阶段有多个滑移系启动，位错密度的增加是主滑移系中的位错增殖的结果，而其他滑移系被激活将形成压杆位错，阻碍位错继续运动，限制主滑移系中的位错运动的自由程，从而产生大的硬化效果。

第Ⅲ阶段为抛物线形硬化阶段。随着应变增加，应力缓慢上升，θ_III 值已不为常数，并且呈逐渐减小的趋势，故此阶段称为动态回复阶段。此时滑移线变粗，成为滑移带，新增的应变几乎全部集中在这些滑移带内，使滑移带碎化。利用透射电镜可观察到明显的位错胞状组织，这与螺型位错的交滑移有关。当应力足够大时，螺型位错通过交滑移绕过障碍，塞积位错得以松弛，应变速率降低。另外，异号螺型位错还可以通过交滑移彼此消失，这样也可以消除一部分硬化。

各种晶体的实际曲线因其晶体结构类型、晶体位向、杂质含量及试验温度等因素的不同而变化，但总的来说，其基本特征相同，只是各阶段的长短由于位错的运动、增殖和交互作用而受影响，甚至某一阶段可能不会出现。图 3.23 所示为三种典型的金属单晶体的应力-应变曲线。其中，面心立方金属单晶体和体心立方金属单晶体显示出典型的三阶段加工硬化情况。密排六方金属单晶体的第Ⅰ阶段通常很长，远远超过其他结构的金属单晶体，以至于第Ⅱ阶段还未充分发展时试样就已经断裂了。面心立方金属单晶体的第Ⅱ阶段非常长，加工硬化效果显著。大多数体心立方金属单晶体具有较典型的三阶段硬化现象。

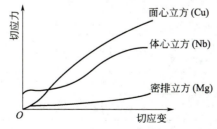

图 3.23 三种典型的金属单晶体的应力-应变曲线

多晶体的塑性形变由于晶界的阻碍作用和晶粒之间的协调配合的要求，各晶粒不可能以单一滑移系动作，而是必然有多组滑移系同时作用，因此多晶体的应力-应变曲线不会出现单晶体的第Ⅰ阶段，而且其加工硬化率明显高于单晶体，细晶粒多晶体在形变开始阶段尤为明显。室温下铝单晶体与多晶体的应力-应变曲线比较如图3.24所示。

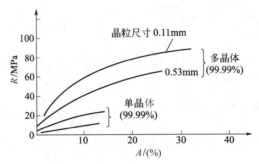

图3.24　室温下铝单晶体与多晶体的应力-应变曲线比较

有关加工硬化的机制，人们曾提出不同的理论，然而，最终的表达方式基本相同，即流变应力是位错密度的平方根的线性函数，这已被许多实验证实。

金属材料的加工硬化使材料的塑性形变难以进行，但不失为材料强化的重要手段，对于纯金属更是如此。

3. 形变织构

金属在塑性形变时，晶体的滑移面和滑移方向都要向主形变方向转动，使滑移层逐渐转向与拉力轴平行。各个晶粒的某些相同的滑移系（指数相同的晶面和晶向），在形变量较大时，都逐渐趋于与拉力轴平行。任意取向的各个晶粒在空间取向上呈现一定程度的规律性，形成晶体的择优取向，这种组织状态称为形变织构。当晶体的塑性形变量较大时，易形成形变织构。

按材料加工变形方式不同，形变织构主要有两种类型：一种是拉拔时形成的织构，称为丝织构，其主要特征为各晶粒的某一晶向大致与拉力轴平行；另一种是轧制时形成的织构，称为板织构，其主要特征为各晶粒的某一晶面和晶向分别趋于同轧制面与轧制方向平行。常见金属或合金的丝织构和板织构见表3-2。

表3-2　常见金属或合金的丝织构和板织构

晶体结构	金属或合金	丝织构	板织构
体心立方	α-Fe、Mo、W、铁素体钢	$<110>$	$\{100\}<011>$、$\{112\}<110>$、$\{111\}<112>$
面心立方	Al、Cu、Au、Ni、Cu-Ni、α-黄铜	$<111>$、$<100>+<111>$	$\{110\}<112>$、$\{112\}<111>$、$\{110\}<112>$
密排六方	Mg、Mg合金、Zn	$<2130>$ $<0001>$与丝轴成70°	$\{0001\}<1010>$、$\{0001\}$与轧制面成70°

注：面心立方晶体的形变织构与层错能有关。

多晶体材料的形变量越大，择优取向程度越大，表现出织构越强。但是，无论经过多么激烈的塑性形变，都不可能使所有晶粒完全转到织构的取向上去。事实上，多晶体材料在形变过程中是否形成织构及织构的集中程度决定于加工形变的方法、形变量、形变温度及材料本身的情况（金属类型、杂质和材料内原始取向）等。织构类型和织构的集中程度，可用 X 射线衍射方法测定。

形变织构对金属材料的物理性能有重要的影响。织构的形成会使材料具有强烈的各向异性，对材料的加工成形性和使用性能有很大的影响，尤其是冷形变材料中出现的织构用退火处理无法消除，故在工业生产中应予以高度重视。一般来说，大多数金属板材是不允许出现形变织构的，特别是用于深冲压成形的板材，织构会造成其沿各方向的形变不均匀，使工件的边缘产生高低不平的"制耳"现象。但是，为了满足特殊需要，人们也会利用材料织构，如变压器用电磁钢板——硅钢片，若能获得 {110} [100] 织构（称为高斯织构），则沿轧制方向的磁感应强度最大、铁损最小；若能获得 {100} [100] 织构（称为立方织构），则在与轧制方向平行和垂直的两个方向上均能获得良好的磁性。

习　题

1. 试写出面心立方金属在室温下所有可能的滑移系。
2. 什么是单滑移、多滑移和交滑移？三者滑移线的形状各有何特点？
3. 试比较面心立方金属铝的（111）面和（110）面的面密度及面间距大小，并说明滑移可能在哪一个面上进行。
4. 孪生和滑移的形变机制有何不同？
5. 沿单晶体的 [110] 方向对其施加拉力，当拉力大小为 50MPa 时，在（101）面上的 [11$\bar{1}$] 方向的分切应力为多少？若 $\tau_c=31.1$MPa，外加拉应力应为多少？
6. 铝单晶体在室温时滑移的临界分切应力为 $\tau_c=7.9\times10^5$Pa。若在室温下对铝单晶体试样做拉伸试验，拉力轴为 [123] 方向，试计算引起该试样屈服所需施加的应力。
7. 对镁单晶体试样做拉伸，三个滑移方向与拉力轴分别相交成 38°、45° 和 85°，而基面法线与拉伸轴相交成 60°。如果在拉应力为 2.05MPa 时观察到镁单晶体开始有塑性形变，则其滑移的临界分切应力为多少？
8. MgO 具有 NaCl 型结构，其滑移面为 {110}，滑移方向为 <110>，试写出沿哪一个方向拉伸（或压缩）不会引起滑移？
9. 请指出 Cu 和 α-Fe 两晶体易滑移的晶面和晶向，并求出它们的滑移面间距、滑移方向上的原子间距及点阵阻力（已知 $G_{Cu}=48.3$GPa，$G_{\alpha-Fe}=81.6$GPa，$\nu=0.3$）。

第 4 章
二元合金相图及其分类

本章教学要求

知识要点	掌握程度	相关知识
相图的基本知识	了解相平衡和相律；掌握二元合金相图的测定方法及杠杆定律	相图；自由度；杠杆定律
匀晶相图及非平衡凝固	掌握匀晶相图分析及非平衡凝固	枝晶偏析
共晶相图及其结晶过程	掌握共晶相图及共晶系典型合金的结晶过程	共晶反应；伪共晶；离异共晶
包晶相图及其结晶过程	掌握包晶相图及其结晶过程	包晶反应
其他类型的二元合金相图	了解组元间形成化合物的二元合金相图	共析转变；包析转变；偏晶转变
二元合金相图的分析和使用	了解二元合金相图分析方法	相图与合金强度、硬度及电导率之间的关系
铁碳相图	重点掌握铁碳相图分析；理解铁碳合金的平衡结晶过程	铁碳相图的组元与基本相；含碳量对铁碳合金平衡组织和性能的影响

工业中广泛使用的金属材料是合金。合金具有良好的机械性能,并且可以通过化学成分和组织结构的调整,满足各种使用性能的要求。合金的性能与其成分及内部的组织结构有密切的关系。因此,研究合金的性能必须了解合金中组织的形成及其变化规律,合金相图正是研究这些规律的有效工具。

在多元系中,二元系是最基本的,也是目前研究最充分的体系。二元系相图是在热力学平衡状态下,对合金系的状态、温度(或压力)及成分之间关系的图解。从相图中可以看出不同成分的合金在不同温度下所含合金相的种类和相对数量。通过相图可以预测合金的性质,所以合金相图是研究新合金和制定合金的生产工艺(如合金的熔炼、浇注、塑性加工及热处理)规范的重要依据。

本章将描述二元合金相图的表示和测定方法,详细地介绍三种基本相图及结晶过程、结晶后的组织形态及组织对性能的影响规律等。

4.1 相图的基本知识

4.1.1 相平衡和相律

体系中具有相同的物理性质与化学性质,并且与其他部分以界面分开的均匀部分称为相。相平衡是指合金系中各相经历很长时间而不互相转化,始终处于平衡状态。**相平衡条件是每个组元在各相中的化学位彼此相等**。相平衡是一种动态平衡,相界两侧的原子总是不断地进行相互转换,只是同一时间内各相之间的原子转换速度相等而已。

相律是分析和使用相图的重要工具,给出了平衡条件下体系中存在的相数、组元数和自由度之间的关系。相律有很多种,其中最基本的是吉布斯相律,其通式为

$$f = C - P + 2 \tag{4-1}$$

当系统的压力为常数时,则为

$$f = C - P + 1 \tag{4-2}$$

式中,f 为自由度,是在保持合金系中相的数目不变的条件下,合金系中可以独立改变的影响合金状态内部和外部因素的数目,自由度 f 不能为负值;C 为系统的组元数;P 为平衡共存的相的数目。

利用相律可以判断在一定条件下系统最多可能平衡共存的相数目。从式(4-1)可以看出,当组元数 C 给定时,自由度 f 越小,平衡共存的相数越多。由于 f 不能为负值,取其最小值 0,则从式(4-1)可以得出

$$P = C + 2 \tag{4-3}$$

若压力给定,去掉一个自由度,则式(4-3)可写为

$$P = C + 1 \tag{4-4}$$

式(4-4)表明,在压力给定的情况下,系统中可能出现的最多平衡相数比组元数多 1。例如,一元系 $C=1$,$P=2$,即最多可以两相平衡共存,如纯金属结晶时,其温度固定不变,同时共存的平衡相为液相和固相;二元系 $C=2$,$P=3$,最多可以三相平衡共存;三元系 $C=3$,$P=4$,最多可以四相平衡共存;以此类推,n 元系最多可以 $n+1$ 相平衡共存。

合金的状态通常由合金的成分、温度和压力决定。但是，压力对液固相之间或固相之间的变化影响不大，而且金属的状态变化多数是在常压下进行的，所以研究合金的相变时往往不考虑压力的作用。这样对于二元合金来讲，影响因素只有合金的成分和温度。二元合金相图以横坐标表示成分，纵坐标表示温度，其表示方法如图 4.1 所示。组成合金的两个组元是 A、B，横坐标上任意一点均表示一种合金的成分，如图 4.1 中 C 点成分为 w_B = 40%、w_A = 60%，D 点成分为 w_B = 60%、w_A = 40%。在成分和温度坐标平面上的任意一点称为表象点，一个表象点的坐标值表示合金的成分和温度，图 4.1 中 E 点表示合金在 500℃ 的成分为 w_A = 60%、w_B = 40%。

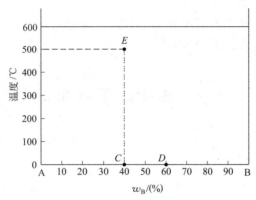

图 4.1　二元合金相图的表示方法

4.1.2　二元合金相图的测定方法

二元合金相图是根据实验测得的各种成分材料的<u>相变临界点</u>绘制成的。相变临界点的测定方法有很多，如热分析法、电阻法、热膨胀法、金相法、X 射线分析法和磁性法等。相图的精确测定必须多种方法配合使用，但经常使用的是比较方便的热分析法。下面以 Cu-Ni 二元合金为例，说明用热分析法测定相变临界点并绘制二元合金相图的过程。

先配制一系列含镍量不同的 Cu-Ni 合金，测出它们的冷却曲线 [图 4.2（a）]。由图可见，纯组元 Cu 和 Ni 的冷却曲线相似，都有一个平台，这表示其结晶在恒温下进行，都只有一个相变临界点，凝固温度分别为 1083℃ 和 1452℃；而其他三种合金的结晶是在一段温度范围内进行，其冷却曲线上有两个转折点。上转折点表示凝固的开始温度，称为上临界点；下转折点是凝固的终了温度，称为下临界点。这是由于合金结晶开始时释放的结晶潜热使温度下降变慢，在冷却曲线上出现了一个转折点；结晶终了后，合金不再释放结晶潜热，温度下降变快，于是又出现了一个转折点。

将这些相变临界点对应的温度和成分分别标在二元合金相图的纵坐标和横坐标上，每个相变临界点在二元合金相图中对应一个点，再将凝固的开始温度和终了温度分别连接起来，就得到图 4.2（b）所示的 Cu-Ni 二元合金相图。由凝固开始温度连接起来的相界线称为液相线，由凝固终了温度连接起来的相界线称为固相线。为了精确测定相变的临界点，用热分析法测定时必须非常缓慢地冷却，以达到热力学的平衡条件，冷却速度一般控制在 0.5～0.15℃/min。这两条曲线把 Cu-Ni 二元合金相图分成三个相区：液相线以上为液相单相区，以 L 表示；固相线以下为固相单相区，以 α 表示；两条曲线之间为液相、固相两相共存区，以 L+α 表示。根据相律可知，在单相区内，$f=2-1+1=2$，说明合金在此相区范围内可独立改变温度和成分而保持原状态；若在两相区内，$f=1$，这说明温度和成分中只有一个独立变量，即在此相区内任意改变温度，成分随之变化，不能独立变化，反之亦然；若在合金中有三相共存，则 $f=0$，说明此时三个平衡相的成分和温度都固定不变，在相图上表示为水平线，称为三相平衡水平线。二元系最多只能三相平衡。

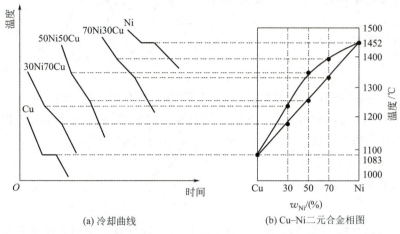

(a) 冷却曲线　　(b) Cu-Ni二元合金相图

图 4.2　用热分析法绘制的 Cu–Ni 二元合金相图

4.1.3　杠杆定律

在合金的结晶过程中，合金中各相的成分及其相对量都在不断变化。对具体合金来说，相的成分固然重要，但相的相对量有时更重要。为了了解相的成分及其相对含量，需要应用杠杆定律。根据相律，在二元系合金中，两相平衡共存时自由度 $f=1$，若温度一定，自由度 $f=0$，说明在此温度下，两个平衡相的成分也随之而定。两个平衡相成分点之间的连线（等温线）称为连接线。下面以 Cu–Ni 合金为例进行说明。

如图 4.3 所示，在 Cu–Ni 二元合金相图中，液相线是表示液相的成分随温度变化的平衡曲线，固相线是表示固相的成分随温度变化的平衡曲线。合金 I 在温度 t_1 时，处于两相平衡状态，即 L→α。要确定液相 L 和固相 α 的成分，可通过温度 t_1 作一水平线段

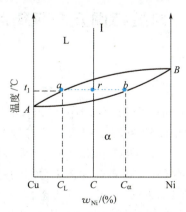

图 4.3　杠杆定律的证明

arb,分别与液、固相线相交于 a 点和 b 点,a、b 两点在成分坐标上的投影为 C_L 和 $C_α$,即分别表示液、固两相的成分。

下面计算液相和固相在温度 t_1 时的相对量。设合金的总质量为1,液相的质量为 w_L,固相的质量为 $w_α$,则有

$$w_L + w_α = 1$$

此外,合金Ⅰ中的镍含量等于液相和固相中镍的含量之和,即

$$w_L C_L + w_α C_α = 1C$$

由以上两式可以得出

$$\frac{w_L}{w_α} = \frac{rb}{ar} \tag{4-5}$$

如果把 a、b 两点当作一个力学杠杆 ab 上的两个重力点,把 r 看作支点,把 w_L、$w_α$ 看作作用于 a 点和 b 点的力,则上述关系与力学中的杠杆定律(图4.4)相似。因此将式(4-5)称为杠杆定律,这只是一种比喻。式(4-5)也可以写成

$$w_L = \frac{rb}{ab} \times 100\%$$

$$w_α = \frac{ar}{ab} \times 100\%$$

这种形式可以直接用来求两相的相对量,也可以计算系统中组织组成物的相对量。但是,应用的关键是**正确选择杠杆的支点 r 和 a、b 两个端点**。

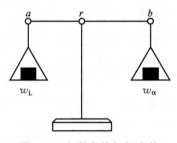

图4.4 力学中的杠杆定律

4.2 匀晶相图及非平衡凝固

4.2.1 匀晶相图分析

两组元液态、固态均无限互溶,冷却过程中由液相直接结晶出单相固溶体的转变称为匀晶转变。只发生匀晶转变的相图称为匀晶相图。具有这类相图的二元合金有 Cu-Ni、Ag-Au、Ag-Pt、Fe-Ni、Cu-Au 和 Cr-Mo 等。绝大多数的二元合金相图都包括匀晶转变部分,这里以 w_{Ni} 为30%的 Cu-Ni 合金为例来分析匀晶转变过程。

Cu-Ni 二元合金相图如图4.5所示。当高温液态合金缓慢冷却至 t_1 温度时,开始从液相中结晶出 α 固溶体,根据平衡相成分的确定方法,可知其固相成分为 C 点,α 中的含镍量超过了合金的含镍量。随着温度继续降低,固相成分沿固相线变化,液相成分沿液相

线变化，缓慢冷却至 t_2 温度时，此时的固相成分为 F 点，液相成分为 E 点，可通过杠杆定律求出两平衡相的相对量。当冷却到 t_3 温度时，最后一滴液体结晶成固溶体，结晶终了，得到与原合金成分（$w_{Ni}=30\%$）相同的 α 固溶体。

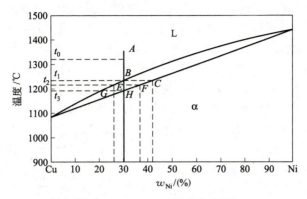

图 4.5 Cu-Ni 二元合金相图

图 4.6 所示为 Cu-Ni 合金平衡结晶时的组织变化过程。

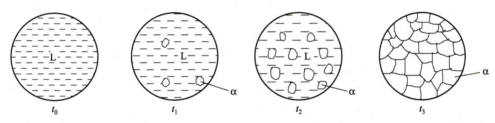

图 4.6 Cu-Ni 合金平衡结晶时的组织变化过程

匀晶相图还可能有其他形式，如具有极小点的匀晶相图和极大点的匀晶相图，如图 4.7 所示。

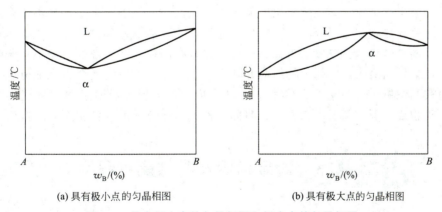

(a) 具有极小点的匀晶相图　　　　(b) 具有极大点的匀晶相图

图 4.7 具有极小点的匀晶相图和极大点的匀晶相图

4.2.2　非平衡凝固过程

固溶体的结晶过程与液相和固相内的原子扩散过程密切相关。只有在极缓慢的冷却条件下，每个温度下的扩散过程才能进行完全，使液相或固相的整体均匀一致。然而，在工业生产中，液态合金浇入铸形后，冷却速度很快，不能保持在每一温度下有足够的扩散时间，这样就使液相和固相（尤其是固相）内保持着一定的浓度梯度，造成各相成分不均匀。这种偏离平衡结晶条件的凝固称为非平衡凝固。

现仍以 Cu-Ni 合金为例进行分析。图 4.8 所示为 Cu-Ni 合金在非平衡凝固时液固两相的成分变化示意图。合金 I 冷却到 t_1 时开始发生匀晶转变，液相成分为 L_1，固相成分为 α_1，冷却到 t_2 温度时液相平衡成分为 L_2，固相平衡成分为 α_2，但由于冷却速度较快，液相和固相（尤其是固相）中原子扩散来不及充分进行，使固相内部成分低于 α_2，甚至保留为 α_1，此时整个固溶体的平均成分为 α_1 与 α_2 的平均值 α_2'，而液相的平均成分为 L_1、L_2 的平均值 L_2'。同理，当冷却到 t_3 温度时，固溶体的平均成分为 α_1、α_2、α_3 的平均值 α_3'，而液相的平均成分为 L_1、L_2、L_3 的平均值 L_3'。继续冷却到 t_4 时匀晶转变才结束，此时固溶体的平均成分为 α_1、α_2、α_3、α_4 的平均值 α_4'，与原合金成分相同。图中曲线 $\alpha_1\alpha_2'\alpha_3'\alpha_4'$ 便是固相平均成分随温度的变化线，$L_1L_2'L_3'L_4'$ 便是液相平均成分随温度的变化线。它们都偏离了相图中的液相线和固相线，冷却速度越快，偏离越远。

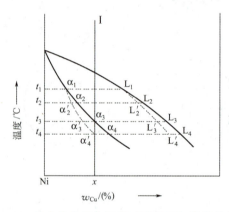

图 4.8 Cu-Ni 合金在非平衡凝固时液固两相的成分变化示意图

非平衡凝固总是导致结晶终了温度低于平衡结晶时的终了温度，这种不平衡结晶使固溶体先结晶部分与后结晶部分的成分出现了差异，**不平衡结晶固溶体先结晶的内部富含高熔点组元，而后结晶的外部富含低熔点组元**。这种在晶粒内部出现的成分不均匀现象称为晶内偏析。如果固溶体是以树枝状结晶并长大的，则枝干与枝间便会出现成分差别，这种现象称为枝晶偏析。枝晶偏析在热力学上是不稳定的，但可以通过均匀化退火或扩散退火，即在固相线以下较高温度保温较长时间，使原子充分扩散，转变为平衡组织。

4.3 共晶相图及其结晶过程

4.3.1 共晶相图

两组元在液态下可无限互溶，而在固态下只能部分互溶，甚至完全不溶，在冷却过程中发生共晶转变的相图称为共晶相图。两组元的混合使合金的熔点比各组元低，因此，液相线从两端（纯组元）向中间凹下。两条液相线的交点所对应的温度称为共晶温度。在该温度下，液相通过共晶转变同时结晶出两个固相，这样两相的混合物称为共晶组织或共晶体。下面以 Pb-Sn 二元共晶相图（图 4.9）为例，对共晶相图及其合金的结晶进行分析。

图 4.9 中 AE 和 BE 为液相线，AM 和 NB 为固相线，MF 为 α 相的溶解度曲线，NG 为 β 相的溶解度曲线。图中有三个单相区：液相 L、固溶体 α 相和 β 相。其中，α 相是 Sn 溶于 Pb 中的固溶体，β 相是 Pb 溶于 Sn 中的固溶体。各单相区之间有三个两相区，即 L+α、L+β 和 α+β。在 L+α、L+β 与 α+β 两相区之间的水平线 MEN 表示 α+β+L 三相共存区。

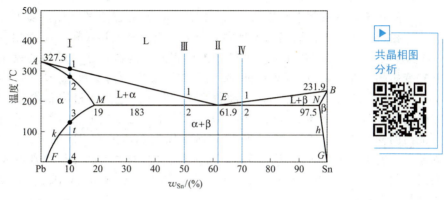

图 4.9 Pb-Sn 二元共晶相图

在三相共存水平线所对应的温度下，成分相当于 E 点的液相（L_E）同时结晶出与 M 点相对应的 α 相和与点 N 相对应的 β 相两个相，形成两个固溶体的混合物。这种转变的反应式为

$$L_E \xrightleftharpoons{t_E} \alpha_M + \beta_N$$

根据相律可知，在发生三相平衡转变时，自由度等于 0（$f=2-3+1=0$），所以这一转变必然在恒温下进行，而且三个相的成分应为恒定值，在相图上的特征是三个单相区与水平线只有一个接触点。其中，液体单相区在中间，位于水平线之上，两端是两个固相单相区。这种在一定的温度下，由一定成分的液相同时结晶出两个成分一定的固相的转变过程称为共晶转变或共晶反应。共晶转变的产物为两个相的混合物，称为共晶组织。

图 4.9 中的 MEN 水平线称为共晶线，E 点称为共晶点，E 点对应的温度称为共晶温度，成分对应于共晶点的合金称为共晶合金，成分位于共晶点以左、点 M 以右的合金称为亚共晶合金，成分位于共晶点以右、点 N 以左的合金称为过共晶合金。

此外，当三相平衡时，其中任意两相之间也必然平衡，即 α-L、β-L 和 α-β 之间也存在相互平衡关系，ME、EN 和 MN 分别为它们之间的连接线，在这种情况下可以利用杠杆定律分别计算平衡相的含量。

具有该类相图的二元共晶合金还有 Al-Si、Pb-Sb 和 Ag-Cu 等。共晶合金在铸造工业中是非常重要的，其原因在于它有以下特殊性质。

（1）共晶合金的熔点比纯组元的熔点低，简化了熔化和铸造的操作过程。

（2）共晶合金的流动性好，在凝固中防止了阻碍液体流动的枝晶形成，改善了铸造性能。

（3）共晶合金恒温转变（无凝固温度范围）减少了铸造缺陷，如偏聚和缩孔。

(4) 共晶合金凝固时可获得多种形态的显微组织，尤其是规则排列的层状或杆状共晶组织可能成为具有优异性能的原位复合材料。

4.3.2 共晶系典型合金的平衡结晶过程及其显微组织

现以 Pb-Sn 合金为例，分别讨论共晶系典型合金的平衡凝固过程及其显微组织。

1. $w_{Sn} < 19\%$ 的 Pb-Sn 合金

由图 4.9 可见，当 $w_{Sn} = 10\%$ 的 Pb-Sn 合金 I 由液相缓慢冷却至 1 点温度时，开始发生匀晶转变，从液相中开始结晶出 α 固溶体。随着温度的降低，初生 α 固溶体量不断增多，液相量不断减少，液相和固相的成分分别沿 AE 液相线和 AM 固相线变化。当冷却到 2 点温度时，合金结晶终了，全部转变为单相 α 固溶体。这一结晶过程与匀晶相图中的平衡转变相同。在 2~3 点温度之间，α 固溶体不发生任何变化。当冷却到 t_3 温度时，Sn 在 α 固溶体中呈过饱和状态，因此，随着温度的降低，它处于过饱和状态，多余的 Sn 以 β 固溶体的形式从 α 固溶体中析出，称为次生 β 固溶体，用 $β_{II}$ 表示，以区别于从液相中直接结晶出的初生 β 固溶体。次生 β 固溶体通常优先沿初生 α 相的晶界或晶内的缺陷处析出。随着温度的继续降低，$β_{II}$ 不断增多，而 α 和 $β_{II}$ 相的平衡成分将分别沿 MF 和 NG 溶解度曲线变化。L+α 两相区中 L 和 α 的相对量，以及 α+β 两相区中的 α 和 β 的相对量，均可由杠杆定律确定。

图 4.10 所示为 $w_{Sn} = 10\%$ 的 Pb-Sn 合金的平衡结晶过程示意图。所有成分位于 M 点和 F 点间的合金，平衡结晶过程与上述合金相似，结晶至室温后的平衡组织均为 $α+β_{II}$，只是两相的相对量不同而已；而成分位于 N 点和 G 点之间的合金，平衡结晶过程与上述合金基本相似，但结晶后的平衡组织为 $β+α_{II}$。

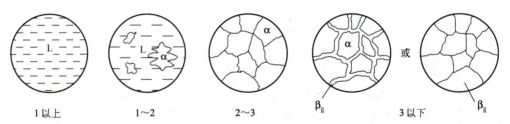

1 以上　　1~2　　2~3　　3 以下

图 4.10　$w_{Sn} = 10\%$ 的 Pb-Sn 合金的平衡结晶过程示意图

2. 共晶合金

$w_{Sn} = 61.9\%$ 的 Pb-Sn 合金为共晶合金。由图 4.9 可见，该合金从液态缓慢冷却至 183℃时，液相 L_E 同时结晶出 α 和 β 两种固溶体，即发生共晶反应 $L_E \xrightleftharpoons{t_E} α_M + β_N$，这一过程在恒温下进行，直至液相完全消失。此时结晶出的共晶体中 α 相和 β 相的相对量可用杠杆定律计算，即

$$w_{α_M} = \frac{EN}{MN} \times 100\% = \frac{97.5 - 61.9}{97.5 - 19} \times 100\% = 45.4\%$$

$$w_{β_N} = \frac{ME}{MN} \times 100\% = \frac{61.9 - 19}{97.5 - 19} \times 100\% = 54.6\%$$

继续冷却时，共晶体中 α 相和 β 相将各自沿 MF 和 NG 溶解度曲线变化，从 α 和 β 中

分别析出 β_{II} 和 α_{II}。由于共晶体中析出的次生相常与共晶体中同类相结合在一起,在显微镜下难以分辨出来。因此,该合金在室温时的组织一般认为由 ($\alpha+\beta$) 共晶体组成。经 φ（HNO_3）为 4% 的硝酸酒精浸蚀,Pb-Sn 共晶合金呈片层交替分布的显微组织如图 4.11 所示,黑色为 α 相,白色为 β 相。Pb-Sn 共晶合金的平衡结晶过程示意图如图 4.12 所示。

图 4.11　Pb-Sn 共晶合金呈片层交替分布的显微组织

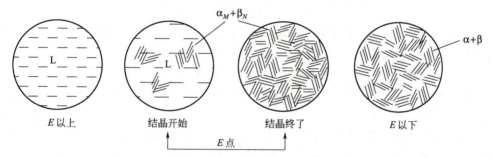

图 4.12　Pb-Sn 共晶合金的平衡结晶过程示意图

3. 亚共晶合金

在图 4.9 中,成分位于 M、E 两点之间的合金称为亚共晶合金,因为它的成分低于共晶成分而只有部分液相可结晶成共晶体。现以 $w_{Sn}=50\%$ 的 Pb-Sn 合金为例,分析其平衡结晶过程（图 4.13）。

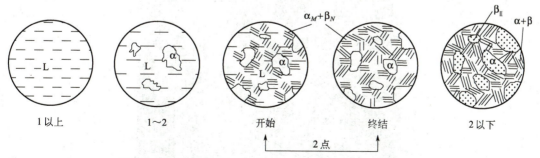

图 4.13　$w_{Sn}=50\%$ 的 Pb-Sn 合金的平衡结晶过程示意图

该合金缓慢冷却至 1～2 点温度之间时，初生 α 相以匀晶转变方式不断地从液相中析出，随着温度的下降，α 相的成分沿 AM 固相线变化，其相对量不断增加；而液相的成分沿 AE 液相线变化，其相对量不断减小。当温度降至 2 点温度时，剩余的液相成分到达 E 点，此时发生共晶转变，形成共晶体。共晶转变结束后，此时合金的平衡组织由初生 α 固溶体和共晶体（α+β）组成，可简写成 α+（α+β）。初生相 α（或称先共晶体 α）和共晶体（α+β）具有不同的显微形态的组织。两种组织组成物的相对量可用杠杆定律计算得出，即

$$w_\alpha = \frac{61.9-50}{61.9-19} \times 100\% = 28\%$$

$$w_{\alpha+\beta} = w_L = \frac{50-19}{61.9-19} \times 100\% = 72\%$$

$w_{Sn}=50\%$ 的 Pb-Sn 合金在共晶反应刚结束时，初生相 α 占 28%，共晶体（α+β）占 72%。上述两种组织是由 α 相和 β 相组成的，故称两者为组成相。在共晶反应刚结束时，组成相 α 和 β 的相对量分别为

$$w_\alpha = \frac{97.5-50}{97.5-19} \times 100\% = 60.5\%$$

$$w_\beta = \frac{50-19}{97.5-19} \times 100\% = 39.5\%$$

上式计算中的 α 组成相包括初生相 α 和共晶体中的 α 相。不同成分的亚共晶合金，经共晶转变后的组织均为 α+（α+β）。但是，随成分的不同，两种组织的相对量不同，越接近共晶成分 E 点的亚共晶合金，共晶体越多；反之，成分越接近 M 点，初生相 α 越多。运用杠杆定律计算组织组成物相对量和组成相的相对量的关键在于杠杆的支点和两个端点位置的确定。

在 2 点温度以下，合金继续冷却时，由于固溶体溶解度随之减小，$β_{II}$ 将从初生相 α 和共晶体中的 α 相内析出，而 $α_{II}$ 从共晶体中的 β 相中析出，直至室温，显微组织为 $α_初$+（α+β）+$α_{II}$+$β_{II}$，但由于 $α_{II}$ 和 $β_{II}$ 析出量不多，除在初生相 α 内可能看到 $β_{II}$ 外，共晶组织的特征保持不变，故显微组织通常可写为 $α_初$+（α+β）+$β_{II}$。

经 φ（HNO_3）为 4% 硝酸酒精浸蚀，Pb-Sn 亚共晶合金的显微组织如图 4.14 所示，暗黑色块状部分为初生 α 固溶体，其上的白色颗粒为 $β_{II}$，黑白相间部分为（α+β）共晶体。

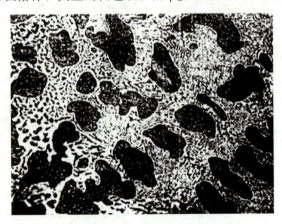

图 4.14 Pb-Sn 亚共晶合金的显微组织（500×）

4. 过共晶合金

在图 4.9 中，成分位于 E、N 两点之间的合金称为过共晶合金。其平衡结晶过程及平衡组织与亚共晶合金相似，只是初生相为 β 固溶体而不是 α 固溶体。Pb-Sn 过共晶合金的显微组织为 $β_初 + (α+β) + α_{II}$，如图 4.15 所示，图中白亮色卵形部分为 $β_初$，其上的黑色颗粒为 $α_{II}$，黑白相间部分为共晶体 $(α+β)$。

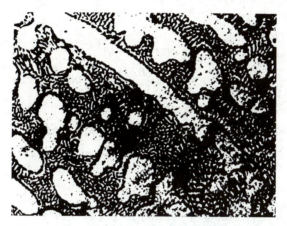

图 4.15 Pb-Sn 过共晶合金的显微组织（500×）

尽管不同成分的合金具有不同的显微组织，但在室温下，成分在 F、G 两点之间的合金组织均由 α 和 β 两个基本相构成。所以，两相合金的显微组织实际上是通过组成相的不同形态及其数量、大小和分布等形式体现出来的，由此得到不同性能的合金。

综上所述，Pb-Sn 合金随含 Sn 量增加，其组织随之依次变化为 $α → α+β_{II} → α+β_{II}+(α+β) → (α+β) → β+α_{II}+(α+β) → β+α_{II} → β$，它们将相图划分为几个区，Pb-Sn 合金组织分区图如图 4.16 所示。

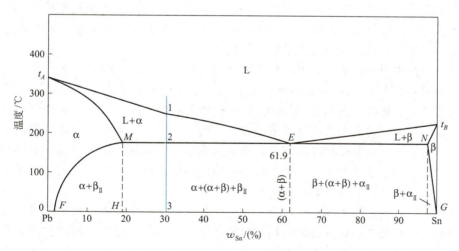

图 4.16 Pb-Sn 合金组织分区图

组织是指由具有一定类型、大小、形态和分布的组织组成物构成的集合体。分析合金的组织必须考虑两方面的情况：一是该组织的组成物类型，二是组成物的大小、形态和分布。此外,要注意区分组织组成物和相组成物这两个概念。**组织组成物**是指显微组织中有清晰轮廓的独立组成部分,它可以是单相,也可以是两相混合物,在三元合金中还可以是三相混合物;而**相组成物**是指组成显微组织的基本相。例如,对于成分在 F 点和 G 点之间的合金,尽管它们的组织有所不同,但它们在室温下都由 α 和 β 两个相组成。用杠杆定律可以求出这些合金的显微组织中组织组成物的相对量和相组成物的相对量。现以 $w_{Sn}=30\%$ 的 Pb-Sn 合金为例,该合金的显微组织中组织组成物为 $β_{II}$、共晶体(α+β)和初生 α 固溶体,其相对量分别为

$$w_{β_{II}} = \frac{FH}{FG} \times \frac{2E}{ME} \times 100\% = \frac{19-2}{100-2} \times \frac{61.9-30}{61.9-19} \times 100\% = 12.9\%$$

$$w_{α+β} = \frac{2M}{ME} \times 100\% = \frac{30-19}{61.9-19} \times 100\% = 25.6\%$$

$$w_{初生α} = 1 - w_{α+β} - w_{β_{II}} = 1 - 25.6\% - 12.9\% = 61.5\%$$

该合金的显微组织中相组成物为 α 和 β,其相对量分别为

$$w_α = \frac{3G}{FG} \times 100\% = \frac{100-30}{100-2} \times 100\% = 71.4\%$$

$$w_β = 1 - w_α = 1 - 71.4\% = 28.6\%$$

4.3.3 共晶系典型合金的非平衡结晶过程及其显微组织

在实际生产中,合金的冷却速度往往较快,结晶时原子扩散过程不能充分进行,致使共晶系合金的结晶过程和显微组织与平衡状态发生了某些偏离。

伪共晶

1. 伪共晶

在平衡结晶条件下,只有共晶成分的合金才能获得 100% 的共晶组织;但当不平衡结晶时,成分在共晶点附近的亚共晶或过共晶合金也可能得到 100% 的共晶组织。这种非共晶成分的合金所得到的共晶组织称为伪共晶。

对于具有共晶转变的合金,当合金溶液过冷到两条液相线的延长线所包围的影线区时,就可得到共晶组织,而在影线区外,则是共晶体加树枝晶的显微组织,影线区称为伪共晶区。随着过冷度的增加,伪共晶区也会扩大。

伪共晶区在相图中的配置对于不同合金可能有很大的差别。两组元熔点相近的合金的伪共晶区一般如图 4.17 所示,呈对称分布;当合金中两组元熔点相差很大时,伪共晶区偏向高熔点组元一侧,如图 4.18 所示的 Al-Si 合金的伪共晶区,呈不对称分布。一般认为其原因是共晶中两组成相的成分与液态合金不同,它们的形核和生长都需要两组元的扩散,而以低熔点为基的组成相与液态合金成分差别较小,则通过扩散达到该组成相的成分就较容易,其结晶速度较大。所以,在共晶点偏向低熔点相时,为了满足两组成相形成对扩散的要求,伪共晶区的位置必须偏向高熔点相一侧。

了解伪共晶区在相图中的位置和大小对于正确解释合金非平衡组织的形成是极其重要的,伪共晶区在相图中的配置通常是通过实验测定的。但是,定性了解伪共晶区在相图分布的规律就可能解释用平衡相图方法无法解释的异常现象。例如,在 Al-Si 合金中,共晶成分的 Al-Si 合金在快速冷却的条件下得到的组织不是共晶组织,而是亚共晶组织;而过共晶成分的合金则可能得到共晶组织或亚共晶组织,这种异常现象通过图 4.18 就可解释。

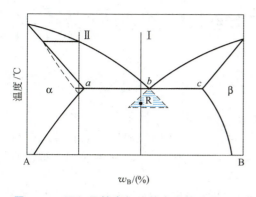

图 4.17 两组元熔点相近的合金的伪共晶区

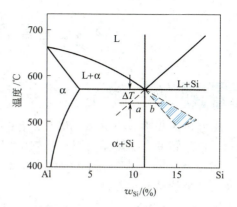

图 4.18 Al-Si 合金的伪共晶区

2. 离异共晶

在先共晶相数量较多而共晶组织甚少的情况下，有时共晶组织中与先共晶相相同的那一相会依附于先共晶相生长，剩下的另一相则单独存在于晶界处，从而使共晶组织的特征消失，这种两相分离的共晶称为<u>离异共晶</u>。离异共晶可以在平衡条件下获得，也可以在不平衡条件下获得。例如，在合金成分偏离共晶点很远的亚共晶（或过共晶）合金中，它的共晶转变是在已存在大量先共晶相的条件下进行的，若此时冷却速度十分缓慢，过冷度很小，则共晶中的 α 相如果在已有的先共晶相 α 上长大，要比重新形核再长大容易得多。这样，α 相易与先共晶 α 相合为一体，而 β 相则存在于 α 相的晶界处。当合金成分越接近 M 点（或 N 点）时（图 4.19 中合金 I），越易发生离异共晶。

此外，M 点以左的合金（图 4.19 中合金 II）在平衡冷却时，结晶的组织中不可能存在共晶组织，但在不平衡结晶时，其固相的平均成分线将偏离平衡固相线，如图 4.19 中的虚线所示，于是合金冷却至共晶温度时仍有少量的液相存在。此时的液相成分接近于共晶成分，这部分剩余液相将会发生共晶转变，形成共晶组织。但是，由于此时的先共晶相数量很多，共晶组织中的 α 相可能依附于先共晶相上长大，形成离异共晶。例如，w_{Sb} = 3.54% 的 Sb-Pb 合金在铸造条件下，将会出现离异共晶组织，如图 4.20 所示。

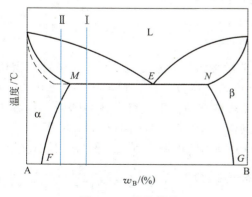

图 4.19 离异共晶

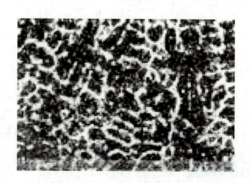

图 4.20 w_{Sb} = 3.54% 的 Sb-Pb 合金在铸造条件下的离异共晶组织（100×）

4.4 包晶相图及其结晶过程

4.4.1 包晶相图

组成包晶相图的两组元，在液态下可无限互溶，而在固态下只能部分互溶。在二元相图中，包晶转变是已结晶的固相与剩余液相反应形成另一固相的恒温转变。具有这类相图的二元合金有 Fe-C、Cu-Zn、Ag-Sn 和 Pt-Ag 等。下面以 Pt-Ag 合金为例，对包晶相图及其合金的结晶过程进行分析。

图 4.21 所示的 Pt-Ag 包晶相图是具有包晶转变的相图中的典型代表。图中，ACB 是液相线，AP 和 DB 是固相线，PE 是 Ag 在 Pt 为基的 α 固溶体中的溶解度曲线，DF 是 Pt 在 Ag 为基的 β 固溶体中的溶解度曲线。相图中有三个单相区，即液相区 L 及固相 α 和 β。在单相区之间有三个两相区，即 L+α、L+β 和 α+β。两相区之间存在一条三相（L、α 和 β）共存水平线 PDC，PDC 是包晶转变线，成分在 PC 范围内的合金在该温度下都将发生包晶转变，即

$$L_C + \alpha_P \xrightarrow{t_D} \beta_D$$

包晶相图分析

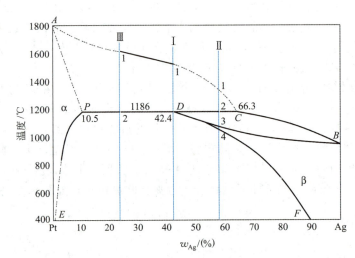

图 4.21 Pt-Ag 包晶相图

在一定温度下，由一定成分的固相与一定成分的液相作用形成另一个一定成分的固相的转变过程称为包晶转变或包晶反应。根据相律可知，在包晶转变时，其自由度为 0（$f=2-3+1=0$），即三个相的成分不变，并且包晶转变在恒温下进行。在相图中，包晶转变的特征是反应相是液相和一个固相，其成分点位于 PDC 的两端，所形成的固相位于 PDC 中间的下方。相图中的 D 点称为包晶点，D 点所对应的温度（t_D）称为包晶温度。

4.4.2 包晶合金的平衡结晶过程及其显微组织

1. $w_{Ag}=42.4\%$ 的 Pt-Ag 合金（合金Ⅰ）

由图 4.21 可知，合金自高温液态冷却至 t_1 温度时与液相线相交，开始结晶出初生相

α。在继续冷却的过程中，α 固相逐渐增多，液相不断减少，α 相和液相的成分分别沿固相线 AP 和液相线 AC 变化。当温度降至包晶反应温度 1186℃时，合金中初生相 α 的成分达到 P 点，液相成分达到 C 点。在开始进行包晶反应时的两相的相对量可由杠杆定律求出，即

包晶合金的平衡结晶过程及显微组织

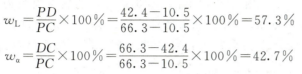

包晶转变结束后，液相和 α 相消失，全部转变为 β 固溶体。随着温度的继续下降，Pt 在 β 固溶体中的溶解度随温度降低而沿 DF 线减小，因此将不断从 β 固溶体中析出 $α_Ⅱ$。因此该合金的显微组织为 $β+α_Ⅱ$，平衡结晶过程示意图如图 4.22 所示。

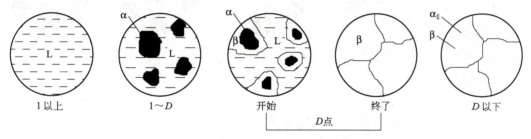

图 4.22 合金 Ⅰ 的平衡结晶过程示意图

在大多数情况下，由包晶反应形成的 β 相倾向于依附初生相 α 的表面形核，以降低形核功，并消耗液相和 α 相而生长。当 α 相被新生的 β 相包围后，α 相就不能直接与液相接触。由图 4.21 可知，液相中的 Ag 含量较 β 相高，而 β 相的 Ag 含量又比 α 相高，因此，液相中的 Ag 原子不断通过 β 相而向 α 相扩散，而 α 相的 Pt 原子以反方向通过 β 相向液相中扩散。包晶反应时原子迁移示意图如图 4.23 所示。β 相同时向液相和 α 相方向生长，直至把液相和 α 相全部吞食为止。由于 β 相是在包围初生相 α，并使之与液相隔开的形式下生长的，因此该反应称为包晶反应。

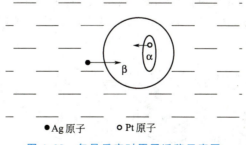

● Ag 原子　○ Pt 原子

图 4.23 包晶反应时原子迁移示意图

也有少数情况，如 α-β 间表面能很大，或过冷度较大，β 相可能不依赖于初生相 α 形核，而是在液相中直接形核，并在生长过程中 L、α 和 β 三者始终互相接触，以至于通过 L 相和 α 相的直接反应生成 β 相，这种方式的包晶反应速度比上述方式的包晶反应速度快得多。

2. 10.5%＜w_{Ag}＜42.4% 的 Pt-Ag 合金（合金Ⅲ）

合金Ⅲ在包晶反应前的结晶情况与上述情况相似。包晶转变前，合金中 α 相的相对量大于包晶反应所需的量，所以包晶反应后，除新形成的 β 相外，还存在剩余的 α 相。在包晶温度以下，β 相中将析出 $α_Ⅱ$，α 相中析出 $β_Ⅱ$，因此该合金的显微组织为 α＋β＋$α_Ⅱ$＋$β_Ⅱ$，合金Ⅲ的平衡结晶过程示意图，如图 4.24 所示。可以看出，成分为 P、D 两点之间合金的结晶过程相似，只是成分越接近 P 点，剩余的 α 相越多，而成分越接近 D 点，剩余的 α 相越少。

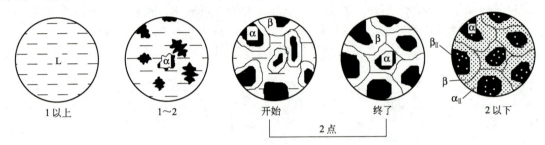

图 4.24　合金Ⅲ的平衡结晶过程示意图

3. 42.4%＜w_{Ag}＜66.3% 的 Pt-Ag 合金（合金Ⅱ）

当合金Ⅱ冷却到与液相线相交的 1 点时，开始结晶出初晶 α 相，在 1～2 点之间，随着温度的降低，α 相不断增多，液相不断减少，这一阶段的转变属于匀晶转变。当冷却到 t_D 温度时，发生包晶转变，即 $L_C + α_P \xrightarrow{t_D} β_D$。用杠杆定律可以计算出，合金Ⅱ中液相的相对量大于合金Ⅰ中液相的相对量，所以包晶转变结束后仍有液相存在。当合金的温度从 2 点继续降低时，剩余的液相继续结晶出 β 相，在 2～3 点之间，合金的转变属于匀晶转变，β 相的成分沿 DB 线变化，液相的成分沿 CB 线变化。在温度降低到 3 点时，合金Ⅱ全部转变为 β 固溶体。在 3～4 点之间，合金Ⅱ为单相固溶体，不发生变化。在 4 点以下，从 β 固溶体中将析出 $α_Ⅱ$。因此，该合金的显微组织为 β＋$α_Ⅱ$。合金Ⅱ的平衡结晶过程示意图如图 4.25 所示。由图 4.21 可以看出，成分为 D、C 两点之间的合金结晶过程相似，只是成分越接近 D 点，包晶转变后剩余的液相越少，而成分越接近 C 点，包晶转变后剩余的液相越多。

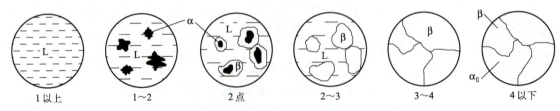

图 4.25　合金Ⅱ的平衡结晶过程示意图

4.4.3　包晶合金的非平衡结晶过程

包晶转变的产物 β 相包围着初生相 α，使液相与 α 相隔开，阻止了液相和 α 相中原子间直接地相互扩散，而必须通过 β 相，这就导致包晶转变的速度往往是极缓慢的。通常情况下，影响包晶转变能否进行完全的主要矛盾是组元在所形成新相β内的扩散速率。

实际生产中的冷却速度较快，包晶反应所依赖的固体中的原子扩散往往不能充分进行，会出现包晶反应的不完全性，即在低于包晶温度下，同时存在参与转变的液相和α相。其中，液相在继续冷却过程可能直接结晶出β相或参与其他反应，而α相仍保留在β相的心部，形成包晶反应的非平衡组织。

另外，某些原来不发生包晶反应的合金，如图 4.26 中的合金 I，在快速冷却的条件下，初生相α结晶时存在枝晶偏析而使剩余的 L 相和α相发生包晶反应，出现某些平衡状态下不应出现的相。

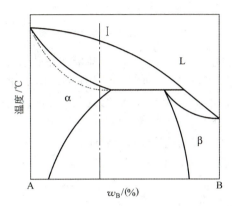

图 4.26　因快速冷却而可能发生的包晶反应示意图

包晶反应的不完全性主要与新相β包围α相的生长方式有关。因此，当某些合金（如 Al–Mn 合金）的包晶相单独在液相中形核和长大时，其包晶转变可迅速完成。包晶反应的不完全性特别容易在那些包晶转变温度较低或原子扩散速率较小的合金中出现。与非平衡共晶组织一样，包晶转变产生的非平衡组织也可通过扩散退火消除。

4.5　其他类型的二元合金相图

除匀晶相图、共晶相图和包晶相图三种最基本的二元合金相图外，还有其他类型的二元合金相图，现简要介绍如下。

1. 组元间形成化合物的二元合金相图

在有些二元系合金中，组元间可能形成金属化合物，这些化合物可能是稳定的，也可能是不稳定的。根据化合物的稳定性，形成金属化合物的二元合金相图也有以下两种不同的类型。

（1）组元间形成稳定化合物的二元合金相图。

稳定化合物是指具有一定熔点，并且在熔点以下保持其固有结构而不发生分解的化合物。Mg–Si 二元合金相图（图 4.27）就是一种组元间形成稳定化合物的相图。当 $w_{Si}=36.6\%$ 时，Mg 与 Si 形成稳定的化合物 Mg_2Si，它具有确定的熔点（1087℃），在熔点以下能保持其固有的结构。在相图中，稳定化合物是一条垂线，它表示 Mg_2Si 的单相区。这样，可把稳定化合物 Mg_2Si 看作一个独立组元，把相图分成两个独立部分，Mg–Si 二元合金相图由 Mg‒Mg₂Si 和 Mg₂Si‒Si 两个共晶相图组成，可以分别进行分析。

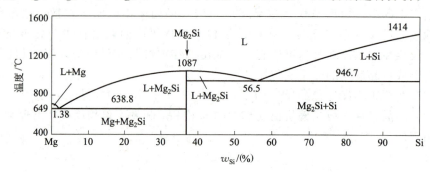

图 4.27　Mg‒Si 二元合金相图

有时，稳定化合物也可能有一定的溶解度，即形成以化合物为基的固溶体，则化合物在相图中有一定的成分范围。Cd‒Sb 二元合金相图如图 4.28 所示。图中稳定化合物 β 相有一定的成分范围，以该化合物的熔点（456℃）对应的成分作垂线，如图中虚线所示，则该垂线可把相图分成两部分。

组元间形成稳定化合物的二元合金很多，除 Mg‒Si 和 Cd‒Sb 外，还有 Cu‒Th、Cu‒Ti、Fe‒B、Fe‒P、Mg‒Cu、Fe‒Ti 和 Mg‒Sn 等。

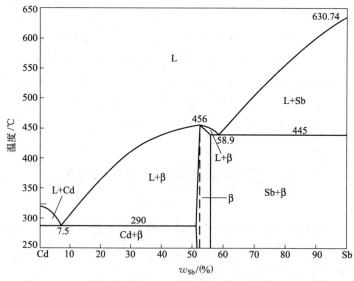

图 4.28　Cd‒Sb 二元合金相图

(2) 组元间形成不稳定化合物的二元合金相图。

不稳定化合物是指加热时发生分解的金属化合物。

图 4.29 所示为 K‒Na 二元合金相图。从图中可以看出，将不稳定的化合物 KNa₂ 加热至一定温度（6.9℃）时，它会分解为液体和钠晶体。这种化合物是包晶转变的产物，即 L+Na→KNa₂。

如果包晶转变形成的不稳定化合物与组元间有一定的溶解度，那么，它在相图上就不是一条垂线，而是一个相区。但是，不稳定化合物无论是一条垂线还是一个具有溶解度的相区，均不能作为组元把相图分成几个独立部分进行分析。

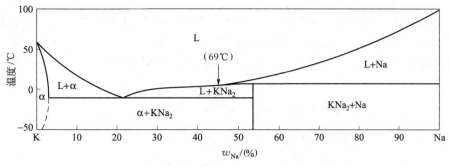

图 4.29　K-Na 二元合金相图

典型的组元间形成不稳定化合物的其他二元合金有 Al-Mn、Be-Ce 和 Mn-P 等。

2. 具有其他类型恒温转变的相图

(1) 共析转变。

一定成分的固相在一定温度下分解为另外两个一定成分的固相的转变过程称为共析转变。在相图中，这种转变与共晶转变相似，都是由一个相分解为两个相的三相恒温转变，三相成分点在相图上的分布也一样，不同的是共析转变的反应相是固相，而不是液相。例如，Fe-Fe₃C 相图（图 4.38）的 PSK 线即为共析线，S 点是共析点，其反应式为 $\gamma_S \rightleftharpoons \alpha_P +$ Fe₃C（本书 4.7 节将会详细介绍）。由于是固相分解，其原子扩散比较困难，容易产生较大的过冷，因此共析组织远比共晶组织细密。共析转变对合金的热处理强化有重大意义，钢铁及钛合金的热处理就是建立在共析转变的基础上的。

(2) 包析转变。

包析转变在相图上的特征与包晶转变相似，不同的是包析转变的两个反应相都是固相，而包晶转变的反应相中有一个液相。具有包析转变的二元合金有 Cu-Sn 和 Fe-B 等。图 4.30 所示的 Cu-Sn 二元合金相图中，$\gamma + \varepsilon \rightarrow \xi$ 和 $\gamma + \xi \rightarrow \delta$ 都是包析转变。

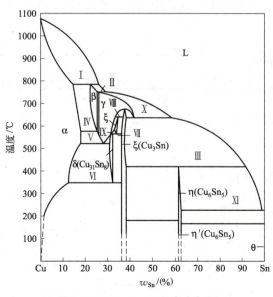

图 4.30　Cu-Sn 二元合金相图

（3）熔晶转变。

熔晶转变是由一个固定成分的固相转变为一个固定成分的液相和另一个固定成分的固相的恒温转变。具有熔晶转变的二元合金相图有 Fe-B、Fe-S 和 Cu-Mn 等。例如，图 4.31 所示的 Fe-B 二元合金相图，Fe-B 合金在 1381℃ 时发生了熔晶转变，即 δ→γ+L。

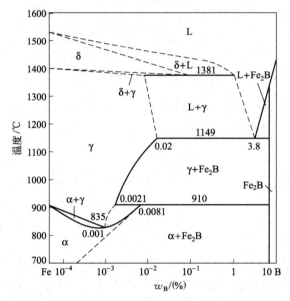

图 4.31 Fe-B 二元合金相图

（4）偏晶转变。

偏晶转变是由一个固定成分的液相（L_1）转变为一个固定成分的固相和另一个固定成分的液相（L_2）的恒温转变。具有偏晶转变的二元合金相图有 Cu-S、Cu-O 和 Cu-Pb 等。例如，图 4.32 所示的 Cu-Pb 二元合金相图，Cu-Pb 合金在 955℃ 发生了偏晶转变，即 $L_{36} \xrightarrow{955℃} Cu + L_{87}$。

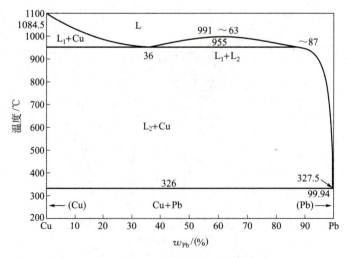

图 4.32 Cu-Pb 二元合金相图

(5) 合晶转变。

合晶转变是由两个固定成分的液相相互作用形成一个固定成分的固相的恒温转变。具有合晶转变的二元合金有 Na-Zn 和 K-Zn 等。例如，图 4.33 所示的 Na-Zn 二元合金相图，Na-Zn 合金在 557℃ 发生了合晶转变，即 $L_1 + L_2 \xrightarrow{557℃} \beta_{97.5}$。

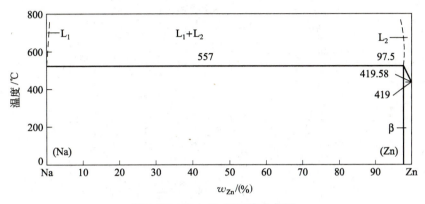

图 4.33 Na-Zn 二元合金相图

3. 具有其他固态转变的二元合金相图

(1) 具有固溶体同素异构转变的二元合金相图。

若合金中的组元具有同素异构转变，则其形成的固溶体通常也会有同素异构转变。例如，图 4.34 所示的 Sn-Sb 二元合金相图，近铁端有 α（或 δ）→γ→α 的同素异构转变，近钛端有 β→α 的同素异构转变。

(2) 具有有序—无序转变的二元合金相图。

有些合金系在一定成分和一定温度范围内会发生有序—无序转变，在相图中常用虚线或细直线表示，如图 4.34 所示的 Sn-Sb 二元合金相图，β 相为无序固溶体，β′ 则为有序固溶体，其有序—无序转变温度为 320～325℃。

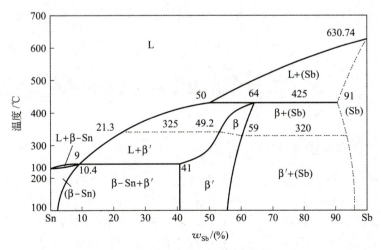

图 4.34 Sn-Sb 二元合金相图

(3) 具有脱溶转变的二元合金相图。

固溶体因温度降低而溶解度减小时会析出第二相，这种转变称为脱溶转变或二次析出反应。例如，图 4.35 所示的 Fe-Ti 二元合金相图，在 1291℃ 时，Ti 在 α-Fe 中溶解度为 9%，当温度降低时要从 α 固溶体中析出 ε 相。

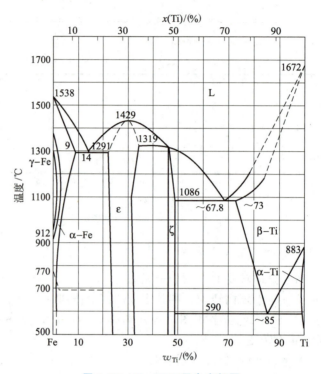

图 4.35　Fe-Ti 二元合金相图

(4) 具有磁性转变的二元合金相图。

某些合金中的组成相因温度变化而发生磁性转变，在居里温度（T_C）以下呈铁磁性，在相图中一般用虚线表示。图 4.38 所示的铁碳双重相图中 230℃ 的水平线就表示渗碳体的磁性转变。

4.6　二元合金相图的分析和使用

4.6.1　二元合金相图分析方法

二元合金相图反映了二元系合金的成分、温度和平衡相之间的关系，根据合金的成分及温度（表象点在相图中的位置），即可了解该合金存在的平衡相、相的成分及其相对量。掌握了相的性质及合金的结晶规律，就可以大致判断合金结晶后的组织和性能。因此，合金相图在研究新材料和制定加工工艺过程中起着重要的指导作用。虽然许多二元合金相图看起来十分复杂，但实际上只是一些基本相图的综合，只要掌握各类相图的特点和转变规律，就能化繁为简，分析和使用任何复杂的二元合金相图，一般分析方法如下。

(1) 看相图中是否存在稳定化合物。若存在，则以稳定化合物为独立组元，把相图分成几个区域进行分析。

(2) 根据相区接触法则来辨别各相区。**相区接触法则是指在相图中，相邻相区的相数差为 1（点接触情况除外）**，即两个单相区之间必定有一个由这两个单相所组成的两相区，两个两相区之间必须以单相区或三相共存水平线隔开。

(3) 找出三相共存水平线及与其相接触（以点接触）的三个单相区，从这三个单相区与水平线相互配置位置可以确定三相平衡转变的性质。二元系合金各类恒温转变图形特征见表 4-1。

表 4-1　二元系合金各类恒温转变图形特征

恒温转变类型		反 应 型	图 形 特 征
共晶式	共晶转变	$L \rightleftharpoons \alpha + \beta$	α ─┐ L ┌─ β
	共析转变	$\gamma \rightleftharpoons \alpha + \beta$	α ─┐ γ ┌─ β
	偏晶转变	$L_1 \rightleftharpoons L_2 + \alpha$	L_2 ─┐ L_1 ┌─ α
	熔晶转变	$\delta \rightleftharpoons L + \gamma$	γ ─┐ δ ┌─ L
包晶式	包晶转变	$L + \beta \rightleftharpoons \alpha$	L ─┐ α ┌─ β
	包析转变	$\gamma + \beta \rightleftharpoons \alpha$	γ ─┐ α ┌─ β
	合晶转变	$L_1 + L_2 \rightleftharpoons \alpha$	L_2 ─┐ α ┌─ L_1

(4) 应用相图分析具体合金的结晶过程和组织变化规律。在单相区，该相的成分与原合金相同；在两相区，不同温度下的两相成分分别沿其相界线而变，根据研究的温度画出连接线，其两端分别与两条相界相交，由此根据杠杆定律可求出两相的相对量；三相共存时，三个相的成分是固定的，可用杠杆定律求出恒温转变前、后组成相的相对量。

(5) 在应用相图分析实际情况时，要明确相图只给出在平衡条件下存在的相、成分及其相对量，并不能表示出相的形状、大小和分布（组织形态）；相图只表示平衡状态的情况，而平衡状态只有在非常缓慢加热和冷却，或在给定温度长期保温的情况下才能达到。在生产实际条件下很少能够达到平衡状态，如当冷却速度较快时，相的相对量和组织会发生很大变化，甚至于将高温相保留到室温，或出现一些新的亚稳相。因此，在运用相图时，不但要掌握在平衡条件下的相变过程，而且要掌握在非平衡条件下的相变过程和组织变化规律。

(6) 若相图的建立由于某种原因可能存在误差和错误，则可用相律来判断。实际研究的合金，其原材料的纯度、测定方法的正确性和灵敏度及合金是否达到平衡状态等因素都会影响分析结果的准确性。

掌握以上规律和相图的分析方法就可以对各种相图进行分析。

4.6.2 根据相图推测合金的性能

合金的性能很大程度上取决于组元的特性及其形成的合金相的性质和相对量,借助相图反映出的这些特性和参量来判定合金的使用性能(如力学性能和物理性能)和工艺性能(如铸造性能和压力加工性能和热处理性能),对实际生产有一定的借鉴作用。图 4.36 所示为相图与合金强度、硬度及电导率之间的关系。对于匀晶系合金而言,合金的强度和硬度均随溶质组元含量的增加而提高。若 A、B 两组元的强度大致相同,则合金的最高强度应是在溶质浓度大约为 50% 时;若 B 组元的强度明显高于 A 组元,则其强度的最大值偏向 B 组元一侧。合金塑性的变化规律正好与上述相反,塑性随着溶质浓度的增加而降低。

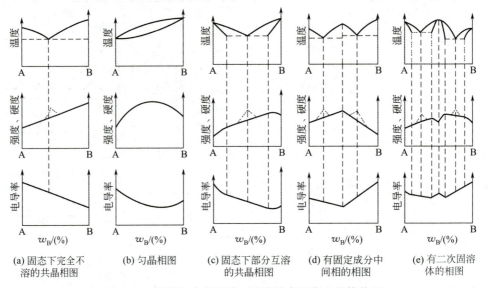

(a) 固态下完全不溶的共晶相图　(b) 匀晶相图　(c) 固态下部分互溶的共晶相图　(d) 有固定成分中间相的相图　(e) 有二次固溶体的相图

图 4.36　相图与合金强度、硬度及电导率之间的关系

固溶体合金的电导率与成分的变化关系与强度和硬度的相似,均呈曲线变化。这是由于随着溶质浓度的增加,晶格畸变增大,从而增加了合金中自由电子运动的阻力。同理可以推测,热导率的变化关系与电导率的相同,而电阻的变化却与之相反。因此,工业上常采用 $w_{Ni}=50\%$ 的 Cu-Ni 合金作为制造加热元件、测量仪表及可变电阻器的材料。形成两相机械混合物的合金,其性能大致是两组成相性能的平均值,即性能与成分呈直线关系。当形成稳定化合物时,其性能在曲线上出现奇点。若共晶组织十分细密,并且在不平衡结晶出现伪共晶时,其强度和硬度将偏离直线关系而出现峰值。

根据相图还可以分析合金的工艺性能。工艺性能是指合金的铸造性能、压力加工性能、热处理性能、焊接性能和切削加工性能等。铸造性能包括流动性、缩孔分布和偏析大小等。图 4.37 所示为相图与合金铸造性能之间的关系。由图可见,共晶合金的熔点低,并且是恒温结晶,故溶液的流动性好,结晶后容易形成集中缩孔,而分散缩孔(疏松)少,热裂和偏析的倾向较小。因此,铸造合金宜选择接近共晶成分的合金。此图还表明,固溶体合金的流动性不如纯金属和共晶合金,而且液相线与固相线间隔越大,即结晶温度范围越大,形成枝晶偏析的倾向性越大,其流动性也越差,分散缩孔多而集中缩孔小,合金不致密。

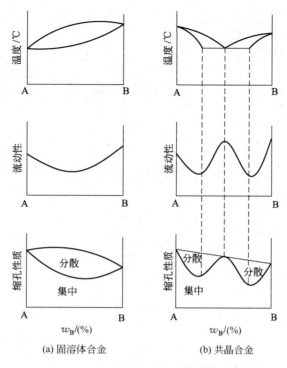

(a) 固溶体合金　　　(b) 共晶合金

图 4.37　相图与合金铸造性能之间的关系

4.7　铁碳相图

碳钢和铸铁都是铁碳合金，是应用最广泛的金属材料。铁碳合金相图是研究铁碳合金的重要工具，了解与掌握铁碳相图对于钢铁材料组织和性能的研究、各种热加工工艺的制定及工艺废品原因的分析都有很重要的指导意义。

4.7.1　铁碳相图的组元与基本相

铁碳合金中的碳有两种存在形式：**渗碳体 Fe_3C 和石墨**，在通常情况下是形成化合物 Fe_3C，可以把 Fe_3C 看作一个组元。当铁碳合金中含碳量大于 5% 时，合金的脆性很大，实际使用价值很小，因此通常使用的铁碳合金含碳量都不超过 6.69%。但是，Fe_3C 是一个亚稳相，在一定条件下可以分解为铁（实际上是以铁为基的固溶体）和石墨，所以石墨是碳存在的更稳定的状态。这样铁碳相图就存在 $Fe-Fe_3C$ 相图和 $Fe-$石墨相图两种形式，通常将两者画在一起，称为铁碳双重相图，如图 4.38 所示。

1. 纯铁

铁是元素周期表上的第 26 个元素，相对原子质量为 55.85，属于过渡族元素。在 1atm 下，铁于 1538℃ 熔化，2738℃ 汽化。在 20℃ 时，铁的密度为 7.87g/cm³。

固态铁在不同温度范围具有不同的晶体结构（多晶型性）：1394～1538℃ 为体心立方结构，称为 $\delta-Fe$；912～1394℃ 为面心立方结构，称为 $\gamma-Fe$；912℃ 以下为体心立方结

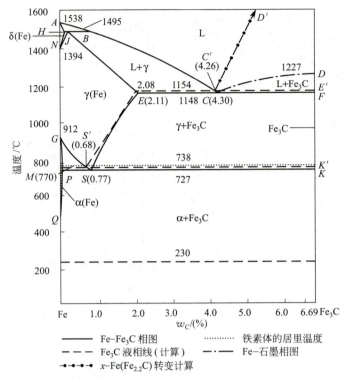

图 4.38 铁碳双重相图

构,称为 α-Fe,具有铁磁性。

一般的纯铁总含有微量的碳和其他杂质元素。纯铁的力学性能因其纯度及晶粒尺寸的不同而差别很大,其大致范围如下:抗拉强度(R_m)为 176~274MPa,规定塑性延伸强度($R_{p0.2}$)为 98~166MPa,断后伸长率(A)为 30%~50%,断面收缩率(Z)为 70%~80%,冲击韧性($α_k$)为 160~200J/cm²,布氏硬度(HB)为 50~80HBW。纯铁的塑性和韧性很好,但其强度很低,很少用作结构材料。纯铁的主要用途是利用它具有的铁磁性(工业上炼制的电工纯铁具有高的磁导率),用于要求软磁性的场合,如各种仪器、仪表的铁芯等。

2. 铁与碳形成的相

铁素体是碳溶于 α-Fe 中的间隙固溶体,为体心立方晶格,常用符号 F 或 α 表示。**奥氏体**是碳溶于 γ-Fe 中的间隙固溶体,为面心立方晶格,常用符号 A 或 γ 表示。铁素体和奥氏体是铁碳相图中两个十分重要的基本相。

面心立方晶格比体心立方晶格具有更大的致密度,奥氏体比铁素体具有更大的溶碳能力,这与晶体结构中的间隙尺寸有关。根据测量和计算,γ-Fe 的晶格常数(950℃)为 0.36563nm,其八面体间隙半径为 0.0535nm,和碳原子半径(0.077nm)比较接近,所以碳在奥氏体中的溶解度较大;α-Fe 的晶格常数(20℃)为 0.28663nm,碳原子通常溶于其八面体间隙中,而其八面体的间隙半径只有 0.01862nm,远小于碳原子的半径,所以碳在铁素体中的溶解度很小。

碳溶于体心立方晶格 δ-Fe 中的间隙固溶体称为 δ 铁素体,以 δ 表示,于 1495℃时的最大溶碳量为 0.09%。

渗碳体（Fe_3C 或 C_m）是铁与碳形成的间隙化合物，其含碳量为 6.69%，硬度很高，维氏硬度为 950~1050HV，是硬脆相，断后伸长率接近于 0。渗碳体的数量和分布对合金的组织和性能有很大影响，是铁碳相图中的重要基本相。

4.7.2 铁碳相图分析

铁碳相图看起来比较复杂，其实它主要由包晶相图、共晶相图和共析相图三部分构成。现主要分析相图的特性点和特性线及其意义。

铁碳相图分析

1. 铁碳相图中的特性点

铁碳相图中的特性点的温度、含碳量及其意义列于表 4-2 中。特性点的符号是国际通用的，不能随意更换。

表 4-2 铁碳相图中的特性点的温度、含碳量及其意义

特性点	温度/℃	含碳量/(%)	意　　义
A	1538	0	纯铁的熔点
B	1495	0.53	包晶转变时液态合金的成分
C	1148	4.30	共晶点
D	1227	6.69	渗碳体的熔点
E	1148	2.11	碳在 γ-Fe 中的最大溶解度
F	1148	6.69	渗碳体的成分
G	912	0	α-Fe→γ-Fe 的同素异构转变点
H	1495	0.09	碳在 δ-Fe 中的最大溶解度
J	1495	0.17	包晶点
K	727	6.69	渗碳体的成分
M	770	0	纯铁的磁性转变点
N	1394	0	γ-Fe→δ-Fe 的同素异构转变点
P	727	0.0218	碳在 α-Fe 中的最大溶解度
S	727	0.77	共析点
Q	室温	0.0008	室温下碳在 α-Fe 中的溶解度

2. 铁碳相图中的特性线

图 4.38 中所示的 $ABCD$ 为液相线，$AHJECF$ 为固相线。相图中有以下三个重要的恒温转变。

（1）包晶转变水平线 HJB。在 1495℃ 的恒温下，含碳量为 0.53% 的液相与含碳量为 0.09% 的 δ 铁素体发生包晶反应，形成含碳量为 0.17% 的奥氏体，其反应式为

$$L_B + \delta_H \xleftrightarrow{1495℃} \gamma_J$$

(2) 共晶转变水平线 ECF。在 1148℃ 的恒温下，含碳量 4.3% 的液相转变为含碳量 2.11% 的奥氏体和渗碳体组成的混合物。其反应式为

$$L_C \xleftrightarrow{1148℃} \gamma_E + Fe_3C$$

共晶转变形成的奥氏体与渗碳体的混合物称为**莱氏体**，以符号 **L$_d$** 表示。凡是含碳量在 2.11%～6.69% 的合金，都要进行共晶转变。

在莱氏体中，渗碳体是连续分布的相，奥氏体呈颗粒状分布在渗碳体的基底上。由于渗碳体很脆，因此莱氏体是塑性很差的组织。

(3) 共析转变水平线 PSK。在 727℃ 的恒温下，含碳量 0.77% 的奥氏体转变为含碳量 0.0218% 的铁素体和渗碳体组成的混合物，其反应式为

$$\gamma_S \xleftrightarrow{727℃} \alpha_P + Fe_3C$$

共析转变的产物称为**珠光体**，用符号 **P** 表示。共析转变的水平线 PSK 称为共析线或共析温度，常用符号 A_1 表示。凡是含碳量大于 0.0218% 的铁碳合金都将发生共析转变，经共析转变形成的珠光体是层片状的。其中，铁素体和渗碳体的相对量可以用杠杆定律进行计算，即

$$w_F = \frac{SK}{PK} = \frac{6.69-0.77}{6.69-0.0218} \times 100\% \approx 88.8\%$$

$$w_{Fe_3C} = 100\% - w_F \approx 11.2\%$$

渗碳体与铁素体含量的比值为 $w_{Fe_3C} : w_F \approx 1:8$。如果忽略铁素体和渗碳体比容上的微小差别，则铁素体的体积是渗碳体的 8 倍，在金相显微镜下观察时，珠光体组织中较厚的片是铁素体，较薄的片是渗碳体。图 4.39 所示为在不同放大倍率下的珠光体组织。珠光体组织中片层排列方向相同的领域称为珠光体领域或珠光体团。由于相邻珠光体团的取向不同，因此在显微镜下，不同的珠光体团的片层粗细不同。

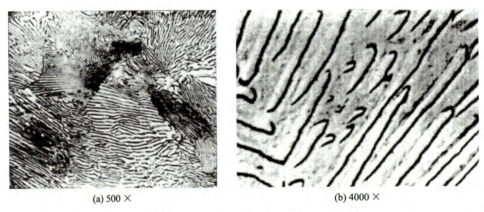

(a) 500×　　　　　　　　(b) 4000×

图 4.39　在不同放大倍率下的珠光体组织

此外，Fe-Fe$_3$C 相图上还有以下五条重要的固态转变线。

(1) GS 线。GS 线又称 A_3 线，常称此温度为 A_3 温度。它是在冷却过程中，由奥氏体析出铁素体的开始线，或者说在加热过程中，铁素体溶入奥氏体的终了线。

(2) ES 线。ES 线是碳在奥氏体中的溶解度曲线。当温度低于此曲线时，就要从奥氏体中析出次生渗碳体，该渗碳体通常称为二次渗碳体，记为 Fe$_3$C$_\mathrm{II}$（区别于从液相中析出的

一次渗碳体 Fe_3C_I)。因此该曲线又是二次渗碳体的开始析出线，此温度线也称 A_{cm} 线。由相图可以看出，E 点表示奥氏体的最大溶碳量，即奥氏体的溶碳量在 1148℃时为 2.11%。

(3) PQ 线。PQ 线是碳在铁素体中的溶解度曲线。铁素体中的最大溶碳量于 727℃时达到最大值 0.0218%。随着温度的降低，铁素体中的溶碳量逐渐减少，在 300℃以下，溶碳量小于 0.001%。因此，当铁素体从 727℃冷却下来时，要从铁素体中析出渗碳体，该渗碳体称为三次渗碳体，记为 Fe_3C_{III}。

(4) 770℃的水平线。770℃的水平线表示铁素体的磁性转变温度，称为 A_2 温度。

(5) 230℃的水平线。230℃的水平线表示渗碳体的磁性转变温度。

4.7.3 铁碳合金的平衡结晶过程及显微组织

铁碳合金的组织是液态结晶和固态重结晶的综合结果。研究铁碳合金的结晶过程的目的在于分析合金的组织形成，以考虑其对性能的影响。为了方便起见，将铁碳合金进行分类。通常按有无共晶转变将铁碳合金分为碳钢和铸铁两大类，即含碳量低于 2.11%的为**碳钢**（含碳量低于 0.0218%的为工业纯铁），含碳量大于 2.11%的为**铸铁**。按 $Fe-Fe_3C$ 系结晶的铸铁，碳以 Fe_3C 形式存在，断口呈亮白色，称为白口铸铁。

根据铁碳相图中获得的不同组织特征，将铁碳合金按含碳量划分为以下七种类型。

(1) 工业纯铁：含碳量 $w_C < 0.0218\%$。
(2) 亚共析钢：含碳量为 $w_C = 0.0218\% \sim 0.77\%$。
(3) 共析钢：含碳量为 $w_C = 0.77\%$。
(4) 过共析钢：含碳量为 $w_C = 0.77\% \sim 2.11\%$。
(5) 亚共晶白口铸铁：含碳量为 $w_C = 2.11\% \sim 4.30\%$。
(6) 共晶白口铸铁：含碳量为 $w_C = 4.30\%$。
(7) 过共晶白口铸铁：含碳量为 $w_C = 4.30\% \sim 6.69\%$。

七种铁碳合金冷却时的组织较变过程如图 4.40 所示。

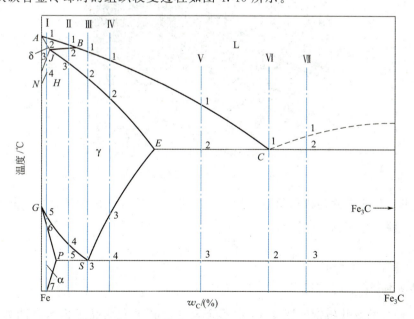

图 4.40 七种铁碳合金冷却时的组织转变过程

1. 工业纯铁

$w_C=0.01\%$ 的工业纯铁即图 4.40 中的合金 Ⅰ，其平衡结晶过程示意图如图 4.41 所示。该合金冷却至 1~2 点间发生匀晶转变 L→δ，结晶出 δ 固溶体。在 2~3 点间该合金为单相固溶体 δ；继续冷却，该合金在 3~4 点间发生多晶型转变 δ→γ，奥氏体相不断在 δ 相的晶界上形核并长大，直至 4 点结束，合金全部为单相奥氏体，并保持到 5 点温度以上。该合金冷却至 5~6 点间又发生多晶型转变 γ→α，转变为铁素体，其同样在奥氏体晶界上优先形核并长大，并保持到 7 点温度以上。当温度降至 7 点以下，将从铁素体中析出三次渗碳体 $Fe_3C_{Ⅲ}$。在缓慢冷却的条件下，这种渗碳体常沿铁素体晶界析出，但量非常少。工业纯铁的显微组织如图 4.42 所示。

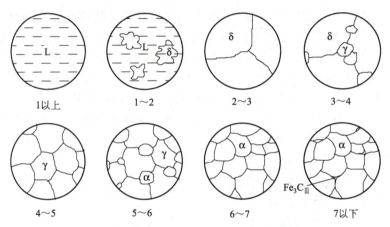

图 4.41 工业纯铁的平衡结晶过程示意图

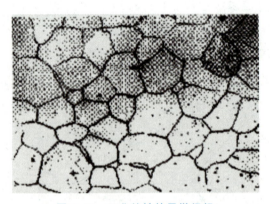

图 4.42 工业纯铁的显微组织

在室温下，析出三次渗碳体量最多的是含碳量为 0.0218% 的铁碳合金，其含量可用杠杆定律求出，即

$$w_{Fe_3C}=\frac{0.0218}{6.69}\times100\%\approx 0.33\%$$

2. 亚共析钢

$w_C=0.40\%$ 的亚共析钢即图 4.40 中的合金 Ⅱ，其平衡结晶过程示意图如图 4.43 所

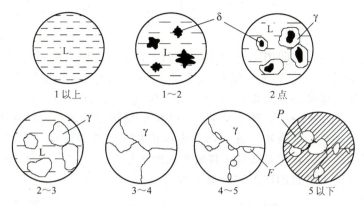

图 4.43 亚共析钢的平衡结晶过程示意图

示。该合金在1~2点间发生匀晶转变,结晶出δ固溶体。冷却至2点(1495℃)时,该合金发生包晶转变 $L_{0.53}+\delta_{0.09} \rightarrow \gamma_{0.17}$,由于合金的含碳量大于包晶点的成分(0.17%),因此包晶转变结束后仍有液相存在。在2~3点间,这些剩余液相继续结晶成奥氏体。温度降至3点时,该合金全部由含碳量为0.40%的奥氏体组成。继续冷却,单相奥氏体不变,直至冷却至4点时,合金发生多晶型转变 $\gamma \rightarrow \alpha$,开始析出铁素体。随着温度的继续下降,铁素体不断增多,其含碳量沿 GP 线变化,而剩余奥氏体的含碳量则沿 GS 线变化。当温度降至5点(727℃)时,剩余奥氏体的含碳量为0.77%,合金发生共析转变,形成珠光体。在5点以下,先共析铁素体中将析出三次渗碳体,但其数量很少,一般可忽略不计。亚共析钢的显微组织由先共析铁素体和珠光体组成,如图4.44所示。亚共析钢的含碳量越高,则组织中的珠光体量越多。利用杠杆定律可以分别计算出其中的先共析铁素体和珠光体的相对量,即

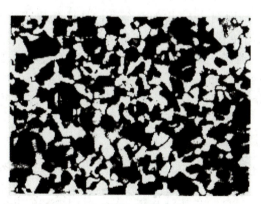

图 4.44 亚共析钢的显微组织

$$w_F = \frac{0.77-0.40}{0.77-0.0218} \times 100\% \approx 49.5\%$$

$$w_P = 100\% - 49.5\% = 50.5\%$$

同样,也可以算出相组成物的相对量,分别为

$$w_\alpha = \frac{6.69-0.40}{6.69-0.0008} \times 100\% \approx 94.0\%$$

$$w_{Fe_3C} = 100\% - 94.3\% \approx 5.7\%$$

3. 共析钢

共析钢（$w_C = 0.77\%$）即图 4.40 中的合金Ⅲ，其平衡结晶过程示意图如图 4.45 所示。该合金在 1~2 点间发生匀晶转变，结晶出奥氏体。在 2 点结晶结束后全部转变成单相奥氏体，并使这一状态保持到 3 点温度以上。当冷却至 3 点温度（727℃）时，该合金发生共析转变 $\gamma_{0.77} \rightarrow \alpha_{0.0218} + Fe_3C$，转变结束后奥氏体全部转变为珠光体。珠光体是铁素体与渗碳体的层片交替重叠的混合物，珠光体的渗碳体称为共析渗碳体。当温度继续降低时，铁素体的含碳量不断减少，于是从铁素体中析出的少量 $Fe_3C_Ⅲ$ 并与共析渗碳体长在一起无法辨认。光学显微镜下观察的珠光体组织如图 4.46 所示。

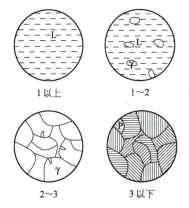

图 4.45 $w_C = 0.77\%$ 的共析钢的平衡结晶过程示意图

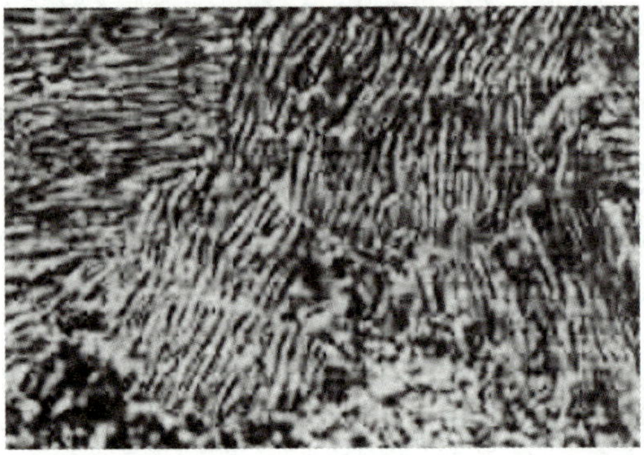

图 4.46 光学显微镜下观察的珠光体组织

4. 过共析钢

$w_C = 1.2\%$ 的过共析钢即图 4.40 中的合金Ⅳ，其平衡结晶过程示意图如图 4.47 所示。该合金在 1~2 点发生匀晶转变，结晶出单相奥氏体 γ。2~3 点为单相奥氏体相区。3 点开始从奥氏体中析出二次渗碳体，直至 4 点为止，奥氏体的成分沿 ES 线变化，因 $Fe_3C_Ⅱ$ 沿奥氏体晶界析出，故呈网状分布。当冷却至 4 点温度（727℃）时，奥氏体的含碳量降为 0.77%，合金发生恒温下的共析转变，形成珠光体。因此，该过共析钢的显微组织为网状的二次渗碳体和珠光体，如图 4.48 所示。

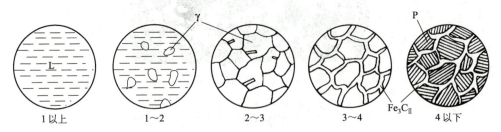

图 4.47 过共析钢的平衡结晶过程示意图

5. 亚共晶白口铸铁

$w_C = 3.0\%$ 的亚共晶白口铸铁即图 4.40 中的合金Ⅴ，其平衡结晶过程示意图如

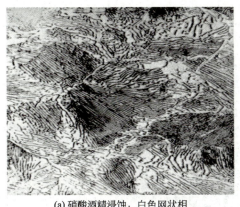 

(a) 硝酸酒精浸蚀，白色网状相为二次渗碳体，暗黑色为珠光体　　(b) 苦味酸钠浸蚀，浅白色为珠光体，黑色为二次渗碳体

图 4.48　过共析碳钢的显微组织（500×）

图 4.49 所示。该合金在 1~2 点结晶出奥氏体，此时液相成分沿 BC 线变化，而奥氏体成分沿 JE 线变化。当温度降至 2 点（1148℃）时，初生奥氏体的含碳量为 2.11%，液相的含碳量为 4.3%，此时剩余液相发生共晶转变，生成莱氏体。在 2 点以下，初生奥氏体（或称先共晶奥氏体）和共晶奥氏体中都会析出二次渗碳体，随着二次渗碳体的析出，奥氏体成分随之沿 ES 线变化。当温度降至 3 点（727℃）时，所有奥氏体都发生共析转变成为珠光体，所以室温下的组织为 P、Fe_3C_{II} 和 L_d'。亚共晶白口铸铁的显微组织如图 4.50 所示，图中树枝状的大块黑色组成体是由先共晶奥氏体转变成的珠光体，其余部分为室温莱氏体。由先共晶奥氏体中析出的二次渗碳体与共晶渗碳体连成一片，难以分辨。

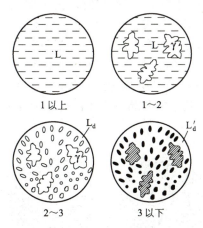

图 4.49　亚共晶白口铸铁的平衡结晶过程示意图

根据杠杆定律计算，亚共晶白口铸铁的组织组成物中，初晶奥氏体的相对量为

$$w_\gamma = \frac{4.3-3.0}{4.3-2.11} \times 100\% \approx 59.4\%$$

莱氏体的相对量为

$$w_{L_d} = \frac{3.0-2.11}{4.3-2.11} \times 100\% \approx 40.6\%$$

从先共晶奥氏体中析出二次渗碳体的相对量为

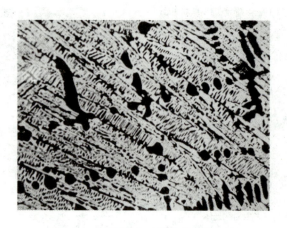

图 4.50 亚共晶白口铸铁的显微组织

$$w_{Fe_3C_{II}} = \frac{2.11-0.77}{6.69-0.77} \times 59.4\% \approx 13.4\%$$

珠光体相对量为

$$w_P = 59.4\% - 13.4\% = 46.0\%$$

6. 共晶白口铸铁

共晶白口铸铁（$w_C = 4.3\%$）即图 4.40 中的合金 Ⅵ，其平衡结晶过程示意图如图 4.51 所示。该合金冷却至 1 点（1148℃）时，发生共晶转变 $L_{4.3} \rightarrow \gamma_{2.11} + Fe_3C$，此共晶体称为莱氏体（$L_d$）。继续冷却至 1~2 点间时，由于碳在奥氏体中的溶解度不断下降，因此共晶体中的奥氏体不断析出二次渗碳体，它通常依附在共晶渗碳体上而不能分辨，二次渗碳体的相对量由杠杆定律计算可达 11.8%。当温度降至 2 点（727℃）时，共晶奥氏体的含碳量降至共析点成分 0.77%，在恒温下发生共析转变，形成珠光体。忽略 2 点以下冷却时析出的 Fe_3C_{III}，最后得到的组织是室温莱氏体，也称变态莱氏体，用 L_d' 表示，它保持了原莱氏体的形态，只是其中的共晶奥氏体已转变为珠光体。共晶白口铸铁的显微组织如图 4.52 所示。

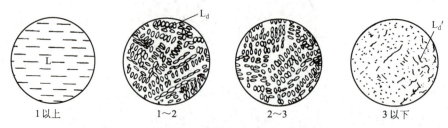

图 4.51 共晶白口铸铁的平衡结晶过程示意图

7. 过共晶白口铸铁

$w_C = 5.0\%$ 的过共晶白口铸铁即图 4.40 中的合金 Ⅶ，其平衡结晶过程示意图如图 4.53 所示。该合金冷却至 1~2 点间结晶出粗大的先共晶渗碳体，称为一次渗碳体，它不是以树枝状形态生长，而是以条状形态生长，其余的转变与共晶白口铸铁的转变过程相同。过

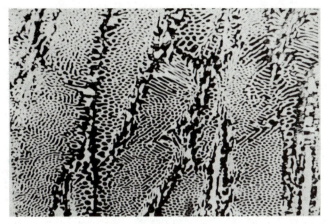

图 4.52 共晶白口铸铁的显微组织

共晶白口铸铁的显微组织为一次渗碳体和室温莱氏体,如图 4.54 所示。

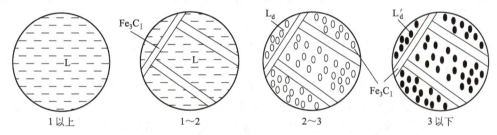

图 4.53 过共晶白口铸铁的平衡结晶过程示意图

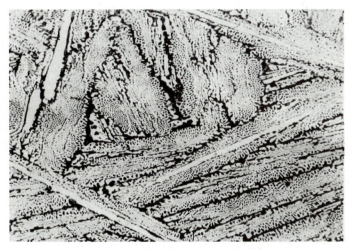

图 4.54 过共晶白口铸铁的显微组织

4.7.4 含碳量对铁碳合金平衡组织和性能的影响

根据杠杆定律,铁碳合金的成分与平衡结晶后的组织组成物及相组成物之间的定量关系便可得知,如图 4.55 所示。

从相组成物的角度来看,铁碳合金在室温下的平衡组织由铁素体和渗碳体两相组成。

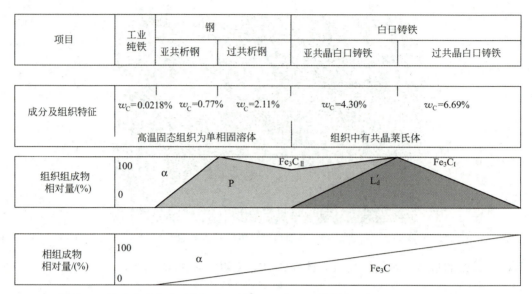

图 4.55 铁碳合金的成分与平衡结晶后的组织组成物及相组成物之间的定量关系

当含碳量为 0 时，合金全部由铁素体组成，随着含碳量的增加，铁素体的含量呈直线下降，直到 $w_C = 6.69\%$ 时降低为 0。与此相反，渗碳体的含量则由 0 增加到 100%。

含碳量的变化不仅会引起铁素体和渗碳体相对量的变化，而且会引起组织的变化。这是由于成分的变化引起不同性质的结晶过程，从而使相发生变化。按组织区分的铁碳合金相图如图 4.56 所示，随着含碳量的增加，铁碳合金的组织变化顺序为

$$\alpha \to \alpha + Fe_3C_{III} \to \alpha + P \to P \to P + Fe_3C_{II} \to P + Fe_3C_{II} + L_d' \to L_d' \to L_d' + Fe_3C_I$$

组织和相的关系

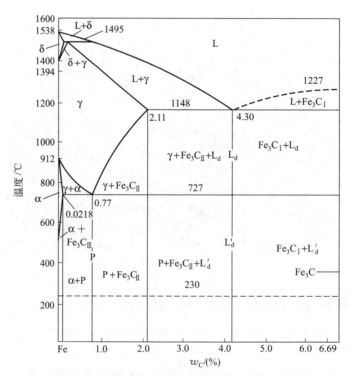

图 4.56 按组织区分的铁碳合金相图

含碳量对铁碳合金的力学性能的影响（图 4.57）主要是通过改变显微组织及其组织中各组成相的相对量和形态分布等来实现的。铁碳合金在室温下的平衡组织由铁素体和渗碳体两相组成。由于**铁素体是软韧相**，而**渗碳体是硬脆相**，珠光体由铁素体和渗碳体组成，因此珠光体的强度比铁素体高，比渗碳体低，而珠光体的塑性和韧性比铁素体低，比渗碳体高，而且珠光体的强度随珠光体的层片间距减小而增大。在铁碳合金中，渗碳体是一个强化相。如果铁碳合金的基体是铁素体，则随含碳量的增加，渗碳体增加，铁碳合金的强度提高。但是，若渗碳体这种脆性相分布在晶界上，特别是形成连续的网状分布时，则合金的塑性和韧性显著下降。例如，当 $w_C > 1\%$ 时，二次渗碳体的数量增多而呈连续的网状分布，则铁碳合金具有很大的脆性，塑性降低，抗拉强度也随之降低。当渗碳体成为基体时，铁碳合金（如白口铸铁）硬而脆。

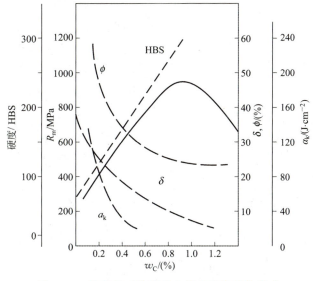

图 4.57　含碳量对铁碳合金的力学性能的影响

习　题

1. 已知组元 A 和 B 的熔点分别为 1000℃ 和 700℃，室温下二组元互不溶解。$w_B = 25\%$ 的合金在 500℃ 平衡结晶完毕的组织由 73.33% 的先共晶 α 相和 26.67% 的（α+β）共晶体组成；$w_B = 50\%$ 的合金在 500℃ 平衡结晶完毕的组织则由 40% 的先共晶 α 相和 60% 的（α+β）共晶体组成，该合金中 α 相总量为 50%。根据上述数据，试绘制 A-B 二元共晶相图。

2. Fe-Fe$_3$C 合金中的一次渗碳体、二次渗碳体、三次渗碳体、共晶渗碳体和共析渗碳体的主要区别是什么？根据 Fe-Fe$_3$C 相图，试计算二次渗碳体和三次渗碳体的最大相对量。

3. 试分析 $w_C = 3.5\%$、$w_C = 0.6\%$ 和 $w_C = 1.0\%$ 铁碳合金从液态平衡冷却到室温的转变过程，用冷却曲线和组织示意图说明各阶段的组织，并分别计算室温下的相组成物和组织组成物相对量。

4. 根据 Pt-Ag 二元合金相图，请回答下列问题。

（1）试画出含银量为 30% 的 Pt-Ag 二元合金的冷却曲线示意图，并说明冷却过程中发生的转变。

（2）分别求出此合金包晶转变结束时及室温时的组织组成物和相组成物的相对量。

5. 根据铁碳相图，试求出珠光体中铁素体和渗碳体各占多少。若合金组织中除有珠光体，还有 15% 的二次渗碳体，试求出该合金的成分。

6. 已知 Pb-Sb 二元合金为完全不互溶、具有共晶转变的合金，共晶成分 w_{Sb} = 11.2%，Pb 的硬度为 HB3，Sb 的硬度为 HB30。若要用 Pb-Sn 二元合金制成轴瓦，要求组织是在共晶基体上分布 5% 的硬质点 Sb，试求出该合金的成分及硬度。

第 5 章 三元合金相图

 本章教学要求

知识要点	掌握程度	相关知识
三元合金相图的表示方法	掌握等边成分三角形	等边成分三角形中的特性线
三元系平衡相的定量法则	掌握直线法则和重心定律	重心定律
三元匀晶相图	理解三元匀晶相图的空间模型；理解三元合金的结晶过程	等温截面、变温截面及投影图
三元共晶相图	理解组元在固态下完全不溶的共晶相图及组元在固态下有限溶解的三元共晶相图	三元共晶相图的空间模型；三元共晶反应
三元合金相图实例分析	掌握Fe-C-Cr三元系的等温截面及Fe-C-Si三元系的变温截面	共晶型转变及包晶型转变
三元合金相图小结	理解三元系的单相状态、两相平衡、三相平衡及四相平衡	共扼线；共扼三角形；四相平面

在工业生产和科学研究中,应用的金属材料大多数是三元合金或多元合金。在多元合金相图中,三元合金相图是最简单且较易测定的。掌握三元合金相图的基本规律有助于研究三元合金的性能、组织结构与成分之间的关系及三元合金从液态到固态的转变过程和固态相变过程的特点。

与二元合金相图相比,三元合金相图的类型多而复杂,至今比较完整的三元合金相图只测出了十几种。在生产中经常应用的是三元合金相图的等温截面、变温截面和投影图。本章主要介绍三元合金相图的表示方法,以及分析几种基本类型的三元合金相图。

5.1 三元合金相图的表示方法

三元合金的成分有两个变量,任意两个组元的含量确定后,第三组元的含量便随之确定。因此,三元合金的成分可以由两个成分坐标轴确定,两个坐标轴构成一个平面。这样,再加上垂直于平面的温度坐标轴,即构成了三元合金系的三维空间立体图。在三元合金相图中通常采用等边三角形表示合金成分,但有些情况下也可以利用直角三角形或等腰三角形表示。

1. 等边成分三角形

图 5.1 所示为等边成分三角形,三角形的三个顶点 A、B、C 分别代表三个组元 A、B、C,三角形的三条边 AB、BC、CA 分别代表三个二元系 $A-B$、$B-C$ 和 $C-A$ 的合金成分,三角形内任一点则代表一定成分的三元合金。

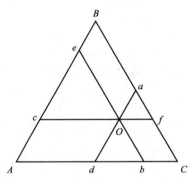

图 5.1 等边成分三角形

设等边三角形的三条边 AB、BC、CA 按顺时针方向分别代表三组元 B、C、A 的含量,自 O 点引平行于三角形三边的三条线段 Oa、Ob、Oc,分别交 BC、CA、AB 于 a、b、c 点。根据等边三角形的性质:由等边三角形内任一点做平行于三条边的三条线段,三线段之和为定值,并且等于三角形的任一边长。因此可得

$$Oa + Ob + Oc = AB = BC = CA$$

如果将三角形的边长当作合金的总量,定为 100%,则 Oa、Ob、Oc 这三条线段则代表合金 O 中三组元 A、B、C 的含量。另外,$Oa=Cb$、$Ob=Ac$、$Oc=Ba$。通常按顺时针方向在三角形的三条边上标出刻度,这样就可以从三角形三条边的刻度上直接读出三组元的含量。为了便于使用,在成分三角形内常画出成分坐标网格,如图 5.2 所示,这样就可

以迅速读出成分三角形内任一点三元合金的成分。例如，x 点合金的成分为 $w_A=55\%$、$w_B=20\%$ 和 $w_C=25\%$。反之，若已知合金中三个组元的含量，也可在成分三角形中求出相应的三元合金成分点的位置。

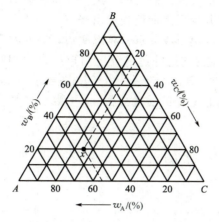

图 5.2 有成分坐标网格的成分三角形

2. 等边成分三角形中的特性线

在等边成分三角形中有以下两种特性线，如图 5.3 所示。

(1) 平行于三角形某一条边的直线。

凡成分位于等边三角形某一边平行线上的三元合金，它们含的与该线对应顶点代表的组元的含量为定值。其中，$GQ \mathbin{/\mkern-5mu/} AC$，这表示 GQ 线上各点所代表的合金 B 组元的含量均相等，$w_B = AG$。

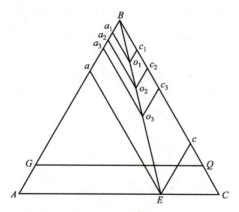

图 5.3 等边成分三角形中的特性线

(2) 通过三角形顶点的直线。

凡成分位于通过等边三角形某一顶点的直线上的三元合金，它们所含的由另外两个顶点代表的两组元的含量之比为定值。例如，在图 5.3 中的 BE 线上各点所代表的合金中，A 组元与 C 组元的含量之比为定值，即

$$\frac{w_A}{w_C} = \frac{Ba_1}{Bc_1} = \frac{Ba_2}{Bc_2} = \frac{Ba}{Bc} = \frac{EC}{AE}$$

3. 成分的其他表示方法

(1) 等腰成分三角形表示法。

当三元系中某一组元含量较少，而另两个组元含量较多时，合金成分点将靠近等边三角形的某一边。为了使该部分相图清晰地表示出来，可将成分三角形两腰放大，成为等腰成分三角形，如图 5.4 所示。由于成分点 o 靠近底边，因此在实际应用中只取等腰梯形部分即可。o 点合金成分的确定与前述等边成分三角形的求法相同，即过 o 点分别作两腰的平行线，交 CA 于 a、c 两点，则 $w_A=Ca=30\%$，$w_C=Ac=60\%$；而过 o 点作 CA 边的平行线，与腰相交于 b 点，则组元 B 的质量分数 $w_B=Ab=10\%$。

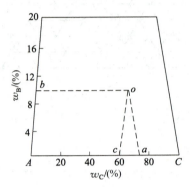

图 5.4　等腰成分三角形

(2) 直角成分坐标表示法。

当三元系成分以某一组元为主，其他两个组元含量很少时，合金成分点将靠近等边成分三角形某一顶角。若采用直角坐标表示成分，则可使该部分相图清楚地表示出来。设直角成分坐标原点代表高含量的组元，则两个互相垂直的坐标轴即代表其他两个组元的成分。例如，图 5.5 中所示的 P 点表示 $w_{Mn}=0.8\%$，$w_{Si}=0.6\%$，余量为 Fe 的合金。

(3) 局部图形表示法。

如果只需研究三元系中一定成分范围的材料，就可以在浓度三角形中取出有用的局部（图 5.6）加以放大，这样会表现得更加清晰。在这个基础上得到的局部三元相图（图 5.6 中所示的 Ⅰ、Ⅱ 或 Ⅲ）与完整的三元相图相比，不论测定、描述或者分析，它都要简单一些。

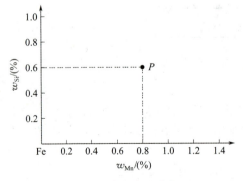

图 5.5　直角成分坐标

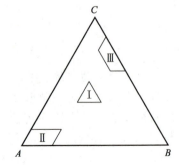

图 5.6　浓度三角形中有用的局部

5.2 三元系平衡相的定量法则

当三元系合金处于两相平衡或三相平衡时，各相的相对量及其成分可用三元系中的直线法则、杠杆定律和重心法则来进行计算。

5.2.1 直线法则和杠杆定律

在一确定温度下，当某三元系合金处于两相平衡时，合金的成分点与两平衡相的成分点必定在同一直线上，并且合金的成分点位于两平衡相的成分点之间，该规律称为**直线法则**。三元系中的直线法则和杠杆定律如图 5.7 所示，当合金 O 在某一温度处于 α+β 两相平衡时，这两个平衡相的成分点分别为 a 和 b，O 点为合金的成分点，则 a、O、b 三点必定在一条直线上，并且 O 点位于 a、b 两点之间。两平衡相的相对量之比为

$$\frac{w_\alpha}{w_\beta} = \frac{bO}{Oa}$$

上式即为三元系中的杠杆定律。

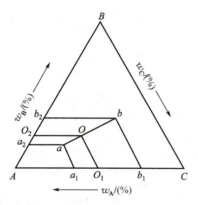

图 5.7　三元系中的直线法则和杠杆定律

三元系中的直线法则证明如下。

设合金 O 的相对量为 w_O，α 相的相对量为 w_α，β 相的相对量为 w_β，则

$$w_O = w_\alpha + w_\beta$$

由于合金 O、α 相和 β 相中 A 组元的相对量分别为 CO_1、Ca_1 和 Cb_1，B 组元的相对量分别为 AO_2、Aa_2 和 Ab_2，而 α 和 β 相中 A 组元的相对量之和等于合金中 A 组元的相对量，即

$$w_\alpha \cdot Ca_1 + w_\beta \cdot Cb_1 = w_O \cdot CO_1$$
$$w_\alpha \cdot Ca_1 + w_\beta \cdot Cb_1 = (w_\alpha + w_\beta) \cdot CO_1$$
$$w_\alpha (Ca_1 - CO_1) = w_\beta (CO_1 - Cb_1)$$
$$\frac{w_\alpha}{w_\beta} = \frac{CO_1 - Cb_1}{Ca_1 - CO_1} = \frac{b_1 O_1}{O_1 a_1}$$

同理可证

$$\frac{w_\alpha}{w_\beta} = \frac{O_2 b_2}{a_2 O_2}$$

因为在平衡状态下 w_α/w_β 只能有一定值，所以有

$$\frac{b_1 O_1}{O_1 a_1} = \frac{O_2 b_2}{a_2 O_2}$$

因此，证明了 a、O、b 这三点在一条直线上，而且有 $\dfrac{w_\alpha}{w_\beta} = \dfrac{bO}{Oa}$ 的关系。

在三元系中直线法则和杠杆定律可应用于以下两种情况。

(1) 当给定合金在一定温度下处于两相平衡状态时，若其中一相的成分给定，则根据直线法则，另一相的成分点必定位于两已知成分点连线的延长线上。

(2) 如果两个平衡相的成分点已知，则合金的成分点必定位于两平衡相成分点的连线上。

5.2.2　重心定律

当一个相完全分解成三个新相，或是一个相在分解成两个新相时，研究它们之间的成分和相对量的关系则需用重心定律，如图 5.8 所示。

为什么重心法则中的"重心"不是三角形的重心

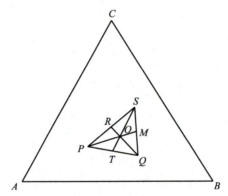

图 5.8　重心定律

根据相律，三元系处于三相平衡时，自由度为 1。在给定温度下这三个平衡相的成分应为确定值。合金成分点应位于三个平衡相的成分点所连成的成分三角形内。图 5.8 中 O 为合金的成分点，P、Q、S 分别为三个平衡相 α、β、γ 的成分点。计算合金中各相的相对量时，可设想先把三相中的任意两相（如 α 和 γ 相）混合成一体，然后把这个混合体和 β 相混合成合金 O。根据直线法则，$\alpha + \gamma$ 混合体的成分点应在 PS 线上，同时又必定在 β 相和合金 O 的成分点连线 QO 的延长线上。由此可以确定，QO 延长线与 PS 线的交点 R 便是 $\alpha + \gamma$ 混合体的成分点。进一步由杠杆定律可以得出 β 相的相对量为

$$w_\beta = \frac{OR}{QR}$$

用同样的方法可求出 α 相和 γ 相的相对量分别为

$$w_\alpha = \frac{OM}{PM}$$

$$w_\gamma = \frac{OT}{ST}$$

结果表明，O 点正好位于成分三角形 PQS 的质量重心，这就是三元系的重心定律。

5.3 三元匀晶相图

5.3.1 三元匀晶相图的空间模型

三个组元在液态和固态下均无限互溶形成的固溶体相图称为三元匀晶相图。Fe-Cr-V 三元合金和 Au-Ag-Pb 三元合金等都具有三元匀晶相图。图 5.9 所示为三元匀晶相图的空间模型。图中底面 $\triangle ABC$ 是成分三角形,由代表三个组元的三个顶点引出三条垂线作为温度轴,即形成三棱柱轮廓。t_A、t_B、t_C 分别为三个组元的熔点,三棱柱的三个侧面是组元之间形成的三个二元匀晶相图,它们的液相线和固相线分别连接成三元合金相图的两个空间曲面,位于上方的向上凸起的曲面为液相面,位于下方的向下凹陷的曲面为固相面。液相面以上的空间为液相区,记为 L;固相面以下的空间为固相区,记为 α;而两个曲面之间的空间则为液、固两相平衡的两相区,记为 L+α。

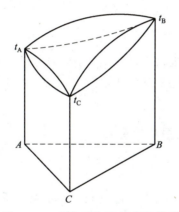

图 5.9 三元匀晶相图的空间模型

5.3.2 三元合金的结晶过程

如图 5.10(a)所示,当成分点为 O 的合金在液相面以上的温度时,合金处于液态。当温度缓慢降至与液相面相交的 t_1 温度时,合金开始结晶,从液相中结晶出成分为 S_1 的 α 固溶体,这时液相的成分等于合金的成分。当温度缓慢降至 t_2 温度时,α 相数量不断增多,液相数量不断减少,同时固相的成分沿固相曲面由 S_1 变为 S_2,液相的成分沿着液相曲面由 L_1 变为 L_2。在冷却过程中各个温度下液、固两相均处于平衡状态。根据直线法则可知,两平衡相的成分点连线必定通过原合金的成分点,在 t_1 温度时,其连接线为 L_1S_1;在 t_2 温度时,其连接线为 L_2S_2;以此类推,在 t_3 温度时,其连接线为 L_3S_3;当冷却至与固相面相交的 t_4 温度时,合金结晶终了,转变为单相固溶体,连接线为 L_4S_4,此时固相的成分即为合金的成分。在结晶过程中,随着温度的下降,连接线以原合金成分垂线为轴旋转并平行下移,即液相的成分点沿着液相面上的空间曲线 $L_1L_2L_3L_4$ 变化,固相的成分点沿着固相面上的空间曲线 $S_1S_2S_3S_4$ 变化。$S_1S_2S_3S_4$ 及 $L_1L_2L_3L_4$ 两条空间曲线既不处于同一垂直平面上,也不处于同一水平平面上,它们在成分三角形上的投影呈蝴蝶状,如图 5.10（b）所示。

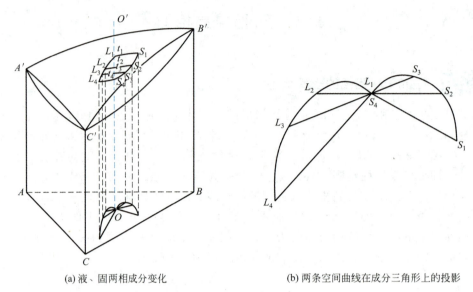

(a) 液、固两相成分变化　　　　(b) 两条空间曲线在成分三角形上的投影

图 5.10　三元合金的结晶过程

应用立体的三元合金相图难以确定合金的开始结晶温度和结晶终了温度，也不能确定在一定温度下两个平衡相的对应成分和相对量等。为了便于使用和研究三元合金相图，通常采用其截面图及投影图。

5.3.3　三元相图的截面图及投影图

1. 等温截面（水平截面）

等温截面又称水平截面。它相当于通过某一恒定温度所作的水平面与三元匀晶相图的空间模型相交截得到的图形在成分三角形上的投影。图 5.11（a）中在 t_1 温度的等温截面如图 5.11（b）所示。t_1 温度低于 B 组元的熔点，高于 A 组元和 C 组元的熔点。t_1 温度水平面与液相面相交截的交线为 L_1L_2，与固相面相交截的交线为 S_1S_2。将这两条线投影到成分三角形上就得到了该等温截面。L_1L_2 为液相等温线（或称液相线），S_1S_2 为固相等温线（或称固相线），这两条线把三元匀晶相图的等温截面分成：液相区 ACL_2L_1，以 L 表示；固相区 BS_1S_2，以 α 表示；两相平衡区 $L_1L_2S_2S_1$，以 L+α 表示。在实际测绘等温截面图时，不是先作空间图然后切割下来，而是通过实验方法直接测定。

根据相律，三元合金两相平衡时系统的自由度为 2（$f=3-2+1=2$），在等温截面的两相区内，温度一定还有一个自由度。这就是说，在三元合金相图的等温截面中，两个平衡相中只有一个平衡相的成分可以独立改变，另一个平衡相的成分随之改变。如果用实验方法测定出一个平衡相的成分，通过直线法则就可以确定与之相应的另一个平衡相的成分。例如，用实验方法测定出固相的成分为 m，根据直线法则，两平衡相成分点间的连接线必定通过合金的成分点，则 mo 延长线与 L_1L_2 的交点 n 即为液相的成分点。图 5.11（b）中所示的五条连接线都是用实验方法测定的。

连接线确定后，就可以利用杠杆定律计算两平衡相的相对量。图 5.11（b）中所示的

合金 O 在 t_1 温度下固相 α 和液相 L 的相对量分别为

$$w_α = \frac{no}{nm} × 100\%$$

$$w_L = \frac{om}{nm} × 100\%$$

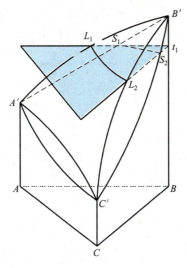
(a) 三元匀晶相图的空间模型

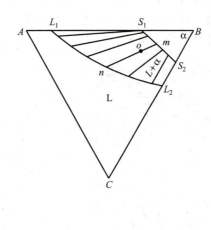
(b) 三元匀晶相图在 t_1 温度的等温截面

图 5.11　三元匀晶相图的等温截面

分析不同温度的等温截面图可以了解合金状态随温度改变的情况，等温截面图的应用如图 5.12 所示。在 t_1 温度时，x 点的合金已开始结晶并处于液固两相的平衡状态；当温度降至 t_2 温度时，合金结晶尚未结束；当温度降至 t_3 温度时，合金结晶已经完毕，得到单相固熔体 α。

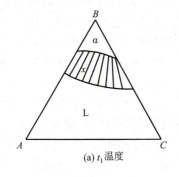
(a) t_1 温度

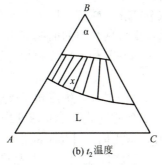
(b) t_2 温度

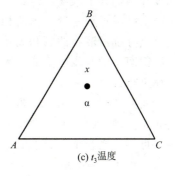
(c) t_3 温度

图 5.12　等温截面图的应用

2. 变温截面（垂直截面）

变温截面又称垂直截面。它是由垂直于成分三角形的平面与三元匀晶相图的空间模型相交截得到的图形。通常利用变温截面可以研究合金结晶过程的相变情况。

三元匀晶相图的变温截面如图 5.13 所示。与底面垂直的面 FE 和 GB 与三元匀晶相图的空间模型相交截，与液相面的交线称为液相线，分别为 L_1L_2 及 bL_3，与固相面的交线称为固相线，分别为 a_1a_2 及 ba_3，液相线与固相线把变温截面分成液相区 L、固相区 α 和液、固两相区 L+α。经常采用的变温截面有两种：一种是平行于成分三角形一边所作的变温截面，此时位于截面上的所有合金含某一组元的量是固定的，图 5.13（b）所示的 FE 变温截面上的所有合金含 C 组元的量固定不变；另一种是通过成分三角形某一顶点所作的截面，这个截面上所有的合金中另两个顶点代表的组元之比值是一定的，图 5.13（c）所示的 GB 变温截面上的所有合金含 A 组元与 C 组元的比值是一定的。这样，变温截面上的合金成分就只剩下一个变量，这一变量可以用一个坐标轴来表示合金的成分。变温截面也是用实验方法测定出来的。

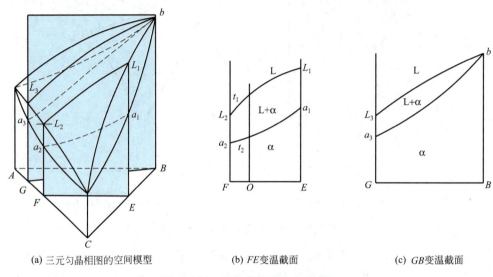

(a) 三元匀晶相图的空间模型　　(b) FE 变温截面　　(c) GB 变温截面

图 5.13　三元匀晶相图的变温截面

与二元合金相图相比，三元合金相图变温截面的液相线和固相线也表示合金开始结晶温度和结晶终了温度，但二者之间有本质的区别。在变温截面中，液相线和固相线并不表示合金结晶过程中液、固两相成分变化的轨迹，因为三元合金在结晶过程中其液、固两相成分点分别沿液相曲面和固相曲面上的两条空间曲线变化，其轨迹不在同一平面内，所以变温截面中的两相区不能用来确定两平衡相的成分和相对量，即不能利用直线法则和杠杆定律进行计算。

变温截面可以用来分析合金的结晶过程，确定相变温度，了解合金在不同温度下所处的状态。现以合金 O 为例，由 O 点作垂线，与液相线和固相线相交的温度分别为 t_1 和 t_2。由此可知，当合金 O 缓慢冷却至 t_1 温度时，开始从液相中结晶出 α 固溶体；温度继续下降，结晶出来的 α 相增多，当冷却至 t_2 温度时，液相完全结晶成 α 相，t_2 为结晶终了温度。

虽然变温截面与二元合金相图的形状很相似，在分析合金结晶过程时也大致相同，但是根据三元合金的结晶过程，在两相平衡时，平衡相的成分点不是都落在一个平面上。因此，三元合金相图中的变温截面不能使用杠杆定律计算两平衡相的相对量。

3. 投影图

若将各温度等温截面图中一系列液相面和固相面的等温线投影到成分三角形上，并标出相应的温度，即得到液相线和固相线的投影图。图 5.14（a）和图 5.14（b）所示分别为不同温度等温截面的液相线投影图和不同温度等温截面的固相线投影图。投影图可以比较方便地从温度变化的角度研究合金的变化过程。例如，成分点为 O 的合金在高于 t_4 温度和低于 t_3 温度时开始结晶，在高于 t_6 温度和低于 t_5 温度时结晶终了。

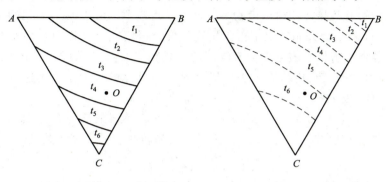

(a) 不同温度等温截面的液相线投影图　　(b) 不同温度等温截面的固相线投影图

图 5.14　三元匀晶相图的投影图

5.4　三元共晶相图

5.4.1　组元在固态下完全不溶的共晶相图

1. 三元共晶相图的空间模型

合金的三个组元在液态下能无限互溶，在固态下几乎完全互不溶解，并且其中任意两个组元之间发生共晶转变，这样的三个组元形成简单的三元共晶相图，其空间模型如图 5.15 所示。t_A、t_B、t_C 分别为 A、B、C 三个组元的熔点，并且 $t_A > t_B > t_C$。空间模型中的三个侧面是三个二元共晶相图，E_1、E_2、E_3 分别表示 A-B、B-C 和 C-A 的二元共晶点，并且 $t_{E_1} > t_{E_2} > t_{E_3}$。

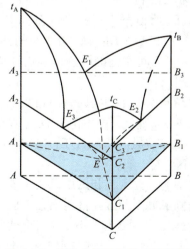

固态下完全不溶的三元共晶相图分析

图 5.15　三元共晶相图的空间模型

图 5.15 中的 $t_AE_1EE_3t_A$、$t_BE_1EE_2t_B$、$t_CE_2EE_3t_C$ 是三个液相面,合金冷却至低于液相面的温度时,开始分别结晶出 A、B、C 晶体。

三个液相面的交线 E_1E、E_2E、E_3E 为三条二元共晶线。由相律可知,在二元系中,发生处于三相平衡的共晶转变自由度为 0;而在三元系中,由于第三组元的加入,其自由度为 1。这就意味着二元共晶转变不再于恒定温度、恒定成分下进行,而是在一定的温度范围内进行,各个平衡相的成分也随着温度的变化相应改变。因此,三个二元共晶点 E_1、E_2、E_3 就变成了三条二元共晶线。在冷却过程中,当液相的成分到达这三条线时,则分别发生 L→A+B、L→B+C、L→C+A 的共晶转变。

图 5.15 中的 E 点是 E_1E、E_2E、E_3E 三条二元共晶线的交点,称为三元共晶点,它表示 E 点成分的液相冷却至 t_E 温度时发生三元共晶转变,形成三元共晶体,即

$$L_E \xrightleftharpoons{t_E} A+B+C$$

三元共晶转变是四相平衡转变,发生三元共晶转变时自由度等于 0($f=3-4+1=0$),这说明转变是在恒温下进行的,并且液相和析出的三个固相的成分均保持不变。通过 E 点平行于成分三角形的平面 $\triangle A_1B_1C_1$ 称为三元共晶面,它是该相图的固相面。

图 5.15 中在液相面以下、固相面以上有六个二元共晶空间曲面:$A_1A_3E_1EA_1$、$B_1B_3E_1EB_1$、$A_1A_2E_3EA_1$、$C_1C_2E_3EC_1$、$C_1C_3E_2EC_1$、$B_1B_2E_2EB_1$。这里仅以二元共晶空间曲面(图 5.16)$A_1A_3E_1EA_1$ 和 $B_1B_3E_1EB_1$ 为例进行讨论。已知二元系 A-B 的共晶线为 $A_3E_1B_3$,任何成分的 A、B 二元合金冷却至共晶温度 t_{E_1} 时都将发生二元共晶转变,其自由度为 0。此时三个平衡相的成分和温度都固定不变,液相的成分为 E_1,所析出的两个固相 A 和 B 的成分分别为 A_3 和 B_3,温度为 t_{E_1}。由于第三组元 C 的加入,自由度变为 1($f=3-3+1=1$),这表明三个平衡相的成分是依赖温度而变化的,其中液相的成分沿二元共晶线 E_1E 变化,固相的成分分别沿 A_3A_1 和 B_3B_1 变化。这三条线代表三个平衡相的成分随温度变化的规律,称为**单变量线**。当温度确定后,自由度变为 0,三个相的成分也随之确定下来,三个平衡相的成分点之间构成了等温三角形,又称连接三角形。根据重心法则,只有成分位于此等温三角形内的合金才会有此三相平衡。例如,当温度为 t_n 时,三个平衡相 L、A 和 B 的成分分别为 E_n、A_n 和 B_n,这三个点组成的三角形 $\triangle E_nA_nB_n$ 即等温三角形。因为三相平衡时,其中任意两相之间也必然平衡,因此,三角形的三个边 E_nA_n、A_nB_n 和 B_nE_n 分别是 L-A、A-B 和 B-L 两相平衡的连接线。由此可见,二元共晶空间曲面 $A_1A_3E_1EA_1$、$B_1B_3E_1EB_1$ 及相图的侧面 $A_1A_3B_3B_1A_1$ 实际上是三组两相平衡连接线在 $t_{E_1} \sim t_E$ 之间变化的轨迹,它们围成三相区。三元系的三相区是以三条单变量线作为棱边的空间三棱柱。

在液相面以下,各二元共晶曲面以上的空间为两相区,共有三个两相区:L+A、L+B 和 L+C。L+A 两相区如图 5.17 所示,图中两平面 $t_AE_3A_2$ 和 $t_AE_1A_3$ 为相图的部分侧面,$t_AE_1EE_3t_A$ 为液相面,$A_1A_2E_3EA_1$ 和 $A_1A_3E_1EA_1$ 为二元共晶空间曲面,这五个面所包围的空间就是 L+A 两相区。

组元在固态下完全互不溶解的三元共晶相图中,三个液相面、六个二元共晶空间曲面和一个三元共晶平面把相图分割成九个相区:液相面以上的区域为液相区;液相面和二元共晶空间曲面之间的空间为 L+A、L+B 和 L+C 这三个两相区;二元共晶空间曲面和三元共晶水平面之间的空间是 L+A+B、L+B+C 和 L+C+A 这三个三相区;三元共晶面

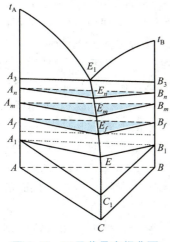

图 5.16　二元共晶空间曲面　　　　图 5.17　L＋A 两相区

以下的空间是 A＋B＋C 三相区；包含 E 点的三元共晶面是 L 与 A、B 和 C 这三个固相共存的四相区。三条二元共晶线 E_1E、E_2E 和 E_3E 既是液相面的交线，又是二元共晶空间曲面的交线，还是液相面与二元共晶空间曲面的交线。

2. 等温截面

由三元共晶相图的空间模型上截取的不同温度时的等温截面如图 5.18 所示。

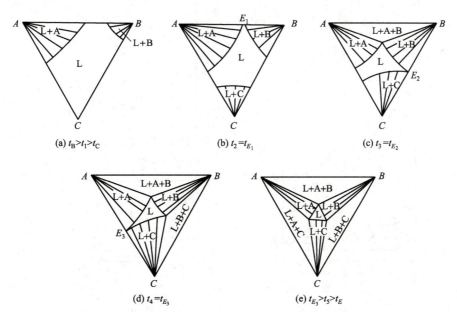

图 5.18　由三元共晶相图的空间模型上截取的不同温度时的等温截面

当 $t_B>t_1>t_C$ 时，等温截面如图 5.18（a）所示。图中的两条曲线是等温截面与两个液相面的交线。等温截面共有三个相区：一个是液相区 L，其余两个分别是 L＋A 和 L＋B 两相区。当 $t_2=t_{E_1}$ 时，等温截面如图 5.18（b）所示。由于 t_{E_1} 低于 t_C，但高于 t_{E_2}，因此等温截面图上出现三个两相区 L＋A、L＋B、L＋C 和一个液相区 L。L＋A 和 L＋B 的两

条液相线交于 E_1 点。当 $t_3=t_{E_2}$ 时，等温截面如图 5.18（c）所示。由于 $t_{E_2}<t_{E_1}$，因此水平截面与二元共晶线 E_1E 相交。该图有一个单相区 L，三个两相区 L+A、L+B、L+C 和一个三相区 L+A+B。当 $t_4=t_{E_3}$ 时，等温截面如图 5.18（d）所示。由于 $t_{E_3}<t_{E_2}<t_{E_1}$，因此截面分别与 E_1E 和 E_2E 两条二元共晶线相交，出现两个三相区 L+A+B 和 L+B+C。当 $t_{E_3}>t_5>t_E$ 时，等温截面如图 5.18（e）所示。在该图上有三个三相区：L+A+B、L+B+C 和 L+A+C，三个两相区：L+A、L+B、L+C 和一个单相区 L。

通过对以上五个等温截面的分析可以看出，等温截面上的三相区都是三角形，三角形的三个顶点与三个单相区相接，分别表示该温度下三个平衡相的成分，三角形的边是三相区与两相区的边界线，同时是两相区中的一条连接线。单相区与两相区的交线均为曲线。与三元匀晶相图的空间模型对此可以看出，三角形的三边实际上是水平截面与三棱柱侧面的交线，三个顶点是水平截面与三棱柱棱边（单变量线）的交点。

等温截面可以用来确定合金在该温度下存在的平衡相，并可运用直线法则、杠杆定律和重心法则确定合金中各相的成分和相对量。

3. 变温截面

平行于 AB 边的 cd 变温截面与三元共晶相图的空间模型中各种面的交线如图 5.19（a）所示，cd 变温截面在成分三角形中的位置如图 5.19（b）所示。从图中可以看出，c_3e_1 和 d_3e_1 是变温截面与液相面的交线，c_2p_1、p_1e_1、e_1g_1 和 g_1d_2 是变温截面与四个二元共晶空间曲面的交线，c_1d_1 是变温截面与三元共晶面的交线。

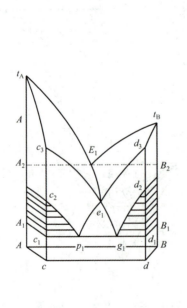
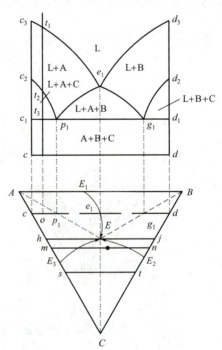

(a) 平行于AB边的cd变温截面与三元共晶相图的空间模型中各种面的交线   (b) cd变温截面在成分三角形中的位置

图 5.19 平行于 AB 边的 cd 变温截面

变温截面可以分析合金的结晶过程。例如，合金在 t_1 温度以上为液相，当冷却到 t_1

温度时,该合金开始由液相中析出初晶 A,在 $t_1 \sim t_2$ 之间是 L+A 两个相。冷却到 t_2 温度,该合金中开始发生 L→A+C 二元共晶转变,从液相中析出二元共晶组织(A+C),这一转变直到 t_3 温度。在 t_3 温度时,该合金发生 L→A+B+C 三元共晶转变,得到三元共晶组织,这一转变直到液相全部消失为止。因此,该合金冷却到室温时,其组织为初晶 A+二元共晶(A+C)+三元共晶(A+B+C)。

平行于 AB 边的 hj、mn 和 st 三个变温截面如图 5.20 所示。

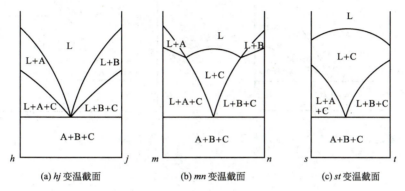

图 5.20　平行于 AB 边的 hj、mn 和 st 三个变温截面

图 5.21 所示为通过成分三角形顶点 A 的 Ab 变温截面。图中 $t_A g_1$ 和 $g_1 b_3$ 是垂直截面与液相面的交线,$A_2 g_1$、$g_1 r_1$ 和 $r_1 b_2$ 是垂直截面分别与三个二元共晶面的交线,$A_1 b_1$ 是垂直截面与三元共晶面的交线。由于三元共晶面平行于成分三角形,因此它是一条水平线。$A_2 g_1$ 水平线并不表示等温转变,只说明 Ag 线段上的合金均在 $A_2 g_1$ 温度开始发生二元共晶转变。

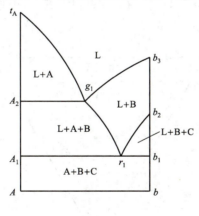

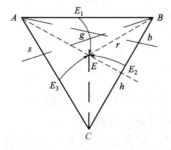

图 5.21　通过成分三角形顶点 A 的 Ab 变温截面

图 5.22 所示为通过 A、E 两点的 Ah 变温截面。图 5.23 所示为通过顶点 B 的 Bs 变温截面。

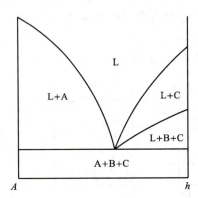

图 5.22 通过 A、E 两点的 Ah 变温截面

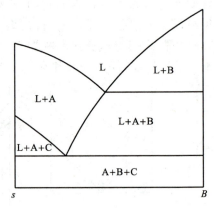

图 5.23 通过顶点 B 的 Bs 变温截面

4. 投影图

为了简化和便于研究,可将三元共晶相图的空间模型中各类区、面、线投影到成分三角形上,构成平面投影图,这就好像把相图在垂直方向压成一个平面。图 5.24 所示为三元共晶相图的投影图。图中 E_1E、E_2E 和 E_3E 是三条二元共晶线的投影,AE、BE 和 CE 三条虚线是二元共晶空间曲面与三元共晶面的交线。此外,AE_1EE_3A、BE_1EE_2B 和 CE_2EE_3C 分别是三个液相面的投影。AEE_1、BEE_1、BEE_2、CEE_2、CEE_3 和 AEE_3 则分别为六个二元共晶空间曲面的投影。△ABC 为三元共晶面的投影。E 点是三元共晶点的投影。

固态下完全不溶的三元共晶相图的投影图

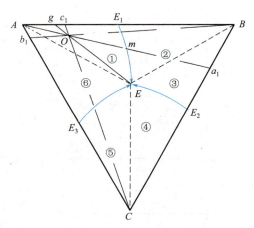

图 5.24 三元共晶相图的投影图

5. 三元合金的结晶过程及组织

投影图可以用来分析合金的结晶过程及组织,并能确定平衡相的组成和相对量。现以图 5.24 中 O 点成分的合金为例,结合图 5.19 进行讨论。

合金 O 自液态冷却至液相面时(相当于 t_1 温度),开始结晶出初晶 A。随着温度不断降低，A 晶体的数量不断增加，液相的数量不断减少，由于 A 晶体的成分固定不变，根据直线法则，液相的成分由 O 点沿 AO 的延长线逐渐变化。当液相的成分变化到与 E_1E 线相交的 m 点（相当于 t_2 温度）时，开始发生二元共晶转变：L→A+B。随着温度的继续降低，二元共晶体（A+B）逐渐增多，同时液相的成分沿着 E_1E 二元共晶线变化。当液相的成分变化至 E 点（相当于 t_3 温度）时，发生处于四相平衡的三元共晶转变：L→A+B+C，这一转变直至液相全部消失为止。温度继续降低，组织不再发生变化。图 5.25 所示为合金 O 结晶过程的冷却曲线。

室温下合金 O 的平衡组织为初晶 A+二元共晶（A+B）+三元共晶（A+B+C），图 5.26 所示为合金 O 在室温下的组织示意图。

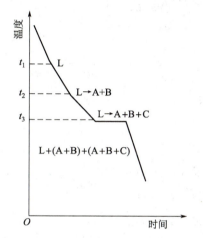

图 5.25　合金 O 结晶过程的冷却曲线

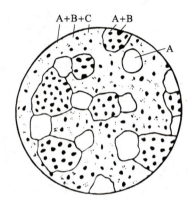

图 5.26　合金 O 在室温下的组织示意图

合金 O 在三元共晶转变结束后进入 A+B+C 三相区，这三个相的相对量可分别用重心法则求出，即

$$w_A = \frac{Oa_1}{Aa_1} \times 100\%$$

$$w_B = \frac{Ob_1}{Bb_1} \times 100\%$$

$$w_C = \frac{Oc_1}{Cc_1} \times 100\%$$

合金 O 的组织组成物的相对量可利用杠杆定律求出。当液相的成分刚到达二元共晶线 E_1E 上的 m 点时，初晶 A 的相对量为

$$w_A = \frac{Om}{Am} \times 100\%$$

当液相的成分到达 E 点刚要发生三元共晶转变时，剩余的液相可利用杠杆定律求出，这部分液相随即发生三元共晶转变，形成三元共晶组织。因此，这部分液相的相对量也就是三元共晶体（A+B+C）的相对量，即

$$w_{(A+B+C)} = \frac{Og}{Eg} \times 100\%$$

二元共晶体的相对量则为

$$w_{(A+B)} = \left(1 - \frac{Om}{Am} - \frac{Og}{Eg}\right) \times 100\%$$

合金 O 在投影图（图 5.24）中各区、线、点处的结晶顺序和在室温下的组织组成物见表 5−1。

表 5−1　合金 O 在投影图（图 5.24）中各区、线、点处的结晶顺序和在室温下的组织组成物

位置	结晶顺序和在室温下的组织组成物
①	初晶 A+二元共晶（A+B）+三元共晶（A+B+C）
②	初晶 B+二元共晶（A+B）+三元共晶（A+B+C）
③	初晶 B+二元共晶（B+C）+三元共晶（A+B+C）
④	初晶 C+二元共晶（B+C）+三元共晶（A+B+C）
⑤	初晶 C+二元共晶（C+A）+三元共晶（A+B+C）
⑥	初晶 A+二元共晶（C+A）+三元共晶（A+B+C）
AE 线	初晶 A+三元共晶（A+B+C）
BE 线	初晶 B+三元共晶（A+B+C）
CE 线	初晶 C+三元共晶（A+B+C）
E_1E 线	二元共晶（A+B）+三元共晶（A+B+C）
E_2E 线	二元共晶（B+C）+三元共晶（A+B+C）
E_3E 线	二元共晶（C+A）+三元共晶（A+B+C）
E 点	三元共晶（A+B+C）

5.4.2　组元在固态下有限溶解的三元共晶相图

上面讨论了三组元在固态下互不溶解的三元共晶相图，但实际上经常遇到的情况往往是组元间有一定的互溶能力，因此，掌握在固态下有限溶解的三元共晶相图更有实际意义。

固态下部分互溶的三元共晶相图

1. 相图分析

图 5.27 所示为在固态下有限溶解的三元共晶相图的空间模型。它与组元在固态下完全不溶的三元共晶相图的空间模型（图 5.15）基本相同，其区别仅在于图 5.27 中增加了三个单相固溶体区 α、β 和 γ，以及与之相应的固态溶解度曲线。

（1）液相面。

从图 5.27 可以看出，液相面共有三个：$A'e_1Ee_3A'$、$B'e_1Ee_2B'$ 和 $C'e_2Ee_3C'$。在液相面之上为液相区，当合金冷却到与三个液相面相交时，其分别从液相中析出 α、β 和 γ 相。

三个液相面的交线 e_1E、e_2E 和 e_3E 为三条二元共晶线，当温度降低至与这些线相交时，位于这些曲线上的液相将发生三相平衡的二元共晶反应，即 L→α+β、L→β+γ 和 L→γ+α。E 点为三元共晶点（或称四相平衡共晶点），位于此点成分的液相将发生处于四

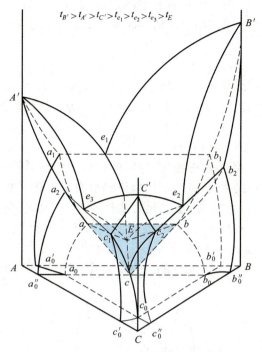

图 5.27　在固态下有限溶解的三元共晶相图的空间模型

相平衡的三元共晶转变 L→α+β+γ。以上这些均与组元在固态下完全不互溶的三元共晶相图相同。

（2）固相面。

图 5.15 所示的固相面只有一个，即三元共晶面，但在图 5.27 中，由于三组元在固态下有限溶解，形成三个固溶体 α、β 和 γ，因此在三元共晶相图中形成三种不同类型的固相面，如图 5.28 所示。

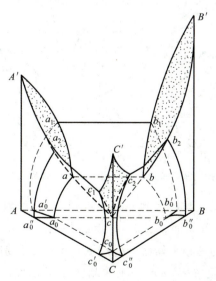

图 5.28　在三元共晶相图中形成的三种不同类型的固相面

① 三个固溶体（α、β和γ）相区的固相面：$A'a_1aa_2A'$（α）、$B'b_1bb_2B'$（β）和 $C'c_1cc_2C'$（γ），它们分别是在液相全部消失的条件下，L→α、L→β、L→γ 两相平衡转变结束的曲面。

② 一个三元共晶面：abc。

③ 三个二元共晶转变结束面：$a_1abb_1a_1$（α+β）、$b_2bcc_2b_2$（β+γ）和 $c_1caa_2c_1$（γ+α），它们分别表示二元共晶转变 L→α+β、L→β+γ 和 L→γ+α 至此结束，并分别与三个两相区相邻接。

(3) 二元共晶区。

图 5.27 所示的二元共晶区即三相区，共有三组，每组构成一个三棱柱，每个三棱柱是一个三相平衡区。图 5.29 所示为三元共晶相图中两相区和三相区。在 L+α+β 三相平衡三棱柱中，$a_1aEe_1a_1$ 和 $b_1bEe_1b_1$ 是二元共晶开始面，当液相冷却至与此二曲面相交时，开始发生二元共晶转变 L→α+β，a_1abb_1 是二元共晶转变结束面（同时也是一个固相面）。三棱柱的底面是三元共晶转变的水平面，上端封闭成一条水平线。三棱柱的三条棱边 e_1E、a_1a 和 b_1b 分别是三相 L、α 和 β 的成分变温线，即单变量曲线。

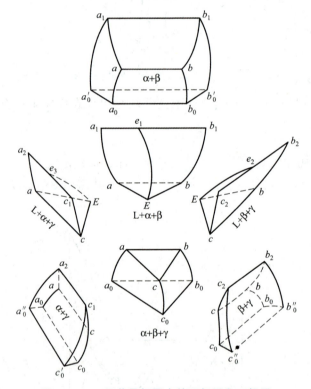

图 5.29　三元共晶相图中的两相区和三相区

另外两个三相平衡三棱柱与此大致相同。由图 5.27 可以看出，$b_2bEe_2b_2$ 和 $c_2cEe_2c_2$ 为（β+γ）的二元共晶转变开始面，$b_2bcc_2b_2$ 为（β+γ）二元共晶转变结束面。三个曲面构成的三棱柱是 L+β+γ 的三相平衡区，b_2b、c_2c 和 e_2E 分别是 β、γ 和 L 相的单变量曲线。$c_1cEe_3c_1$ 和 $a_2aEe_3a_2$ 是（γ+α）二元共晶转变开始面，$a_2acc_1a_2$ 是其转变结束面，三个曲面构成的三棱柱是 γ+α+L 的三相平衡区。c_1c、a_2a 和 e_3E 分别是 γ、α 和 L 相的单变量曲线。

(4) 溶解度曲面。

在三个二元共晶相图中,各有两条溶解度(或固溶度)曲线,如 a_1a_0' 和 b_1b_0' 等。随着温度的降低,固溶体的溶解度下降,从中析出次生相。在三元合金相图中,由于第三组元的加入,溶解度曲线变成了溶解度曲面。这些溶解度曲面的存在是三元合金进行热处理强化的重要依据。

图 5.30 所示为 α 相和 β 相的两个溶解度曲面,即 $a_1aa_0a_0'a_1$ 和 $b_1bb_0b_0'b_1$,其中的 a 点表示组元 B 和组元 C 在 α 相中的溶解度极限,a_0 表示组元 B 和组元 C 在 α 相中于室温时的溶解度极限,b 点表示组元 A 和组元 C 在 β 相中的溶解度极限,b_0 表示组元 A 和组元 C 在室温 β 相中的溶解度极限。

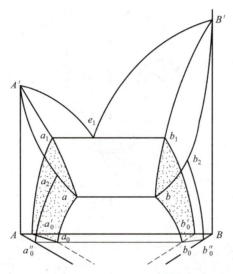

图 5.30　α 相和 β 相的两个溶解度曲面

这两个溶解度曲面分别发生脱溶转变,即

$$\alpha \rightarrow \beta_{II}$$

$$\beta \rightarrow \alpha_{II}$$

在图 5.29 中,这样的溶解度曲面还有四个:$b_2bb_0b_0''b_2$、$c_2cc_0c_0''c_2$、$c_1cc_0c_0'c_1$ 和 $a_2aa_0a_0''a_2$。此外,aa_0、bb_0 和 cc_0 分别为溶解度曲面的交线,它们又是三相平衡区 α+β+γ 三棱柱的三个棱边,同时也是 α、β 和 γ 三相的成分变温线,即单变量曲线。当温度降低时,成分相当于 aa_0 线上的合金将从 α 相中同时析出 β_{II} 和 γ_{II} 两种次生相。同样,当温度降低时,成分相当于 bb_0、cc_0 线上的合金也分别从 β 和 γ 相中同时析出 $\gamma_{II}+\alpha_{II}$ 和 $\alpha_{II}+\beta_{II}$ 两种次生相。因此,这三条线又称<u>同析线</u>。

(5) 相区。

图 5.27 中共有四个单相区:液相区 L 和 α、β、γ 三个单相固溶体区;六个两相区:L+α、L+β、L+γ、α+β、β+γ 和 γ+α;四个三相区:其中位于三元共晶面之上的三相区有三个,即 L+α+β、L+β+γ、L+γ+α,以及一个位于三元共晶面之下的三相区,即 α+β+γ;一个四相共存区:L+α+β+γ。成分三角形的顶点是三个固相的成分点,液相的成分点位于成分三角形内。

2. 等温截面

图 5.31 所示为在固态下有限溶解的三元共晶相图在不同温度时的等温截面。

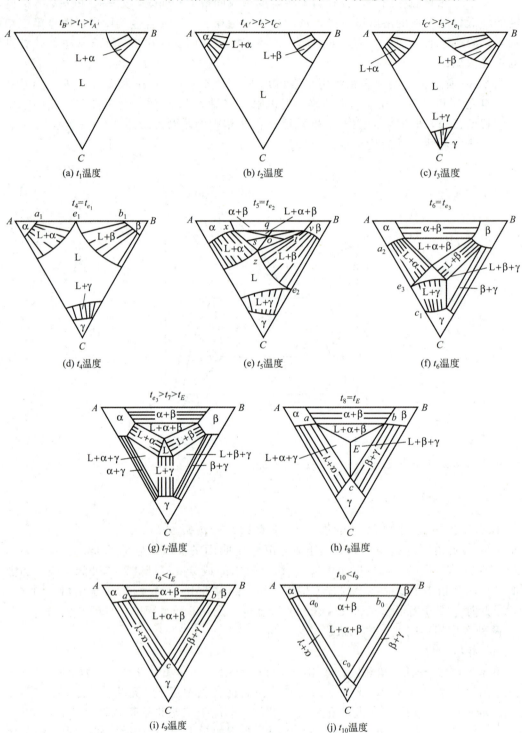

图 5.31　在固态下有限溶解的三元共晶相图在不同温度时的等温截面

二元共晶相图中的相区接触法则对三元共晶相图同样适用，即相图中相邻相区平衡相的数目总是相差一个。此外，单相区与两相区的相界线往往是曲线，而两相区与三相区的相界线则是直线。三相区总是三角形，三角形的三个顶点与三个单相区相连，这三个顶点就是该温度下三个平衡相的成分点。利用杠杆定律和重心法则可以计算两相平衡及三相平衡时的平衡相的相对量。例如，合金 O 在 $t_5 = t_{e_2}$ 温度时处于 L+α+β 三相平衡状态，三个相的成分分别为 z、x 和 y，根据重心法则，由图 5.31（e）可知合金 O 中三相的相对量为

$$w_L = \frac{oq}{zq} \times 100\%$$

$$w_\alpha = \frac{ot}{xt} \times 100\%$$

$$w_\beta = \frac{os}{vs} \times 100\%$$

3. 变温截面

图 5.32 所示为图 5.27 的两个变温截面，XY 变温截面和 VW 变温截面在成分三角形中的位置如图 5.32（c）所示。从这两个变温截面图中可以清楚地看出共晶相图的典型特征，即凡截到处于四相平衡的三元共晶面，在变温截面中将形成水平线。在该水平线上，有三个三相平衡区；在该水平线下，有一个由三个固相组成的三相平衡区。如果未截到处于四相平衡的三元共晶面，而截到三相（L+α+β）共晶转变开始面（$a_1aEe_1a_1$ 和 $b_1bEe_1b_1$）和共晶转变结束面（$a_1b_1baa_1$），则形成顶点朝上的三角形，这是三相共晶（二元共晶）平衡区的典型特征。

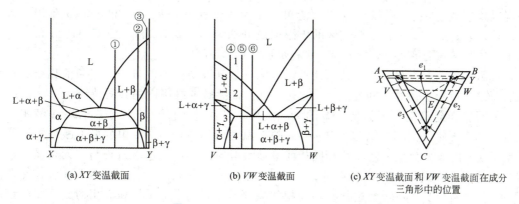

(a) XY 变温截面　　(b) VW 变温截面　　(c) XY 变温截面和 VW 变温截面在成分三角形中的位置

图 5.32　图 5.27 的两个变温截面

利用变温截面分析合金的结晶过程很方便。图 5.32（b）中的合金④从 1 点开始结晶出初晶 α；至 2 点开始进入三相区，发生 L→α+γ 二元共晶转变；冷却至 3 点时，二元共晶转变结束，进入 α+γ 两相区；在 4 点以下，由于溶解度的变化而进入三相区，合金析出二次相，组织为 α+（α+γ）+少量次生相 $β_Ⅱ$。

4. 投影图

固态下部分互溶的三元共晶相图的投影图如图 5.33 所示。图中的 e_1E、e_2E 和 e_3E 是三条二元共晶转变线的投影，箭头表示从高温到低温的方向。这三条线把液相面分成三部分，即 Ae_1Ee_3A、Be_1Ee_2B 和 Ce_2Ee_3C，合金冷却到这三个液相面时，将分别从液相中结晶出初晶 α、β 和 γ 相。α、β 和 γ 三个单相区的固相面投影分别为 Aa_2aa_1A、Bb_1bb_2B 和 Cc_2cc_1C。

固态下部分互溶的三元共晶相图的投影图

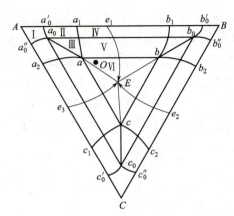

图 5.33 固态下部分互溶的三元共晶相图的投影图

三相平衡区的空间模型是三棱柱，三条棱边是三个相的成分变温线，即单变量曲线。从投影图中可以看出，e_1E、a_1a 和 b_1b 分别为 $L+α+β$ 三相区中三个相的单变量曲线，箭头表示从高温到低温的方向。$L+β+γ$ 三相区中三个相的单变量曲线分别为 e_2E、b_2b 和 c_2c。$L+γ+α$ 三相区中 L、$γ$ 和 $α$ 的单变量曲线为 e_3E、c_1c 和 a_2a。这三个三相平衡区分别起始于二元系的共晶转变线 a_1b_1、b_2c_2 和 c_1a_2，终止于四相共存平面上的连接线三角形，即 $\triangle abE$、$\triangle bcE$ 和 $\triangle cEa$。

投影图中间的三角形 $\triangle abc$ 是四相平衡共晶面。在这里发生四相平衡共晶转变后，$α+β+γ$ 三相平衡区（图 5.29）形成。该三相平衡区的上底面是等温三角形 $\triangle abc$，下底面是等温三角形 $\triangle a_0b_0c_0$。$α$、$β$ 和 $γ$ 三相的单变量曲线分别是 aa_0、bb_0 和 cc_0。$α$ 单相区的极限区域是 Aa_1aa_2A，$β$ 和 $γ$ 单相区的极限区域分别为 Bb_1bb_2B 和 Cc_1cc_2C。$α$、$β$ 和 $γ$ 在室温下的单相区域分别为 $Aa'_0a_0a''_0A$、$Bb'_0b_0b''_0B$ 和 $Cc'_0c_0c''_0C$。

投影图中的所有单变量曲线都用箭头表示其从高温到低温的方向。三条液相线都自高温而下聚于四相平衡共晶转变点 E，这是三元共晶型转变投影图的共同特征。

下面以合金 O 为例来分析合金的结晶过程。当合金缓慢冷却至与 Ae_1Ee_3A 液相面相交时，合金开始从液相中结晶出初晶 $α$。随着温度的不断降低，$α$ 相数量不断增多，液相 L 和固相 $α$ 的成分分别沿液相面和固相面呈蝴蝶形规律变化，这一过程与三元匀晶合金相同。当合金冷却到与二元共晶曲面 $a_1e_1Eaa_1$ 相交时，进入 $L+α+β$ 三相平衡区，并发生 $L→α+β$ 共晶转变，在转变过程中，液相的成分沿 e_1E 变化，$α$ 相和 $β$ 相的成分相应地沿 a_1a 和 b_1b 变化。当温度达到四相平衡共晶温度 t_E 时，液相的成分为 L_E，$α$ 和 $β$ 相的成分为 $α_a$ 和 $β_b$，发生四相平衡共晶转变 $L_E→α_a+β_b+γ_c$，这一转变直至液相全部消失为止。此时，合金的组织为初晶 $α$+二元共晶体（$α+β$）+三元共晶体（$α+β+γ$）。温度继续降低，$α$、$β$ 和 $γ$ 相的成分分别沿 aa_0、bb_0 和 cc_0 变化。由于溶解度的改变，这三条曲线都是同析线，即从每个固相中不断地析出另外两相，这个转变可以表示为

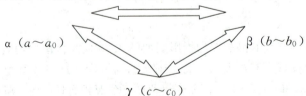

可以用同样的方法分析其他合金的结晶过程，图 5.33 所示的六个区域可以反映该三元

共晶相图中各类合金的结晶特点，它们的平衡结晶过程及组织组成物与相组成物见表5-2。

表 5-2 三元共晶相图（图 5.33）中各类合金的平衡结晶过程及组织组成物与相组成物

区域	冷却通过的曲面	转　变	组织组成物	相组成物
Ⅰ	α 相液相面 Ae_1Ee_3A α 相固相面 Aa_1aa_2A	$L\to\alpha$ α 相结晶完毕	α	α
Ⅱ	α 相液相面 Ae_1Ee_3A α 相固相面 Aa_1aa_2A α 相溶解度曲面 $a_1aa_0a_0'a_1$	$L\to\alpha_{初}$ α 相结晶完毕 α 相均匀冷却 $\alpha\to\beta_{II}$	$\alpha_{初}+\beta_{II}$	$\alpha+\beta$
Ⅲ	α 相液相面 Ae_1Ee_3A α 相固相面 Aa_1aa_2A α 相溶解度曲面 $a_1aa_0a_0'a_1$ 三相区（α+β+γ）侧面 aa_0b_0ba	$L\to\alpha_{初}$ α 相结晶完毕 $\alpha\to\beta_{II}$ $\alpha\to\beta_{II}+\gamma_{II}$	$\alpha_{初}+\beta_{II}+\gamma_{II}$	$\alpha+\beta+\gamma$
Ⅳ	α 相液相面 Ae_1Ee_3A 三相平衡共晶转变开始面 $a_1aEe_1a_1$ 三相平衡共晶转变结束面 $a_1abb_1a_1$ α 相溶解度曲面 $a_1aa_0a_0'a_1$ β 相溶解度曲面 $b_1bb_0b_0'b_1$	$L\to\alpha_{初}$ $L\to\alpha+\beta$ （α+β）共晶转变完毕 $\alpha\to\beta_{II}$	$\alpha_{初}+(\alpha+\beta)+\beta_{II}$	$\alpha+\beta$
Ⅴ	α 相液相面 Ae_1Ee_3A 三相平衡共晶转变开始面 $a_1aEe_1a_1$ 三相平衡共晶转变结束面 $a_1abb_1a_1$ α 相溶解度曲面 $a_1aa_0a_0'a_1$ β 相溶解度曲面 $b_1bb_0b_0'b_1$ 三相区（α+β+γ）侧面 aa_0b_0ba	$L\to\alpha_{初}$ $L\to\alpha+\beta$ （α+β）共晶转变完毕 $\alpha\to\beta_{II}$ $\beta\to\alpha_{II}$ $\alpha\to\beta_{II}+\gamma_{II}$ $\beta\to\alpha_{II}+\gamma_{II}$	$\alpha_{初}+(\alpha+\beta)+$ $\beta_{II}+\gamma_{II}$	$\alpha+\beta+\gamma$
Ⅵ	α 相液相面 Ae_1Ee_3A 三相平衡共晶转变开始面 $a_1aEe_1a_1$ 四相平衡共晶面 abc 三相区（α+β+γ）侧面 abb_0a_0a、 bcc_0b_0b、cc_0a_0ac	$L\to\alpha_{初}$ $L\to(\alpha+\beta)$ $L\to\alpha+\beta+\gamma$ $\alpha\to\beta_{II}+\gamma_{II}$ $\beta\to\alpha_{II}+\gamma_{II}$ $\gamma\to\alpha_{II}+\beta_{II}$	$\alpha_{初}+(\alpha+\beta)+$ $(\alpha+\beta+\gamma)+$ $\beta_{II}+\gamma_{II}$	$\alpha+\beta+\gamma$

5.5　三元合金相图实例分析

5.5.1　Fe-C-Cr 三元系的等温截面

工业上广泛应用的 Cr13 型不锈钢、高碳高铬冷作模具钢及滚动轴承钢等均属 Fe-C-Cr 三元合金。

图 5.34 所示为 Fe-C-Cr 三元合金相图在 1150℃ 的等温截面，C 和 Cr 的相对量在这里是用直角成分坐标表示的。当研究的合金成分以一个组元为主，其他两组元相对量很少时，为了把这部分相图清楚地表示出来，常采用直角成分坐标表示法。

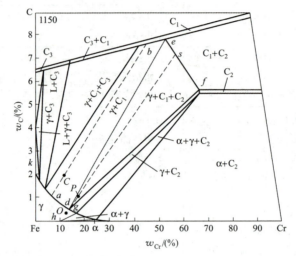

图 5.34　Fe-C-Cr 三元合金相图在 1150℃ 的等温截面

图 5.34 中有六个单相区、九个两相区和四个三相区。C_1、C_2 和 C_3 分别表示碳化物 $(Cr,Fe)_7C_3$、$(Cr,Fe)_{23}C_6$ 和 $(Cr,Fe)_3C$。

等温截面可以用来分析合金在该温度下的相组成，并可运用杠杆定律和重心法则计算各相的相对量。下面以几个典型合金为例进行分析。

1. 20Cr13 不锈钢（Cr13%、C0.2%）

从 Fe-Cr 轴上 Cr13% 处和 Fe-C 轴上 C 0.2% 处分别作坐标轴的垂线，两条垂线的交点 O 即为合金的成分点。O 点位于 γ 单相区内，表明该合金在 1150℃ 的组成相为单相奥氏体。

2. Cr12 模具钢（Cr13%、C2%）

合金的成分点 C 位于 $\gamma+C_1$ 两相区内，说明在 1150℃ 时该合金由 γ 相和 $(Cr,Fe)_7C_3$ 两平衡相组成。为了计算相的相对量，需要作出两平衡相间的连接线。近似的画法是将两条相界线延长相交，自交点向 C 点连线，得到近似的连接线 abc。a 点是 γ 相在 1150℃ 的近似成分点，$w_{Cr} \approx 7\%$，$w_C \approx 0.85\%$，b 点是 C_1 相的近似成分点，$w_{Cr} \approx 47\%$，$w_C \approx 7.6\%$。

利用杠杆定律即可以求出两平衡相的相对量分别为

$$w_\gamma = \frac{cb}{ab} \times 100\% \approx 84.2\%$$

$$w_{C_1} = \frac{ac}{ab} \times 100\% \approx 15.8\%$$

计算结果表明，加热至 1150℃ 时，Cr12 模具钢中有约 15.8% 的碳化物未溶入奥氏体。

3. Cr18 不锈钢（Cr18%、C1%）

合金的成分点 P 位于 $\gamma+C_1+C_2$ 三相区内，表明在 1150℃ 时该合金处于 γ、C_1 和 C_2 三相平衡状态。连接三角形的三个顶点 d、e 和 f 分别代表三个平衡相 γ、C_1 和 C_2 的成

分。根据重心法则可以计算出三个相的相对量。连接 dp 的延长线交 ef 于 s 点，则

$$w_\gamma = \frac{ps}{ds} \times 100\%$$

$$w_{C_1} = \frac{sf}{ef}(1-w_\gamma) \times 100\%$$

$$w_{C_2} = \frac{es}{ef}(1-w_\gamma) \times 100\%$$

5.5.2　Fe-C-Si 三元系的变温截面

工业上广泛应用的灰铸铁主要是在铁碳合金的基础上加入促进石墨化元素 Si。Fe-C-Si 三元系的变温截面是对灰铸铁进行组织分析和热加工工艺制定的重要依据。图 5.35 所示为 $w_{Si}=2.4\%$ 的 Fe-C-Si 三元合金相图的变温截面，在成分三角形中该变温截面平行于 Fe-C 边。

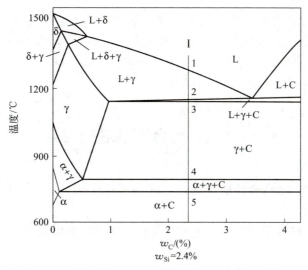

图 5.35　$w_{Si}=2.4\%$ 的 Fe-C-Si 三元合金相图的变温截面

在该变温截面中有四个单相区：液相 L、铁素体 α、高温铁素体 δ 和奥氏体 γ。此外，还有七个两相区：L+δ、δ+γ、L+γ、L+C、γ+C、α+γ 和 α+C，以及三个三相区：L+δ+γ、L+γ+C 和 α+γ+C。相邻相区的相数差为 1。

图 5.35 中左上部的 L+δ+γ 三相区呈三角形。这个三角形上方一条边与 L+δ 两相区相邻，三个顶点与三个单相区相接，其中三角形下方的顶点与单相区 γ 相接。转变是由一个液相和一个固相转变为另一个固相，说明合金冷却时在该区发生了 L+δ→γ 二元包晶转变，它与二元合金的包晶转变不同，它不是在恒温下进行的，而是在一个温度区间进行的。

图 5.35 中右上部的 L+γ+C 三相区，其上方顶点与液相 L 相接，下方一条边与两相区 γ+C 相邻。转变是由一个液相过渡到两个固相，说明合金冷却时在该区发生了 L→γ+C 二元共晶转变。这种转变也是在一个温度区间进行的。

在图 5.35 中下部 α+γ+C 三相区的温度区间内，用同样的方法可以判断，合金冷却时发生了 γ→α+C 二元共析转变。

在变温截面上，如果三相平衡区是一个三角形，它的三个顶点与三个单相区相连，三角形的边与两相区相邻，那么三元系合金中的三相平衡转变通常有共晶型转变和包晶型转变两类，如图5.36所示。随着温度的降低，共晶型转变合金由单相区经过三相平衡区进入两相区，包晶型转变的合金由两相平衡区经过三相区进入单相区。根据三相区的空间结构及相区接触法则，在变温截面上共晶型转变三相区三角形的一个顶点在上，一边在下，它与反应相的相区相连，而在变温截面上包晶型转变三相区三角形的一个顶点在下，一边在上，它与两个反应相的相区相连。

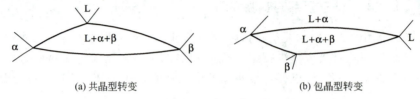

(a) 共晶型转变　　　　　　　　(b) 包晶型转变

图 5.36　三相区的形状

现以图5.35所示的合金Ⅰ为例来分析其结晶过程。当温度高于1点时，合金处于液态；在1~2点温度之间，发生匀晶转变，从液相中结晶出γ，即L→γ；在2~3点温度之间，发生共晶转变L→γ+C；在4~5点温度之间，发生共析转变γ→α+C。在室温下该合金的组织为铁素体α和石墨C的混合物。

5.6　三元合金相图小结

三元合金相图与二元合金相图相比，它增加了一个成分变量（即成分变量是两个），使形状变得更加复杂。

根据相律，在不同状态下，三元系的平衡相数可以从单相至四相。三元系中的相平衡和相区特征归纳如下。

1. 单相状态

当三元系处于单相状态时，根据相律可知其自由度 $f=4-1=3$，它包括一个温度变量和两个相成分的独立变量。在三元合金相图中，自由度为3的单相区占据了一定的温度和成分范围，在这个范围内温度和成分可以独立变化，彼此间不存在相互制约的关系，因此变温截面可以是各种形状的平面图形。

2. 两相平衡

三元系中两相平衡区的自由度为2，这说明除温度外，在共存两相的组成成分方面还包括一个独立变量，即其中某一相的某一个组元的相对量是独立变化的，而这一相中另两种组元的相对量，以及第二相的成分都不能独立变化。在三元系中，一定温度下的两个平衡相之间存在共轭关系。无论是变温截面还是等温截面，都有一对曲线作为它与两个单相区之间的界线。

两相区与三相区的界面由不同温度下两个平衡相的共轭线组成。因此，在等温截面中，两相区以直线与三相区隔开，这条直线就是该温度下的一条共轭线。

3. 三相平衡

三相平衡时系统的自由度为1，即温度和各相成分只有一个是可以独立变化的。这时系统称为单变量系，三相平衡的转变称为单变量系转变。

三元系中三相平衡的转变有以下两种。

(1) 共晶型转变 Ⅰ ⇌ Ⅱ + Ⅲ，包括

$$共晶转变\ L \rightleftharpoons \alpha + \beta,$$
$$共析转变\ \gamma \rightleftharpoons \alpha + \beta,$$
$$偏晶转变\ L_1 \rightleftharpoons L_2 + \alpha,$$
$$熔晶转变\ \gamma \rightleftharpoons L + \alpha$$

(2) 包晶型转变 Ⅰ + Ⅱ ⇌ Ⅲ，包括

$$包晶转变\ L + \alpha \rightleftharpoons \beta,$$
$$包析转变\ \alpha + \gamma \rightleftharpoons \beta,$$
$$合晶转变\ L_1 + L_2 \rightleftharpoons \alpha$$

在空间模型中，随着温度的变化，三个平衡相的成分点形成三条空间曲线，称为单变量曲线。每两条单变量曲线中间是一个空间曲面，三条单变量曲线构成一个空间不规则的三棱柱，其棱边与单相区连接，其柱面与两相区连接。这个三棱柱可以开始或终止于二元系的三相平衡线，也可以开始或终止于四相平衡的水平面。图 5.15 和图 5.27 所示包含的液相的三相区都起始于二元系的三相平衡线而终止于四相平面。

任何三相空间的等温截面都是一个共轭三角形，顶点触及单相区，连接两个顶点的共轭线就是三相区和两相区的相区边界线。三角空间的变温截面一般都是一个三角形。

以合金冷却时发生的转变为例，无论发生何种三相平衡转变，三相空间中反应相单变量曲线的位置都比生成相单变量曲线的位置要高。因此其共轭三角形的移动都是以反应相的成分点为导向的，在变温截面中，则应该是反应相的相区在三相区的上方，生成相的相区在三相区的下方。具体来说，因为共晶型转变（L→α+β）的反应相是一相，所以其共轭三角形的移动以一个顶点为导向，如图 5.37（a）所示。共晶转变时，三相成分的变化轨迹为从液相成分作切线与αβ边相交，三相区的变温截面是顶点朝下的三角形（图 5.19 和图 5.32）。因为包晶型转变（L+β→α）的反应相是两相，生成相是一相，所以其共轭三角形的移动是以一条边为导向，如图 5.37（b）所示。包晶转变时，三相成分的变化轨迹为从液相成分作切线只与αβ线的延长线相交，而从α相成分作切线则与Lβ边相交，三相区的变温截面是底边朝上的三角形。

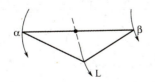 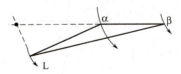

(a) 共晶型转变共轭三角形的移动　　(b) 包晶型转变共轭三角形的移动

图 5.37　共晶型转变和包晶型转变共轭三角形的移动

4. 四相平衡

根据相律，三元系四相平衡的自由度为 0，即平衡温度和平衡相的成分都是固定的。

三元系中四相平衡转变有以下三种。

(1) 共晶型转变 Ⅰ ⇌ Ⅱ ＋ Ⅲ ＋ Ⅳ，包括

$$共晶转变\ L \rightleftharpoons \alpha + \beta + \gamma,$$
$$共析转变\ \delta \rightleftharpoons \alpha + \beta + \gamma$$

(2) 包共晶型转变 Ⅰ ＋ Ⅱ ⇌ Ⅲ ＋ Ⅳ，包括

$$包共晶转变\ L + \alpha \rightleftharpoons \beta + \gamma,$$
$$包共析转变\ \delta + \alpha \rightleftharpoons \beta + \gamma$$

(3) 包晶型转变 Ⅰ ＋ Ⅱ ＋ Ⅲ ⇌ Ⅳ，包括

$$包晶转变\ L + \alpha + \beta \rightleftharpoons \gamma,$$
$$包析转变\ \delta + \alpha + \beta \rightleftharpoons \gamma$$

四相平衡区在三元合金相图中是一个水平面，在变温截面中是一条水平线。

四相平面以四个平衡相的成分点分别与四个单相区相连，以两个平衡相的共轭线与两相区为界，共与六个两相区相邻，同时又与四个三相区以相界面相隔。三种四相平面的空间结构如图 5.38 所示。

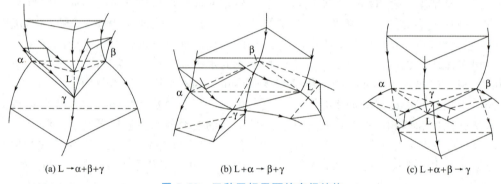

(a) L→α+β+γ　　　　　(b) L+α→β+γ　　　　　(c) L+α+β→γ

图 5.38　三种四相平面的空间结构

三种四相平面的空间结构各不相同，这是因为在四相平衡转变前后三元系中可能存在的三相平衡是不一样的，同时各种单变量曲线的空间走向也不相同。因此，只要根据四相平衡转变前后的三相空间，或者根据单变量曲线的空间走向，就可以判断四相平衡转变的类型。三元系中的四相平衡转变的类型见表 5-3。其中，单变量曲线的空间走向以液相面交线的投影为例。

表 5-3　三元系中的四相平衡转变的类型

转变类型	L→α+β+γ	L+α→β+γ	L+α+β→γ
转变前的三相平衡	(三角形 α、β 顶点，L 居中，γ 底)	(四边形 α—L 对角，β 顶、γ 底)	(三角形 α、β 顶，L 底)
四相平衡	(三角形 α、β 顶，L 居中，γ 底)	(四边形 α—L 对角，β 顶、γ 底，含对角线)	(三角形 α、β 顶，γ 居中，L 底)

续表

转变类型	L→α+β+γ	L+α→β+γ	L+α+β→γ
转变后的三相平衡			
液相面交线的投影			

最后还需说明的是，本章讨论的是三元合金相图，但实际上有不少材料的组元数目会超过三个，如果组元数增加到四个、五个甚至更多个，就不能用空间模型来直接表示它们的相组成随温度和成分的变化规律。通常可把系统的某些组元的相对量固定，使其成分只剩一个或两个，利用实验测定或计算的方法绘制出以温度轴和成分轴为坐标的二维或三维图形，其分析和使用方法与前面讨论的二元合金相图和三元合金相图相似。这样的相图称为伪二元合金相图或伪三元合金相图。

习 题

1. 试比较二元合金相图和三元合金相图的异同。
2. 试说明三元合金相图的变温截面、等温截面和投影图的作用及局限性。
3. 根据图 5.39 所示的 Fe–W–C 三元系低碳部分的液相面的投影图，试标出所有四相平衡反应。

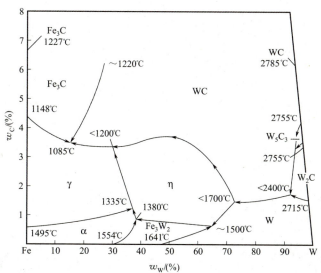

图 5.39 Fe–W–C 三元系低碳部分的液相面的投影图

4. 三元共晶相图的投影图如图 5.40 所示，试说明合金 K 的平衡结晶过程，并写出该合金在室温下的平衡组织。

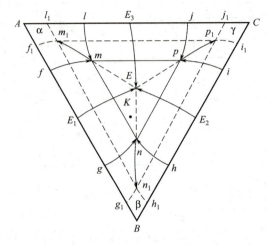

图 5.40　三元共晶相图的投影图

第 6 章
固体金属中的扩散

知识要点	掌握程度	相关知识
表象理论	掌握菲克第一定律和菲克第二定律； 重点掌握菲克第二定律的应用； 理解互扩散及反应扩散	稳态扩散与非稳态扩散； 柯肯德尔效应； Fe-N合金相图
扩散的热力学分析	理解扩散驱动力及扩散原子迁移率	上坡扩散
扩散的微观机理	理解扩散机制； 掌握晶体中原子跳跃频率与扩散系数，以及扩散激活能	畸变； 原子跳跃
影响扩散的因素	掌握温度、晶体结构、化学成分和应力因素对扩散的影响	扩散系数

扩散是物质中原子或分子由于热运动而引起的物质的宏观迁移现象，是物质间的一种传递过程。在气体和液体中，除扩散外，物质间的传递还可以通过对流的方式进行。在固体中，扩散是唯一的物质迁移方式。就原子（或离子）的运动而论，在固体中扩散主要以两种方式进行：一种是大量原子集体的协同运动，也称机械运动，如滑移、孪生和马氏体相变；另一种是无规则的热运动，如热振动和跳跃迁移。在金属中发生的许多变化过程都与扩散有密切的关系。例如，金属铸件的凝固及均匀化退火、冷变形金属的回复和再结晶、材料的固态相变、陶瓷或粉末冶金的烧结、高温蠕变及各种表面热处理等，都与扩散密切相关。要深入地了解这些过程，就必须先掌握有关扩散的基本规律。研究扩散一般有两种理论：一是表象理论——根据所测量的参数描述物质传输的速率和数量等，二是原子理论——扩散过程中原子是如何迁移的。本章主要讨论固体金属中扩散的一般规律、扩散机制和扩散的影响因素等。

6.1 表 象 理 论

6.1.1 菲克第一定律

将两根不同质量浓度的固溶体合金棒料对焊，加热到高温，溶质原子将从质量浓度较高的一端向质量浓度较低的一端扩散，并沿长度方向形成质量浓度梯度。若在扩散过程中各处的质量浓度 ρ 只随距离 x 变化，不随时间 t 变化，那么单位时间内通过单位垂直截面的扩散物质的流量（扩散通量）J 对于各处都相等。每一时刻从左边扩散来多少原子，就向右边扩散走多少原子，没有盈亏，所以质量浓度不随时间变化，这种扩散称为稳态扩散。

阿道夫·菲克于1855年通过实验获得了关于稳态扩散的第一定律。菲克第一定律指出：扩散通量与质量浓度成正比，即

$$J = -D \frac{d\rho}{dx} \tag{6-1}$$

式中，J 为扩散通量，表示单位时间内通过垂直于扩散方向 x 的单位面积的扩散物质的流量，单位为 $kg/(m^2 \cdot s)$；D 为扩散系数，单位为 m^2/s；ρ 是质量浓度，单位为 kg/m^3；负号"—"表示物质的扩散方向与质量浓度梯度 $d\rho/dx$ 方向相反，即表示物质从高质量浓度区向低质量浓度区方向迁移。

菲克第一定律描述了一种稳态扩散，即质量浓度不随时间变化。实际上，稳态扩散的情况很少，大部分属于非稳态扩散，这类过程可以由菲克第二定律来处理。

6.1.2 菲克第二定律

由于实际中的扩散过程多为与时间因素有关的非稳态扩散，因此，在处理扩散问题时，除应结合菲克第一定律外，通常还可以根据扩散物质的流量平衡关系建立反映非稳态扩散的偏微分方程，即菲克第二定律的数学表达式及其在具体扩散条件下的求解。菲克第二定律的推导过程如下。

在具有一定质量浓度的固溶体合金棒中（截面均为 A），沿扩散方向的 x 轴垂直截取

一个微体积元 $\mathrm{d}xA$，并以 J_1 和 J_2 分别表示流入和流出该微体积元的扩散通量，如图 6.1 所示。

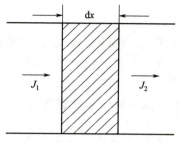

图 6.1 微体积元的扩散通量

根据扩散物质的流量平衡关系，流经微体积元的质量变化为

$$流入质量 - 流出质量 = 积存质量$$

或

$$流入速率 - 流出速率 = 积存速率$$

可见，流入速率为 J_1A，流出速率为 $J_2A = J_1A + \frac{\partial J}{\partial x}A\mathrm{d}x$，在微体积元中的积存速率为

$$J_1A - J_2A = -\frac{\partial J}{\partial x}A\mathrm{d}x$$

该积存速率也可用微体积元中扩散物质的质量浓度随时间的变化率来表示，由此可得

$$\frac{\partial \rho}{\partial t}A\mathrm{d}x = -\frac{\partial J}{\partial x}A\mathrm{d}x$$

$$\frac{\partial \rho}{\partial t} = -\frac{\partial J}{\partial x}$$

将菲克第一定律代入上式，可得

$$\frac{\partial \rho}{\partial t} = \frac{\partial}{\partial x}\left(D\frac{\partial \rho}{\partial x}\right) \tag{6-2}$$

该方程称为菲克第二定律。如果扩散系数 D 与质量浓度无关，则上式可简化为

$$\frac{\partial \rho}{\partial t} = D\frac{\partial^2 \rho}{\partial x^2} \tag{6-3}$$

考虑三维扩散的情况，并进一步假定扩散系数是各向同性的，则菲克第二定律的普遍式为

$$\frac{\partial \rho}{\partial t} = D\left(\frac{\partial^2 \rho}{\partial x^2} + \frac{\partial^2 \rho}{\partial y^2} + \frac{\partial^2 \rho}{\partial z^2}\right) \tag{6-4}$$

若式（6-4）中的 D 在三维方向不同时，则应分别表示。

从以上的表象理论中可以看出，扩散是由于质量浓度梯度引起的，这样的扩散称为化学扩散；而把不依赖于质量浓度梯度，仅由热振动而产生的扩散称为自扩散，用 D_s 表示。自扩散系数的定义可由式(6-1)得出，即

$$D_s = \lim_{\left(\frac{\partial \rho}{\partial x} \to 0\right)} \left(-J \Big/ \frac{\partial \rho}{\partial x}\right) \tag{6-5}$$

式(6-5)表示合金中某一组元的自扩散系数是它的质量浓度梯度趋于 0 时的扩散系数。

6.1.3 菲克第二定律的应用

非稳态扩散可根据具体扩散问题对菲克第二定律进行求解。由于各种扩散过程及其试

样浓度分布的初始条件与边界条件不同,偏微分方程 $\rho=f(x,t)$ 存在不同的求解方法。下面介绍比较简单而实用的求解方法。

1. 无限长棒中的扩散

无限长棒中的扩散如图 6.2 所示。将两根很长且截面均匀的合金棒 A 和 B 对焊在一起,组成一对扩散偶,焊接面垂直于 x 轴。棒 A 的质量浓度为 ρ_1,棒 B 的质量浓度为 ρ_2,并且 $\rho_1 < \rho_2$。将此扩散偶加热保温,焊接面($x=0$)附近的质量浓度将发生不同程度的变化。图中的虚线表示在不同扩散时间下棒中质量浓度沿 x 方向的分布。

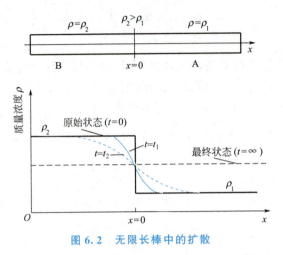

图 6.2 无限长棒中的扩散

通过菲克第二定律,求解扩散任意时间 t 后,沿棒 x 方向质量浓度 ρ 的分布函数表达式 $\rho=f(x,t)$。

因为棒很长,溶质从棒的一端扩散到另一端所需时间很长,所以可认为棒为无限长,即棒两端的质量浓度不受扩散的影响而保持恒定,据此可得

初始条件为

$$t=0 \begin{cases} x>0, & \text{则 } \rho=\rho_1 \\ x<0, & \text{则 } \rho=\rho_2 \end{cases}$$

边界条件为

$$t>0 \begin{cases} x=\infty, & \text{则 } \rho=\rho_1 \\ x=-\infty, & \text{则 } \rho=\rho_2 \end{cases}$$

为便于求解菲克第二定律,用中间变量代换,设 $\beta=\dfrac{x}{2\sqrt{Dt}}$,代入式(6-3),可得

$$\frac{\partial \rho}{\partial t}=\frac{\mathrm{d}\rho}{\mathrm{d}\beta}\cdot\frac{\partial \beta}{\partial t}=-\frac{\beta}{2t}\frac{\mathrm{d}\rho}{\mathrm{d}\beta}$$

$$\frac{\partial^2 \rho}{\partial x^2}\cdot\frac{\partial \beta^2}{\partial \beta^2}=\frac{\partial^2 \rho}{\partial \beta^2}\left(\frac{\partial \beta}{\partial x}\right)^2=\frac{\partial^2 \rho}{\partial \beta^2}\frac{1}{4Dt}$$

将上面两式代入式(6-3),得

$$-\frac{\beta}{2t}\frac{\mathrm{d}\rho}{\mathrm{d}\beta}=D\cdot\frac{1}{4Dt}\frac{\mathrm{d}^2\rho}{\mathrm{d}\beta^2}$$

或

$$\frac{d^2\rho}{d\beta^2}+2\beta\frac{d\rho}{d\beta}=0$$

此方程的解为

$$\rho = A\int_0^\beta \exp(-\beta^2)d\beta + B \tag{6-6}$$

式中，A 和 B 均为积分常数。

由初始条件确定积分常数，当 $t=0$ 时，有

$$\begin{cases} x>0, \text{则 } \rho=\rho_1, \beta=\dfrac{x}{2\sqrt{Dt}}=\infty \\ x<0, \text{则 } \rho=\rho_2, \beta=\dfrac{x}{2\sqrt{Dt}}=-\infty \end{cases}$$

代入式(6-6)，则有

$$\rho_1 = A\int_0^\infty \exp(-\beta^2)d\beta + B$$

$$\rho_2 = A\int_0^{-\infty} \exp(-\beta^2)d\beta + B$$

根据高斯误差函数，得

$$\int_0^\infty \exp(-\beta^2)d\beta = \frac{\sqrt{\pi}}{2}$$

$$\int_0^{-\infty} \exp(-\beta^2)d\beta = -\frac{\sqrt{\pi}}{2}$$

于是

$$\rho_1 = A\frac{\sqrt{\pi}}{2} + B$$

$$\rho_2 = -A\frac{\sqrt{\pi}}{2} + B$$

则

$$A = \frac{2(\rho_1-\rho_2)}{2\sqrt{\pi}}$$

$$B = \frac{\rho_1+\rho_2}{2}$$

代入式(6-6)，得

$$\rho = \frac{\rho_1+\rho_2}{2} + \frac{\rho_1-\rho_2}{2}\frac{2}{\sqrt{\pi}}\int_0^\beta \exp(-\beta^2)d\beta \tag{6-7}$$

把式(6-7)中的 $\dfrac{2}{\sqrt{\pi}}\int_0^\beta \exp(-\beta^2)d\beta$ 定义为误差函数 erf(β)，即

$$\text{erf}(\beta) = \frac{2}{\sqrt{\pi}}\int_0^\beta \exp(-\beta^2)d\beta$$

误差函数具有如下列性质。

(1) erf$(0)=0$。

(2) erf$(\infty)=1$。

(3) erf$(-\beta)=-$erf(β)。

式(6-7)可改写为

$$\rho(x, t) = \frac{\rho_1 + \rho_2}{2} + \frac{\rho_1 - \rho_2}{2} \text{erf}\left(\frac{x}{2\sqrt{Dt}}\right) \tag{6-8}$$

式(6-8)反映了不同时间 t 扩散偶中质量浓度沿 x 方向的分布规律。若已知扩散中的 D、t 和 x 等参数，便可求得相应的 β 值。不同 β 值所对应的 erf(β) 值可查表（表6-1）得知，结合已知的 ρ_1 和 ρ_2 便可得到 ρ 值。由于 D 是温度的函数，即 $D = D_0 \exp\left(-\frac{Q}{RT}\right)$，（其中 Q 为扩散激活能），因此式(6-8)表示了扩散的温度、时间、位置和浓度四者之间的关系。

表6-1 β 与 erf(β) 的对应值（β 为 0.00~2.70）

β	erf(β)	β	erf(β)	β	erf(β)	β	erf(β)	β	erf(β)	β	erf(β)
0.00	0.0000	0.22	0.2443	0.44	0.4662	0.66	0.6494	0.88	0.7867	1.10	0.8802
0.01	0.0113	0.23	0.2550	0.45	0.4755	0.67	0.6566	0.89	0.7918	1.11	0.8835
0.02	0.0226	0.24	0.2657	0.46	0.4847	0.68	0.6638	0.90	0.7969	1.12	0.8868
0.03	0.0338	0.25	0.2763	0.47	0.4937	0.69	0.6708	0.91	0.8019	1.13	0.8900
0.04	0.0451	0.26	0.2869	0.48	0.5027	0.70	0.6778	0.92	0.8068	1.14	0.8931
0.05	0.0564	0.27	0.2974	0.49	0.5117	0.71	0.6847	0.93	0.8116	1.15	0.8961
0.06	0.0676	0.28	0.3079	0.50	0.5205	0.72	0.6914	0.94	0.8163	1.16	0.8991
0.07	0.0789	0.29	0.3183	0.51	0.5292	0.73	0.6981	0.95	0.8209	1.17	0.9020
0.08	0.0901	0.30	0.3286	0.52	0.5379	0.74	0.7047	0.96	0.8254	1.18	0.9048
0.09	0.1013	0.31	0.3389	0.53	0.5465	0.75	0.7112	0.97	0.8299	1.19	0.9076
0.10	0.1125	0.32	0.3491	0.54	0.5549	0.76	0.7175	0.98	0.8342	1.20	0.9103
0.11	0.1236	0.33	0.3593	0.55	0.5633	0.77	0.7238	0.99	0.8385	1.21	0.9130
0.12	0.1348	0.34	0.3694	0.56	0.5716	0.78	0.7300	1.00	0.8427	1.22	0.9155
0.13	0.1459	0.35	0.3794	0.57	0.5798	0.79	0.7361	1.01	0.8468	1.23	0.9181
0.14	0.1569	0.36	0.3893	0.58	0.5879	0.80	0.7421	1.02	0.8508	1.24	0.9205
0.15	0.1680	0.37	0.3992	0.59	0.5959	0.81	0.7480	1.03	0.8548	1.25	0.9229
0.16	0.1790	0.38	0.4090	0.60	0.6039	0.82	0.7538	1.04	0.8586	1.26	0.9252
0.17	0.1900	0.39	0.4187	0.61	0.6117	0.83	0.7595	1.05	0.8624	1.27	0.9275
0.18	0.2009	0.40	0.4284	0.62	0.6194	0.84	0.7651	1.06	0.8661	1.28	0.9297
0.19	0.2118	0.41	0.4380	0.63	0.6270	0.85	0.7707	1.07	0.8698	1.29	0.9319
0.20	0.2227	0.42	0.4475	0.64	0.6346	0.86	0.7761	1.08	0.8733	1.30	0.9340
0.21	0.2335	0.43	0.4569	0.65	0.6420	0.87	0.7814	1.09	0.8768	1.31	0.9361

续表

β	erf(β)	β	erf(β)	β	erf(β)	β	erf(β)	β	erf(β)	β	erf(β)
1.32	0.9381	1.39	0.9507	1.46	0.9611	1.53	0.9695	1.60	0.9763	2.20	0.9981
1.33	0.9400	1.40	0.9523	1.47	0.9624	1.54	0.9706	1.65	0.9804	2.70	0.999
1.34	0.9419	1.41	0.9539	1.48	0.9637	1.55	0.9716	1.70	0.9838		
1.35	0.9438	1.42	0.9554	1.49	0.9649	1.56	0.9726	1.75	0.9867		
1.36	0.9456	1.43	0.9569	1.50	0.9661	1.57	0.9736	1.80	0.9891		
1.37	0.9473	1.44	0.9583	1.51	0.9673	1.58	0.9745	1.90	0.9928		
1.38	0.9490	1.45	0.9597	1.52	0.9687	1.59	0.9735	2.00	0.9953		

【例 6-1】 求 $t>0$ 时，$x=0$ 处，焊接面上的 ρ。

解：因 $x=0$，故 $\beta=0.0$，查表 6-1 可得 erf(0) = 0.0000，求得

$$\rho = \frac{\rho_1 + \rho_2}{2}$$

可见，焊接面上的质量浓度在扩散中恒定不变，与时间无关，为扩散前焊接面两边质量浓度的平均值。

2. 半无限长棒中的扩散

若棒很长，扩散从棒的一端向另一端进行，由于假定棒无限长，因此棒的另一端成分不受扩散影响，该扩散最典型的例子是渗碳。低碳钢高温奥氏体渗碳是提高钢表面性能和降低生产成本的重要生产工艺。此时，原始碳质量浓度为 ρ_0 的渗碳零件可被视为半无限长的扩散体，即远离渗碳源一端的碳质量浓度，在整个渗碳过程中不受扩散的影响，始终保持为 ρ_0。据此可得

初始条件为

$$t=0, \quad x \geqslant 0, \quad \rho = \rho_0$$

边界条件为

$$t>0, \quad x=0, \quad \rho = \rho_s$$

即假定渗碳一开始，渗碳源一端表面就达到渗碳气氛的碳质量浓度 ρ_s，由式(6-8)可解得

$$\rho(x, t) = \rho_s - (\rho_s - \rho_0) \operatorname{erf}\left(\frac{x}{2\sqrt{Dt}}\right) \tag{6-9}$$

如果渗碳零件为纯铁（$\rho_0=0$），则式(6-9)简化为

$$\rho(x, t) = \rho_s \left[1 - \operatorname{erf}\left(\frac{x}{2\sqrt{Dt}}\right)\right]$$

在渗碳中，常需要估算满足一定渗碳层深度所需要的时间，可根据式(6-9)求出。

【例 6-2】 将碳质量分数为 0.1% 的低碳钢置于碳质量分数为 1.2% 的渗碳气氛中，在 920℃下进行渗碳，若离表面 0.002m 处的碳质量分数为 0.45%，求渗碳时间。

解：已知在 920℃时，碳在 γ-Fe 的扩散系数 $D=2\times 10^{-11} \mathrm{m^2/s}$，由式(6-9)可得

$$\frac{\rho_s - \rho(x, t)}{\rho_s - \rho_0} = \text{erf}\left(\frac{x}{2\sqrt{Dt}}\right)$$

代入数值,可得

$$\text{erf}\left(\frac{224}{\sqrt{t}}\right) \approx 0.68$$

根据高斯误差函数,得

$$\frac{224}{\sqrt{t}} \approx 0.71$$

$$t \approx 27.6 \text{ (h)}$$

由上述计算可知,当指定某质量浓度 $\rho(x, t)$ 为渗碳层深度 x 的对应值时,高斯误差函数 $\text{erf}\left(\dfrac{x}{2\sqrt{Dt}}\right)$ 为定值,因此渗碳层深度 x 和扩散时间 t 的关系为

$$x = A\sqrt{Dt} \quad \text{或} \quad x^2 = BDt \tag{6-10}$$

式中,A 和 B 为常数。若渗碳层深度 x 增加 1 倍,则所需的扩散时间为原来的 4 倍。

3. 衰减薄膜源

在金属 B 棒的一端沉积一薄层金属 A,将这样的两个样品连接起来,形成在两个金属 B 棒之间的金属 A 薄膜源,然后将此扩散偶进行扩散退火,在一定的温度下,溶质 A 在金属 B 棒中的质量浓度将随退火时间 t 而变。若棒轴和 x 坐标轴平行,金属 A 薄膜源位于 x 轴的原点上,则初始扩散物质的质量浓度分布为 $\rho(x=0, t=0) = \rho$,$\rho(x \neq 0, t=0) = 0$。当扩散系数 D 与质量浓度无关时,根据菲克第二定律,衰减薄膜源的解为

$$\rho(x, t) = \frac{k}{\sqrt{t}} \exp\left(-\frac{x^2}{4Dt}\right) \tag{6-11}$$

式中,k 为待定常数。

溶质的质量浓度以原点为中心呈左右对称分布。假定扩散物质的单位面积质量为 M,则

$$M = \int_0^t \int_{-\infty}^{\infty} \rho(x, t) \, dx \, dt = \int_{-\infty}^{\infty} \rho(x, 0) \, dx \tag{6-12}$$

令 $\dfrac{x^2}{4Dt} = \beta^2$,则

$$dx = 2\sqrt{Dt} \, d\beta \tag{6-13}$$

将式 (6-11) 和式 (6-13) 代入式 (6-12),整理可得

$$M = 2k\sqrt{D} \int_{-\infty}^{\infty} \exp(-\beta^2) \, d\beta = 2k\sqrt{\pi D}$$

由高斯误差函数可知

$$\int_0^{\infty} \exp(-\beta^2) \, d\beta = \frac{\sqrt{\pi}}{2}$$

$$\int_0^{-\infty} \exp(-\beta^2) \, d\beta = -\frac{\sqrt{\pi}}{2}$$

则待定常数

$$k = \frac{M}{2\sqrt{\pi D}}$$

将上式代入式(6-11)，获得衰减薄膜源随扩散时间衰减后的分布，即

$$\rho(x, t) = \frac{M}{2\sqrt{\pi Dt}} \exp\left(-\frac{x^2}{4Dt}\right) \quad (6-14)$$

图 6.3 所示为衰减薄膜源扩散后不同 Dt 的扩散物质的质量浓度随距离变化的曲线。$\frac{M}{2\sqrt{\pi Dt}}$ 是分布曲线的振幅，它随时间的延长而衰减。当 $t=0$ 时，分布宽度为 0，振幅为 ∞。因此，用高斯误差函数求解只是该问题的近似解。扩散时间越长，扩散物质初始分布范围越窄，近似解就越精确。

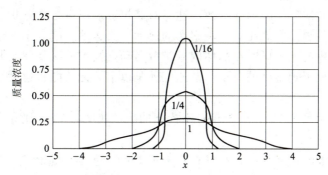

图 6.3 衰减薄膜源扩散后不同 Dt 的扩散物质的质量浓度随距离变化的曲线

如果在金属 B 棒一端沉积扩散物质 A（单位面积质量为 M），经扩散退火后，其质量浓度为上述扩散偶的 2 倍，这是因为扩散物质由原来向左右两侧扩散改变为仅向一侧扩散，则有

$$\rho = \frac{M}{\sqrt{\pi Dt}} \exp\left(-\frac{x^2}{4Dt}\right) \quad (6-15)$$

上述衰减薄膜源常被用于示踪原子测定金属的自扩散系数。由于纯金属的质量浓度是均匀的，不存在质量浓度梯度。为了得知纯金属中的原子迁移，最典型的方法是在纯金属中 A 的表面上沉积一薄层 A 的放射性同位素 A* 作为示踪物，扩散退火后，测量 A* 的质量浓度。由于同位素 A* 的化学性质与 A 相同，在这种没有质量浓度梯度的情况下测出的 A* 的扩散系数即为 A 的自扩散系数。

6.1.4 互扩散

上述仅提及碳原子在铁中的扩散运动，而没有提及铁原子的扩散运动。事实上，铁原子同样也有扩散运动，但与直径小且易迁移的碳原子扩散速率相比是可以忽略的。对于置换型溶质原子的扩散，由于溶质原子与溶剂原子的半径相差不大，原子扩散时必须与相邻原子置换，两者的扩散能力相差不大，大致属于同一数量级，因此必须考虑溶质原子和溶剂原子的不同扩散速率。

柯肯德尔效应如图 6.4 所示。首先将一块纯铜和纯镍对焊起来，在焊接面上嵌入几根惰性的钨丝作为标记，然后将其加热到接近其熔点，长时间保温后冷却。经分析得到图 6.4 中的成分分布曲线。令人惊讶的是，经扩散后惰性的钨丝向纯镍一侧移动了一段距离。因为惰性的钨丝不可能因扩散而移动，而且镍原子半径与铜原子半径相差不大，所以不可能是它们向对方等量扩散时因原子半径差别而使界面两侧的体积产生这样大的差别。

唯一的解释是镍原子向铜一侧扩散得多，铜原子向镍一侧扩散得少，使铜一侧伸长，镍一侧缩短。这种不等量扩散导致钨丝移动的现象称为**柯肯德尔效应**。

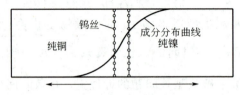

图 6.4　柯肯德尔效应

对于柯肯德尔效应所反映的互扩散，达肯对其扩散规律进行了分析。标记的漂移表明扩散过程中扩散偶的界面在做相对于观察者的运动，其运动速度等于标记相对于观察者的漂移速度。在晶体中的原子同时在晶体内做扩散运动，其扩散速度就是其相对于标记的运动速度，因此，观察者观察到的原子扩散速度就是以上标记的漂移速度与原子相对于标记扩散速度的叠加。

令标记的漂移速度为 V_m，原子相对于标记的扩散速度为 V_D，则原子相对于观察者的扩散速度 $V_总 = V_m + V_D$。

若有组元 i 的体积分数为 C_i，并且相对于观察者以速度 V 进行迁移，则 i 原子的扩散通量 $J_i = C_i V$。由此对组元 A 和 B，可写出各自相对于观察者的扩散通量分别为

$$(J_A)_总 = C_A [V_m + (V_D)_A] = C_A V_m + C_A (V_D)_A$$
$$(J_B)_总 = C_B [V_m + (V_D)_B] = C_B V_m + C_B (V_D)_B \tag{6-16}$$

式（6-16）中的组元 A 和 B 各自相对于标记的扩散通量又可表示为

$$J_A = -D_A \frac{dC_A}{dx}$$
$$J_B = -D_B \frac{dC_B}{dx} \tag{6-17}$$

将式(6-17)代入式(6-16)，得

$$(J_A)_总 = C_A V_m - D_A \frac{dC_A}{dx}$$
$$(J_B)_总 = C_B V_m - D_B \frac{dC_B}{dx} \tag{6-18}$$

假定扩散过程中，扩散偶各处的密度保持恒定，则

$$(J_A)_总 = -(J_B)_总$$

从而有

$$V_m (C_A + C_B) = D_A \frac{dC_A}{dx} + D_B \frac{dC_B}{dx} \tag{6-19}$$

设 x_A 和 x_B 分别为组元 A 和 B 的原子分数，因体积浓度等于摩尔浓度（常数）乘以原子分数，故有

$$C_A = M x_A$$
$$C_B = M x_B$$
$$x_A + x_B = 1$$

将其代入式(6-19)，得

$$V_m = D_A \frac{dx_A}{dx} - D_B \frac{dx_A}{dx} = (D_A - D_B) \frac{dx_A}{dx} \qquad (6-20)$$

再将式(6-20)代入式(6-18),得

$$(J_A)_{\text{总}} = -(x_B D_A + x_A D_B) \frac{dC_A}{dx} = -\overline{D} \frac{dC_A}{dx}$$

$$(J_B)_{\text{总}} = -(x_B D_A + x_A D_B) \frac{dC_B}{dx} = -\overline{D} \frac{dC_B}{dx} \qquad (6-21)$$

这就是达肯方程,它反映了相对于观察者的扩散通量。此式表明,在互扩散中仍可用菲克第一定律的形式描述扩散规律,但此式中的扩散系数 $\overline{D}$ 是一个与两个简单扩散系数 D_A 和 D_B 有关的参数,称为互扩散系数,而 D_A 和 D_B 分别称为组元 A 和组元 B 的本征扩散系数。只要测定标记的移动速度和 $\overline{D}$,就可计算出 D_A 和 D_B。

6.1.5　反应扩散

通过扩散使固溶体内的溶质组元超过固溶限度而不断形成新相的过程称为**反应扩散**。由反应扩散生成的新相,既可以是新的固溶体,也可以是各种化合物。

反应扩散

钢的各种化学热处理大多数是利用反应扩散而进行的。例如,钢的氮化就是利用反应扩散使工作表面生成一些氮化物,以增加耐磨性或提高抗疲劳性。

由反应扩散形成的相可参考平衡相图进行分析。设纯铁在 520℃氮化时,由 Fe-N 合金相图(图 6.5)可以确定形成的新相。由于金属表面氮的质量分数大于金属内部,因此金属表面形成的新相将对应于氮的质量分数高的中间相。当氮的质量分数超过 7.8%,可在金属表面形成密排六方结构的 ε 相(视氮的质量分数不同可形成 Fe_3N、$Fe_{2\sim3}N$ 或 Fe_2N),这是一种氮的质量分数变化范围相当宽的铁氮化合物。一般氮的质量分数为 7.8%~11.0%,氮原子有序地位于铁原子构成的密排六方点阵中的间隙位置。越远离金属表面,氮的质量分数越低。先是 γ′ 相(Fe_4N)是一种可变成分较小的中间相,氮的质量分数为 5.7%~6.1%,氮原子有序地占据铁原子构成的面心立方点阵中的间隙位置,再是氮的质量分数更低的 α 固溶体,氮原子有序地位于铁原子构成的体心立方点阵中的间隙位置。纯铁氮化后表层氮的质量分数和组织如图 6.6 所示。

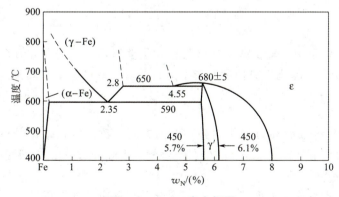

图 6.5　Fe-N 合金相图

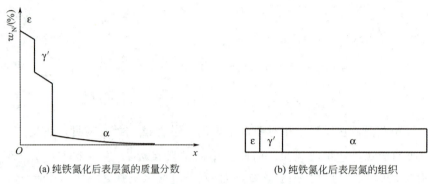

图 6.6　纯铁氮化后表层氮的质量分数和组织

在二元合金经反应扩散的渗层组织中不存在两相混合区，而且在相界面上的质量分数是突变的，它对应于该相在一定温度下的极限溶解度。不存在两相混合区的原因可用相的热力学平衡条件来解释。如果渗层组织中出现两相共存区，则两平衡相的化学势必然相等，即化学势梯度为0。这段区域中没有扩散驱动力，扩散不能进行。同理，在三元系中渗层的各部分都不能出现三相共存区，但可以有两相区。

6.2　扩散的热力学分析

6.2.1　扩散驱动力

扩散总是由高浓度区向低浓度区进行，质量浓度梯度似乎是扩散的驱动力。但实际上，并非所有的扩散过程都如此，如铝铜合金时效早期形成的富铜偏聚区及某些合金固溶体的调幅分解形成的溶质原子富集区等。这些物质是由低浓度区向高浓度区进行扩散的，称为上坡扩散或逆向扩散。它表明质量浓度梯度并不是造成扩散的根本原因。从热力学的角度分析，一个体系中的任何自发过程都将朝着使体系自由能 G 降低的方向进行。对多组元体系，设 n_A 为组元 A 的原子数，则在等温等压下，组元 A 原子的自由能可用化学势 μ_A 表示为

$$\mu_A = \frac{\partial G}{\partial n_A}$$

在发生扩散的体系中，沿扩散方向必然存在化学势差，原子在此方向每扩散距离 Δx，将使化学势降低 $\Delta \mu_A$，即化学势梯度是扩散进行的真正驱动力 F，其偏微分形式为

$$F = -\frac{\partial \mu_A}{\partial x}$$

式中，"—"号表示扩散驱动力与化学势降低的方向一致，也就是扩散总是向化学势降低的方向进行。在等温等压条件下，只要两个区域中组元 A 存在化学势差 $\Delta \mu_A$，就能产生扩散，直至 $\Delta \mu_A = 0$。

在 6.1.5 节讨论反应扩散时指出，二元合金系在反应扩散渗层中不可能存在两相混合区，这是因为在一定温度时，两相区内每相的渗入元素平衡浓度都是一个确定值。由热力

学可知，两相平衡共存说明两相区内各处的化学势相等，但因两相区与相邻的相区之间化学势不等，故根据化学势梯度的方向，渗入元素将进入或离开两相区边缘部分。在两相区内化学势梯度为 0，扩散因无驱动力而不能进行，因此进入或离开两相区的渗入元素无法通过两相区内的扩散得到疏散或补充，从而渗入元素将在两相区内积累或减少，破坏两相区内两相的浓度平衡，最终使两相区转变为其中的一相而消失。

6.2.2　扩散原子迁移率

在化学驱动力的作用下，当扩散原子在基体中沿一定方向运动时，会受到基体原子的阻力。当驱动力和阻力达到平衡时，i 原子以恒速 V 扩散前进，V 与扩散驱动力 F 之间的关系可表示为

$$V_i = -B_i \frac{\partial \mu_i}{\partial x} \tag{6-22}$$

式中，B_i 为比例系数，称为迁移率，是单位驱动力作用下 i 原子的扩散速度。

因为 $J_i = C_i V_i = -D_i \frac{\partial C_i}{\partial x}$，将式（6-22）代入并整理，得

$$D_i = B_i \frac{\partial \mu_i}{\partial \ln C_i} \tag{6-23}$$

在热力学中，$\partial \mu_i = kT \partial \ln \alpha_i$（$\alpha_i$ 为 i 在固溶体中的活度），代入式（6-23），得

$$D_i = kTB_i \frac{\partial \ln \alpha_i}{\partial \ln C_i} \tag{6-24}$$

$\alpha_i = \gamma_i x_i$，γ_i 为 i 原子的活度系数，x_i 为 i 原子的原子分数。若合金的摩尔浓度为常数，则式（6-24）式可写为

$$D_i = kTB_i \left(1 + \frac{\partial \ln \gamma_i}{\partial \ln x_i}\right) \tag{6-25}$$

式（6-25）表明，原子的扩散系数与原子的迁移率成正比。$\left(1 + \frac{\partial \ln \gamma_i}{\partial \ln x_i}\right)$ 为热力学因子，当 $\left(1 + \frac{\partial \ln \gamma_i}{\partial \ln x_i}\right) > 0$ 时，$D > 0$，原子扩散通量 J 与质量浓度梯度 $\frac{\partial C}{\partial x}$ 方向相反，原子从高浓度区向低浓度区迁移；当 $\left(1 + \frac{\partial \ln \gamma_i}{\partial \ln x_i}\right) < 0$ 时，$D < 0$，J 与 $\frac{\partial C}{\partial x}$ 方向相同，原子从低浓度区向高浓度区迁移，发生<u>上坡扩散</u>。

以下一些情况也可能引起上坡扩散。

（1）弹性应力的作用。晶体中存在弹性应力梯度时，它促使较大半径的原子向点阵伸长部分移动，较小半径的原子向受压部分移动，这就造成固溶体中溶质原子的不均匀分布。

（2）晶界的内吸附。晶界能量比晶体内部能量高，晶界原子规则排列的情况较晶体内部原子规则排列的情况差。如果溶质原子位于晶界上，可降低体系总能量，它们会优先向晶界扩散，富集于晶界上，此时溶质在晶界的质量分数就高于晶体内部。

（3）大的电场或温度场也会促使晶体中原子按一定方向扩散，造成扩散原子的不均匀性。

6.3 扩散的微观机理

6.3.1 扩散机制

在晶体中，原子在其平衡位置做热振动，并会从一个平衡位置跳到另一个平衡位置，即发生扩散。晶体中的扩散机制如图 6.7 所示。

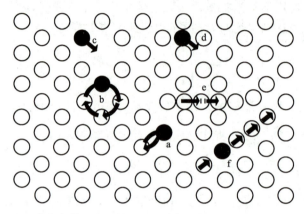

a—直接交换机制；b—环形交换机制；c—空位机制；
d—间隙机制；e—推填机制；f—挤列机制。

图 6.7　晶体中的扩散机制

1. 交换机制

相邻原子的直接交换机制如图 6.7 中 a 所示，即两个相邻原子互换位置。这种机制在密堆结构中未必可能，因为它会引起大的畸变，并且需要很大的激活能。齐纳在 1951 年提出环形交换机制，如图 6.7 中 b 所示，四个原子同时交换，其涉及的能量远小于直接交换，但这种机制发生的可能性不大，因为它受到集体运动的约束。不管是直接交换机制还是环形交换机制，均使扩散原子通过垂直于扩散方向平面的净通量为 0，即扩散原子是等量互换。这种互换机制不可能出现柯肯德尔效应。

2. 间隙机制

在间隙机制（图 6.7 中 d）中，原子从一个晶格间隙位置迁移到另一个晶格间隙位置。原子在迁移的过程中，晶格发生局部的瞬时畸变，这部分畸变能是溶质原子跳动时所必须克服的势垒。H、N、O、B 和 C 等尺寸较小的间隙型溶质原子常以这种方式进行扩散。如果一个比较大的原子（置换型溶质原子）进入晶格的间隙位置，那么这个原子将难以通过间隙机制从一个间隙位置迁移到邻近的间隙位置，因为这种迁移将产生很大的畸变能。

就此提出推填机制，即一个填隙原子可以把它近邻的和在晶格结点上的原子"推"到附近的间隙中，而自己则"填"到被推出去的原子的原来位置上，如图 6.7 中 e 所示。此外，也有人提出另一种有点类似推填机制的挤列机制。若一个间隙原子挤入体心立方晶体对角线（即原子密排方向）上，使若干个原子偏离其平衡位置，形成一个集体，此机制称为挤列机制，如图 6.7 中 f 所示，原子可沿此对角线方向移动而扩散。

3. 空位机制

在置换固溶体中，一个处于阵点上的原子通过与空位交换位置而迁移，这个过程相当于空位向反方向移动，故称为空位机制，如图 6.7 中 c 所示。空位扩散的速率取决于临近空位的原子是否具有超过势垒的自由能。晶体中存在的大量空位在不断移动位置，扩散原子近邻有空位时，它可以跳入空位，而该原子位置成为一个空位。这种跳动越过的势垒不大，当近邻又有空位时，它又可以实现第二次跳动。

空位机制能很好地解释柯肯德尔效应，被认为是置换扩散的主要方式。在柯肯德尔效应中，因为镍原子比铜原子扩散快，所以有一个净原子流越过钨丝流向铜一侧，同时有一个净空位流越过钨丝流向镍一侧。这样，铜一侧空位浓度下降（低于平衡浓度），镍一侧空位浓度增高（高于平衡浓度）。当两侧空位浓度恢复到平衡浓度时，铜一侧将因空位增加而伸长，镍一侧将因空位减少而缩短，这相当于钨丝向镍一侧移动了一段距离。

4. 晶界扩散及表面扩散

多晶材料内部存在大量的位错，晶界处的原子排列较混乱，表面张力较大，扩散物质可沿三种不同路径进行，即晶体内扩散（或称体扩散）、晶界扩散和样品自由表面扩散，并用 D_L、D_B 和 D_S 分别表示三者的扩散系数。图 6.8 所示为实验测定物质在双晶体中的扩散情况。在垂直于双晶体的平面晶界的表面 $y=0$ 上，放射性同位素 M 蒸发沉积，经扩散退火后，由图中箭头表示的扩散方向和由箭头端点表示的等浓度处可知，扩散物质穿透到晶体内的深度远比沿晶界和表面的要小，而扩散物质沿晶界的扩散深度比沿表面的要小。由此得出，$D_L < D_B < D_S$。

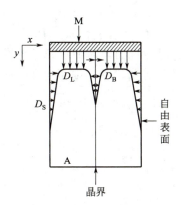

图 6.8 实验测定物质在双晶体中的扩散情况

由于晶界、表面及位错等都可视为晶体中的缺陷，缺陷产生的畸变使原子扩散激活能不到晶格扩散时的一半，因此常把这些缺陷中的原子扩散称为短路扩散。

6.3.2 晶体中原子跳跃频率与扩散系数

1. 原子跳跃频率

根据菲克定律，晶体中原子在其点阵位置上不是静止的，而是在不停地进行热振动，并且在某一瞬间会因较高能量而脱离平衡位置，跃迁到相邻的其他平衡位置上，正是这种原子的热运动导致了宏观的物质传输。当固溶体中的溶质存在质量浓度梯度时，溶质原子将发生宏观定向迁移。图 6.9 所示为相邻平行晶面间的原子跳跃示意图，Ⅰ、Ⅱ 为固溶体中两个相邻平行晶面，面积均为 1 并与纸面垂直。设晶面 Ⅰ、Ⅱ 分别含有 n_1、n_2 个溶质原子 ($n_1 > n_2$)，在一定温度下原子跳跃频率为 Γ，并且由晶面 Ⅰ 跳到晶面 Ⅱ 及由晶面 Ⅱ 跳到晶面 Ⅰ 的概率 P 相同。

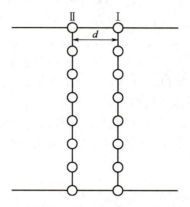

图 6.9　相邻平行晶面间的原子跳跃示意图

在 Δt 时间内，由晶面 Ⅰ 跳到晶面 Ⅱ 及由晶面 Ⅱ 跳到晶面 Ⅰ 的溶质原子数分别为

$$N_{Ⅰ \to Ⅱ} = n_1 P \Gamma \Delta t$$
$$N_{Ⅱ \to Ⅰ} = n_2 P \Gamma \Delta t$$

此时，晶面 Ⅱ 上净增加的溶质原子数为

$$(n_1 - n_2) P \Gamma \Delta t = J \Delta t$$

因此，

$$J = -(n_2 - n_1) P \Gamma \tag{6-26}$$

设 Ⅰ、Ⅱ 两晶面间距为 d，则各自的溶质原子质量浓度分别为 $\rho_1 = n_1/d$，$\rho_2 = n_2/d$。若以溶质原子沿 x 方向的质量浓度分布表示，则晶面 Ⅱ 上的质量浓度为

$$\rho_2 = \rho_1 + \frac{d\rho}{dx} d$$

即

$$n_2 - n_1 = \frac{d\rho}{dx} d^2 \tag{6-27}$$

将式(6-27)代入式(6-26)，得

$$J = -(n_2 - n_1) P \Gamma = -d^2 P \Gamma \frac{d\rho}{dx} \tag{6-28}$$

将式(6-28)与菲克第一定律比较，可得

$$D = d^2 P \Gamma \tag{6-29}$$

式中，d 和 P 取决于固溶体的结构，而 Γ 除与物质本身性质有关外，还与温度密切相关。例如，在 1198K 时可从 γ-Fe 中固溶的碳的扩散系数求得原子跳跃频率为 $1.7 \times 10^9 \mathrm{s}^{-1}$，而碳在室温 γ-Fe 中原子跳跃频率仅为 $2.1 \times 10^{-9} \mathrm{s}^{-1}$，两者之比高达 10^{18}，这充分说明了温度对原子跳跃频率的影响。

2. 扩散系数

对于间隙型扩散，设原子的振动频率为 v，溶质原子最邻近的间隙位置数为 z（间隙

配位数），则
$$\Gamma = vz\exp\left(-\frac{\Delta G}{kT}\right)$$

因为
$$\Delta G = \Delta H - T\Delta S \approx \Delta U - T\Delta S$$

所以
$$\Gamma = vz\exp\left(\frac{\Delta S}{k}\right)\exp\left(\frac{-\Delta U}{kT}\right)$$

代入式(6-28)，得
$$D = d^2 Pvz\exp\left(\frac{\Delta S}{k}\right)\exp\left(\frac{-\Delta U}{kT}\right)$$

令 $D_0 = d^2 Pvz\exp\left(\frac{\Delta S}{k}\right)$，则
$$D = D_0 \exp\left(\frac{-\Delta U}{kT}\right) = D_0 \exp\left(\frac{-Q}{RT}\right) \tag{6-30}$$

式中，D_0 为扩散常数；ΔU 为间隙扩散时溶质原子跳跃所需额外的热力学内能；Q 代表每摩尔原子的扩散激活能；R 为气体常数，其值为 8.314J/(mol·K)；T 为绝对温度。

在固溶体中的置换扩散或纯金属的自扩散中，原子的迁移主要是通过空位扩散机制实现的。与间隙扩散相比，置换扩散或自扩散除需要原子从一个空位跳跃到另一个空位时的迁移能外，还需要扩散原子近旁空位的形成能。在温度 T 时晶体中平衡的空位摩尔分数为
$$\chi_v = \exp\left(\frac{-\Delta U_v}{kT} + \frac{\Delta S_v}{k}\right)$$

式中，ΔU_v 为空位形成能，ΔS_v 为熵增值。

在置换固溶体或纯金属中，若配位数为 Z_0，则空位周围原子所占分数应为
$$Z_0 \chi_v = Z_0 \exp\left(\frac{-\Delta U_v}{kT} + \frac{\Delta S_v}{k}\right)$$

设扩散原子跳入空位所需的自由能 $\Delta G = \Delta U - T\Delta S$，那么，原子跳跃频率 Γ 应是原子的振动频率 v、空位周围原子所占分数 $Z_0 \chi_v$ 和具有跳跃条件的原子所占分数 $\exp\left(\frac{-\Delta G}{kT}\right)$ 的乘积，即
$$\Gamma = vZ_0 \exp\left(-\frac{\Delta U_v}{kT} + \frac{\Delta S_v}{k}\right)\exp\left(-\frac{\Delta U}{kT} + \frac{\Delta S}{k}\right)$$

代入式(6-29)，得
$$D = d^2 PvZ_0 \exp\left(\frac{\Delta S_v + \Delta S}{k}\right)\exp\left(\frac{-\Delta U_v - \Delta U}{kT}\right)$$

令扩散系数 $D_0 = d^2 PvZ_0 \exp\left(\frac{\Delta S_v + \Delta S}{k}\right)$，则
$$D = D_0 \exp\left(\frac{-\Delta U_v - \Delta U}{kT}\right) = D_0 \exp\left(\frac{-Q}{RT}\right) \tag{6-31}$$

式中，扩散激活能 $Q = \Delta U_v + \Delta U$，由此表明，置换扩散或自扩散除需要原子迁移能 ΔU 外，还需要空位形成能 ΔU_v。某些扩散系统的 D_0 与 Q（近似值）见表 6-2。由表可知，置换扩散或自扩散的激活能均比间隙扩散激活能要大。不同扩散机制的扩散系数表达形式

相同，但 D_0 和 Q 值不同。

表 6-2 某些扩散系统的 D_0 与 Q（近似值）

扩散组元	基体金属	$D_0(\times 10^{-5})/$ $(m^2 \cdot s^{-1})$	$Q(\times 10^3)/$ $(J \cdot mol^{-1})$	扩散组元	基体金属	$D_0(\times 10^{-5})/$ $(m^2 \cdot s^{-1})$	$Q(\times 10^3)/$ $(J \cdot mol^{-1})$
碳	γ-Fe	2.0	140	锰	γ-Fe	5.7	277
碳	α-Fe	0.20	84	铜	铝	0.84	136
铁	α-Fe	19	239	锌	铜	2.1	171
铁	γ-Fe	1.8	270	银	银（体积扩散）	1.2	190
镍	γ-Fe	4.4	283	银	银（晶界扩散）	1.4	96

6.3.3 扩散激活能

当晶体点阵中的原子进行扩散时，必须得到为克服能垒所必需的额外能量才能实现原子从一个平衡位置到另一个平衡位置的基本跃迁，这部分能量称为**扩散激活能**，并以 Q 表示。因此，求扩散激活能对于了解扩散机制非常重要。下面介绍通过实验求解扩散激活能的方法。

扩散系数的一般表达式如前所得，即

$$D = D_0 \exp\left(-\frac{Q}{RT}\right)$$

对上式两边取对数，得

$$\ln D = \ln D_0 - \frac{Q}{RT} \tag{6-32}$$

由实验测出 $\ln D$ 与 $1/T$，作图可得到一条直线，该直线的斜率为 $-Q/R$，与纵坐标相交的截距为 $\ln D_0$，$\ln D - 1/T$ 关系图如图 6.10 所示。由图中线性关系可求得 D_0，由斜率可求得 Q。

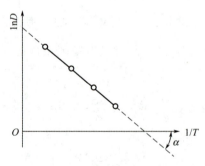

图 6.10 $\ln D - 1/T$ 关系图

当原子在高温和低温中以两种不同扩散机制进行时，由于扩散激活能不同，将在 $\ln D - 1/T$ 图中出现两段不同斜率的折线。另外，用 $Q = -R\tan\alpha$ 求 Q 值时，不能通过测量图中的 α 角来求 $\tan\alpha$ 值，必须用 $\dfrac{\Delta(\ln D)}{\Delta(1/T)}$ 来求 $\tan\alpha$ 值，这是因为 $\ln D - 1/T$ 图中横坐标和纵坐标是用不同量的单位表示的。

6.4 影响扩散的因素

扩散受一系列内外因素的影响,外部因素主要是温度、压力和外部介质等,内部因素主要是化学成分和晶体结构及组织等。这些因素的作用或反映在扩散常数的变化上,或反映在扩散激活能的变化上,总的来说,集中反映在扩散系数的大小及其变化上。这里主要讨论温度、晶体结构、化学成分和应力因素对扩散的影响。

6.4.1 温度

由扩散系数 $D=D_0\exp\left(-\dfrac{Q}{RT}\right)$ 可知,扩散系数随温度升高呈指数关系增大。这是因为随着温度的升高,具有跳跃条件的原子概率和空位浓度相应增加,所以有利于扩散,即表现为扩散系数明显增大。

例如,碳在 $\gamma-Fe$ 中扩散时,已知 $D_0=2.0\times 10^{-5}\,\mathrm{m^2/s}$,$Q=140\,\mathrm{kJ/mol}$,若温度由 1200K 升高到 1300K,则碳的扩散系数分别为

$$D_{1200K}=2.0\times 10^{-5}\exp\left(\dfrac{-140\times 10^3}{8.314\times 1200}\right)\approx 1.61\times 10^{-11}\,(\mathrm{m^2/s})$$

$$D_{1300K}=2.0\times 10^{-5}\exp\left(\dfrac{-140\times 10^3}{8.314\times 1300}\right)\approx 4.736\times 10^{-11}\,(\mathrm{m^2/s})$$

由此可见,上述温度提高 100K 时,扩散系数将增大 3 倍。由于 D_0 和 Q 均为近似值,以及不同文献选取气体常数 R 值的差异,因此 D 值有所不同。

不同合金接近熔点温度时的 D 值大致相同,而在室温下的 D 值均相当小。例如,室温下间隙固溶体型合金的 D 为 $10^{-30}\sim 10^{-10}\,\mathrm{m^2/s}$,而置换固溶体型合金的 D 为 $10^{-50}\sim 10^{-20}\,\mathrm{m^2/s}$。因此,后者在室温下几乎不发生扩散。

6.4.2 晶体结构

1. 结构的类型

通常在密堆积结构中的扩散比在非密堆积结构中要慢,这个规律对溶剂、溶质、置换原子或间隙原子都适用,特别是在具有同素异构转变的金属中,不同结构的自扩散系数完全不同。例如,在 910℃时,$\alpha-Fe$ 的自扩散系数为 $\gamma-Fe$ 的 280 倍。溶质原子在不同结构的固溶体中,扩散系数也不相同。例如,在 910℃时,碳在 $\alpha-Fe$ 中的扩散系数约为在 $\gamma-Fe$ 中的扩散系数的 100 倍,而其他置换型元素,如铬、钨、钼等,在 $\alpha-Fe$ 中的扩散系数也比在 $\gamma-Fe$ 中的扩散系数大。由此可见,在致密度较小的结构中,无论是自扩散还是合金元素的扩散都易于进行。

2. 固溶体的类型

间隙原子在固溶体中的扩散激活能较小,扩散速率较快。例如,氢、碳在 $\gamma-Fe$ 中的扩散激活能分别为 $4.19\times 10^4\,\mathrm{J/mol}$、$1.32\times 10^5\,\mathrm{J/mol}$;而镍、铬溶于 $\gamma-Fe$ 中形成置换固溶体,其扩散激活能分别为 $2.83\times 10^5\,\mathrm{J/mol}$、$3.35\times 10^5\,\mathrm{J/mol}$。由此可见,固溶体的类型不同,原子的扩散速率也就不同。

3. 晶体的各向异性

既然扩散是原子在点阵中的迁移，那么在对称性较低、原子和间隙位置的排列呈各向异性的晶体中，扩散速率必然也是各向异性的。例如，锌属于六方晶系，$c/a=1.8563$，由于其垂直于基面比平行于基面的扩散更困难，因此沿 c 轴和 a 轴的扩散系数有一定的差别。又如具有菱方结构的铋，其平行于 c 轴和 a 轴的自扩散激活能差别很大，各向异性非常明显。然而，在对称性高的立方系晶体中，没有发现扩散的各向异性。

4. 晶体缺陷

点、线、面缺陷对扩散皆有影响。晶界与空位浓度的影响已讨论，如用淬火的方法产生过饱和浓度的空位能显著地提高置换原子的扩散速度，冷加工后金属中的扩散速度比退火金属中的快。

位错密度增加会使晶体中的扩散速度加快，原子沿着位错管道扩散的激活能不到晶格扩散激活能的一半。原子在位错内或其附近的跳跃频率也大于点阵内部的跳跃频率，因而位错能加速晶体中的扩散。

总之，由于晶体缺陷处点阵畸变较大，原子处于较高能量状态，易于跳跃，因此各种缺陷处的扩散激活能均比晶体内部的扩散激活能小，原子扩散速度加快。

6.4.3　化学成分

1. 元素的特性

原子在点阵中扩散需要克服能垒，也就是需要破坏邻近原子的键合才能实现跃迁，因此扩散激活能必然和表征原子间结合力的宏观参量有关。纯金属的自扩散激活能与其熔点和熔化潜热等之间存在线性关系，由这些关系可以粗略地估计自扩散激活能。另外，在一些固溶体中（如铝-铜合金等），溶质原子的扩散激活能与其熔点之间成正比，即溶质元素的熔点越高，其扩散激活能越大。

2. 浓度

不论是互扩散系数 $\overline{D}$，还是偏扩散系数 D_1 和 D_2 都随着组元的质量分数不同而改变。合金的 D 与溶质质量分数的关系如图 6.11 所示。只是为了计算方便，在固溶体溶质质量分数较低或渗层中的溶质质量分数变化不大时，才把 D 假定为常量。由于这样做所引起的误差不大，因此是允许的。

图 6.12 所示为 γ-Fe 中含碳量与碳扩散系数的关系。含碳量增加不仅使碳的扩散系数增大，而且使铁的自扩散系数增大。

3. 第三组元

三元系的情况更复杂，第三组元的加入会使扩散元素的化学位发生改变，从而影响其扩散速率和方向。达肯将 Fe-0.4%C 和 Fe-0.4%C-4%Si 两根合金棒对焊在一起，在 1050℃ 下退火 13 天。由于不存在碳的质量浓度梯度，因此不应出现碳原子的扩散，但退火后焊接面两侧碳的质量分数分布如图 6.13 所示，可见碳原子发生了上坡扩散。

上述现象产生的原因是硅提高了碳的化学势，其活度增加，因此碳要从含硅棒向不含硅棒扩散，以消除它的化学势梯度。

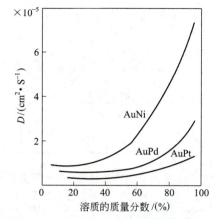

图 6.11 合金的 D 与溶质质量分数的关系

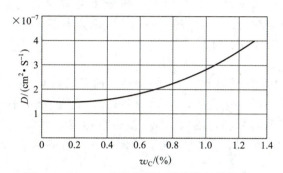

图 6.12 γ-Fe 中含碳量与碳扩散系数的关系

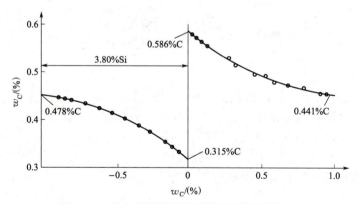

图 6.13 退火后焊接面两侧碳的质量分数分布

在焊接面两侧各取一个对称点 A 和 B，把这两点在扩散过程中的成分变化轨迹标在三元系的成分三角形中，如图 6.14 所示。扩散开始时，由于碳比硅扩散得快，因此 A、B 两点的成分将沿着等硅线改变。但是，随着硅扩散的加快，硅的浓度趋向均匀，碳又产生回流，最终 A、B 两点的成分都达到 C 点成分，即成分完全一致。

第三组元对扩散系数也有影响，如铬、钨和钼等合金元素加入钢中后，由于其与碳的亲和力大，易形成碳化物，因此强烈阻碍碳的扩散，从而导致其扩散系数降低。当然，也有一些合金元素可以提高碳的扩散系数或对扩散系数影响不大。

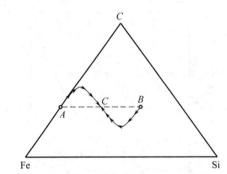

图 6.14 A、B 两点在扩散过程中的成分变化轨迹

6.4.4 应力

如果合金内部存在应力梯度,那么即使溶质分布是均匀的,也可能出现化学扩散现象。从式(6-24)可见,对于理想固溶体($\gamma_i=1$)或稀固溶体($\gamma_i=$常数),括号内的因子(又称热力学因子)等于1,因而

$$D_i = kTB_i$$

扩散速率 D_i 的大小取决于迁移率 B_i 的大小,而 B_i 是单位驱动力作用下原子的扩散速率。如果合金内部存在局部应力场,应力就会提供原子扩散的驱动力 F。因为 $v=BF$,所以应力越大,原子扩散的驱动力越大,原子扩散的速度 v 越大。如果在合金外部施加应力使合金中产生弹性应力梯度,就会促进原子向晶体点阵伸长部分迁移,从而产生扩散现象。

习 题

1. 解释下列名词。

扩散、柯肯达尔效应、扩散激活能、间隙型扩散、上坡扩散和反应扩散。

2. 二元系发生扩散时,在反应过程中,渗层各部分能否有两相混合区出现?为什么?

3. 渗碳为什么在 γ-Fe 中进行,而不在 α-Fe 中进行?

4. 含碳量为 0.8% 的碳钢,在 900℃脱碳气氛中保温,此时与气氛相平衡的表面碳浓度为 0.2%。已知在保温 3h 后,脱碳层厚度为 0.3mm;若保温时间改为 7h,试问脱碳层厚度应是多少?

5. 已知铜在铝中扩散时,$D_0=0.84\times10^{-5}$ m²/s,$Q=136$kJ/mol,试计算在 27℃及 527℃时的扩散系数,并用所得数据讨论温度对扩散系数的影响。

6. 若 A 与 B 两元素的原子形成简单立方结构的固溶体,点阵常数 $a=0.3$nm。在室温下,A 原子跳入空位的频率为 10^{-5} s^{-1},在固溶体中 0.012cm 范围内测得 A 元素的浓度为 0.15%~0.63%(原子百分数),试求每秒通过截面为 1cm² 的 A 原子数(忽略 A 原子与 B 原子大小的差异)。

7. 一块含碳量为 0.1% 的碳钢在 930℃渗碳,渗层为 0.05cm 时,碳的浓度达到 0.45%。在 $t>0$ 的全部时间,渗碳气氛保持表面成分为 1%,假设 $D_C^\gamma=2.0\times10^{-5}$ exp

$(-140000/RT)$ m²/s。

（1）试计算渗碳时间。

（2）若将渗层加深一倍，则需多长时间？

（3）若规定 0.3%C 作为渗碳层厚度的量度，则在 930℃ 渗碳 10h 的渗层厚度为 870℃ 渗碳 10h 的多少倍？

第7章 纯金属和合金的凝固

本章教学要求

知识要点	掌握程度	相关知识
纯金属的凝固	理解液态纯金属的结构； 理解液态纯金属的凝固过程； 理解液态纯金属凝固的热力学条件； 掌握晶核的形成； 了解晶核的长大	凝固； 结构起伏和能量起伏； 理论凝固温度； 形核率； 正温度梯度与负温度梯度
合金的凝固	理解平衡分配系数； 理解合金的平衡凝固及非平衡凝固； 掌握合金凝固时溶质的再分配； 掌握合金凝固中的成分过冷	成分起伏； 均匀化退火； 枝晶编析； 正常凝固； 初始过渡期； 区域熔炼； 热过冷
铸锭的组织与缺陷	掌握铸锭的三个晶区； 了解铸锭的缺陷，并能分析其形成原因	过冷度； 偏析

材料从液态到固态的转变过程称为凝固。根据内部结构的不同，固态材料可分为晶态固态材料和非晶态固态材料两类。由液态凝固到晶态的过程称为结晶。由于固态金属材料通常为晶态，因此金属材料的凝固也称结晶。了解材料的凝固过程并掌握其规律对控制铸件或铸锭的组织、提高产品的使用性能和加工性能都具有重要意义。另外，由于材料由液态向固态的转变是一种相变过程，因此学习凝固过程对以后研究固态相变也具有一定的指导作用。本章主要讨论纯金属和合金的凝固。

7.1 纯金属的凝固

7.1.1 液态纯金属的结构

人们对液态纯金属的研究远不如对气态和固态纯金属的研究深入。最初，由于液态纯金属具有无定形和易流动等特性，因此人们认为它与气态纯金属相似，但20世纪以来对金属三态间物理性质的大量实验研究表明，液态纯金属的结构更接近于固态纯金属。液态纯金属具有与固态纯金属相同的结合键和近似的原子间结合力，在熔点附近的液态纯金属还存在与固态纯金属相似的原子堆垛和配位情况。由X射线衍射分析得到的液态纯金属和固态纯金属的结构数据比较见表7-1。液态纯金属中邻近原子之间的平均距离略大于固态纯金属，而配位数则略小，通常在8～10。因此，金属材料在发生熔化时体积略有膨胀，但Sb、Bi、Ge和Ga等非密排结构的晶体除外。

表7-1 由X射线衍射分析得到的液态纯金属和固态纯金属的结构数据比较

金属	液态纯金属		固态纯金属	
	原子间距/mm	配位数	原子间距/mm	配位数
Al	0.296	10～11	0.286	12
Zn	0.294	11	0.265、0.294	6、6
Cd	0.306	8	0.297、0.330	6、6
Au	0.286	11	0.288	12

液态纯金属原子分布的结构模型有两种：一种是局部规则排列模型，液态纯金属原子分布存在局部排列的规则性；另一种是随机密堆模型，液态纯金属原子分布具有随机密堆性。

然而，上述两种模型都存在一定的局限性。液态纯金属中的这些局部规则排列微区和随机高致密区都是很不稳定的，它们大小不一，处于时聚时散，此起彼伏的状态。这种很不稳定的现象称为结构起伏或相起伏。均匀的液态纯金属凝固过程中结晶的核心就是在结构起伏的基础上形成的，故这些结构起伏称为晶胚。

7.1.2 液态纯金属的凝固过程

液态纯金属的凝固过程包括晶核形成和晶核长大两个过程。图7.1所示为纯金属结晶过程示意图。将液态纯金属冷却到结晶温度以下，经过一段时间，出现第一批具有一定临界尺寸的晶核。随着时间的延长，已形成的晶核不断长大。与此同时，剩余的液态纯金属中又不断有新的晶核生成并不断长大,直到液态纯金属全部转变为固态晶体为止。单位时间内单位体积液态纯金属中形成的晶核数 $\dot{N}$ 称为**形核率**(单位为 $m^{-3} \cdot s^{-1}$)。单位时间内晶核长大的线长度称为长大速率 $\dot{G}$(单位为 m/s)。各个由晶核长成的不规则小晶体称为晶粒,晶粒之间的界面称为晶界。

图 7.1　纯金属结晶过程示意图

图 7.2 所示为液态纯金属的冷却曲线。由图可见,液态纯金属在理论凝固温度 T_m(金属的熔点)处并未开始凝固,只有冷却至 T_m 温度以下某个温度(T_n)才开始凝固。通常将这种实际开始凝固温度低于理论开始凝固温度的现象称为过冷,并把理论凝固温度 T_m 与实际凝固温度 T_n 之差 ΔT 称为过冷度($\Delta T = T_m - T_n$)。过冷度不是一个恒定值,它随金属的性质、纯度和溶液的冷却速度等因素而改变。对于同一种金属,冷却速度越大,过冷度越大。

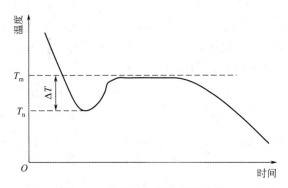

图 7.2　液态纯金属的冷却曲线

由于液态纯金属在凝固过程中要放出结晶潜热,因此温度会升高到略低于 T_m。当放热量与散热量相等时,曲线上出现了低于 T_m 的"平台",这时,凝固是在恒温下进行的,直至溶液凝固完毕,温度又继续下降。

7.1.3　液态纯金属凝固的热力学条件

液态纯金属凝固需要过冷度,这是由热力学条件决定的。根据热力学第二定律,在等温等压时,物质总是自发地从高自由能状态转变为低自由能状态。液态纯金属凝固时,只有当固态的自由能低于液态的自由能时,凝固才能进行。自由能 G 可表示为

$$G = H - TS$$

式中,H 为焓;T 为绝对温度;S 为熵。

自由能是温度和压力的函数,因此可推导出

$$dG = -SdT + Vdp$$

式中,V 为体积;p 为压力。

恒压条件下，$dp=0$，即

$$\frac{dG}{dT}=-S$$

熵表示原子排列的规则程度，为正值，因此自由能总是随温度的降低而增大。由于液态纯金属中原子排列的规则性比固态金属中的差，因此液态纯金属的熵 S_L 大于固态纯金属的熵 S_S，并且随温度变化的剧烈程度也较大。液态纯金属和固态纯金属的自由能-温度曲线如图 7.3 所示。由图可见，液态纯金属的自由能-温度曲线的斜率大于固态纯金属，因此这样两条曲线必然存在一交点。这一点，液态纯金属与固态纯金属的自由能相等，达到两相平衡状态，这一点的温度称为理论凝固温度，也就是晶体的熔点 T_m。

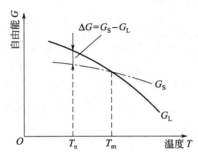

图 7.3　液态纯金属和固态纯金属的自由能-温度曲线

为了使凝固过程能进行，需使 $G_S-G_L=\Delta G<0$，即 $T<T_m$，也就是需要过冷。ΔG 为金属凝固的驱动力，令液相到固相的单位体积自由能变化为 ΔG_V，有

$$\begin{aligned}\Delta G_V &= G_S - G_L \\ &= (H_S - TS_S) - (H_L - TS_L) \\ &= (H_S - H_L) - T(S_S - S_L) \\ &= \Delta H - T\Delta S\end{aligned} \tag{7-1}$$

由于在恒压条件下，$\Delta H_p = -L_m$，而在理论凝固温度时，有

$$\Delta S = -\frac{L_m}{T_m}$$

代入式(7-1)，得

$$\Delta G_V = -L_m + \frac{TL_m}{T_m}$$

式中，L_m 为结晶潜热。

当 $T=T_m$ 时，$\Delta G=0$。当温度过冷到 T_n 时，有

$$\begin{aligned}\Delta G_V &= \Delta H_m - T_n \Delta S = -L_m + \frac{L_m T_n}{T_m} \\ &= -L_m\left(\frac{T_m - T_n}{T_m}\right) = -L_m \frac{\Delta T}{T_m}\end{aligned} \tag{7-2}$$

由此可见，只有在过冷度 $\Delta T>0$ 的条件下，才能保证自由能差 $\Delta G<0$，并且过冷度 ΔT 越大，ΔG_V 的绝对值越大，即凝固的驱动力越大。

7.1.4　晶核的形成

晶核的形成有两种方式：均匀形核和非均匀形核。

均匀形核是靠自身的结构起伏和能量起伏等条件在均匀的母相中无择优位置,任意地形成核心。这种晶核由母相中的一些原子团直接形成,不受外界影响。

非均匀形核是在母相中利用自有的杂质和型壁等异质作为基底,择优形核。这种晶核受杂质等外界影响。

由于非均匀形核所需能量较少,并且实际中不可避免地存在杂质,因此金属凝固时的形核主要为非均匀形核。但是,非均匀形核的基本原理仍是以均匀形核为基础的,因此下面先讨论均匀形核。

1. 均匀形核

(1) 形核时能量变化和临界晶核。

均匀形核不需要提供能量,仅靠自身的结构起伏和能量起伏等条件就能完成。这样,会给体系能量带来两个变化:一是由于晶胚的形成,液态转变为晶态时体积发生变化,会释放一部分能量,称为单位体积自由能,用 ΔG_V 表示($\Delta G_V < 0$),该部分能量促进相变进行,是驱动力;二是晶胚与液相间形成新的界面能,称为界面自由能,用 σ 表示,该部分能量阻碍相变进行,是阻力。晶胚达到一定尺寸后就成为结晶的晶核。因此,形成一个晶核所引起体系的自由能变化为

$$\Delta G = V \Delta G_V + \sigma A \tag{7-3}$$

式中,V 为晶核的体积;A 为晶核与液相之间界面的面积。

假设晶核为球形,半径为 r,则式(7-3)变为

$$\Delta G = \frac{4}{3}\pi r^3 \Delta G_V + 4\pi r^2 \sigma \tag{7-4}$$

当温度一定时,ΔG_V 和 σ 为定值,则 ΔG 是 r 的函数。图7.4所示为晶核半径 r 与自由能 ΔG 的关系。$\Delta G = f(r)$,曲线存在一极大值,该处 $r = r^*$。$r < r^*$ 时,ΔG 随 r 的增大而增大。这种情况下的晶胚是不可能长大的,晶胚只能重新熔化而消失;$r \geq r^*$ 时,ΔG 随 r 的增大而减小,这种情况下凝固才能自发进行。因此,把半径为 r^* 的晶胚称为临界晶核,r^* **称为临界晶核半径**。在过冷液体中不是所有的晶胚都能长成晶核,只有达到临界晶核半径的晶胚才能实现。临界晶核半径 r^* 可通过求极值得到,取 $d\Delta G/dr = 0$,则

$$r^* = -\frac{2\sigma}{\Delta G_V} \tag{7-5}$$

将式(7-2)代入式(7-5),得

$$r^* = \frac{2\sigma T_m}{L_m \Delta T} \tag{7-6}$$

由此可知,临界半径 r^* 随过冷度 ΔT 的增大而减小,r^* 越小,形核的概率越大,晶核数越多。

将式(7-5)代入式(7-4),得

$$\Delta G^* = \frac{16\pi\sigma^3}{3(\Delta G_V)^2} = \frac{1}{3}\sigma A^* \tag{7-7}$$

式中,ΔG^* 为形成临界晶核所需的功,简称**形核功**。

将式(7-2)代入式(7-7),得

$$\Delta G^* = \frac{16\pi\sigma^3 T_m^2}{3(L_m \Delta T)^2} \tag{7-8}$$

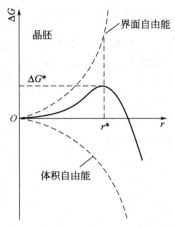

图 7.4　晶核半径 r 与自由能 ΔG 的关系

形成临界晶核时，体系释放的体积自由能只相当于所需界面能的 2/3，而另外的 1/3 要靠液体本身存在的能量起伏提供。**能量起伏**是液相中各微区的能量偏离体系平均能量的现象，它也是时有时无、此起彼伏的。均匀形核是结构起伏与能量起伏共同作用的结果，二者缺一不可。

液态金属中的结构起伏将形成不同尺寸的晶胚。图 7.5 所示为最大晶胚半径、临界晶核半径与临界过冷度之间的关系。图中两条曲线的交点称为均匀形核的临界过冷度 ΔT^*。要使晶胚尺寸达到临界晶核，只有使其具有足够的过冷度 ΔT^* 才可。

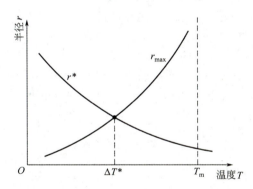

图 7.5　最大晶胚半径、临界晶核半径与临界过冷度之间的关系

（2）形核率。

形核率是单位时间内单位体积液态金属中形成的晶核数。形核率 N 主要受两个因素的影响：过冷度和原子扩散。随 ΔT 的增大，r^* 减小，ΔG^* 减小，促进形核；当 ΔT 进一步增大时，原子从液相向已形成晶胚扩散的速率减慢，阻碍形核。因此，形核率可表示为

$$N = K N_1 \cdot N_2 \tag{7-9}$$

式中，K 为比例常数；$N_1 = \exp\left(\dfrac{-\Delta G^*}{kT}\right)$，为形核功因子；$k$ 为玻耳兹曼常数；$N_2 = \exp\left(\dfrac{-Q}{kT}\right)$，为原子扩散概率因子；$Q$ 为扩散激活能。

因此，形核率还可表示为

$$N = K\exp\left(\frac{-\Delta G^*}{kT}\right) \cdot \exp\left(\frac{-Q}{kT}\right) \tag{7-10}$$

图 7.6 所示为形核率与过冷度的关系。由图可知,当过冷度较小时,形核率主要受形核功因子的影响,N 随 ΔT 增大而增大;当过冷度较大时,形核率主要受原子扩散概率因子的影响,N 随 ΔT 的增加而减小。

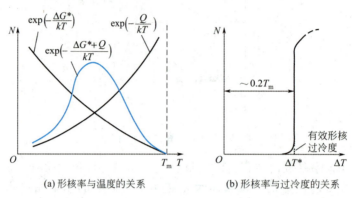

(a) 形核率与温度的关系　　(b) 形核率与过冷度的关系

图 7.6　形核率与过冷度的关系

对于易流动的金属液体来说,形核率随过冷度下降至某值 T^* 时突然显著增大,此过冷度 T^* 可视为均匀形核的有效形核过冷度,有效形核过冷度 $\Delta T^* \approx 0.2 T_m$。

均匀形核所需的过冷度很大,下面以铜为例,进一步计算形核时临界晶核中的原子数。已知纯铜的凝固温度 $T_m = 1356\text{K}$,过冷度 $\Delta T = 236\text{K}$,熔化热 $L_m = 1628 \times 10^6 \text{J/m}^3$,界面自由能 $\sigma = 177 \times 10^{-3} \text{J/m}^2$,由式(7-6)可得

$$r^* = \frac{2\sigma T_m}{L_m \Delta T} = \frac{2 \times 177 \times 10^{-3} \times 1356}{1628 \times 10^6 \times 236} \approx 1.249 \times 10^{-9} (\text{m})$$

铜的点阵常数 $a_0 = 3.615 \times 10^{-10}$ m,晶胞体积为

$$V_L \approx (a_0^3) \approx 4.724 \times 10^{-29} (\text{m}^3)$$

临界晶核的体积为

$$V_c \approx \frac{4}{3}\pi r^{*3} \approx 8.157 \times 10^{-27} (\text{m}^3)$$

临界晶核中的晶胞数目为

$$n = \frac{V_c}{V_L} \approx 173$$

因为铜是面心立方结构,每个晶胞中有 4 个原子,所以,一个临界晶核的原子数目为 692 个原子。上述的计算由于各参数的实验测定的差异稍有变化,总之,几百个原子自发地聚合在一起成核的概率很小,故均匀形核的难度较大。

2. 非均匀形核

实际情况中晶核的形核方式基本上是非均匀形核。非均匀形核时,一些外界因素(如杂质表面和型壁等)可使形核界面自由能降低,在较小的过冷度下发生形核,因此非均匀形核所需的过冷度小于均匀形核。例如,纯铁均匀形核时的过冷度为 295℃,但在工业生产中铁液的过冷度一般不超过 20℃。

(1) 临界晶核和形核功。

非均匀形核示意图如图 7.7 所示。设临界晶核 α 以球冠状形成于基底 W 上（基底为杂质表面或型壁），球冠的曲率半径为 r，球冠与基底的界面半径为 R。晶核表面与基底面的接触角为 θ，称为浸润角。$\sigma_{\alpha L}$、$\sigma_{\alpha W}$、σ_{LW} 分别表示晶核与液相的界面自由能、晶核与基底的界面自由能、液相与基底的界面自由能（用表面张力表示），$A_{\alpha L}$、$A_{\alpha W}$ 分别表示晶核与液相的界面面积、晶核与基底之间的界面面积，V_α 表示晶核体积。

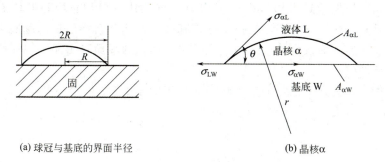

(a) 球冠与基底的界面半径　　(b) 晶核 α

图 7.7　非均匀形核示意图

晶核体积为

$$V_\alpha = \pi r^3 \left(\frac{2 - 3\cos\theta + \cos^3\theta}{3} \right) \quad (7-11)$$

晶核与液相的界面面积为

$$A_{\alpha L} = 2\pi r^2 (1 - \cos\theta) \quad (7-12)$$

晶核与基底的界面面积为

$$A_{\alpha W} = \pi r^2 \sin^2\theta \quad (7-13)$$

三相交点处表面张力应处于平衡，即

$$\sigma_{LW} = \sigma_{\alpha W} + \sigma_{\alpha L} \cos\theta \quad (7-14)$$

因此，非均匀形核时体系自由能的变化为

$$\Delta G = V\Delta G_V + \Delta G_S = V\Delta G_V + (A_{\alpha L}\sigma_{\alpha L} + A_{\alpha W}\sigma_{\alpha W} - A_{\alpha W}\sigma_{LW})$$

把式（7-11）、式（7-12）和式（7-13）代入上式，整理得

$$\Delta G = \frac{2 - 3\cos\theta + \cos^3\theta}{4} \left(\frac{4}{3}\pi r^3 \Delta G_V + 4\pi r^2 \sigma_{\alpha L} \right) \quad (7-15)$$

由式（7-15）可求出非均匀形核时的临界晶核半径 $r_\text{非}^*$ 和形核功 $\Delta G_\text{非}^*$ 为

$$r_\text{非}^* = -\frac{2\sigma_{\alpha L}}{\Delta G_V} \quad (7-16)$$

$$\Delta G_\text{非}^* = \frac{16\pi\sigma_{\alpha L}^3}{3(\Delta G_V)^2} \left(\frac{2 - 3\cos\theta + \cos^3\theta}{4} \right) \quad (7-17)$$

比较式（7-17）与式（7-7），得

$$\Delta G_\text{非}^* = \Delta G^* \left(\frac{2 - 3\cos\theta + \cos^3\theta}{4} \right) \quad (7-18)$$

由图 7.7（b）可知，θ 在 $0 \sim \pi$ 之间变化。当 $\theta = 0$ 时，$\Delta G_\text{非}^* = 0$，形核时不需要形核功；当 $\theta = \pi$ 时，$\Delta G_\text{非}^* = \Delta G^*$，非均匀形核的形核功与均匀形核相等，基底对形核不起作用；当 $0 < \theta < \pi$ 时，$\Delta G_\text{非}^* < \Delta G^*$，非均匀形核的形核功小于均匀形核，可在较小的过冷度下形核。因此，当 $0 < \theta < \pi$ 时，θ 越小，$\Delta G_\text{非}^*$ 越小，越容易形核。

(2) 形核率。

非均匀形核的形核率与均匀形核相似,也受过冷度和原子扩散的影响。但是,由于 $\Delta G_{\text{非}}^* < \Delta G^*$,因此非均匀形核在较小的过冷度下具有较高的形核率。图 7.8 所示为均匀形核和非均匀形核的形核率随过冷度变化的对比。由图可知,最主要的差异在于非均匀形核的形核功小于均匀形核,因而非均匀形核在约为 $0.02T_{\text{m}}$ 的过冷度时,形核率已达到最大值。此外,非均匀形核的最大形核率小于均匀形核,其原因是非均匀形核需要合适的基底,基底数量是有限的,当新相晶核很快覆盖基底后,适合新相形核的基底大为减少,使形核率降低。在杂质表面或型壁上形核可减少单位体积的界面自由能,因而临界晶核的原子数比均匀形核的少。

仍以铜为例,计算其非均匀形核时临界晶核中的原子数。

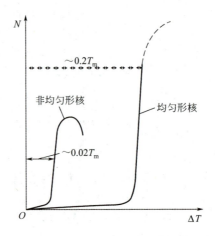

图 7.8 均匀形核和非均匀形核的形核率随过冷度变化的对比

球冠体积为

$$V_{\text{cap}} = \frac{\pi h^2}{3}(3r-h)$$

式中,h 为球冠高度,假定取为 $0.2r$;r 为球冠的曲率半径,取铜的均匀形核临界半径 r^*。

用前述的方法可得 $V_{\text{cap}} \approx 2.284 \times 10^{-28}\ \text{m}^3$,而 $V_{\text{cap}}/V_{\text{L}} \approx 5$ 个晶胞,最终每个临界晶核约有 20 个原子。由此可见,非均匀形核中临界晶核所需原子数远小于均匀形核中的原子数,因此非均匀形核可在较小的过冷度下形核。

7.1.5 晶核的长大

晶核的长大是指形核后原子从液相迁移到固相的过程。晶核长大过程中,长大的方式、长大的形态及长大的速率都将影响最终材料的组织和性能。

1. 液固界面

液固界面按微观结构可分为两种,即粗糙界面和光滑界面。由于晶核的长大是液固两相界面两侧原子迁移的过程,因此液固两相界面的微观结构将影响晶核的长大。

光滑界面[图 7.9(a)]是指界面两侧的液固两相是截然分开的,界面以上为液相,以下为固相,固相的表面是密排晶面。这种界面从微观上看是光滑的,但从宏观上看却是粗糙的，由若干曲折的小平面组成，因此，这种界面又称小平面界面。

粗糙界面[图7.9(b)]是指液固两相界面在微观上是高低不平的，存在厚度为几个原子的过渡层。这种界面层从微观上看是粗糙的，但由于过渡层很薄，从宏观上看却是平整光滑的，因此，这种界面又称非小平面界面。

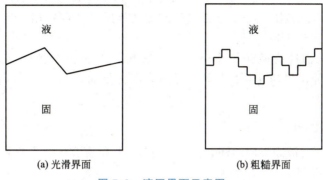

图 7.9 液固界面示意图

杰克逊用模型研究了液固两相界面的微观结构，他指出界面的平衡结构应该是界面自由能最低时的结构。他假设在界面自由能最低时界面为光滑界面，向光滑界面上任意增加原子，光滑界面会变为粗糙界面，这时界面自由能的相对变化 ΔG_S 可表示为

$$\frac{\Delta G_S}{NkT_m} = \alpha x(1-x) + x\ln x + (1-x)\ln(1-x) \tag{7-19}$$

式中，k 为玻耳兹曼常数；T_m 为金属的熔点；N 为界面上的原子位置数；x 为界面上原子位置被固相原子占据的分数；$\alpha = \xi L_m / kT_m$，为杰克逊因子，其中 $\xi = \eta/\nu$，η 为界面上原子的平均配位数，ν 是晶体的体配位数，ξ 恒小于1，为结晶取向因子。

将式(7-19)按 $\Delta G_S/(NkT_m)$ 与 x 的关系作图，当 α 取不同值时，该关系图如图7.10所示。

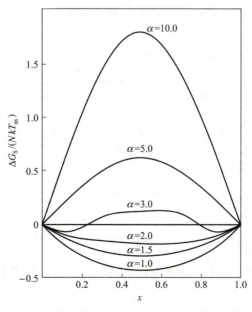

图 7.10 当 α 取不同值时，$\Delta G_S/(NkT_m)$ 与 x 的关系图

由图可得如下结论。

(1) $α≤2$ 时的曲线具有一个极小值。这类曲线的极小值位于 $x=0.5$ 处，该处的界面自由能最低，界面上固相原子和空缺位置各占一半，相互穿插，界面为粗糙界面。大多数金属和某些有机物都属于这种情况。

(2) $α≥5$ 的曲线有一个极大值和两个极小值。极大值位于 $x≈0.5$ 处，极小值出现在 $x→0$ 和 $x→1$ 处。界面被固相原子全部占据或被液相原子全部占据，界面为光滑界面。部分有机物和无机物属于这种情况。

(3) $2<α<5$ 的曲线有两个极小值。极小值既不在 $x≈0.5$ 处，又不在 $x→0$ 和 $x→1$ 处，这两个极小值的位置与 $α$ 和 $ξ$ 有关，界面为混合界面。Bi、Sb、Si、Ge 和 Ga 等金属属于这种情况。

2. 晶核的长大机制

晶核的长大机制与液固界面结构有关，目前认为可能存在的长大机制主要有以下三种。

(1) 连续长大机制。

连续长大机制又称垂直长大机制，主要适用于粗糙界面。由于在粗糙界面上，原子和空缺位置各占一半，所有的空缺位置都可以随机地接纳从液相来的原子，而不破坏界面的粗糙度。这种机制不需要孕育期、晶核和形核功。除需克服液相中原子间结合力外，不受其他阻碍，所以晶核长大的速率很快，所需的过冷度也较小。其平均生长速率为

$$v_g = u_1 \Delta T_K \tag{7-20}$$

式中，u_1 为比例常数，与材料本身有关，单位为 m/(s·K)，对于大多数金属而言，$u_1 ≈ 10^{-2}$ m/(s·K)；ΔT_K 为动态过冷度，单位为 K。

大多数金属都可能属于连续长大机制。

(2) 二维晶核长大机制。

二维晶核长大机制又称台阶式长大机制，主要适用于光滑界面。二维晶核是指一定尺寸的单分子或单原子的平面薄层。一个二维晶核在界面上形成后，界面上便出现一个台阶，液相中的原子将沿着此台阶侧面不断地附着并向周围铺开，直到铺满整个界面，这时生长中断，晶核也长厚一层。在新的界面上会再形成新的二维晶核，又很快长厚一层，如此反复进行。二维晶核长大机制示意图如图 7.11 所示。

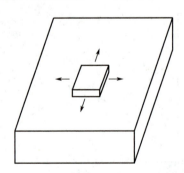

图 7.11 二维晶核长大机制示意图

这种机制的长大是不连续的，所需的过冷度较大。其平均生长速率为

$$v_g = u_2 \exp\left(\frac{-b}{\Delta T_K}\right) \tag{7-21}$$

式中，u_2 和 b 均为常数。

二维晶核长大机制实际中比较罕见，其平均生长速率也较慢。

(3) 依靠晶体缺陷长大机制。

依靠晶体缺陷长大机制也主要适用于光滑界面，其中最典型的是依靠螺型位错长大机制，其示意图如图 7.12 所示。当光滑界面上存在螺型位错时，液相中的原子可沿螺型位错露头处的台阶不断附着，使台阶围绕位错线露头旋转，最终晶体表面呈现出由螺型位错台阶形成的蜷线。其平均生长速率为

$$v_g = u_3 \Delta T_K^2 \tag{7-22}$$

式中，u_3 为比例常数。

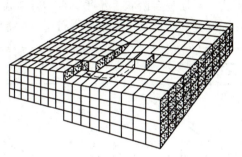

图 7.12 依靠螺型位错长大机制示意图

实际上，晶体中总是存在原子不规则排列的结构缺陷，但由于界面上提供的可附着原子的位置很少，因此这种机制的平均生长速率也较慢。这种长大机制不需要重新形核。

3. 纯金属的生长形态

纯金属凝固时的生长形态除与液固界面结构有关外，还与界面前沿液相中的温度梯度有关。两种温度梯度如图 7.13 所示。

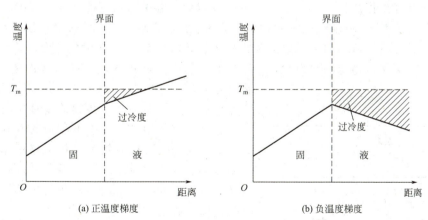

图 7.13 两种温度梯度

(1) 正温度梯度下的情况。

正温度梯度指液相中距固液界面距离 Z 越大，温度越高（即 $dT/dZ > 0$），前沿液相体内的动态过冷度 ΔT_K 随距固液界面距离 Z 的增加而减小，如图 7.13（a）所示。液相中心部分温度高于固液界面的温度，结晶潜热只能由固相散出，因此界面推移速度受到固相传

热速度的控制。

正温度梯度下，型壁起到散热的作用，温度越低，型壁处最先凝固，故离型壁越近的生长形态有以下两种情况。

① 粗糙界面。此时，晶体的长大机制主要以连续长大机制为主，界面均匀地向前推移，整个界面保持稳定的平面状。即使界面上偶尔有凸起进入温度较高的液相中，由于动态过冷度 ΔT_K 下降，晶体的生长速率也会减慢或停止，周围部分长上来，凸起消失，固液界面仍为稳定的平面状。这种情况下 ΔT_K 很小，因此界面几乎与 T_m 等温面重合[图7.14(a)]。

② 光滑界面。此时，晶体的长大机制主要以二维晶核长大机制为主，界面向前推进时，原子通过台阶的侧面扩展生长，界面呈台阶状。小平面与 T_m 等温面呈一定角度，这些小平面也不能过多地凸向液体，因此界面从宏观上看也是平行于 T_m 等温面的[图7.14(b)]。

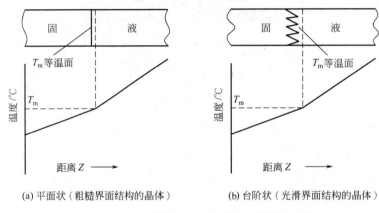

(a) 平面状（粗糙界面结构的晶体）　　(b) 台阶状（光滑界面结构的晶体）

图 7.14　正温度梯度下观察到的两种界面形态

(2) 负温度梯度下的情况。

负温度梯度是指液相中距固液界面距离 Z 越大，温度越低（即 $dT/dZ<0$），前沿液相体内的动态过冷度 ΔT_K 随距固液界面距离 Z 的增加而增大，如图7.13(b)所示。负温度梯度下，界面前沿液相内冷却散热及结晶潜热既通过型壁又通过液相散失，因此晶体生长的界面上不能保持稳定的平面状，一旦界面上偶有凸起进入液相就会获得更大的 ΔT_K，从而使生长速率加快。凸起伸入液相中形成晶轴，这种晶轴称为主晶轴。主晶轴结晶时向两侧液相中放出潜热，使液相中垂直于主晶轴的方向又产生二次晶轴。同理，二次晶轴上又长出三次晶轴。树枝状晶体生长示意图如图7.15所示。树枝状生长的晶轴具有一定的晶体学取向，并且与晶体结构类型有关，如面心立方<100>，体心立方<100>，密排六方<10$\bar{1}$0>，体心四方<110>。

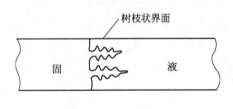

图 7.15　树枝状晶体生长示意图

物质以树枝状方式生长时，最后凝固的金属将树枝状空隙填满，使每个枝晶成为一个晶粒。树枝状生长在具有粗糙界面的物质中表现很明显，而在具有光滑界面的物质中，以及在负温度梯度下也有树枝状生长的倾向,但不明显,甚至还保持其小平面特征。

7.2 合金的凝固

7.2.1 平衡分配系数

合金凝固时,要发生溶质的重新分布,重新分布的程度可用平衡分配系数 k_0 来表示。k_0 定义为平衡凝固时固相的物质的量浓度 C_S 和液相物质的量浓度 C_L 之比,即

$$k_0 = \frac{C_S}{C_L} \tag{7-23}$$

合金的凝固是在一定的温度范围内进行的,并且在两相区范围液相和固相的平衡成分是不同的。k_0 可以小于1,也可以大于1,图7.16所示为两种 k_0 情况的相图。图中 C_0 为合金成分,k_0 的大小仅与合金相图本身的特性有关。$k_0<1$ 时,随溶质增加,合金凝固的开始温度和终了温度降低;$k_0>1$ 时,随溶质增加,合金凝固的开始温度和终了温度升高。k_0 越接近1,则该合金凝固时重新分布的溶质成分与原合金成分越接近。

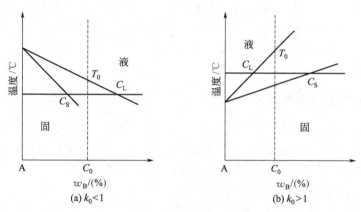

图 7.16 两种 k_0 情况的相图

7.2.2 合金的平衡凝固

合金的平衡凝固是指合金在凝固过程中,冷却速度非常缓慢,每个阶段的相变都有充分的时间进行组元间的相互扩散,达到平衡相的均匀成分。

合金的平衡凝固如图7.17所示。成分为 C_0 的合金溶液冷却到 t_0 温度时,固溶体α成分应为 k_0C_0,但由于没有过冷度,无法形核,只有温度稍低于 t_0 的 t_1 温度时才能形核。固溶体α成分为 $α_1$,在液固界面处与之平衡的液相成分为 L_1,此时远离相界面处的液相仍保持原合金的成分 C_0。在液相中产生了浓度梯度,必然引起液相内溶剂A和溶质B原子的相互扩散。B原子由界面向外扩散,A原子向界面扩散,使得界面处B原子含量降低,A原子含量增高,破坏了液固界面处的相平衡,只有靠α长大排出B原子、吸收A原子,才能维持液固界面处的相平衡。固溶体不断长大,液固界面连续向液相中推移,溶液中B原子含量不断升高,直至整个液相都达到 t_1 温度下的平衡成分 L_1 为止。继续冷

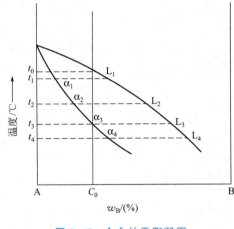

图 7.17 合金的平衡凝固

却，当温度降到 t_2 时，α 继续长大，液固界面处立即建立起新的平衡。固溶体 α 成分为 $α_2$，与之平衡的液相成分为 L_2，而远离界面处固相成分为 $α_1$，液相成分为 L_1。这样在液相和固相中都有浓度梯度，存在扩散过程。在液固界面处，B 原子由界面向液相和固相中扩散，A 原子由液相和固相向界面处扩散，使得界面处 B 原子含量降低，A 原子含量增高，破坏了液固界面相平衡。同样，只有靠 α 长大排出 B 原子、吸收 A 原子，才能维持液固界面处的相平衡。固溶体不断长大，液相和固相中原子扩散充分进行，直至固相成分全部达到 t_2 温度下的平衡成分 $α_2$ 和液相成分全部达到该温度下的平衡成分 L_2 为止。继续冷却，重复上述过程，固溶体不断长大直至固相全部转变为成分为 C_0 的均匀固溶体。

综上所述，固溶体平衡凝固过程为：形核→相界平衡→扩散破坏平衡→长大→相界平衡。随着温度的降低，此过程重复进行，直至全部转变为成分均匀的固溶体为止。

与纯金属相比，固溶体合金凝固过程有以下两个特点：一是固溶体合金凝固时生成的固相成分与原液相成分不同，即需要成分起伏、能量起伏和结构起伏；二是固溶体合金凝固需在一定温度范围内进行，并且在此温度范围内的每一温度下只能凝固出一定数量的固相，即凝固速率比纯金属慢。

7.2.3　合金的非平衡凝固

合金的凝固依赖组元的扩散，要达到平衡凝固，必须有足够的时间使扩散充分进行。但是，在工业生产中，合金溶液浇注后冷却速度较快，在每一温度下不能保持足够的扩散时间，凝固过程偏离了平衡条件，这称为合金的非平衡凝固。

在合金的非平衡凝固中，液固两相的成分将偏离平衡相图中的液相线和固相线。图 7.18（a）所示为非平衡凝固时液固两相的成分变化。合金 I 在 t_1 温度时先结晶出成分为 $α_1$ 的固相，因其含铜量远低于原合金的原始成分，故与之相邻的液相含铜量要高至 L_1。随后冷却到 t_2 温度，固相的平衡成分应为 $α_2$，液相成分则改变至 L_2，但由于冷却较快，液相和固相，尤其是固相中的扩散不充分，其内部成分仍低于 $α_2$，甚至保留为 $α_1$，因此出现成分不均匀的现象。此时，整个固相的平均成分 $α_2'$ 应在 $α_1$ 和 $α_2$ 之间，而整个液相的平均成分 L_2' 应在 L_1 和 L_2 之间。继续冷却到 t_3 温度，固相平均成分应为 $α_3$，液相的平均成分应为 L_3，同样因扩散不充分而达不到平衡凝固成分，固相的实际成分为 $α_1$、$α_2$ 和 $α_3$ 的平均值 $α_3'$，液相的实际成分则是 L_1、L_2 和 L_3 的平均值 L_3'。合金冷却到 t_4 温度凝固结束。此时固相的平均成分从 $α_3'$ 变到 $α_4'$，即原合金成分。若把每一温度下的固相和液相的成分点连接起来，则分别得到图 7.18（a）中的虚线 $α_1$ $α_2'$ $α_3'$ $α_4'$ 和 L_1 L_2' L_3' L_4'，称为固相平均成分线和液相平均成分线。非平衡凝固时的组织变化如图 7.18（b）所示。

从上述对合金的非平衡凝固过程的分析可以得到如下三点结论。

（1）固相平均成分线和液相平均成分线与固相线和液相线不同，它们和冷却速度有关。冷却速度越快，其偏离固、液相线越严重；反之，冷却速度越慢，其越接近固、液相

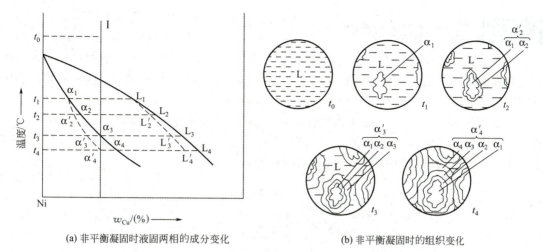

(a) 非平衡凝固时液固两相的成分变化　　　　(b) 非平衡凝固时的组织变化

图 7.18　合金的非平衡凝固

线，表明冷却速度越接近平衡冷却条件。

(2) 先结晶部分总是富高熔点组元，后结晶部分总是富低熔点组元。

(3) 非平衡凝固时的终了温度总是低于平衡凝固时的终了温度。

合金通常以树枝状生长方式结晶，非平衡凝固导致先结晶的枝干和后结晶的枝间的成分不同，故称为**枝晶偏析**。由于一个树枝晶是由一个核心结晶而成的，因此枝晶偏析属于晶内偏析。图 7.19（a）所示为铜镍合金的铸态组织。树枝晶形貌的显示是由枝干和枝间的成分差异引起侵蚀后颜色深浅不同所致。用电子探针测定可以得出枝干是富镍的（不易侵蚀而呈白色），分枝之间是富铜的（易侵蚀而呈黑色）。合金在非平衡凝固条件下产生枝晶偏析是一种普遍现象。

枝晶偏析是非平衡凝固的产物，在热力学上是不稳定的，通过均匀化退火（或称扩散退火），即在固相线以下较高的温度（要确保不能出现液相，否则会使合金过烧）经过长时间的保温使原子扩散充分，使之转变为平衡组织。图 7.19（b）所示为铜镍合金扩散退火后的组织，树枝形态已消失（由电子探针测定的结果也证实了枝晶偏析已消除）。

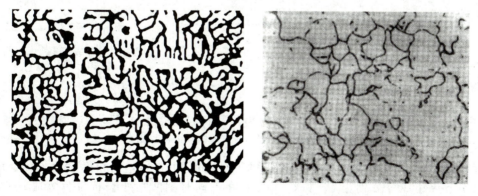

(a) 铜镍合金的铸态组织　　　　(b) 铜镍合金扩散退火后的组织

图 7.19　铜镍合金的铸态组织和扩散退火后的组织

7.2.4　合金凝固时溶质的再分配

合金凝固时溶质要发生重新分配，在非平衡凝固条件下，除产生枝晶偏析外，还可能发生宏观偏析。宏观偏析是指铸锭边缘和铸锭中心溶质的质量浓度不同，铸锭内先后凝固部位的组织和性能不同，是一种无法消除的材料缺陷。

为了便于讨论，研究一根圆棒由棒端面从左向右的水平定向凝固，其示意图如图 7.20 所示。为了简化问题，作四点假设：固液界面是平直的，晶体长大时界面处始终保持局部平衡状态，不考虑固相内的扩散，固相和液相的密度相同。

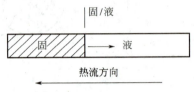

图 7.20　水平定向凝固示意图

1. 液相中溶质完全混合时溶质的再分配

当合金凝固速度很慢时，液相内溶质可通过扩散、对流和搅拌使整个液相中溶质很快完全混合均匀。液相中溶质完全混合时溶质的再分配示意图（$k_0<1$）如图 7.21 所示。合金棒从左端开始凝固，最左端固相成分为 k_0C_0，界面推移到 1 处时，有少量溶质从固相排入液相，导致液相成分上升至稍高于 C_0 处，此时固液界面存在局部平衡。随着凝固过程的继续进行，界面推移到 2 处时，固相又向液相中排出溶质，剩余液相中的溶质浓度又增高，同时固相成分也升高，最终达到完全凝固。

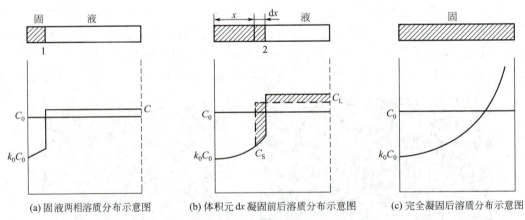

(a) 固液两相溶质分布示意图　(b) 体积元 dx 凝固前后溶质分布示意图　(c) 完全凝固后溶质分布示意图

图 7.21　液相中溶质完全混合时溶质的再分配示意图（$k_0<1$）

设合金棒长为 l，截面为 1 个单位面积，已凝固段长为 x，两相界面为平面，界面处液相成分和固相成分分别为 C_L 和 C_S，并且在不同时刻两相处于局部平衡时，$(C_S)_i = k_0(C_L)_i$，k_0 为常数，液固两相的密度近似相等。根据质量守恒定律，体积元 dx 发生凝固时排出的溶质为

$$(C_L - C_S)dx = C_L(1-k_0)dx$$

这些排出的溶质将均匀分布在剩余液相中，液相浓度升高 dC_L，则

$$(l-x)dC_L = C_L(1-k_0)dx$$

即

$$\frac{dC_L}{C_L} = \frac{(1-k_0)dx}{l-x}$$

积分后得

$$\ln C_L = (k_0-1)\ln(1-x/l) + \ln C$$

当 $x=0$ 时，$C_L=C_0$，则 $C=C_0$，即

$$C_L = C_0\left(1-\frac{x}{l}\right)^{k_0-1} \tag{7-24}$$

$$C_S = C_0 k_0\left(1-\frac{x}{l}\right)^{k_0-1} \tag{7-25}$$

这种凝固称为<u>正常凝固</u>。正常凝固下的溶质质量浓度由铸锭表面向中心逐渐增加的不均匀分布，称为<u>正偏析</u>，是宏观偏析的一种。C_0 合金凝固后的溶质分布曲线（$k_0<1$）如图 7.22 所示。

由式(7-24)和式(7-25)正常凝固方程可看出，凝固后的溶质分布也与 k_0 有关。图 7.23 所示为具有不同 k_0 值的合金凝固后的溶质分布曲线。由图可见，当 $k_0<1$ 时，合金棒从左至右凝固，左端纯化，右端富集溶质，并且 k_0 越小，此效应越显著；当 $k_0>1$ 时，则溶质富集于左端，k_0 越大，此效应越显著。

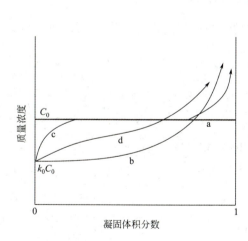

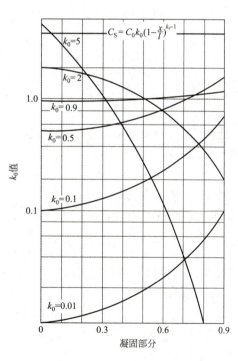

a—平衡凝固；b—液相中溶质完全混合；c—液相中溶质仅靠扩散混合；d—液相中溶质部分混合。

图 7.22 C_0 合金凝固后的溶质分布曲线（$k_0<1$）

图 7.23 具有不同 k_0 值的合金凝固后的溶质分布曲线

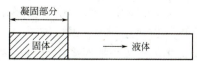

2. 液相中溶质部分混合时溶质的再分配

当合金凝固时，若其凝固较快，液相中溶质只能部分混合。根据流体力学，液体在管道中流动时紧靠管壁的薄层流速为 0，该薄层称为边界层。边界层内的液相不产生对流，而只通过扩散来传输溶质。由于扩散较慢，溶质从液固界面处固相中排出的速度高于从边界层中扩散出去的速度，因此在边界层中就产生了溶质原子的聚集，如图 7.24（a）所示，而在边界层外的液体则因对流而获得均匀的浓度 $(C_L)_B$，液固界面处一直保持平衡 $[(C_S)_i = k_0 (C_L)_i]$。随着液固界面不断向前移动，边界层中溶质原子聚集越来越多，浓度梯度加大，扩散速度加快，达到一定速度后，溶质从液固界面处固相中排出的速度正好等于溶质从边界层中扩散出去的速度时，$(C_L)_i / (C_L)_B$ 变为常数。把凝固开始直到 $(C_L)_i / (C_L)_B$ 变为常数的阶段称为初始过渡期，如图 7.24（b）所示。

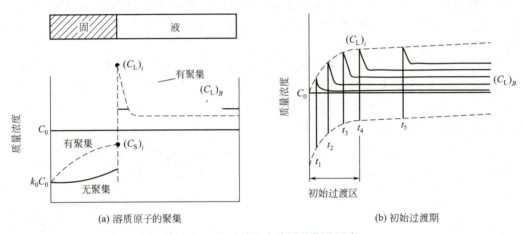

(a) 溶质原子的聚集 (b) 初始过渡期

图 7.24　凝固过程中溶质的聚集现象

初始过渡期建立后，$(C_L)_i / (C_L)_B = k_1$，而液固界面处始终保持两相平衡，即 $(C_S)_i / (C_L)_i = k_0$，则

$$k_e = k_0 \cdot k_1 = (C_S)_i / (C_L)_B$$

式中，k_e 为有效分配系数。

对边界层的扩散方程求解可导出

$$k_e = \frac{k_0}{k_0 + (1-k_0) \exp(-R\delta/D)} \tag{7-26}$$

式中，δ 为边界层厚度；R 为凝固速度；D 为溶质扩散系数。

此阶段的凝固方程为

$$\left. \begin{array}{l} (C_L)_B = C_0 (1-x/l)^{(k_e-1)} \\ C_S = k_e C_0 (1-x/l)^{(k_e-1)} \end{array} \right\} \tag{7-27}$$

式中，$k_0 < k_e < 1$。

式（7-27）就是液相中溶质部分混合情况下，合金不平衡凝固过程中液相和固相的溶质分布方程，它表示凝固过程中在初始过渡区建立后，液相成分和固相成分随凝固体积分数而变化。随边界层厚度 δ 不同，液相中溶质混合的情况不同，有效分配系数 k_e 也不同。

当凝固速度 R 很小时，$(R\delta/D) \to 0$，$k_e \approx k_0$，属于液相中溶质完全混合的情况；当凝固速度 R 很大时，$(R\delta/D) \to \infty$，$k_e \approx 1$，属于下面将要讨论的液相溶质完全不混合的情况；一般情况下，即 $0<R<\infty$ 时，$k_0<k_e<1$，属于液相中溶质部分混合的情况。

3. 液相中溶质仅靠扩散混合时溶质的再分配

若凝固速度 R 很大，则液固界面推移很快，边界层中溶质迅速聚集。由于液相中溶质完全不混合，当固相中溶质浓度由 k_0C_0 提高到 C_0 时，液固界面处两相平衡，即 $(C_L)_i=C_0/k_0$，界面前沿液相中溶质浓度将保持这个数值，其余液相中溶质浓度仍保持 C_0，如图 7.25（a）和图 7.25（b）所示，即初始过渡区建立后，$k_e=1$。

由式（7-27）可得

$$\left.\begin{array}{l}(C_L)_B=C_0\left(1-\dfrac{x}{l}\right)^{1-1}=C_0 \\ C_S=1\cdot C_0\left(1-\dfrac{x}{l}\right)^{1-1}=C_0\end{array}\right\} \quad (7-28)$$

式（7-28）表示液相中溶质完全不混合情况，凝固过程中在初始过渡区建立后，固相中溶质浓度保持 C_0，边界层外液相溶质浓度也保持为 C_0；直至凝固接近结束，液相剩余很少时，根据质量守恒定律，剩余液相中溶质浓度迅速升高；完全凝固后合金棒的末端富含溶质如图 7.25（c）所示。

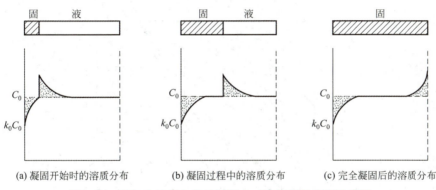

(a) 凝固开始时的溶质分布　　(b) 凝固过程中的溶质分布　　(c) 完全凝固后的溶质分布

图 7.25　液相中溶质仅靠扩散混合时溶质的再分配示意图

综上所述，当合金不平衡凝固时，若希望获得最大程度的提纯，则应使 $(R\delta/D)\rightarrow 0$，即使 k_e 尽可能接近 k_0；若希望获得成分均匀的合金棒（合金棒两端除外），则应使 $(R\delta/D)$ 尽可能大，即 $k_e=1$。

4. 区域熔炼

根据合金定向凝固时溶质的再分配原理，进行材料提纯时，不是将全部材料同时熔化，而是将平行于材料截面的一薄层区域熔化，熔区以恒定的凝固速度 R 沿材料移动，进行有效提纯。这种把先凝固部分的杂质排入熔化的液相中，杂质再聚集在右端的方法称为<u>区域熔炼</u>，其示意图如图 7.26 所示。

区域熔炼的杂质分布方程为

$$C_S=C_0\left[1-(1-k_0)\exp\left(-\dfrac{k_0 x}{l}\right)\right] \quad (7-29)$$

区域熔炼一次后，合金棒的提纯效果比正常凝固的差，但经多次反复区域熔炼，纯度

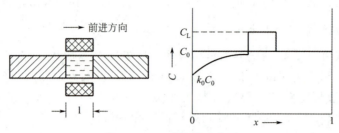

图 7.26 区域熔炼示意图

可随熔炼次数的增多而提高。$k=0.1$ 时，溶质质量分数与熔炼次数 n 和距离的关系如图 7.27 所示。区域熔炼常用于半导体材料、金属、有机化合物及无机化合物等的提纯，提纯后的纯度极高。

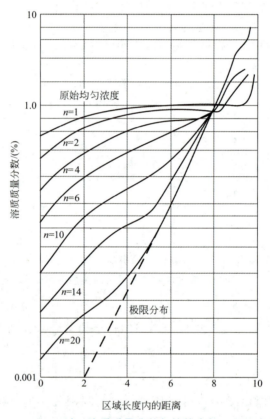

图 7.27　$k_0=0.1$ 时，溶质质量分数与熔炼次数 n 和距离的关系

7.2.5　合金凝固中的成分过冷

1. 成分过冷与热过冷

纯金属凝固时，其理论凝固温度 T_m 是固定的，当液态金属中的实际凝固温度低于 T_m 时，将引起过冷，这种现象通常称为热过冷；而当合金凝固时，界面前沿液相中的 T_m 将随其浓度的变化而变化，通常将这种界面前沿液相中的实际凝固温度低于由溶质分布所

决定的凝固温度产生的过冷，称为**成分过冷**。合金在凝固过程中的成分过冷将对晶体长大的形状和铸锭的组织造成影响。

2. 成分过冷的产生

图 7.28 所示为 $k_0 < 1$ 的合金产生成分过冷的过程示意图。

图 7.28（d）为图 7.28（c）曲线上每一点溶质浓度所对应的凝固温度 T_L。把图 7.28（b）的实际温度分布线叠加到图 7.28（d）上，就得到图 7.28（e）中阴影部分的成分过冷区。

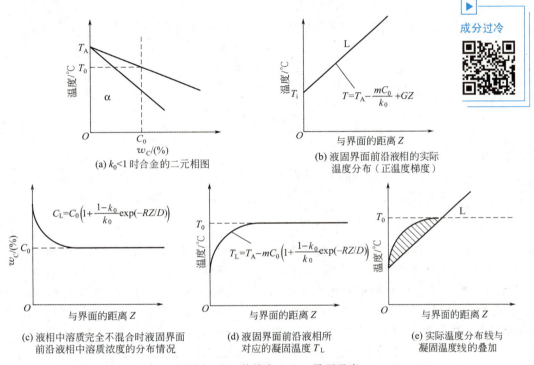

T_A—纯组元 A 的熔点；T_i—界面温度。

图 7.28 $k_0 < 1$ 的合金产生成分过冷的过程示意图

假设液相线为直线，斜率为 m，纯组元 A 的熔点为 T_A，则成分为 C_L 的液相平衡凝固温度为

$$T_L = T_A - mC_L$$

$$T_L = T_A - mC_0 \left[1 + \frac{1-k_0}{k_0} \exp(-RZ/D) \right] \qquad (7-30)$$

以上为界面前沿的液相凝固温度，而界面前沿的实际温度则取决于温度梯度。设温度梯度为 G，则实际温度为

$$T = T_i + GZ \qquad (7-31)$$

在液相中溶质完全不混合的情况下，液固界面处固相的成分为 C_0，液相的成分为 C_0/k_0，所以界面温度 T_i 就是液相成分为 C_0/k_0 时所对应的温度，即

$$T_i = (T_L)_{Z=0} = T_A - \frac{mC_0}{k_0}$$

因此

$$T = T_A - \frac{mC_0}{k_0} + GZ$$

只有在 $T < T_L$ 时，即实际温度低于液体的平衡凝固温度时，才会产生成分过冷。成分过冷产生的临界条件为

$$\left.\frac{dT_L}{dZ}\right|_{Z=0} = G \tag{7-32}$$

对式 (7-30) 求导，可得 $Z = 0$ 处的表达式为

$$\left.\frac{dT_L}{dZ}\right|_{Z=0} = mC_0 \frac{1-k_0}{k_0} \frac{R}{D} \tag{7-33}$$

由式 (7-32) 和式 (7-33) 得产生成分过冷的临界条件为

$$G = \frac{RmC_0}{D} \frac{1-k_0}{k_0} \tag{7-34}$$

产生成分过冷的条件是 $G < \left.\frac{dT_L}{dZ}\right|_{Z=0}$，于是有

$$G < \frac{mC_0 R}{D} \frac{1-k_0}{k_0} \tag{7-35}$$

反之，则不产生成分过冷。

温度梯度 G 越小，液相线斜率 m 越大，合金成分 C_0 越大，凝固速度 R 越大，扩散系数 D 越小，$k_0 < 1$ 时 k_0 越小，或 $k_0 > 1$ 时 k_0 越大，成分过冷越容易产生。

3. 成分过冷对晶体长大形状的影响

成分过冷对晶体长大的形状有很大影响。当成分过冷区较小时，界面某个地方出现凸起，在它们进入过冷区后，由于过冷度稍有增加，促使它们进一步凸向液体；但由于成分过冷区不大，凸起部分不可能长很大，界面会形成胞状组织。图 7.29 所示为胞状组织生长示意图。当成分过冷区较大时，凸起部分则向液相中继续生长，并在侧面形成二次轴，二次轴上又生长出三次轴，这样就形成了树枝状晶体。

(a) 界面出现凸起　　　　　(b) 形成胞状组织

图 7.29　胞状组织生长示意图

和前面的纯金属凝固比较可知，由于成分过冷，合金在正温度梯度下可能凝固得到树枝状组织，而在纯金属凝固中，必须获得特殊的负温度梯度，才可得到树枝状组织。因此，成分过冷是合金凝固有别于纯金属凝固的主要特征。

7.3　铸锭的组织与缺陷

在实际生产中，液态金属是在铸锭模或铸型中凝固的，前者得到铸锭，后者得到铸件。虽然它们的结晶过程均遵循着结晶的普遍规律，但是铸锭或铸件冷却条件的复杂性，

使铸态组织具有很多特点。铸态组织包括晶粒大小、形状和取向、合金元素和杂质的分布，以及铸锭中的缺陷（缩孔、气孔和偏析等）等。对铸件来说，铸态组织直接影响其机械性能和使用寿命；对铸锭来说，铸态组织不但影响其压力加工性能，而且影响压力加工后的金属制品的组织和性能。因此，应该了解铸锭（铸件）的组织及其形成规律，并设法改善铸锭（铸件）的组织和性能。

7.3.1　铸锭的三个晶区

铸锭的宏观组织（图7.30）通常由三个晶区所组成，即表层细晶区、柱状晶区和中心等轴晶区。

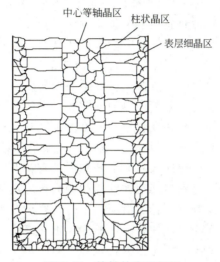

图 7.30　铸锭的宏观组织

1. 表层细晶区

当高温的金属液体倒入铸模后，结晶先从模壁处开始。这是由于温度较低的模壁有强烈的吸热和散热作用，使靠近模壁的一薄层液体产生极大地过冷，加上模壁可以作为非均匀形核的基底，因此在此薄层液体中立即产生大量的晶核，并且这些晶核同时向各个方向生长。晶核数目多，故邻近的晶核很快彼此相遇，不能继续生长，这样便在靠近模壁处形成等轴晶粒区。

表层细晶区的形核数目取决于下列因素：模壁的形核能力及模壁处所能达到的过冷度的大小，后者主要依赖于铸锭模的表面温度、铸锭模的热传导能力及浇注温度等因素。如果铸锭模的表面温度低、热传导能力好及浇注温度较低，便可以获得较大的过冷度，从而使形核率增加，细晶区的厚度增大；相反，如果浇注温度高，铸锭模的散热能力小而使其温度升高很快，晶核数目就大大降低，细晶区的厚度也相应地减小。

细晶区的晶粒十分细小，其组织致密、机械性能很好。但是，纯金属铸锭表层细晶区的厚度一般都很薄，有的只有几毫米，因此没有很大的实际意义。

2. 柱状晶区

柱状晶区由垂直于模壁的粗大的柱状晶构成。在表层细晶区形成的同时，一方面模壁的温度由于被液态金属加热而迅速升高，另一方面由于金属凝固后收缩，细晶区和模壁脱离，形成空气层，给液态金属的散热造成困难。此外，细晶区的形成还释放出大量的结晶潜热，也会促使模壁温度升高。上述原因造成的模壁温度升高会导致液态金属冷却减慢，温度梯度变得平缓，这时开始形成柱状晶区。尽管在结晶前沿液相中有适当的过冷度，但这一过冷度很小。这样小的过冷度虽不能生成新的晶核，但有利于细晶区靠近液相的某些小晶粒继续长大，而离界面稍远处的液态金属尚处于过热之中，自然也不能形核。因此，结晶主要靠这些小晶粒的继续长大来进行。而且，垂直于模壁方向散热最快，因而晶体沿其相反方向择优生长成柱状晶。晶体的长大速度是各向异性的，一次晶轴方向长大速度最大，但由于散热条件的影响，因此只有那些一次轴平行于散热方向，即垂直于模壁的晶粒长大速度最大，它们迅速地优先长入液体中，而那些主轴斜生的晶粒则被"挤掉"，不能生长。这些优先生长的晶粒并排向液相中生长，侧面受到彼此的限制而不能侧向生长，只能沿散热方向生长，结果便形成了柱状晶区。各柱状晶的位向都是一次晶轴方向，如立方晶系各个柱状晶的一次晶轴都是<001>，结果柱状晶区在性能上就显示出了各向异性。这种晶体学位向一致的铸态组织称为铸造织构或结晶织构。

由此可见，柱状晶区形成的外因是传热的方向性，内因是晶体生长的各向异性。柱状晶的长大速度与已结晶固相的温度梯度和液相的温度梯度有关，当固相的温度梯度越大或液相的温度梯度越小时，柱状晶的长大速度便越大。如果已结晶固相的导热性好，散热快，始终能保持定向散热，并且在柱状晶前沿液相中没有新形成的晶粒阻挡，那么柱状晶就可以一直生长到铸锭中心，直到与其他柱状晶相遇为止。这种铸锭组织称为穿晶组织。

柱状晶区的生长程度主要取决于它前沿液相中是否有正在生长的晶粒阻挡其生长，在其前沿液相中若存在生长的新晶粒，柱状晶区的生长也就停止了。

在柱状晶区，晶粒彼此间的界面比较平直，气泡缩孔很小，组织比较致密。但是，当沿不同方向生长的两组柱状晶相遇时，会形成柱晶间界。柱晶间界是杂质、气泡和缩孔较富集的区域，因而是铸锭的脆弱结合面，如在方形铸锭中的对角线处就很容易形成脆弱界面。当压力加工时，沿这些弱面易形成裂纹或裂开。此外，柱状晶区具有方向性，对塑性好的金属或合金，即使全部为柱状晶组织，也能顺利通过热轧而不致开裂；而对塑性差的金属或合金，如钢铁和镍基合金等，则应力求避免形成发达的柱状晶区，否则会导致热轧开裂而产生废品。

3. 中心等轴晶区

随着柱状晶的生长，液态金属冷却逐渐减慢，温度梯度越来越平缓，柱状晶的长大速度也就越来越小，但在柱状晶的晶枝伸展区（固液两相共存），由于晶枝的相互封锁和干扰，排出的溶质不能向远处液相扩散，晶枝间的溶质浓度增高，熔点下降，再加上潜热的逸散困难，各级晶枝变得细长，而且根部逐渐萎缩，甚至还会发生局部重熔而自动脱落的现象。液相的流动会加剧晶枝的脱落，并会将已脱落的残枝碎片带到铸淀中部。此外，当表层细晶区形成时，由于液相的强烈对流作用，晶枝也会硬性剥落而进入液相中。

在柱状晶的长大过程中，在铸锭中部的液相中就已经存在大量的可作为晶核的碎枝残片，这是形成中心等轴晶区的一个主要原因。另外，随着柱状晶的长大，结晶前沿液相中的成分过冷区也会逐渐加大，这就可能在柱状晶前沿重新形核，特别是当两个相对方向相向推进的成分过冷区重合时，铸锭中部便会迅速形核长大。此外，悬浮在中部液相中的杂质,也可成为新的结晶核心。总之,以上情况都说明在柱状晶长到一定程度后,在铸锭中部就开始了形核长大的过程。由于中部液相温度大致是均匀的,因此每个晶粒的成长在各个方向上也是接近一致的,即形成了等轴晶。当它们长到与柱状晶相遇时,全部液相结晶完毕,即形成中心等轴晶区。

与柱状晶区相比,中心等轴晶区的优点是各个晶粒在长大时彼此交叉,枝叉间的搭接牢固,裂纹不易扩展,不存在明显的脆弱界面;各晶粒取向不尽相同,其性能也没有方向性。其缺点是等轴晶的树枝状晶体比较发达,分枝较多,因而显微缩孔也较多,组织不够致密。但是,显微缩孔一般均未氧化,经热压力加工后一般均可焊合,对铸铁(铸件)的性能影响不大。由此可见,一般的铸锭(铸件)都要求得到发达的等轴晶组织。

7.3.2 铸锭的缺陷

在铸锭(铸件)中,经常存在一些缺陷,常见的有缩孔、气孔(气泡)和偏析等。

1. 缩孔

大多数液态金属的密度比固态的小,因此其结晶时会发生体积收缩。体积收缩后,原来能填满铸型的液态金属,结晶后就不能填满。如果没有液态金属继续补充的话,就会出现收缩孔洞,即缩孔。

缩孔是一种常见的铸造缺陷,对性能影响很大,它的出现是不可避免的,人们只能通过改变结晶时的冷却条件和铸锭的形状来控制其出现的部位和分布情况。

缩孔分为集中缩孔和分散缩孔(缩松)。

图 7.31 所示为集中缩孔的形成过程示意图。当液态金属浇入铸型后,与型壁先接触的一层液体先结晶,中心部分的液体后结晶,先结晶部分的体积收缩可以由尚未结晶的液态金属来补充,而最后结晶部分的体积收缩则得不到补充。体积收缩不仅在结晶时发生,在结晶之后的冷却过程中也会发生(固态收缩),其大小与结晶收缩几乎相等,所以在室温下所看到的缩孔深度是结晶收缩和固态收缩共同造成的。

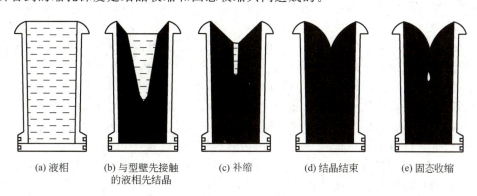

图 7.31 集中缩孔的形成过程示意图

由于铸锭上部先结晶,而下部仍处于液体状态,其结晶收缩时得不到液态金属的及时补充,因此便形成了二次缩孔。

集中缩孔和二次缩孔都破坏了铸锭的完整性,并使其附近含有较多的杂质,在以后的轧制过程中随铸锭整体的延伸而伸长,并不能焊合,从而产生废品,所以必须在轧制前将其切除。如果铸锭模设计不当,浇注工艺掌握不好,则缩孔长度可能增大,甚至贯穿铸锭中心，严重影响铸锭质量。如果只切除了明显的集中缩孔，未切除暗藏的二次缩孔，将给以后的机械产品留下隐患，造成事故。为了缩短缩孔的长度，必须使铸锭的收缩尽可能地提高到顶部，从而减少切头率，提高材料的利用率。缩短缩孔的长度通常采用以下方法：一是加快底部的冷却速度，如在铸锭模底部安放冷铁，使结晶尽可能地自下而上进行，从而使缩孔大大减小；二是在铸锭顶部加保温冒口，使铸锭上部的液体最后结晶，收缩时可得到液态金属的补充，把缩孔集中到顶部的保温冒口中；三是使铸锭模上薄下厚，锭子上大下小，这样也可缩短缩孔的长度。

大多数金属结晶时，是以树枝晶方式长大的，在柱状晶，尤其是在粗大的中心等轴晶形成过程中，由于树枝晶的充分生长及各晶枝间相互穿插和相互封锁作用，一部分液体被孤立分割于各枝晶之间，结晶收缩时得不到液态金属的补充，于是在结晶结束后，便在这些区域形成许多分散缩孔，或称疏松。分散缩孔使铸锭的致密度降低，在一般情况下，分散缩孔处没有杂质，表面也未被氧化，在热压力加工时可以焊合。

2. 气孔（气泡）

在液态金属中总会溶有一些气体，而气体在固体中的溶解度往往比在液体中小得多。这样，当液态金属结晶时，其中所溶解的气体将逐渐聚集于结晶前沿液相中，最后形成气孔，或称气泡。另外，气泡也可由于液态金属中的某些化学反应所产生的气体而造成。这些气泡长大到一定程度后便可能上浮，若浮出表面，即逸散到周围环境中；如果气泡来不及上浮，或铸锭表面已经结晶，则气泡将保留在铸锭内部，形成气孔。

铸锭内部的气孔在压力加工时一般都可以焊合，而靠近铸锭表层的皮下气孔，则可能由于表皮破裂而被氧化，在压力加工时便不能焊合，因此在压力加工前必须除去皮下气孔，否则易在表面形成裂纹。

3. 偏析

铸锭中的偏析不仅指合金组元的偏析，还指那些难以避免的存留在铸锭内部的各种杂质的偏析。根据偏析的范围，铸锭中的偏析可分为显微偏析和区域偏析（宏观偏析）两大类。

(1) 显微偏析。显微偏析是指发生在一个或几个晶粒范围内化学成分不均匀的现象。显微偏析包括枝晶偏析（前面已介绍）、晶间偏析和胞状偏析。其中，固溶体合金从开始结晶到结晶终了的温度范围内，由于是非平衡结晶，因此不同温度所形成的晶粒的化学成分也不相同，这种晶粒之间化学成分不同的现象称为晶间偏析；在胞状组织的交界面上，存在溶质的聚集（$k_0<1$）或贫乏（$k_0>1$），这种显微偏析称为胞状偏析。此外，还有一种晶界偏析，它是由于溶质聚集（$k_0<1$）在最后结晶的晶界部分而造成的。当 $k_0<1$ 的合金结晶时，液相富含溶质原子，当相邻晶粒长大至相互接壤时，富含溶质的液相聚集在晶粒之间，结晶成为具有溶质偏析的晶界。当结晶速度很大时，晶粒之间的溶质聚集程度可以很高，甚至达到合金平均成分的 10 倍以上。在这种情况下，合金组织中就可能出现不应该有的第二相或共晶体。

(2) 区域偏析。区域偏析又称宏观偏析，它表示发生在铸锭宏观范围内的这一部分与另一部分之间化学成分不均匀的现象。根据其表现形式的不同，可分为正偏析、反偏析和比重偏析三类。

① 正偏析。在 $k_0<1$ 的合金中，先结晶的外层中溶质原子浓度低于后结晶的内层，

这种现象称为正偏析。根据溶质原子的分配规律，在不平衡结晶过程中，溶质原子在固相中基本上不扩散，先结晶的固相中溶质原子浓度低于平均成分。如果结晶速度小，液相内的原子扩散比较充分，溶质原子通过对流可以向远离结晶前沿的区域扩散，使后结晶液相的浓度逐渐提高。结晶结束后，铸锭内外溶质原子浓度差别较大，正偏析严重。如果结晶速度较快，液相内不存在对流，原子扩散不充分，溶质只在晶枝间聚集，则正偏析较小。

正偏析一般难以避免，通过压力加工和热处理也难以从根本上改善，它的存在使铸锭的性能不一致，因此在浇注时应采取适当的措施控制。

② 反偏析。反偏析也称负偏析。它与正偏析相反，在 $k_0<1$ 的合金中，先结晶的外层中溶质原子浓度比内层的含量高，这种现象称为反偏析。

反偏析形成的原因大致是：原来铸锭中心地区聚集溶质元素的液体，由于铸锭结晶时发生收缩而在树枝晶之间产生空隙（此处为负压），加上温度的降低使液体中的气体析出而形成压强，铸锭中心溶质原子浓度较高的液体沿着柱状晶之间的管道被吸至（压至）铸锭的外层，从而形成反偏析。

③ 比重偏析。比重偏析是由组成相与熔液之间密度的差别所引起的一种区域偏析。如对亚共晶或过共晶合金来说，如果先共晶相与熔液之间的密度相差较大，则在缓慢冷却条件下结晶时，先共晶相在液相中上浮或下沉，从而导致结晶后铸锭上下部分的化学成分不一致，产生比重偏析。例如，Pb–Sb 合金在结晶过程中，先共晶相 Sb 的密度小于液相，因而 Sb 晶体上浮，形成比重偏析。铸铁中石墨漂浮也是一种比重偏析。

比重偏析与合金组元的密度差、相图的结晶成分间隔及温度间隔等因素有关。合金组元间的密度差越大，相图的结晶成分间隔越大，则初晶与剩余液相的密度差越大；相图的结晶温度间隔越大，冷却速度越小，则初晶在液体中有更多的时间上浮或下沉，合金的比重偏析也越严重。

减轻或消除比重偏析的方法有两种：一种是加快冷却速度，使先共晶相来不及上浮或下沉；另一种是加入第三种元素，结晶时先析出与液体密度相近的新相，构成阻挡先共晶相的上浮或下沉的骨架。例如，在 Pb–Sb 轴承合金中加入少量铜，使其先形成 Cu_2Sb 化合物，即可减轻或消除比重偏析。另外，热对流和搅拌也可以克服显著的比重偏析。

比重偏析有时被用来去除合金中的杂质或提纯贵金属。

习　题

1. 在液固相界面前沿液相处于正温度梯度的条件下，纯金属凝固时界面形貌如何？在同样条件下，单相固溶体合金凝固时界面形貌又如何？试分析原因。

2. 试证明任意形状晶核的临界晶核形成功 ΔG^* 与临界晶核体积 V^* 的关系：$\Delta G^* = -\frac{1}{2}V^*\Delta G_V$，式中，$\Delta G_V$ 为液固相单位体积自由能差。

3. 对于均匀形核，形核功为 $\Delta G^* = \frac{1}{3}A^*\sigma$。此式表示形核功为晶核表面能的 1/3，即表面能的 1/3 靠系统能量起伏提供，那么表面能的另外 2/3 由何处提供呢？

4. 单相固溶体正常凝固时是否会出现成分过冷？为什么？

5. 正常凝固和平衡凝固是否相同？试说明两者的相同和不同之处。

6. 纯金属凝固时，均匀形核和非均匀形核的形核功大小是否相同？一般情况下哪一个大？为什么？什么情况下两者相同？

第 8 章

回复与再结晶

本章教学要求

知识要点	掌握程度	相关知识
冷变形金属在加热时组织与性能的变化	了解显微组织的变化； 理解冷变形金属中的储存能的变化； 重点掌握冷变形金属在加热过程中的力学性能和物理性能的变化	储存能； 点缺陷对电阻率的影响
回复	了解回复过程中微观结构的变化； 掌握回复动力学	多边化； 阿伦尼乌斯方程
再结晶	理解再结晶过程中的形核机制； 掌握再结晶动力学曲线； 掌握再结晶温度及其影响因素； 掌握再结晶晶粒尺寸的控制及再结晶后的晶粒长大	位错的攀移与滑移； 退火； 界面张力
热加工	重点掌握动态回复和动态再结晶； 了解热加工后金属的组织与性能	热加工和冷加工； 加工硬化； 流线

在前面的章节中讨论了塑性形变对金属的组织、结构和性能的影响。经冷变形后，金属中的结构缺陷增多，组织和性能发生改变，并且处在自由焓比较高的状态。本章主要讨论冷变形金属在重新加热后组织、结构与性能变化的各种过程，即回复、再结晶和晶粒长大的过程。它们都是减少或消除结构缺陷的过程，了解这些过程的发生和发展规律对于改善和控制金属材料的性能具有重要意义。

8.1 冷变形金属在加热时组织与性能的变化

8.1.1 显微组织的变化

当冷变形金属加热至约 $0.5T_m$（T_m 为熔点）时，并经过一定时间后，若在高温显微镜下进行动态观察或采用不同保温时间后定点观察，则可发现该过程的显微组织变化，这种变化可以分为三个阶段。加热保温过程中组织变化的三个阶段示意图如图 8.1 所示。

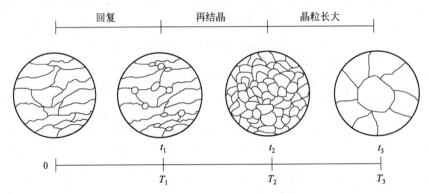

图 8.1　加热保温过程中组织变化的三个阶段示意图

第一阶段为 $0 \sim t_1$ 时间段，在这段时间内从冷变形金属的显微组织上看不出任何变化，其晶粒仍保持纤维状或扁平状变形组织，该阶段称为回复阶段。

第二阶段为 $t_1 \sim t_2$ 时间段，在冷变形金属的晶粒间界面上先出现许多新的小晶粒，它们是通过形核与长大过程形成的，随着时间的延长，新晶粒出现并不断长大，即以新的无畸变等轴小晶粒逐渐代替冷变形组织，该阶段称为再结晶阶段。

第三阶段为 $t_2 \sim t_3$ 时间段，上述细小的新晶粒通过互相吞并方式长大，直至形成较为稳定的尺寸，该阶段称为晶粒长大阶段。

8.1.2 冷变形金属中的储存能的变化

金属在冷变形时要消耗较多的能量，这些能量的大部分转化为热，使金属的温度升高，小部分（百分之几到十几）以储存能的形式保留在金属中。由于该储存能的产生，冷变形金属具有较高的自由能，并处于热力学不稳定状态。因此，这个储存能就成了冷变形金属在加热时发生回复与再结晶的驱动力。

当加热冷变形金属时，如果加热温度足够高，大部分储存能将以热的形式释放出来。放出的热量可用高灵敏的差示扫描热量仪测得，它是用两个相同的试样，一个试样经过冷变形，另一个试样经过充分退火，以恒定的加热速度分别在两个完全相同的炉子中加热，然后测量使每个试样达到规定的加热温度所需的功率 P。由于冷变形试样释放储存能，它所需的功率将较小。这样，两个试样间便出现了功率差 ΔP。冷变形试样释放的储存能越多，功率差就越大。

根据材料性质不同，常见的储存能释放谱有三种，如图 8.2 所示。图中，A 代表纯金属，B、C 分别代表两种不同的合金。各曲线均有一个能量释放的峰值，所对应的温度即相当于再结晶晶粒开始出现的温度，此前，则为回复阶段。回复阶段时各材料释放的储存能均很小。其中，A 释放的储存能最小（高纯度金属约占总储存能的 3%），C 释放的储存能较多，而 B 释放的储存能居中（某些合金约占总储存能的 7%）。该现象说明杂质或合金元素对基体金属再结晶过程有推迟作用。

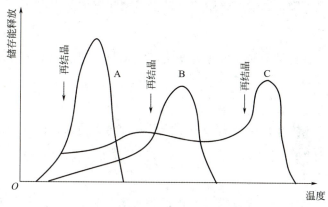

图 8.2 常见的三种储存能释放谱

8.1.3 冷变形金属在加热过程中的力学性能和物理性能的变化

冷变形金属在加热过程中的力学性能和物理性能变化示意图如图 8.3 所示。

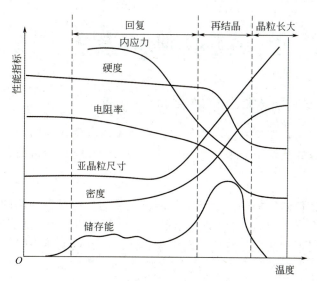

图 8.3 冷变形金属在加热过程中的力学性能和物理性能变化示意图

1. 强度与硬度的变化

通常在回复阶段，硬度只发生较小的变化，约占总变化的 1/5，而再结晶阶段则下降较多。由此可以推断，强度具有与硬度相似的变化规律。这主要与金属中的位错机制有关，即回复阶段时，变形金属仍保持很高的位错密度，而发生再结晶后，则由于位错密度显著降低，强度与硬度明显下降，塑性大大提高。但是，在回复阶段，位错密度的减少有限，只有在再结晶阶段，位错密度才会显著下降。

2. 电阻率的变化

电阻代表在电场作用下晶体点阵对电子定向流动的阻力大小。由于分布在晶体点阵中的各种点缺陷（空位和间隙原子等）对电阻的贡献远大于位错的作用，因此在回复过程中变形金属电阻率明显下降，这说明该阶段点缺陷密度显著地减小。

3. 密度的变化

变形金属的密度在再结晶阶段发生急剧增高，除与前期点缺陷数目减少有关外，主要还是再结晶阶段中位错密度显著降低所致。

4. 内应力的变化

金属经塑性变形所产生的内应力在回复阶段基本得到消除，但其中微观内应力只有通过再结晶方可全部消除。

5. 亚晶粒尺寸的变化

在回复前期，亚晶粒尺寸没有很大变化；在回复后期，尤其在接近再结晶时，亚晶粒尺寸明显增大。

在保持一定硬度要求的前提下，为消除冷冲压件中的内应力，通常采取去应力退火，即回复退火的方法。再结晶可以消除加工硬化，故作为冷变形加工过程的中间工序，多用于再结晶软化退火。

8.2 回　　复

8.2.1　回复过程中微观结构的变化

回复是指冷变形金属加热时，尚未发生光学显微组织变化前的微观结构及性能变化的过程。根据回复阶段加热温度的不同，其内部结构的变化特征与机制有以下三种。

1. 低温回复

冷变形金属在较低温度加热时所产生的回复主要与空位等点缺陷的运动有关。通过空位迁移至晶界（或金属表面）、空位与位错的交互作用，以及空位与间隙原子的重新结合等方式，塑性变形时增加的大量空位不断消失，点缺陷密度明显下降。

2. 中温回复

冷变形金属在中温加热时除点缺陷的运动外，其回复机制主要还与位错的滑移有关。

在热激活条件下,原受阻位错重新发生滑移,从而导致位错分布组态的改变。其中,异号位错在同一滑移面上集聚时将通过相互抵消而使位错密度降低。

3. 高温回复

冷变形金属在较高温度(约 $0.3T_m$)回复时,其回复机制主要与位错的攀移运动有关。在热激活条件下,分布于滑移面上的同号刃型位错,通过空位迁移引起图 8.4 所示的多边化时位错的移动,并形成垂直于滑移面方向排列的位错墙。如果将单晶体稍加弯曲,使其发生塑性变形,而后进行回复处理,这个单晶体就会变成若干个无畸变的亚晶粒。每个亚晶粒都保持着弯曲晶体的局部位向。由于一个光滑的弯曲着的点阵矢量变成了一个多边形的一部分,因此把这个过程称为**多边化**。多边化是金属回复过程中的一种普遍现象,只要塑性变形造成晶格畸变,退火时就有多边化发生。

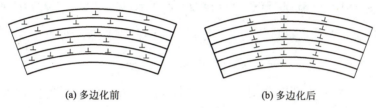

(a) 多边化前　　　　　　　(b) 多边化后

图 8.4　多边化时位错的移动

多边化的机制是弯曲晶体中的同号刃型位错在回复时整齐地排列起来成为小角度晶界。这些小角度晶界可用腐蚀法显示出来,其在光学显微镜下表现为排列成行的密集蚀坑(位错露头)。高温回复多边化过程的驱动力主要来自应变能的降低(与同号刃型位错在滑移面上水平塞积相比,垂直堆积位错墙的应变能与应力场要小得多)。

在回复过程中,位错通过各种反应逐渐湮没,于是位错密度减小,胞壁逐渐变得明晰而成为亚晶界,接着这些亚晶粒通过亚晶界的迁移而逐渐长大。亚晶粒内部的位错密度则进一步降低。

回复退火主要用于去应力退火,它使冷变形金属在基本保持加工硬化的状态下降低内应力,从而避免变形并改善工件的耐蚀性。

8.2.2　回复动力学

冷变形金属加热时某些力学性能与物理性能的回复程度是随温度(T)和时间(t)而改变的。

图 8.5 所示为同一变形程度的纯铁在不同温度下加热时的屈服强度的回复动力学曲线。横坐标为保温时间(单位为 min),纵坐标为剩余应变硬化率($1-R$)。R 为屈服应力回复率,$R=(R_m-R_t)/(R_m-R_0)$,其中,R_0、R_m 和 R_t 分别代表变形前、后及回复后的屈服强度。屈服应力回复程度 R 越大,剩余应变硬化率($1-R$)越小。

该曲线表明,回复是一个弛豫过程,没有孕育期恒温回复时,开始阶段的性能回复速率较快,而随保温时间加长,回复速率逐渐减小,直到难以测试其变化。随着回复温度的升高,回复速率与回复程度明显增加,其原因与热激活条件下晶体缺陷密度的急剧下降有关。此外,变形量越大,初始回复速率越快。晶粒尺寸减小也有利于回复过程的加快。

回复也是一个热激活过程,因此,回复过程中的性能变化速率与温度关系的回复动力

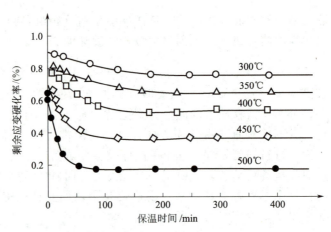

图 8.5　同一变形程度的纯铁在不同温度下加热时的屈服强度的回复动力学曲线

学公式可用阿伦尼乌斯方程描述。其中，任意性能的变化速率存在的关系为

$$\frac{dX}{dt}\left(\text{或}\frac{1}{t}\right)=A\cdot\exp\left(\frac{-Q}{kT}\right) \qquad (8-1)$$

式中，t 为回复到一定程度所需的时间；A 为常数；Q 为回复过程的激活能；k 为玻耳兹曼常数；T 为绝对温度。

在不同温度下，若以回复到相同程度作比较，则上式的左边为常数，两边取对数，可得

$$\ln\left(\frac{dX}{dt}\right)\left[\text{或}\ln\left(\frac{1}{t}\right)\right]=A'-\frac{Q}{kT}$$

即

$$\ln t=B+\frac{Q}{kT} \qquad (8-2)$$

式中，B 为常数。

作 $\ln t - 1/T$ 图，若所得为直线，由其斜率即可求出回复过程的激活能 Q。冷变形金属的不同性能可能以各不相同的速率发生回复，这主要与其回复过程的激活能不同有关。有关回复过程的激活能测定结果表明，锌的回复激活能与其自扩散激活能相近。由于自扩散激活能包括空位形成能和空位迁移能，因此可以认为在回复过程中空位的形成与迁移同时进行。已知空位的产生与位错的攀移密切相关，即说明回复阶段也存在着攀移运动。然而，铁的回复实验表明，短期回复时，其激活能与空位迁移激活能相近；长期回复时，其激活能与铁的自扩散激活能相近。因此，在回复的开始阶段，其主要机制是空位的迁移，而在后期则以位错攀移机制为主。

8.3　再　结　晶

将冷变形金属加热到一定温度后，在变形组织的基体上会产生新的无畸变再结晶晶核，该晶核逐渐长大形成等轴晶粒，然后取代全部变形组织，性能从而也会发生明显的变化，即恢复到完全软化状态，该过程称为再结晶。

再结晶是通过形核和长大来消除形变和回复基体的过程。一般来说，这个过程先要经历一段孕育期，然后在某些有利位置上形成基本上无应变的晶核，这些晶核部分或完全被大角度晶界包围，晶界通过大角度界面运动而长大。再结晶完成后，整个基体被再结晶晶粒占据，由于再结晶核心的长大是通过大角度界面的迁移而实现的，因此再结晶会消除或改变原来的形变织构。再结晶的驱动力与回复一样，也是预先冷变形产生储存能，随着储存能的释放，应变能逐渐降低。新的无畸变的等轴晶粒的形成及长大，使再结晶在热力学上变得更为稳定。

从再结晶的形核和长大的角度看，再结晶与一般相变相似，但这两个过程本质是不同的。因为它们的驱动力是不同的，相变的驱动力是新相和母相的自由能差；而再结晶的驱动力是变形金属或合金的机械储存能。另外，再结晶虽然能使变形晶粒变为等轴晶粒（组织重构），但并不能改变相的结构和成分，所以再结晶过程并不属于固态相变。

8.3.1 再结晶过程中的形核机制

再结晶时，通常是在冷变形金属中能量较高的区域（如晶界、孪晶界、夹杂物周围或变形带等处）优先形核。有关再结晶过程的形核问题，人们曾进行了大量的工作，并且存在很多不同的看法，由此提出了几种不同的再结晶形核机制。

1. 凸出形核机制

对于变形程度较小（一般小于 20%）的金属，其再结晶核心多以晶界弓出方式形成，即应变导致晶界迁移，这种形核机制称为凸出形核机制。

当金属的变形程度较小时，各晶粒之间将由于变形不均匀性而引起位错密度不同。具有亚晶粒组织的晶粒间的凸出形核示意图如图 8.6 所示，A、B 两相邻晶粒中，若 B 晶粒因变形程度较大而具有较高的位错密度，则经多边化后，其中所形成的亚晶尺寸也相对细小。于是，为了降低系统的自由能，在一定温度条件下，晶界处 A 晶粒的某些亚晶将开始通过晶界弓出迁移而凸入 B 晶粒中，以吞食 B 晶粒中亚晶的方式开始形成无畸变的再结晶晶核。再结晶时，凸出形核的能量条件可根据图 8.7 所示的模型推导。

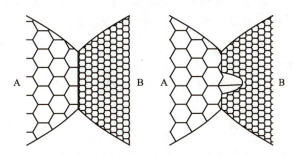

图 8.6 具有亚晶粒组织的晶粒间的凸出形核示意图

当 A、B 两晶粒的部分晶界凸出形核时，设弓出晶界从位置Ⅰ迁移至位置Ⅱ扫过的体积为 dV，其面积为 dA，由此引起的单位体积总的自由能变化为 ΔG。令晶界的表面能为 σ，变形金属的单位体积储存能为 E_s。于是，若晶界迁移后的储存能全部释放，则晶界由位置Ⅰ弓出至位置Ⅱ时，总的自由能变化为

$$\Delta G = -E_s + \sigma \frac{dA}{dV} \qquad (8-3)$$

若晶界为球面,其半径为 r,则 $\dfrac{\mathrm{d}A}{\mathrm{d}V}=\dfrac{2}{r}$,式(8-3)可以写成

$$\Delta G=-E_s+\dfrac{2\sigma}{r} \qquad (8-4)$$

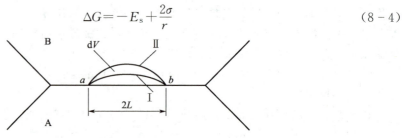

图 8.7 凸出形核模型

若晶界弓出段两端 a、b 固定,并且 σ 值恒定,则开始阶段随 ab 弓出,r 逐渐减小,ΔG 值增大。当 r 达到最小值($r_{\min}=L=ab/2$)时,曲率最大,ΔG 将达到最大值。此后,若 ab 继续弓出,则由于 r 的增大而使 ΔG 减小,晶界将自发地向前推移。因此,一段长为 $2L$ 的晶界,其凸出形核的能量条件为 $\Delta G < 0$,即

$$E_s \geqslant \dfrac{2\sigma}{L} \qquad (8-5)$$

再结晶形核将在现有晶界上两点间距离为 $2L$、弓出距离大于 L 处进行,使弓出距离达到 L 所需的时间即再结晶的孕育期。

2. 亚晶形核机制

当金属变形程度较大时,其中由位错缠结组成的胞状结构将在加热过程中发生胞壁平直化,并形成亚晶。亚晶作为再结晶的核心,其形核机制通常可分为以下两种。

(1)亚晶迁移机制,也称亚晶直接长大成核机制。由于位错密度较高的亚晶界其两侧亚晶的位向差较大,因此在加热过程中容易发生迁移并逐渐变为大角度晶界。与此同时,亚晶粒尺寸也随之增大,有可能成为再结晶晶核。在变形程度较大且具有低层错能的金属中,多以这种亚晶迁移机制形核。

(2)亚晶合并机制。冷变形金属在加热过程中,其相邻亚晶界上的位错网通过解离、拆散及位错的攀移与滑移,逐渐转移到周围的其他亚晶界上,从而导致相邻亚晶界的消失和亚晶的合并。亚晶界的消失及其所引起的亚晶合并,通常是从部分边界开始的。合并后的亚晶,由于尺寸增大及亚晶界上位错密度的增加,相邻亚晶的位向差相应增大,有可能成为再结晶晶核。在变形程度较大且具有高层错能的金属中,多以这种亚晶合并机制形核。

再结晶的形核机制是一个较复杂的问题,上述两种形核机制通常是相互交替的。此外,也可能有同时并进的情况。

3. 再结晶晶核的成长

当冷变形金属加热到再结晶温度后,符合式(8-5)条件的再结晶晶核一经出现,便开始自发地成长。在相邻晶粒间存在的畸变能差作用下,晶界总是背离其曲率中心,向着畸变能较高的变形晶粒推移,直到全部形成无畸变(或畸变极少)的等轴晶粒为止,再结晶完成。

8.3.2 再结晶动力学曲线

再结晶的开始与发展是通过新晶粒的形核和长大进行的。再结晶动力学取决于形核率 $\dot{N}$ 和长大速率 G。若以纵坐标表示已发生再结晶的体积分数，横坐标表示时间，则由试验得到的等温再结晶动力学曲线具有如图 8.8 所示的"S"形特征。该图表明，冷变形金属在不同温度下发生的再结晶，均有一个孕育期，温度越低，孕育期越长，并且再结晶开始时的速度很小，随后逐渐加快，直至再结晶的体积分数约为 50% 时速度达到最大值，然后又逐渐减慢，这与回复动力学曲线有明显的区别。

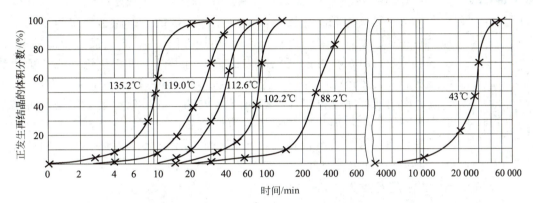

图 8.8　经 98% 冷轧的纯铜（$w_{Cu}=99.999\%$）在不同温度下的等温再结晶动力学曲线

阿夫拉米提出，再结晶动力学曲线可表示为

$$x = 1 - \exp(-Bt^K) \tag{8-6}$$

式中，x 表示在确定温度下经过 t 时间后已发生再结晶的体积分数；B 为常数；K 为阿夫拉米指数。当再结晶是三维时，K 为 3~4；当再结晶是二维时（如薄板），K 为 2~3；当再结晶是一维时（如线材），K 为 1~2。

对式(8-6) 取对数，则有

$$\lg\ln\frac{1}{1-x} = K\lg t + \lg B \tag{8-7}$$

作 $\lg\ln\frac{1}{1-x}$-$\lg t$ 图，直线的斜率为 K 值，试验表明在一定温度范围内，K 值几乎不随温度而变，直线的截距为 $\lg B$。

等温温度对再结晶速率 v 的影响可用阿伦尼乌斯方程表示，即 $v = Ae^{-Q/RT}$，再结晶速率和产生某一体积分数 x 所需要的时间 t 成反比，即 $v \propto \frac{1}{t}$，所以有

$$\frac{1}{t} = C \cdot \exp\left(-\frac{Q}{RT}\right) \tag{8-8}$$

式中，C 为常数；Q 为再结晶的激活能；R 为气体常数；T 为绝对温度。

对式(8-8) 两边取对数得

$$\ln\frac{1}{t} = \ln C - \frac{Q}{R} \cdot \frac{1}{T}$$

作 $\ln t$-$1/T$ 图，直线的斜率为 Q/R。作图时常以转变量为 50% 时作参照标准。通过

此方法求出的再结晶激活能是常数,它不像回复动力学中求出的激活能是因为回复的温度不同,回复的程度也不同,没有一个确定值。

同样,若在两个不同温度下产生相同程度的再结晶,根据式(8-8),可得

$$\frac{t_1}{t_2} = \exp\left[-\frac{Q}{R}\left(\frac{1}{T_2} - \frac{1}{T_1}\right)\right] \tag{8-9}$$

根据式(8-9),若已知某晶体的再结晶激活能及在某确定温度下完成再结晶所需要的等温退火时间,就可计算出在另一温度下等温退火完成再结晶所需的时间。

8.3.3 再结晶温度及其影响因素

再结晶温度及其影响因素

再结晶晶核的形成与长大都需要原子的扩散,因此必须将冷变形金属加热到一定温度以上来激活原子,使其进行迁移时,再结晶过程能够进行。由于再结晶可以在一定温度范围内进行,为了便于分析讨论,通常把**再结晶温度**定义为:经过严重的冷变形(变形度在 **70%** 以上)金属,在约 1h 的保温时间内能够完成再结晶(转变量>**95%**)的最低温度。但是,再结晶温度并不是一个物理常数,这是因为再结晶前后的晶格类型不变,化学成分不变,所以再结晶不是相变,没有一个恒定的转变温度,而是随条件的不同(如变形度、材料纯度和退火时间等)而变化,再结晶温度可以在一个较宽的范围内变化。金属的最低再结晶温度 T_R 与其熔点 T_m 之间存在的经验关系为

$$T_R \approx \delta T_m \tag{8-10}$$

式中,T_R 和 T_m 均为热力学温度;δ 为系数,工业纯金属经大变形并通过 1h 退火,δ 为 0.35~0.4,高纯金属的 δ 为 0.25~0.35,甚至更低。

常见金属的再结晶温度见表 8-1。

表 8-1 常见金属的再结晶温度

金属	再结晶温度/℃	金属	再结晶温度/℃
Sn	<15	Cu	200
Pb	<15	Fe	450
Zn	15	Ni	600
Al	150	Mo	900
Mg	150	W	1200
Ag	200		

影响再结晶温度的因素有以下五方面。

(1) 变形程度。随着冷变形程度的增加,储存能增多,再结晶的驱动力增大,因此再结晶温度降低,同时等温退火时的再结晶速度加快。但是,当变形量增大到一定程度后,再结晶温度就基本上稳定不变了。若在给定温度下发生再结晶需要一个最小变形程度(临界变形程度),则储存能不足以驱动发生再结晶。

(2) 原始晶粒尺寸。在其他条件相同的情况下,金属的原始晶粒越细小,变形的抗力越大,冷变形后储存能越高,再结晶温度也越低。此外,晶界往往是再结晶形核的有利区

域,故细晶粒金属的再结晶形核率 $\dot{N}$ 和长大速率 $\dot{G}$ 在此处均增加,所形成的新晶粒更细小,再结晶温度也更低。

(3) 微量溶质原子。微量溶质原子的存在对金属的再结晶有很大的影响。微量溶质原子存在显著提高再结晶温度的原因可能是溶质原子与位错及晶界间存在交互作用,使溶质原子倾向于在位错及晶界处偏聚,对位错的滑移与攀移和晶界的迁移起着阻碍作用,从而不利于再结晶的形核和长大,阻碍再结晶过程。

(4) 第二相粒子。第二相粒子的存在既可能促进基体金属的再结晶,也可能阻碍再结晶,这主要取决于基体上分散相粒子的尺寸及分布。当第二相粒子尺寸较大,间距较宽(一般大于 1μm)时,再结晶核心能在其表面产生,从而促进再结晶。在钢中常可见到再结晶核心在夹杂物 MnO 或第二相粒状 Fe_3C 表面上产生;当第二相粒子尺寸很小且又较密集时,则会阻碍再结晶的进行,如在钢中常加入 Nb、V 或 Al 形成 NbC、V_4C_3 或 AlN 等尺寸很小的化合物(<100nm),它们会抑制形核,并阻碍晶粒长大。

(5) 再结晶退火工艺。若加热速度过于缓慢,冷变形金属在加热过程中有足够的时间进行回复,点阵畸变度降低,储存能减小,从而使再结晶的驱动力减小,再结晶温度上升。但是,极快速度的加热会因为在各温度下停留时间过短而来不及形核与长大,致使再结晶温度升高。

当变形程度和退火保温时间一定时,退火温度越高,再结晶速度越快,产生一定体积分数的再结晶所需要的时间越短,再结晶后的晶粒越粗大。在一定范围内延长退火保温时间会降低再结晶温度,退火保温时间与再结晶温度的关系如图 8.9 所示。

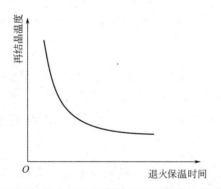

图 8.9 退火保温时间与再结晶温度的关系

8.3.4 再结晶晶粒尺寸的控制

金属材料的性能与再结晶的晶粒尺寸密切相关,因此,控制再结晶的晶粒尺寸是生产中的一个重要问题。

再结晶晶粒的平均直径 d 可表示为

$$d = K \cdot \left(\frac{\dot{G}}{\dot{N}}\right)^{\frac{1}{4}} \tag{8-11}$$

式中,K 为常数;$\dot{G}$ 为长大速率;$\dot{N}$ 为形核率。

由此可见,凡是影响 $\dot{G}$ 和 $\dot{N}$ 的因素,都将影响再结晶的晶粒尺寸。

1. 变形程度的影响

变形程度对再结晶的晶粒尺寸的影响如图 8.10 所示。当变形程度很小时，晶粒尺寸即为原始晶粒尺寸，这是因为变形程度过小，储存能不足以驱动再结晶，所以晶粒大小没有变化。当变形程度增大到一定数值后，此时的畸变能足以引起再结晶，但由于变形程度不大，$\dot{G}/\dot{N}$ 比值很大，因此会得到特别粗大的晶粒。通常，把对应于再结晶后得到特别粗大晶粒的变形程度称为<u>临界变形程度</u>，一般金属的临界变形程度为 2%～10%。在生产实践中，要求细小晶粒的金属材料避开这个变形量，以免降低工件性能。

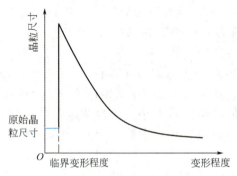

图 8.10 变形程度对再结晶的晶粒尺寸的影响

当变形程度大于临界变形程度后，驱动形核与长大的储存能不断增大，而且形核率 $\dot{N}$ 增大较快，使 $\dot{G}/\dot{N}$ 变小，因此，再结晶的晶粒细化，并且变形程度越大，晶粒越细小。

2. 退火温度的影响

退火温度对刚完成再结晶时晶粒尺寸的影响比较小，这是因为它对 $\dot{G}/\dot{N}$ 的影响很小。但是，提高退火温度可使再结晶的速度显著加快，临界变形程度数值变小。若再结晶过程已完成，随后还有一个晶粒长大阶段很明显，则温度越高，晶粒越粗大。

3. 原始晶粒尺寸

当变形程度一定时，材料的原始晶粒越细小，则再结晶的晶粒也越细小。这是由于细小晶粒金属存在较多的晶界，而晶界又是再结晶形核的有利区域，因此原始晶粒越细小，经再结晶退火后越容易得到细小晶粒。

4. 合金元素及杂质

溶于基体中的合金元素及杂质，一方面可以增加变形金属的储存能，另一方面会阻碍晶界的迁移，但其一般均起细化晶粒的作用。

8.3.5 再结晶后的晶粒长大

再结晶阶段刚刚完成时，得到的是无畸变的等轴再结晶初始晶粒，随着加热温度的升高或退火保温时间的延长，晶粒之间会互相吞并而长大，这种现象称为晶粒的长大。再结晶完成后晶粒长大有两种类型：一种是随温度的升高或退火保温时间的延长而均匀地连续长大，称为正常长大；另一种是不连续不均匀地长大，称为反常长大，也称二次再结晶。

1. 晶粒的正常长大

晶粒正常长大的特点是在长大过程中，晶粒尺寸比较均匀，并且平均尺寸的变化是连续的。再结晶完成后，晶粒长大是自发过程，因为金属总是力图使其界面自由能最小。就整个系统而言，晶粒长大的驱动力是降低其总界面自由能；就个别晶粒而言，晶粒界面的不同曲率是造成晶界迁移的直接原因。晶粒长大时，晶界总是向着曲率中心的方向移动，其示意图如图 8.11 所示。通常，小晶粒为凸边界，大晶粒为凹边界，界面张力示意图如图 8.12 所示，界面张力为 σ，长为 l 的界面将受到大小为 σl 的一对作用力，其沿曲率中心方向的分力为 $2\sigma l \sin \dfrac{\mathrm{d}\theta}{2}$。

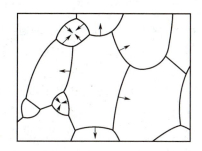

图 8.11　晶粒长大时的晶界移动示意图

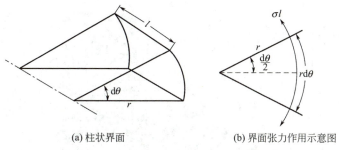

(a) 柱状界面　　　　(b) 界面张力作用示意图

图 8.12　界面张力示意图

如要保持界面弯曲，必须使界面凹侧具有大于凸侧的压应力，设两侧的压力差为 Δp，则平衡条件为

$$2\sigma l \sin \dfrac{\mathrm{d}\theta}{2} = \Delta p l r \mathrm{d}\theta$$

当 θ 很小时，$\sin \dfrac{\mathrm{d}\theta}{2} \to \dfrac{\mathrm{d}\theta}{2}$，得 $\Delta p = \sigma/r$。这是假定界面为圆柱面的计算结果，若界面为球面时，其曲率为柱面的两倍，即 $\Delta p = \dfrac{2\sigma}{r}$。

当 σ 一定，界面曲率越大（r 越小）时，压力差 Δp 越大。压力差会促使原子从凹侧（曲率中心所在的那侧）晶粒向凸侧晶粒扩散，因此界面向相反方向移动，即向曲率中心的方向移动。由于小晶粒界面的曲率较大，容易被大晶粒吃掉，因此晶粒长大的过程就是"大吃小"和凹面变平面的过程。在三晶粒会聚处，界面交角呈 120°才能保证界面张力维持平衡，如图 8.13 所示。因此，晶粒长大的稳定形态应为规则的六边形，并且界面平直。

此时，界面曲率半径无限大，驱动力为 0，晶粒停止长大。由此可见，形态小于六边的小晶粒，具有自发缩小至消失的趋势；相反，形态大于六边的大晶粒可以自发长大。

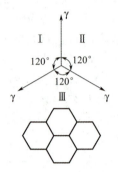

图 8.13　界面张力维持平衡时的界面交角

2. 晶粒的异常长大

某些金属材料经过严重的冷变形后，若在较高温度下退火，会出现晶粒的异常长大现象，如图 8.14 所示。少数晶粒具有特别大的长大能力，逐步吞掉周围较小的晶粒，其尺寸超过原始晶粒的几十倍或上百倍，比临界变形后形成的再结晶晶粒还要粗大得多，这种现象称为晶粒的异常长大，也称**二次再结晶**。晶粒的异常长大是一种特殊的晶粒长大现象，并不是重新产生新的晶核，只是在一次再结晶晶粒长大的过程中，某些局部区域的晶粒优先长大。

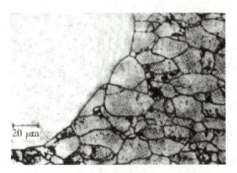

图 8.14　晶粒的异常长大现象

晶粒的异常长大现象主要发生在再结晶过程中，正常晶粒长大过程被分散相粒子、织构或表面的热蚀沟等强烈阻碍。在加热过程中，上述阻碍正常晶粒长大的因素一旦开始消除，少数晶界将迅速迁移，当这些晶粒长到超过其周围的晶粒时，就会越长越大，最后形成晶粒的异常长大。因此，晶粒的异常长大的驱动力来自界面自由能的降低，而不是来自应变能。

8.4　热　加　工

热加工是指在再结晶温度以上的加工过程，在再结晶温度以下的加工过程称为冷加工。例如，铅的再结晶温度低于室温，因此，在室温下对铅进行加工都属于热加工。钨的再结晶温度约为1200℃，因此，即使在1000℃拉制钨丝也属于冷加工。由此可见，再结晶温度是区分冷加工和热加工的分界线。

由于热加工的变形温度高于再结晶温度，因此在变形的同时伴随着回复和再结晶。为了与前面讨论的回复和再结晶加以区分，下面将称其为动态回复和动态再结晶。因此，在热加工过程中，因变形而产生的硬化与动态回复和动态再结晶引起的软化是同时存在的，热加工后金属的组织和性能取决于它们之间相互抵消的程度。

8.4.1　动态回复和动态再结晶

1. 动态回复

冷变形金属在高温回复时，由于螺型位错的交滑移和刃型位错的攀移，会产生多边形化及位错胞壁规整。对于层错能高的晶体，这些过程进行得相当充分，会形成稳定的亚晶，而且经动态回复后不会发生动态再结晶。例如，铝、α-铁、铁素体钢及一些密排六方金属（如Zn、Mg和Sn等），因易于交滑移和攀移，热加工时主要的软化机制是动态回复而没有动态再结晶。动态回复的真应力-真应变曲线如图8.15所示，可将其分成三个阶段。第Ⅰ阶段为微应变阶段。热加工初期，高温回复尚未进行，晶体以加工硬化为主，位错密度增加，因此，应力增加很快，但应变量却很小（<1%）。第Ⅱ阶段为均匀变形阶段。晶体开始均匀的塑性形变，位错密度继续增大，加工硬化逐步加强，但同时动态回复也在逐步增加，使形变位错不断消失，其造成的软化逐渐抵消一部分加工硬化，使曲线斜率下降并趋于水平。第Ⅲ阶段为稳态流变阶段。由形变产生的加工硬化与动态回复产生的软化达到平衡，即位错的增殖和湮灭达到了动力学平衡状态，位错密度维持恒定。在形变温度和速度一定时，多边形化和位错胞壁规整化形成的亚晶界是不稳定的，它们随位错的增减而被破坏或重新形成，并且二者的速度相等，从而使亚晶得以保持等轴状和稳定的尺寸与位向。此时，流变应力不再随应变的增加而增大，曲线保持水平。

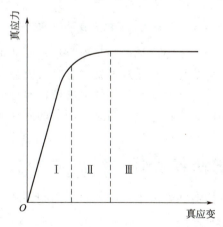

图 8.15　动态回复的真应力-真应变曲线

加热时只发生动态回复的金属内部有较高的位错密度，若能在热加工后快速冷却至室温，则可使其具有较高的强度；但若缓慢冷却，则会发生静态再结晶而使其彻底软化。

2. 动态再结晶

对于一些**层错能较低**的金属，如铜及其合金、镍及其合金、γ-铁和奥氏体钢等，由于它们的扩展位错很宽，很难从节点和位错网中解脱出来，也很难通过交滑移和攀移而与异号位错相互抵消，因此动态回复过程进行得很慢，亚结构中位错密度较高，剩余的储存能足以引起再结晶。

动态再结晶的真应力-真应变曲线如图 8.16 所示。随应变速率不同曲线有所差异，但大致也可分为三个阶段。第 Ⅰ 阶段为加工硬化阶段。应力随应变上升很快，动态再结晶没有发生，金属出现加工硬化。第 Ⅱ 阶段为动态再结晶开始阶段。当应变量达到临界值时，动态再结晶开始，其软化作用随应变增加逐渐加强，应力随应变增加的幅度逐渐降低；当应力超过最大值后，软化作用超过加工硬化，应力随应变增加而下降。第 Ⅲ 阶段为稳态流变阶段。此时加工硬化与动态再结晶软化达到动态平衡。当应变以高速率进行时，曲线为水平线；当应变以低速率进行时，曲线出现波动。这是由于应变速率低时，位错密度增加慢，因此在动态再结晶引起软化后，位错密度增加所驱动的动态再结晶一时不能与加工硬化相抗衡，金属又硬化而使曲线上升。当位错密度增加至足以使动态再结晶占主导地位时，曲线便又下降。这一过程循环往复，但波动幅度逐渐衰减。

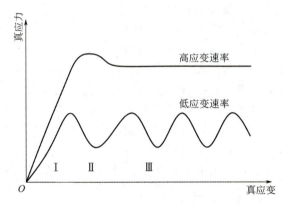

图 8.16 动态再结晶的真应力-真应变曲线

动态再结晶同样是形核长大过程，其机制与冷变形金属的再结晶基本相同，也是大角度晶界的迁移。但是，动态再结晶具有反复形核、有限长大的特点。已形成的再结晶核心在长大时继续受到变形作用，使已再结晶部分位错增殖，储存能增加，与邻近变形基体的能量差减小，长大驱动力降低而停止长大。当这一部分的储存能增高到一定程度时，又会重新形成再结晶核心，如此反复进行。

8.4.2 热加工后金属的组织与性能

热加工不仅改变了材料的形状，由于其对材料组织和微观结构的影响，材料性能也发生改变，主要体现在以下三方面。

（1）改善铸态组织，减少缺陷。热变形可焊合铸态组织中的气孔和疏松等缺陷，增加组织致密性，并通过反复的变形和再结晶破碎粗大的铸态组织，减小偏析，改善材料的机械性能。

（2）形成流线和带状组织，材料性能呈现各向异性。热加工后，材料中的偏析、夹杂物、第二相和晶界等将沿金属变形方向呈断续、链状（脆性夹杂）和带状（塑性夹杂）延伸，形成流动状的纤维组织，这种纤维组织称为流线。通常，沿流线方向比垂直流线方向具有更好的机械性能。另外，在共析钢中，热加工可使铁素体和珠光体沿变形方向呈带状或层状分布，形成带状组织。有时，在层、带间还伴随着夹杂或偏析元素的流线，材料表现出较强的各向异性，横向的塑性和韧性显著降低，切削性能也降低。

（3）晶粒尺寸的控制。热加工时动态再结晶的晶粒尺寸主要取决于变形时的流变应力，应力越大，晶粒越细小。

因此，要想在热加工后获得细小的晶粒，必须控制变形程度、变形的终了温度和随后的冷却速度。同时，添加微量的合金元素抑制热加工后的静态再结晶也是很好的方法。热加工后的细晶材料具有较好的强韧性。

习　题

1. 某工厂用一冷拉钢丝绳将一大型钢件吊入热处理炉内，由于一时疏忽，未将钢丝绳取出，而是随同工件一起加热至860℃。保温时间结束时，打开炉门，吊出工件，发现钢丝绳断裂。试分析钢丝绳断裂的原因。

2. 已知 H70 黄铜（$w_{Zn}=30\%$）在 400℃ 的恒温下完成再结晶需要 1h，而在 390℃ 的恒温下完成再结晶需要 2h，试计算在 420℃ 的恒温下完成再结晶需要多少时间？

3. 现有 ϕ6mm 铝丝需最终加工至 ϕ0.5mm 铝材，但为保证产品质量，此铝材的冷加工量不能超过 85%。如何制定合理的加工工艺？

4. 已知锌单晶体的回复激活能为 20000J/mol，在 −50℃ 去除 2% 的加工硬化需要 13d；若要求在 5min 内去除同样的加工硬化需要将温度提高多少？

5. 什么是晶粒的正常长大和异常长大？晶粒异常长大的条件有哪些？

6. 什么是临界变形程度？它在工业生产中有何意义？

第 9 章 陶瓷材料

 本章教学要求

知 识 要 点	掌 握 程 度	相 关 知 识
陶瓷材料概论	了解陶瓷材料的分类	新型无机材料与传统硅酸盐材料
陶瓷的晶体结构	了解离子晶体的结构规则； 重点掌握陶瓷的晶体结构	离子晶体； 配位多面体及配位数
陶瓷的晶体缺陷	了解陶瓷中的点缺陷和位错	本征点缺陷； 弗仑克尔缺陷与肖特基缺陷
陶瓷材料的相图	重点掌握 Al_2O_3-SiO_2 二元相图； 了解 CaO-SiO_2-Al_2O_3 三元相图	Al_2O_3-SiO_2 二元相图； CaO-SiO_2-Al_2O_3 三元相图
陶瓷材料的变形	重点掌握陶瓷材料变形的特点； 了解非晶体陶瓷的变形	陶瓷材料变形的特点； 玻璃钢化的方法

9.1 陶瓷材料概论

陶瓷是由粉状原料成形后在高温作用下硬化而形成的制品,是多晶和多相(晶相、玻璃相和气相)的聚集体。陶瓷是一种无机非金属材料,种类繁多,在生活上和工业上应用都非常广泛,具有耐高温、耐腐蚀、高强度、高硬度和多功能等多种优异性能。传统上,陶瓷是陶器与瓷器的总称,后来发展到泛指整个硅酸盐材料,包括玻璃、水泥、耐火材料和陶瓷等。在工业上,为适应航天、能源和电子等新技术的要求,在传统陶瓷的基础上,用无机非金属物质为原料,经过粉碎、配制、成形和高温烧结制得大量新型无机材料,如功能陶瓷、特种玻璃和特种涂层等。

新型无机材料与传统硅酸盐材料相比主要有以下差别。从组成上看,新型无机材料远超过传统硅酸盐的范围,除氧化物和含氧酸盐外,还有碳化物、氮化物、硼化物、硫化物及其他盐类和单质。从性能上看,新型无机材料不仅具有熔点高、硬度高、化学稳定性好和耐高温等优点,而且一些特殊陶瓷还具有介电性、压电性、铁电性、半导性、软磁性和硬磁性等性能,为高新技术的发展提供了关键性材料,在现代工业中已得到越来越广泛的应用。在某些时候,陶瓷是唯一能选用的材料,如内燃机的火花塞,瞬时引爆温度达2500℃,这就要求其具有良好的绝缘性和耐化学腐蚀性,而金属材料和高分子材料均不能满足要求。目前,陶瓷材料、金属材料和高分子材料一起被称为三大固体材料。

陶瓷材料可以根据化学组成、性能特点或用途等不同方法进行分类,一般归纳为工程陶瓷和功能陶瓷两大类,见表9-1。

表 9-1 陶瓷材料的分类

分类	特性	典型材料及状态	主要用途
工程陶瓷	高强度(常温、高温)	Si_3N_4、SiC(致密烧结体)	发动机耐热部件:叶片、转子、活塞、内衬、喷嘴和阀门
	韧性	Al_2O_3、B_4C、金刚石(金属结合) TiN、TiC、B_4C、Al_2O_3、WC(致密烧结体)	切削工具
	硬度	Al_2O_3、B_4C、金刚石(粉状)	研磨材料
功能陶瓷	绝缘性	Al_2O_3(高纯致密烧结体)、BeO(高纯致密烧结体)	集成电路衬底、散热性绝缘衬底
	介电性	$BaTiO_3$(致密烧结体)	大容量电容器
	压电性	Pb($Zr_x Ti_{1-x}$)O_3(经极化致密烧结体)	振荡元件、滤波器
		ZnO(定向薄膜)	声表面波延迟线
	热电性	Pb($Zr_x Ti_{1-x}$)O_3(经极化致密烧结体)	红外检测元件
	铁电性	PLZT(致密透明烧结体)	图像记忆元件
	离子导电性	β-Al_2O_3(致密烧结体)	钠硫电池
		稳定 ZrO_2(致密烧结体)	氧传感器

续表

分类	特性	典型材料及状态	主要用途
功能陶瓷	半导体	$LaCrO_3$、SiC	电阻发热体
		$BaTiO_3$（控制显微结构）	正温度系数热敏电阻
		SnO_2（多孔质烧结体）	气体敏感元件
		ZnO（烧结体）	变阻器
	软磁性	$Zn_{1-x}Mn_xFe_2O_4$（致密烧结体）	记忆运算元件、磁芯、磁带
	硬磁性	$SrO·6Fe_2O_3$（致密烧结体）	磁铁

陶瓷材料的各种性能都是由其化学组成、晶体结构和显微组织决定的。下面将分别介绍常用工程陶瓷的晶体结构、晶体缺陷、相图与变形。

9.2 陶瓷的晶体结构

传统陶瓷的典型组织结构由晶体相、玻璃相和气相组成。其中，晶体相是组成陶瓷的基本相，也称主晶相。它往往决定陶瓷的力学性能、物理性能和化学性能。例如，由离子键结合的氧化铝晶体组成的刚玉陶瓷，具有机械强度高、耐高温及抗腐蚀等优良性能。

陶瓷和金属类似，具有晶体结构，但与金属不同的是其结构中并没有大量的自由电子，这是因为陶瓷是以离子键或共价键为主的离子晶体（如 MgO 和 Al_2O_3 等）或共价晶体（SiC 和 Si_3N_4 等）。氧化物结构和硅酸盐结构是陶瓷晶体中重要的两类结构。它们的共同特点是：一是结合键主要是离子键，或含有一定比例的共价键；二是有确定的成分，可以用准确的分子式表示；三是具有典型的非金属性质等。

典型的离子晶体是元素周期表中ⅠA族的碱金属元素 Li、Na、K、Rb、Cs 和ⅦA族的卤族元素 F、Cl、Br、I 之间形成的化合物晶体。这种晶体是以正负离子为结合单元的。例如，NaCl 晶体是以 Na^+ 和 Cl^- 为单元结合成晶体的。它们的结合是依靠离子键的作用，即依靠正负离子间的库仑作用。

形成稳定的晶体还必须有某种近距的排斥作用与静电吸引作用相平衡。这种近距的排斥作用是因为泡利原理引起的斥力。当两个离子进一步靠近时，正负离子的电子云发生重叠，此时电子倾向于在离子之间做共有化运动。由于离子都是满壳层结构，因此共有化电子必须倾向于占据能量较高的激发态能级，使系统的能量增高，表现出很强的排斥作用。这种排斥作用与静电吸引作用相平衡就形成了稳定的离子晶体。

在人们对晶体结构进行长期大量的研究工作中，大量的实验数据和结晶化学理论表明离子化合物晶体结构具有一些规律。在讨论典型的离子晶体结构前，先讨论离子晶体的结构规则。

9.2.1 离子晶体的结构规则

鲍林在大量的实验基础上，应用离子键理论，提出了决定离子化合物结构的五条规则。

1. 负离子配位多面体规则（鲍林第一规则）

鲍林第一规则指在离子晶体中，在正离子周围会形成一负离子配位多面体，正负离子之间的距离取决于离子半径之和，而配位数则取决于正负离子半径之比。这一规则符合最小内能原理。它将离子晶体结构视为由负离子配位多面体按一定方式连接而成，正离子处于负离子多面体的中央，故配位多面体才是离子晶体的真正结构基元。

为降低晶体的总能量，正负离子趋向于形成尽可能紧密的堆积，即一个正离子趋向于与尽可能多的负离子为邻。负离子之间不能重叠，但又要与中心的正离子相接触。设想离子晶体内部的结构为负离子有规律地在三维空间成紧密堆积，正离子有规律地分布在负离子堆积体的空隙中。

以一个正离子为中心，周围配置最邻近的数个负离子，将这些配位的各个负离子的中心连接起来，则形成一个多面体，这就是负离子配位多面体。负离子配位多面体的形状取决于负离子数量，可能是正四面体，也可能是正八面体或其他形状。配置于正离子周围的负离子数（即正离子配位数）由正负离子的半径比（r_C/r_A）决定。正负离子的半径比、正离子配位数和配位多面体形状之间的关系见表 9-2。负离子配位多面体的形状如图 9.1 所示。

表 9-2 正负离子的半径比、正离子配位数和配位多面体形状之间的关系

正负离子的半径比	正离子配位数	配位多面体形状	举例
0~0.155	2	哑铃型	CO_2
0.155~0.225	3	三角形	B_2O_3
0.225~0.414	4	四面体	SiO_2
0.414~0.732	6	八面体	TiO_2
0.732~1	8	立方体	$CsCl$

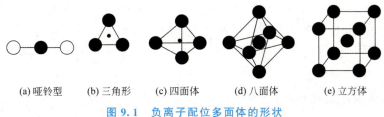

(a) 哑铃型　(b) 三角形　(c) 四面体　(d) 八面体　(e) 立方体

图 9.1 负离子配位多面体的形状

2. 电价规则（鲍林第二规则）

鲍林第二规则指处于最稳定状态的离子晶体，其晶体结构中的每一个负离子所具有的电荷恰恰被所有最邻近的（相互接触的）正离子分配给该负离子的静电价抵消。

一个正离子分配给其周围负离子配位体中一个负离子的静电键强度 EBS（在忽略键长等其他因素的情况下）可表示为 $EBS = Z/CN$。其中，Z 为这个正离子的电荷数，CN 为这个正离子的配位数。

3. 负离子配位多面体共用顶、棱和面的规则（鲍林第三规则）

鲍林第三规则指在一个配位结构中，当配位多面体共用棱，特别是共用面时，其稳定性会降低，而且正离子的电价越高，配位数越低，则上述效应越显著。因为在相邻两个多面体仅共用顶点、仅共用棱和仅共用面等情况下，相邻正离子之间的距离是递减的，所以离子间的静电斥力递增，稳定性递减。共用顶点、棱和面的配位四面体和配位八面体如图 9.2 所示。由简单的几何关系可以算出，共用顶点、棱和面的配位四面体中的正离子间距比为 1∶0.58∶0.33，而在配位八面体中相应的比值则为 1∶0.71∶0.58。

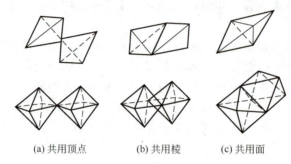

(a) 共用顶点　　(b) 共用棱　　(c) 共用面

图 9.2　共用顶点、棱和面的配位四面体和配位八面体

4. 不同种类正离子配位多面体间连接规则（鲍林第四规则）

在硅酸盐和多元离子化合物中，正离子不止一种，可能形成一种以上的配位多面体。鲍林第四规则指在含有一种以上正负离子的离子晶体中，一些电价较高、配位数较低的正离子配位多面体之间，有尽量不相结合的趋势。这一规则总结了不同种类正离子配位多面体的连接规则。

5. 节约规则（鲍林第五规则）

鲍林第五规则指在同一晶体中，同种正离子与同种负离子的结合方式应最大限度地趋于一致。因为在一个均匀的结构中，不同形状的配位多面体很难有效地堆积在一起。

鲍林规则虽然是经验性的规则，但在分析、理解离子晶体结构时简单明了，突出了离子晶体结构的特点。它不但适用于结构简单的离子晶体，也适用于结构复杂的离子晶体及硅酸盐晶体。

9.2.2　陶瓷的晶体结构

陶瓷的晶体结构可分为两大类型：一种是按离子键结合的陶瓷，如 MgO、ZrO_2 和 Al_2O_3 等金属氧化物；另一种是按共价键结合的陶瓷，如 SiC、Si_3N_4 和纯 SiO_2 的高温相等。

1. 典型的离子晶体结构

离子晶体按其化学组成可分为二元化合物和多元化合物。这里二元化合物主要介绍 AB 型、AB_2 型和 A_2B_3 型，多元化合物主要介绍 ABO_3 型和 AB_2O_4 型。

（1）AB 型化合物结构。

① CsCl 型结构（图 9.3）。CsCl 型结构是离子晶体中最简单的一种，属于立方晶系，

具有简单立方点阵。Cs^+ 和 Cl^- 半径比为 0.169nm/0.181nm≈0.934，Cl^- 离子构成正六面体，Cs^+ 在其中心，Cs^+ 和 Cl^- 的配位数均为 8，多面体共面连接，一个晶胞内含有一个 Cs^+ 和一个 Cl^-。

属于 CsCl 型结构的化合物还有 CsBr 和 CsI 等。

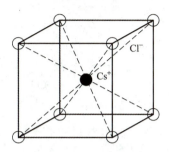

图 9.3　CsCl 型结构

② NaCl 型结构（图 9.4）。NaCl 型结构属于立方晶系，具有面心立方点阵，每个晶胞的离子数为 8，即 4 个 Na^+ 和 4 个 Cl^-。它是一个以面心立方点阵为基的结构，Cl^- 离子占据了面心立方点阵的结点，Na^+ 离子则位于其八面体间隙中。NaCl 型结构也可看成由两个面心立方点阵穿插而成，其中每个 Na^+ 被 6 个 Cl^- 包围，同样，Cl^- 也被 6 个 Na^+ 包围。

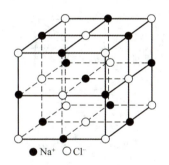

图 9.4　NaCl 型结构

NaCl 型结构可通过鲍林规则进行验证。先按鲍林第一规则验证负离子配位多面体类型。因为 Na^+ 和 Cl^- 半径比为 0.095nm/0.181nm≈0.525，将此值和表 9-2 对照。由于 0.525 在 0.414 和 0.732 之间，因此负离子配位多面体应为八面体，这是符合图 9.4 的 NaCl 型结构的。因为 Na^+ 离子正是处于 Cl^- 离子的八面体间隙中。再按鲍林第二规则确定 Cl^- 的配位数，Cl^- 的配位数为 6，即每个 Cl^- 离子同时与 6 个 Na^+ 形成离子键，这也符合 NaCl 型结构特点。

属于 NaCl 型结构的化合物还有 NaI、MgO、CaO、SrO、BaO、CdO、CoO、MnO、FeO、NiO、TiN、LaN、TiC、ScN、CrN 和 ZrN 等。

③ 立方 ZnS 型结构（图 9.5）。立方 ZnS 型结构又称闪锌矿型（β-ZnS）结构，属于立方晶系，具有面心立方点阵。S^{2-} 位于立方晶胞的顶角和面心上，构成一套完整的面心立方晶格，而 Zn^{2+} 也构成一套面心立方晶格，在体对角线 1/4 处互相穿插而成，这可从 (001) 面上的投影图 [图 9.5(b)] 中清楚看出，图中标注的数字以 Z 轴晶胞的高度为 100 作为标准，其他离子根据各自的位置标注为 75、50、25、0。

在立方 ZnS 的晶胞中，一种离子（S^{2-} 或 Zn^{2+}）占据面心立方结构的结点位置，另一种离子（Zn^{2+} 或 S^{2-}）则占据四面体间隙的一半。Zn^{2+} 配位数为 4，S^{2-} 的配位数也为 4。四面体共顶连接 [图 9.5(c)]。

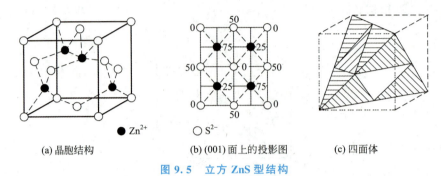

(a) 晶胞结构　　(b) (001) 面上的投影图　　(c) 四面体

图 9.5　立方 ZnS 型结构

属于闪锌矿型结构的化合物还有 β-SiC、GaAs、AlP 和 InSb 等。

④ 六方 ZnS 型结构（图 9.6）。六方 ZnS 型结构又称纤锌矿结构，属于六方晶系。每个晶胞内包含 4 个离子，即 2 个 S^{2-} 和 2 个 Zn^{2+}。S^{2-} 的分数坐标为 $(0, 0, 0)$、$\left(\dfrac{2}{3}, \dfrac{1}{3}, \dfrac{1}{2}\right)$；$Zn^{2+}$ 的分数坐标为 $\left(0, 0, \dfrac{7}{8}\right)$、$\left(\dfrac{2}{3}, \dfrac{1}{3}, \dfrac{3}{8}\right)$。

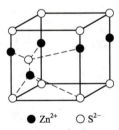

图 9.6　六方 ZnS 结构

六方 ZnS 型结构可以看成由较大的负离子构成的密排六方结构，而 Zn^{2+} 占据其中一半的四面体间隙，构成 $[ZnS_4]$ 四面体。由于离子间极化的影响，配位数由 6 降到 4，每个 S^{2-} 被 4 个 $[ZnS_4]$ 四面体共用，并且 4 个四面体共顶连接。

属于六方 ZnS 型结构的化合物还有 ZnO、ZnSe、AgI 和 BeO 等。

(2) AB_2 型化合物结构。

① 萤石（CaF_2）型结构（图 9.7）。萤石型结构属于立方晶系，具有面心立方点阵，Ca^{2+} 处在立方体的顶角和各面心的位置，构成面心立方结构；F^- 占据所有的四面体间隙，构成 $[FCa_4]$ 四面体，如图 9.7 (b) 所示，故 F^- 的配位数为 4。若 F^- 做简单立方堆积，Ca^{2+} 填于半数的立方体间隙中，则构成 $[CaF_8]$ 立方体，如图 9.7 (c) 所示，故 Ca^{2+} 的配位数为 8，立方体之间共棱连接。

属于萤石型结构的化合物还有 ThO_2、UO_2、CeO_2、BaF_2、PbF_2 和 SrF_2 等。

CaF_2 熔点低，在陶瓷材料中作助燃剂。此外，还有一种反萤石型结构，其中的正负离子分布恰好与萤石结构相反，属于此种结构的化合物有 Li_2O、Na_2O、K_2O、Li_2S、Na_2S 和 K_2S 等。无论是萤石型结构还是反萤石型结构，其结构中都有较大的空隙没有填

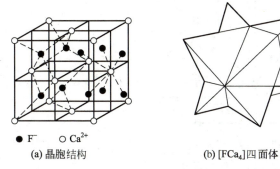 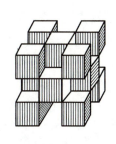

(a) 晶胞结构　　　(b) [FCa₄]四面体　　　(c) [CaF₈]立方体

图 9.7　萤石（CaF_2）型结构

满，因而有利于离子的迁移。

② 金红石（TiO_2）型结构（图 9.8）。金红石型结构是 AB_2 型结构中的一种常见的稳定结构，也是陶瓷材料中比较重要的一种结构。金红石型结构具有简单四方点阵，每个晶胞中含有 2 个 Ti^{4+} 和 4 个 O^{2-}。正负离子半径比为 0.45，配位数之比为 6∶3，每个 O^{2-} 同时与 3 个 Ti^{4+} 键合，即每 3 个 [TiO_6] 八面体共用一个 O^{2-}；而 Ti^{4+} 位于晶胞的顶角和中心，即处在 O^{2-} 构成的稍有变形的八面体中心，这些八面体之间在 (001) 面上共棱，但八面体间隙只有一半被 Ti^{4+} 占据。

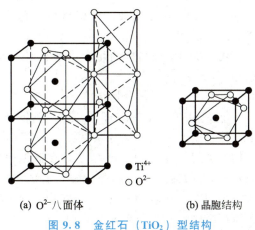

(a) O^{2-} 八面体　　　(b) 晶胞结构

图 9.8　金红石（TiO_2）型结构

金红石是一种重要的电容器材料，生产中用的原料 TiO_2 称为钛白粉。

属于金红石型结构的化合物还有 GeO_2、SnO_2、PbO_2、MnO_2、NbO_2、MoO_2、WO_2、CoO_2、MnF_2、CoF_2、FeF_2 和 MgF_2 等。

③ 方晶石（β-方石英）型结构（图 9.9）。方晶石为 SiO_2 高温时的同素异构体，属于立方晶系。Si^{4+} 占据全部面心立方结点位置和立方体内，相当于 8 个小立方体中心的 4 个。每个 Si^{4+} 同 4 个 O^{2-} 结合形成 [SiO_4] 四面体；每个 O^{2-} 都连接 2 个对称的 [SiO_4] 四面体，多个四面体之间相互共用顶点，并重复堆垛形成 β-方石英型结构。与球填充模型相比，这种结构中的 O^{2-} 排列是很疏松的。

SiO_2 虽然有多种同素异构体，但其他的结构都可看成是 β-方石英的变形。β-方石英具有较强的 Si—O 键及完整的结构，因此具有熔点高、硬度高和化学稳定性好等特点。

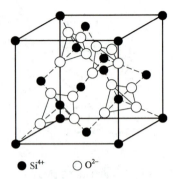

图 9.9 方晶石（β-方石英）型结构

(3) A_2B_3 型化合物结构。

典型的 A_2B_3 型化合物是刚玉，其结构如图 9.10 所示。刚玉为天然 $\alpha-Al_2O_3$ 单晶体，呈红色的刚玉称为红宝石（含铬），呈蓝色的刚玉称为蓝宝石（含钛）。刚玉具有简单六方点阵。O^{2-} 构成密排六方结构，其密排面（0001）的堆垛次序是 ABABAB…，而 Al^{3+} 位于该结构的八面体间隙中。按电价规则可知，每个 O^{2-} 同时与 4 个 Al^{3+} 构成离子键，故 Al^{3+} 只占据了八面体间隙总数的 2/3，其余 1/3 间隙是空着的，因此 Al^{3+} 间必须尽量远离。$\alpha-Al_2O_3$ 是一种很重要的陶瓷材料，它是刚玉-莫来石瓷及氧化铝瓷中的主晶相。

属于 A_2B_3 型结构的化合物还有 Cr_2O_3、$\alpha-Fe_2O_3$、Ti_2O_3 和 V_2O_3 等。

(4) ABO_3 型化合物结构。

① 钙钛矿型结构（图 9.11）。钙钛矿型结构在电子陶瓷材料中十分重要。钙钛矿又称灰钛石，是以 $CaTiO_3$ 为主要成分的天然矿物，理想情况下为立方晶系，在低温时转变为斜方晶系。Ca^{2+} 和 O^{2-} 构成面心立方结构，Ca^{2+} 在立方体的顶角，O^{2-} 在立方体的 6 个面上，而较小的 Ti^{4+} 填在由 6 个 O^{2-} 所构成的 $[TiO_6]$ 八面体空隙中，这个位置刚好在由 Ca^{2+} 构成的立方体的中心。由组成可知，Ti^{4+} 只填满 1/4 的八面体间隙。$[TiO_6]$ 八面体之间共顶点连接，Ca^{2+} 填于 $[TiO_6]$ 八面体的空隙中，并被 12 个 O^{2-} 包围，故 Ca^{2+} 的配位数为 12 [图 9.11（b）]，Ti^{4+} 的配位数为 6。

属于钙钛矿型结构的化合物还有具有铁电性质的晶体（如 $BaTiO_3$ 和 $PbTiO_3$ 等），以及 $SrTiO_3$、$PbTiO_3$ 和 $SrZrO_3$ 等。

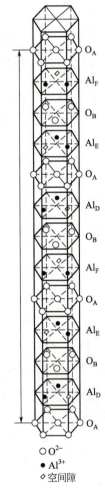

图 9.10 刚玉的结构

② 方解石（$CaCO_3$）型结构（图 9.12）。方解石属于菱方晶系，每个晶胞有 4 个 Ca^{2+} 和 4 个 $[CO_3]^{2-}$ 络合离子。每个 Ca^{2+} 被 6 个 $[CO_3]^{2-}$ 包围，Ca^{2+} 的配位数为 6；络合离子 $[CO_3]^{2-}$ 中 3 个 O^{2-} 作等边三角形排列，C^{4+} 在三角形的中心位置。C—O 间是共价键结合；而 Ca^{2+} 同 $[CO_3]^{2-}$ 是离子键结合。$[CO_3]^{2-}$ 在结构中的排布均垂直于三次轴。

属于方解石型结构的化合物还有 $MgCO_3$（菱镁矿）和 $CaCO_3·MgCO_3$（白云石）等。

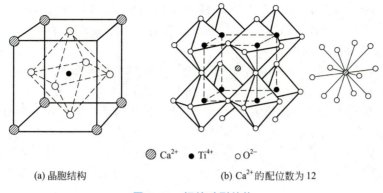

(a) 晶胞结构　　　　　　　(b) Ca^{2+} 的配位数为 12

图 9.11　钙钛矿型结构

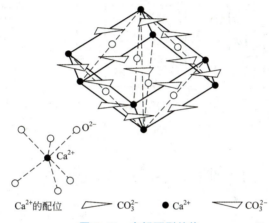

Ca^{2+} 的配位　　△ CO_3^{2-}　　● Ca^{2+}　　▽ CO_3^{2-}

图 9.12　方解石型结构

（5）AB_2O_4 型化合物结构。

在 AB_2O_4 型化合物结构中，A 可以是 Mg^{2+}、Mn^{2+}、Fe^{2+}、Co^{2+}、Zn^{2+}、Cd^{2+} 或 Ni^{2+} 等二价金属离子，B 可以是 Al^{3+}、Fe^{3+}、Co^{3+} 或 Cr^{3+} 等三价金属离子。

最重要的 AB_2O_4 型化合物是尖晶石（$MgAl_2O_4$），其单位晶胞如图 9.13 所示。尖晶

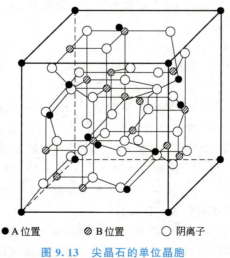

● A 位置　　◐ B 位置　　○ 阴离子

图 9.13　尖晶石的单位晶胞

石属于立方晶系,具有面心立方点阵。每个晶胞内有 32 个 O^{2-},16 个 Al^{3+} 和 8 个 Mg^{2+}。O^{2-} 呈面心立方密排结构,Mg^{2+} 的配位数为 4,处在氧四面体中心;Al^{3+} 的配位数为 6,处在氧八面体空隙中。

尖晶石结构颇为复杂,为了便于分析讨论,可把这种结构看成由 8 个立方亚晶胞组成,如图 9.14 所示。它们在结构上又可分为甲、乙两种类型。在甲型立方亚晶胞中,Mg^{2+} 位于单元的中心和 4 个顶角上,4 个 O^{2-} 分别位于各条体对角线上距临空的顶角 1/4 处。在乙型立方亚晶胞中,Mg^{2+} 处在 4 个顶角上,4 个 O^{2-} 位于各条体对角线上距 Mg^{2+} 顶角的 1/4 处,而 Al^{3+} 位于 4 条体对角线上距临空顶角的 1/4 处。若把尖晶石结构看作 O^{2-} 立方最密排结构,八面体间隙有一半被 Al^{3+} 所填,而四面体间隙则只有 1/8 被 Mg^{2+} 所填。

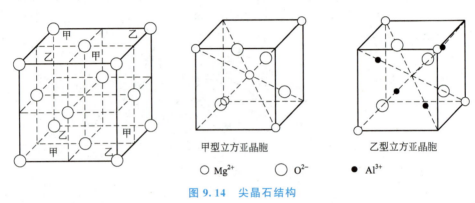

甲型立方亚晶胞　　　　　乙型立方亚晶胞

○ Mg^{2+}　　○ O^{2-}　　● Al^{3+}

图 9.14　尖晶石结构

属于 AB_2O_4 型结构的化合物还有 $ZnFe_2O_4$、$CdFe_2N_4$、$FeAl_2O_4$、$CoAl_2O_4$、$NiAl_2O_4$、$MnAl_2O_4$ 和 $ZnAl_2O_4$ 等。

2. 硅酸盐的晶体结构

硅酸盐是构成地壳的主要矿物。例如,普通水泥就是人们最熟悉的硅酸盐。硅酸盐的成分复杂,结构形式多样,但在所有硅酸盐结构中起决定作用的是硅氧间的结合。硅氧间的结合是比较单纯且有规律的,它是理解硅酸盐结构的基础。

硅酸盐的结构主要由三部分组成:一部分是由硅和氧按不同比例组成的各种负离子团,称为硅氧骨干,这是硅酸盐的基本结构单元;另外两部分为硅氧骨干以外的正离子和负离子。

硅酸盐晶体结构的基本特点可归纳如下。

(1) 硅酸盐的基本结构单元是 $[SiO_4]^{4-}$ 四面体(图 9.15)。Si^{4+} 位于 O^{2-} 四面体的间隙中,硅氧间的平均距离为 0.160nm 左右,此值小于硅氧离子半径之和,这说明硅氧间的结合键不仅有纯的离子键,还有相当多的共价键,一般视为离子键和共价键各占 50%。因此,$[SiO_4]^{4-}$ 四面体的结合是很牢固的。不论是离子键还是共价键,每个 $[SiO_4]^{4-}$ 四面体的 O^- 外层都只有 7 个电子,故还能和其他金属离子键合。

(2) 按电价规则,每个 O^{2-} 最多只能为两个 $[SiO_4]^{4-}$ 共有。如果结构中只有一个 Si^{4+} 提供给 O^{2-} 电价,那么 O^{2-} 的另一个未饱和的电价将由其他正离子(如 Al^{3+} 或 Mg^{2+})提供,这就形成了不同种类的硅酸盐。

(3) 按鲍林第三规则,$[SiO_4]^{4-}$ 四面体中未饱和的 O^{2-} 和金属正离子结合后,可以相互独立地在结构中存在,或者可以通过共用四面体顶点彼此连接成单链、双链或成层状、

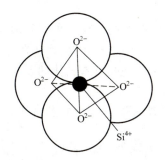

图 9.15 $[SiO_4]^{4-}$ 四面体

网状的复杂结构,但不能共棱和共面连接,并且在同一类型的硅酸盐中,$[SiO_4]^{4-}$ 四面体间的连接方式一般只有一种。

(4) $[SiO_4]^{4-}$ 四面体中的 Si—O—Si 结合键通常并不是一条直线,而是呈键角为 145° 的折线。

综上所述,硅酸盐结构是由四面体结构单元以不同方式相互连接而成的复杂结构,因此,其分类不是按化学上的正硅酸盐、偏硅酸盐分类,而是按四面体在空间分布的规律分类。下面简单介绍孤岛状硅酸盐结构、组群状硅酸盐结构、链状硅酸盐结构、层状硅酸盐结构和骨架状硅酸盐结构。

(1) 孤岛状硅酸盐结构。

孤岛状硅酸盐结构中,四面体是以孤立状态存在,即每个单独的四面体只通过与其他正离子连接使化合价饱和,这里的正离子可以是 Mg^{2+}、Ca^{2+}、Mn^{2+} 或 Fe^{2+} 等金属离子。

属于孤岛状硅酸盐结构的矿物有镁橄榄石、锆石等。下面以镁橄榄石为例来说明该结构的特点。镁橄榄石是镁橄榄石瓷中的主晶相,这种瓷的电学性能很好,但膨胀系数高达 $10^{-5}℃^{-1}$,抗热冲击性能差。其晶体结构(图 9.16)属于正交晶系,每个晶胞中有 4 个分子,28 个离子(包括 8 个 Mg^{2+}、4 个 Si^{4+} 和 16 个 O^{2-})。

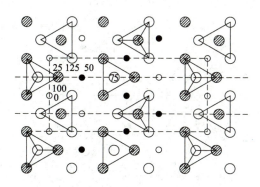

◎ 代表 A 层 O^{2-} 在 25 高度
○ 代表 B 层 O^{2-} 在 75 高度
● 代表位于 50 高度的 Mg^{2+}
○ 代表位于 0 高度的 Mg^{2+}

图 9.16 镁橄榄石的晶体结构

镁橄榄石的结构特点如下。

① 各 $[SiO_4]^{4-}$ 四面体是单独存在的,其顶角相间地朝上朝下。

② 各 $[SiO_4]^{4-}$ 四面体只通过 O—Mg—O 键连接在一起。

③ Mg^{2+} 周围有 6 个 O^{2-} 位于几乎是正八面体的顶角,因此整个结构可以看成由四面体和八面体堆积而成。

④ O^{2-} 近似按六方排列,这是由于 O^{2-} 与大多数其他离子相比尺寸较大。O^{2-} 成密堆结构是许多硅酸盐结构的一个特征。

Fe^{2+} 和 Ca^{2+} 可以取代镁橄榄石中的 Mg^{2+},而形成 $(Mg,Fe)_2[SiO_4]$ 或 $(Ca,Mg)_2[SiO_4]$。

(2) 组群状硅酸盐结构。

组群状硅酸盐结构是指通过桥氧相连生成的 2 个、3 个、4 个或 6 个硅氧组群(图 9.17),这些组群间再由其他正离子结合构成硅酸盐结构。下面以绿柱石($Be_3Al_2[Si_6O_{18}]$)为例来说明这类结构的特点。

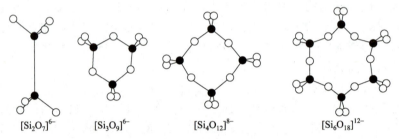

图 9.17 硅氧组群

绿柱石结构属于六方晶系,图 9.18 所示为 1/2 个绿柱石晶胞的投影。其基本结构单元是 6 个硅氧四面体形成的六节环。这些六节环间靠其中的 Al^{3+} 和 Be^{2+} 连接,Al^{3+} 的配位数为 6,与硅氧网络的非桥氧形成 $[AlO_6]$ 八面体;Be^{2+} 配位数为 4,构成 $[BeO_4]$ 四面体。六节环相叠,上下两层错开 30°。从结构上看,在上下重叠的六节环内形成了巨大的通路,可储存 K^+、Na^+、Cs^+ 及 H_2O 分子,使绿柱石结构成为离子导电的载体。

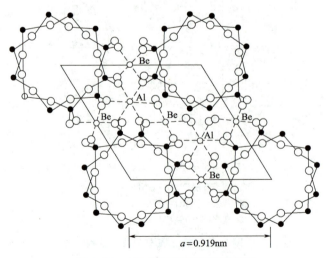

图 9.18 1/2 个绿柱石晶胞的投影

(3) 链状硅酸盐结构。

四面体通过桥氧的连接，在一维方向上伸长成单链或双链，而链与链间通过其他正离子按一定的配位关系连接，构成链状硅酸盐结构（图 9.19）。

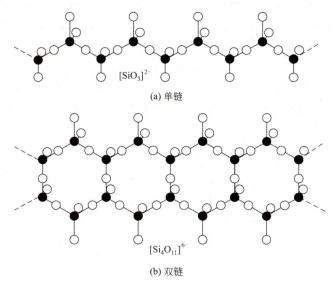

图 9.19　链状硅酸盐结构

单链结构中的基本单元是 1 个硅氧四面体，其分子式为 $[SiO_3]^{2-}$。在单链结构中由于 Si—O 键比链与链间的 M—O 键强得多，因此链状硅酸盐矿物很容易沿着链间结合较弱处裂成纤维。属于单链结构的陶瓷材料有顽辉石 $Mg[SiO_3]$、透辉石 $CaMg[Si_2O_6]$、锂辉石 $LiAl[Si_2O_6]$ 和顽火辉石 $Mg_2[Si_2O_6]$ 等。

双链结构的基本单元是 4 个硅氧四面体，其分子式为 $[Si_4O_{11}]^{6-}$。属于双链结构的陶瓷材料有透闪石 $Ca_2Mg_5[Si_4O_{11}]_2(OH)_2$、直闪石 $(Mg,Fe)_7[Si_4O_{11}]_2(OH)_2$、硅线石 $Al[AlSiO_5]$ 和莫来石 $Al[Al_{1+x}Si_{1-x}O_{5-x/2}]$（$x=0.25\sim0.40$）及石棉类矿物等。

(4) 层状硅酸盐结构。

层状硅酸盐结构是由大量的、底面在同一平面上的硅氧四面体通过在该平面上共顶连接而形成的具有六角对称的无限二维结构，如图 9.20 所示。此结构的基本单元是图中虚线所示的区域，其分子式为 $[Si_4O_{10}]^{4-}$，单元长度为 $a=0.520$nm，$b=0.90$nm，这正是大多数层状硅酸盐结构的点阵常数。这种结构也称二节单层结构，即以两个 $[SiO_4]^{4-}$ 四面体的连接为一个重复周期。

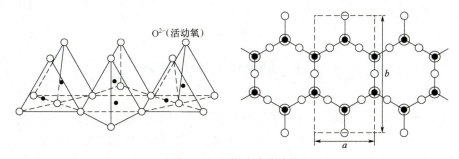

图 9.20　层状硅酸盐结构

由于这种结构中有一个 O^{2-}（活性氧）处于自由端，价态未饱和，因此可与其他金属离子（如 Fe^{2+}、Fe^{3+}、Mg^{2+}、Al^{3+} 和 Mn^{3+} 等）结合形成稳定的结构。

（5）骨架状硅酸盐结构。

骨架状硅酸盐结构也称网络状硅酸盐结构，它是硅氧四面体在空间组成的三维网络结构。典型的骨架状硅酸盐是硅石（即 SiO_2）。硅石有三种同素异构体，即石英、鳞石英和方石英。

从图 9.9 中可以看出，Si^{4+} 排成金刚石结构，O^{2-} 则位于沿 $\langle 111 \rangle$ 方向的一对 Si^{4+} 离子间，成为连接 Si^{4+} 离子的桥氧离子。位于四面体间隙的 4 个 Si^{4+} 在 4 个硅氧四面体的中心，这些硅氧四面体通过桥氧离子彼此连接，形成空间网络。

3. 共价晶体结构

共价晶体结构的共同特点是配位数服从 $8-N$ 法则，N 为原子的价电子数，即结构中的每个原子都有 $8-N$ 个最近邻原子。这一特点使共价键结构具有饱和性。

共价晶体结构（图 9.21）中最典型的代表是金刚石结构。金刚石是碳的一种结晶形式，其结构中每个碳原子均有 4 个等距离（0.154nm）的最近邻原子全部按共价键结合，符合 $8-N$ 法则。其晶体结构属于复杂的面心立方结构，碳原子除占据面心立方结点外，立方体内还有 4 个原子，其坐标分别为 $\left(\dfrac{1}{4},\dfrac{1}{4},\dfrac{1}{4}\right)$、$\left(\dfrac{3}{4},\dfrac{3}{4},\dfrac{1}{4}\right)$、$\left(\dfrac{3}{4},\dfrac{1}{4},\dfrac{3}{4}\right)$ 和 $\left(\dfrac{1}{4},\dfrac{3}{4},\dfrac{3}{4}\right)$，相当于晶体内 4 个四面体间隙中心的位置，故晶胞内共包括 8 个原子。实际上，该晶体结构可视为两个面心立方晶胞沿体对角线相对位移 1/4 的距离穿插而成。

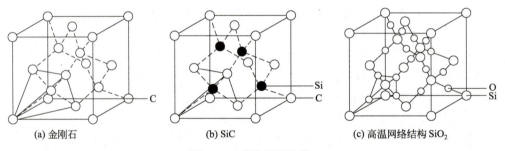

(a) 金刚石　　(b) SiC　　(c) 高温网络结构 SiO_2

图 9.21　共价晶体结构

属于共价晶体结构的化合物还有 SiC 和闪锌矿（ZnS）等。其不同之处在于 SiC 晶体中硅原子取代了复杂立方晶体结构中位于四面体间隙中的碳原子，即一半碳原子占据的位置被硅原子取代；而在闪锌矿（ZnS）中，S^{2-} 取代了面心立方结点位置的碳原子，Zn^{2+} 则取代了 4 个四面体间隙中的碳原子。

9.3　陶瓷的晶体缺陷

与金属等材料一样，陶瓷也存在大量的结构缺陷，其中包括点缺陷、线缺陷、面缺陷和体缺陷等。分析陶瓷中缺陷的类型及其对陶瓷物理性能的影响可以帮助改善工艺条件，从而控制晶体缺陷，得到要求的晶体质量。人为地在陶瓷中引入某种类型的缺陷也可以改进陶瓷的物理性能。因此，这些是研究陶瓷的晶体缺陷的重要意义。

9.3.1 陶瓷中的点缺陷

陶瓷中的点缺陷比较重要，因为陶瓷材料有相当一部分不是像金属那样只包含很少种类的元素及采取密堆形式组成晶体，并且陶瓷的结构空隙一般较大，可能含有一定量的原子（离子）空位。此外，陶瓷中含有各种杂质，其分布可能不均匀，个别情况比较复杂。所以，点缺陷对陶瓷的微结构及物理性能会产生较大的影响。

点缺陷主要指空位和间隙原子。

空位是在正常原子位置上的原子空缺，可以形成一个空位，也可以形成双空位或空位团。由于陶瓷中常存在正负两种不同的离子，因此，空位的出现可能会引起局部范围内电价的不平衡。如果某原子的动能远超过某一温度下该原子的平均动能，该原子会离开其平衡位置，造成原来原子位置上的原子空缺，形成一个空位。温度升高会加剧原子的热运动，使空位浓度增加。除温度影响外，塑性形变、高能粒子辐照等也会促进空位的形成。一般把随温度升高、缺陷浓度也随之增加的点缺陷称为本征点缺陷。

在温度 T 时，空位的平衡浓度为

$$\frac{n}{N} = \exp\left(-\frac{E_v}{kT}\right) \tag{9-1}$$

式中，n 为平衡时的空位数；N 为晶体中的原子（离子）数，E_v 为空位的形成能。

空位形成后破坏了晶体点阵的周期性排列，引起点阵畸变，同时空位周围的原子将发生弛豫。

间隙原子是原子跳跃进入其他原子的间隙处，这是依靠能量起伏形成的。在间隙位置上，势能达到极小值，间隙原子在势能极小值附近做热运动，热振动频率 f_0 为 $10^{12} \sim 10^{13}\,\mathrm{s}^{-1}$，间隙原子的迁移频率 f 随温度的升高而增大，有

$$f = f_0 \exp\left(\frac{-E}{kT}\right) \tag{9-2}$$

式中，E 为间隙原子的迁移能。

对于间隙原子的热运动，即使温度达到 $1000\,^\circ\mathrm{C}$，原子振荡能量也只有约 $10^{-1}\,\mathrm{eV}$，是不足以越过势垒的。只有依靠能量起伏，极少数能量高的原子才能越过势垒。空位的运动也有同样的规律，但两者的势垒高度不同。

同样，间隙原子在一定温度下也达到一个平衡浓度，可以用与式(9-1)一样的形式表示，只需将空位形成能换成间隙原子形成能即可。间隙原子会破坏晶格中局部的周期性排列，使晶格局部产生膨胀，每个填隙原子会引起约一个原子体积的增加，同时引起晶格畸变。

材料中的本征点缺陷可以分为弗仑克尔缺陷和肖特基缺陷。弗仑克尔缺陷是指晶体中的一个原子从正常位置移向远离该位置的点阵间隙处，从而在晶体内部同时形成一个空位和一个间隙原子的缺陷，如 MgO 晶体中弗仑克尔缺陷是由间隙 Mg^{2+} 与空位同时产生的。由于在一定温度下，化学反应的平衡常数为定值，因此，弗仑克尔缺陷产生后，材料中空位和间隙原子浓度的乘积保持不变，弗仑克尔缺陷的浓度为

$$n = (NN')^{1/2} \exp\left(-\frac{E_i}{2kT}\right) \tag{9-3}$$

式中，N 和 N' 分别表示晶格中的格点数和间隙数；E_i 表示将一个原子从晶格位置移向间隙位置所需要的能量，它除与原子（离子）半径有关外，还与晶格中未被正离子占据的间隙数有关。

肖特基缺陷的形成是由于晶体中的原子离开其正常位置，跑到晶体表面（位错或晶界等区域），在晶体内部形成一个空位。在离子化合物中，为了保持局部的电中性，肖特基缺陷以正负离子同时移动并离开其正常位置形成空位为特征，而且离开正常原子位置的正负离子的数目与它们的化学计量比成正比。

例如，在 NaCl 晶体中，一对肖特基缺陷是由一个 Na^+ 空位和一个 Cl^- 空位组成的；而在 Al_2O_3 晶体中，一对肖特基缺陷是由两个 Al^{3+} 空位和三个 O^{2-} 空位组成的。离子晶体中的空位也可以不按化学计量比形成，如 NaCl 晶体中有多余的 Cl^- 空位时，为了保持电中性，空位将吸引电子，在晶体中形成色心。在一定温度下，NaCl 晶体中产生肖特基缺陷反应的平衡常数为定值，因而正负离子空位对浓度的乘积 $[V'_{Na}][V'_{Cl}]$ 只与温度有关。

肖特基空位的平衡浓度如式(9-1)。形成空位需要能量，但形成空位后，体系的熵增加了，熵的增加有利于降低体系的自由能。

在实际晶体中，弗仑克尔缺陷和肖特基缺陷可能同时存在，而且空位也可能以双空位或空位团的形式出现。一价离子晶体中的弗仑克尔缺陷和肖特基缺陷如图 9.22 所示。

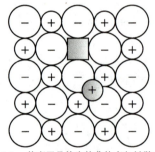
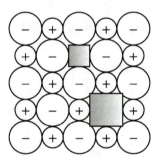

(a) 一价离子晶体中的弗仑克尔缺陷　　(b) 一价离子晶体中的肖特基缺陷

图 9.22　一价离子晶体中的弗仑克尔缺陷和肖特基缺陷

陶瓷的相结构主要是按离子键或共价键形成的化合物，而且两个化合物间可以互溶。例如，NiO-MgO 可以无限互溶，Mg_2SiO_4-Fe_2SiO_4 也可以无限互溶。在两种金属间形成合金时，要能无限互溶就必须满足休谟-饶塞里定则，即两者的晶体结构相同，原子尺寸相近，尺寸差小于 15%，两者有相同的原子价和相似的电负性。此定则同样适用于形成离子晶体化合物间的固溶。不同的是，在此要以离子半径代替原子半径。

NiO 和 MgO 间能互溶是因为两者的晶体结构都是 NaCl 型结构，Ni^{2+} 和 Mg^{2+} 半径分别为 0.069nm 和 0.066nm，十分接近，而且两者的原子价都相同。但是，CaO 和 MgO 间不能无限互溶，因为离子半径相差太大。两个化合物间的互溶和其两种金属元素间的互溶是无关的。例如，Mg_2SiO_4 和 Fe_2SiO_4 可以完全互溶，其晶体结构、原子价和离子半径均符合休谟-饶塞里定则，但 Fe 和 Mg 两金属间是不能互溶的，晶体结构、电负性和原子半径均差别很大。

离子晶体化合物的固溶大多数是置换式固溶，间隙式固溶几乎不太可能，因为离子晶体的正常间隙位置均被填满了。例如，MgO 晶体（NaCl 型结构）中所有八面体间隙均被填满，ZrO_2 立方晶体（CaF_2 型结构）中所有四面体间隙也均被填满。

9.3.2 位错

陶瓷和金属一样，都含有位错。位错来自晶体生长和受外力时的晶体变形。SiC 晶体生长的蜷线与螺型位错的存在有关。通过实验观察陶瓷，如 MgO、Al_2O_3、ZrO_2 和 SiC 等都包含位错。与金属相比，陶瓷中固有的位错，特别是可动位错很少。另外，金属在变形时可大量增殖位错，而陶瓷是以离子键或共价键结合的，因此滑移系少，并且位错运动的柏氏矢量大，这些都导致陶瓷变形困难。

9.4 陶瓷材料的相图

在金属中已讲过各种类型的二元相图及其分析。陶瓷材料中涉及的相图均未超出金属相图讨论的范围，学生已有能力去分析应用它们。在这里只重点举两个例子来讲解如何根据相图来分析陶瓷材料的组成。

9.4.1 Al_2O_3 - SiO_2 二元相图

Al_2O_3 - SiO_2 二元相图在陶瓷材料中的重要性相当于钢铁材料中的 Fe - Fe_3C 相图。莫来石的成分是不固定的，其中 $w_{Al_2O_3}$ 在 72%～78% 波动，相当于分子式在 $3Al_2O_3 \cdot 2SiO_2$ 与 $2Al_2O_3 \cdot SiO_2$ 间变动，因而在相图中有一个固溶范围。Al_2O_3 - SiO_2 二元相图如图 9.23 所示。

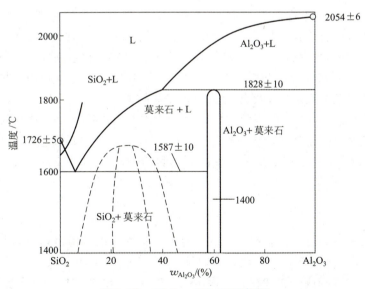

图 9.23 Al_2O_3 - SiO_2 二元相图

Al_2O_3 - SiO_2 二元相图中有两个三相恒温转变，一个是在 1587℃ 发生的共晶转变：L→SiO_2 + 莫来石，另一个是在 1828℃ 发生的包晶转变：L + Al_2O_3 → 莫来石。

(1) $w_{Al_2O_3}$ < 10% 的陶瓷（亚共晶）。$w_{Al_2O_3}$ < 10% 的 Al_2O_3 - SiO_2 陶瓷熔液冷却至液

相线温度时，开始以匀晶方式结晶出 SiO_2（方石英），随着温度的降低，SiO_2 含量增多，液相中的 Al_2O_3 含量不断增多。当温度降至 1587℃ 时，液相的成分达到共晶成分，即 $w_{Al_2O_3}=10\%$，熔液发生共晶反应，生成 SiO_2 和莫来石机械混合的共晶体。共晶反应结束后的组织为初生相方石英和共晶体。在共晶反应结束后的冷却过程中，由于 SiO_2 和莫来石几乎不互溶，两者没有脱溶现象。

（2）$w_{Al_2O_3}=10\%$ 的陶瓷（共晶）。共晶成分 $w_{Al_2O_3}=10\%$ 的熔液在 1587℃ 时发生共晶反应，生成 SiO_2 和莫来石机械混合的共晶体。共晶体中两组成相的相对量可由杠杆定律计算得到，即

$$w_{SiO_2} = \frac{72-10}{72-0} \times 100\% \approx 86\%$$

$$w_{莫来石} = \frac{10-0}{72-0} \times 100\% \approx 14\%$$

共晶转变结束后，SiO_2 将视不同的冷却速度从高温方石英转变为三种低温方石英。

（3）$10\% < w_{Al_2O_3} \leq 55\%$ 的陶瓷（过共晶）。该成分内的陶瓷熔液冷却至液相线温度时，开始以匀晶方式结晶出莫来石。随着温度的下降，结晶出的莫来石逐渐增多，液相中的 Al_2O_3 含量减少，其成分沿液相线变化。当温度降到 1587℃ 时，液相成分达到共晶成分，发生共晶转变。共晶反应结束后的组织为莫来石和共晶体。在此成分范围内，根据杠杆定律，初生相莫来石的最大相对量为

$$w_{莫来石}（最大）= \frac{55-10}{72-10} \times 100\% \approx 72.6\%$$

同样，共晶反应后，共晶体中的 SiO_2 要发生同素异构转变。

（4）$55\% < w_{Al_2O_3} < 72\%$ 的陶瓷。该成分内的陶瓷熔液冷却至液相线温度时，先以匀晶方式结晶出 Al_2O_3，随着温度的降低，Al_2O_3 含量增多，液相量减少。当温度降至 1828℃ 时，发生包晶反应：$L + Al_2O_3 \rightarrow$ 莫来石。包晶反应结束后，初生相 Al_2O_3 耗尽，但尚有液相剩余。液相继续以匀晶方式结晶出莫来石，它们和包晶反应生成的莫来石结合在一起。随后液相的成分按液相线变化，最终在 1587℃ 当 $w_{Al_2O_3}=10\%$ 时，发生共晶转变，生成共晶体。共晶反应后的组织为莫来石和共晶体。

（5）$72\% \leq w_{Al_2O_3} \leq 78\%$ 的陶瓷。该成分内的陶瓷熔液冷却至液相线温度时，开始结晶出 Al_2O_3，随着温度的降低，熔液冷却至 1828℃ 时，发生包晶反应。如果取包晶相成分 $w_{Al_2O_3}=75\%$ 的陶瓷，则包晶反应所需要的液相和 Al_2O_3 的相对量为

$$w_{液相} = \frac{100-75}{100-55} \times 100\% \approx 55.6\%$$

$$w_{Al_2O_3} = 100\% - 55.6\% \approx 44.4\%$$

包晶反应结束后，进入莫来石单相区，冷却至室温时组织仍为单相莫来石。

（6）$w_{Al_2O_3} > 78\%$ 的陶瓷。该成分内的陶瓷熔液冷却至液相线时，开始结晶出 Al_2O_3，随着温度的降低，液相成分随液相线变化，当温度降至 1828℃ 时，发生包晶反应。包晶反应结束后，液相耗尽，但尚有部分初生相 Al_2O_3，故此时的组织为初生相 Al_2O_3 和包晶产物莫来石。当温度降至室温时，由于莫来石和 Al_2O_3 均无溶解度变化，因此在室温时组织仍为单相莫来石。

9.4.2　$CaO-SiO_2-Al_2O_3$ 三元相图

在陶瓷材料中，常用的三元相图是 $CaO-SiO_2-Al_2O_3$ 和 $SiO_2-CaO-Na_2O$。因为三元相图的分析方法在金属材料中已经讲得比较详细，这里再次熟悉三元相图在陶瓷材料中的应用即可。

$CaO-SiO_2-Al_2O_3$ 三元相图如图 9.24 所示。根据前面所学的三元相图知识，下面讲解如何确定成分为 57%SiO_2、38%CaO 和 5%Al_2O_3 的陶瓷结晶过程，以及最后产生的各相的相对量。由图可知，给定成分的陶瓷位于图中的 x 点。$CaO \cdot SiO_2$ 先在大约 1450℃ 时从液相中析出，随着温度的降低，$CaO \cdot SiO_2$ 含量不断增加，液相成分沿 AB 线变化。当液相成分达到 B 点时，发生二元共晶反应，$CaO \cdot SiO_2$ 和 SiO_2 同时析出，此后液相成分即向 C 点移动。当液相成分达到 C 点时，发生三元共晶反应。所以，成分为 x 的陶瓷最后的组织为初晶 $CaO \cdot SiO_2$ + 二元共晶（$CaO \cdot SiO_2+SiO_2$）+ 三元共晶（$CaO \cdot SiO_2+SiO_2+CaO \cdot Al_2O_3 \cdot 2SiO_2$）。其最后的三个组成相分别是 $CaO \cdot SiO_2$、SiO_2 和 $CaO \cdot Al_2O_3 \cdot 2SiO_2$。根据重心法则，各相的相对量分别为

$$w_{(CaO \cdot SiO_2)} = \frac{7.5}{10} = 75\%$$

$$w_{SiO_2} = 25\% \times \frac{5}{10} = 12.5\%$$

$$w_{(CaO \cdot Al_2O_3 \cdot 2SiO_2)} = 25\% \times \frac{5}{10} = 12.5\%$$

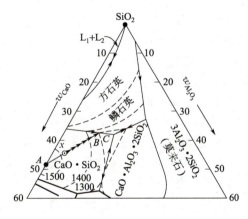
(a) 成分为 57%SiO_2、38%CaO 和 5%Al_2O_3 的陶瓷结晶过程

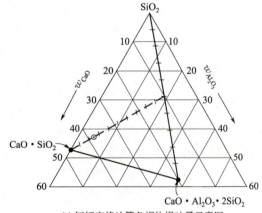
(b) 杠杆定律计算各相的相对量示意图

图 9.24　$CaO-SiO_2-Al_2O_3$ 三元相图

9.5　陶瓷材料的变形

陶瓷材料具有强度高、质量轻、耐高温、耐磨损和耐腐蚀等优点，用来作为结构材料，特别是高温结构材料极具潜力；但由于陶瓷材料的塑性和韧性差，在一定程度上限制了它的应用。本节主要讨论陶瓷材料变形的特点。

9.5.1 陶瓷材料变形的特点

陶瓷材料一般由共价键和离子键结合，在室温下静拉伸时，除少数几个具有简单晶体结构的晶体（如 KCl 和 MgO）外，一般陶瓷材料结构复杂，难以变形，在室温下几乎没有塑性，陶瓷材料与金属材料的真应力-真应变曲线如图 9.25 所示。陶瓷材料在弹性变形阶段结束后，立即发生脆性断裂，这与金属材料有很大差异。

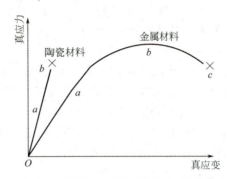

图 9.25　陶瓷材料与金属材料的真应力-真应变曲线

与金属材料相比，陶瓷材料变形有以下三个特点。

（1）陶瓷材料难以变形，弹性模量比金属材料高出几倍，这是由其原子键合特点决定的。在共价键结合的陶瓷材料中，原子之间通过共用电子对形式进行键合，具有方向性和饱和性，并且其键能相当高。位错运动穿过晶体时必须破坏这种强的键合，使晶体具有较高的抗晶格畸变和阻碍位错运动的能力。根据派-纳力公式，派-纳力与位错宽度成指数关系，位错宽度越大，派-纳力越小。共价键结合的晶体，位错宽度只有 $(1\sim 2)b$（柏氏矢量），而金属键结合的金属晶体的位错宽度为 $(5\sim 10)b$，因此，位错在共价晶体中运动会遇到很大的派-纳力。结合键的本质决定了共价晶体难以变形，并且具有比金属材料高得多的硬度和弹性模量。离子键结合的陶瓷材料的塑性变形则不同。NaCl 型晶体中发生原子层滑移的示意图如图 9.26 所示。在离子晶体中，位错可运动的滑移面要受到极大的限制，只有为数不多的几个原子面可作为滑移面。这是因为在图 9.26 中所示的 (100)[010] 滑移系，当两相邻原子层沿 BB' 线进行滑移时，相同符号的离子相互经过才能到达另一个平衡位置，同号离子间的斥力将破坏滑移面结合，这样的滑移面是不能开动的。只有图 9.26 中所示的 $(110)[1\bar{1}0]$ 滑移系，沿 AA' 线才有可能进行原子层间的相互滑动。由于整个过程均是异号离子接触经过，滑移面始终保持相互吸引，从而维持滑移面良好结合，滑动连续进行。因此，刃型位错的形成和运动也只能在 (110) 面上，多余出来的半原子平面 (110) 不能只是一层原子，而是由一层正离子再加上一层负离子层组成。抽走一层原子将造成同号离子层接触，电荷力会破坏原子层结合，可见陶瓷材料中的位错的形成和运动都比金属材料困难得多，位错的原子组态也要复杂许多。但是，在离子键结合的陶瓷晶体中，位错是可以形成而且产生连续滑移的。单晶状态下的离子晶体（如 MgO 和 NaCl 等）由于可以以位错运动的形式产生塑性变形，因此在室温下施以压力时也表现相当大的塑性变形。然而，在多晶状态下，将由于晶界上发生开裂而导致脆性断裂。重要的工业陶瓷都是多晶状态，所以都是脆性材料。陶瓷材料的变形除与结合键的性质有关，还与晶体的滑移系少、位错的柏氏矢量大有关。

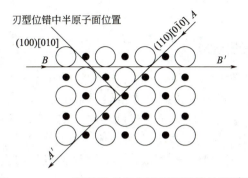

图 9.26　NaCl 型晶体中发生原子层滑移的示意图

(2) 陶瓷材料的抗压强度比抗拉强度约高一个数量级。烧结紧密的 Al_2O_3 多晶体在拉伸和压缩时的真应力-真应变曲线如图 9.27 所示，拉伸时在 280MPa 应力下就脆性断裂，压缩时强度高一些，压缩断裂应力为 2100MPa。金属材料的抗拉强度和抗压强度一般是相等的，而陶瓷材料有差异，这是由于陶瓷材料在烧结过程中难免存在显微孔隙，而且在加热和冷却过程中，由于热应力的存在，往往导致显微裂纹。此外，由于氧化、腐蚀等因素在其表面形成裂纹，因此，在陶瓷材料中先天性裂纹或多或少总是存在。陶瓷材料的抗压强度一般为抗拉强度的 15 倍。裂纹在拉伸达到临界尺寸时就失稳扩展立即断裂，所以其抗拉强度由晶体中的最大裂纹尺寸决定；而压缩时裂纹闭合或呈稳态扩展，并转向平行于压缩轴，所以其抗压强度由晶体中裂纹的平均尺寸决定。

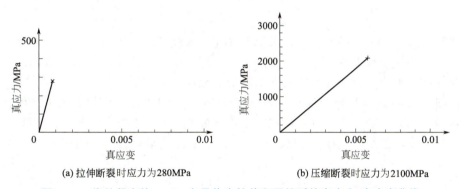

(a) 拉伸断裂时应力为 280MPa　　　(b) 压缩断裂时应力为 2100MPa

图 9.27　烧结紧密的 Al_2O_3 多晶体在拉伸和压缩时的真应力-真应变曲线

(3) 陶瓷材料的理论屈服强度很高，约为 $E/30$，但实际断裂强度很低，两者相差 1~3 个数量级。其原因同样是陶瓷材料在烧结中难免存在显微孔隙。冷热循环时由于热应力产生的显微裂纹，腐蚀等原因造成的微裂纹，都使陶瓷材料和玻璃一样先天就具有微裂纹。在外力作用下，裂纹尖端会产生严重的应力集中。按弹性力学估算，当裂纹长度为 c，裂纹尖端的曲率半径为 ρ，在名义应力 R 的作用下，裂纹的最大应力为

$$R_{max} = 2R \left(\frac{c}{\rho} \right)^{1/2}$$

如取裂纹尖端的曲率半径等于或大于点阵常数，设 $\rho = 0.5nm$，而裂纹长度 $c = 50\mu m = 5 \times 10^4 nm$，则可知裂纹尖端的最大应力已可达到理论断裂强度或理论屈服强度（因为陶瓷材料可动位错少，位错运动又很困难，所以一达到屈服强度就会断裂）。按上述公式，设裂纹尖端的最大应力等于理论屈服强度，即可反过来求出断裂时的名义应力，其和实验得出

的抗拉强度很接近。

9.5.2　非晶体陶瓷的变形

玻璃的热膨胀曲线如图 9.28 所示。图中有两段明显不同的热膨胀系数（曲线的斜率），在 T_g 以下，玻璃的热膨胀和晶态固体相似；而在 T_g 以上，其热膨胀急剧增加，和液体情况相似。因此，T_g 称为玻璃化转变温度。在 T_g 以下，材料被看成刚硬的固体，只发生弹性变形；在 T_g 以上，则被看成过冷的液体，材料的变形类似于液体发生黏滞性流动；当温度继续升高至 T_s 时，材料已变成流体，不再能维持膨胀试样的形状。因此 T_s 称为软化温度。

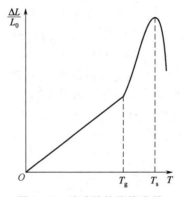

图 9.28　玻璃的热膨胀曲线

玻璃是由熔体过冷而形成的一种无定形固体，因此在结构上与熔体有相似之处。玻璃是无机非晶态固体中最重要的一族，可以采用轧制、拉制、浇注、压制和吹制成形。它的变形与晶体陶瓷不同，表现为各向同性的黏滞性流动。

物质内能 Q 与体积 V 随温度 T 变化示意图如图 9.29 所示。熔融态玻璃的固化过程与结晶过程是不同的。若是结晶过程，则由于出现新相，T_m 处物质内能 Q、体积 V 及其他性能都发生突变，整个曲线在 T_m 处出现不连续。若是向玻璃转变，当熔体冷却到 T_m 时，

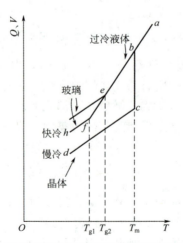

图 9.29　物质内能 Q 与体积 V 随温度 T 变化示意图

Q、V 不发生异常变化，而是沿着 be 变为过冷液体，当达到 f 点时（对应温度 T_{g1}），熔体开始固化，这时的温度称为玻璃化转变温度（或脆性温度），对应黏度为 $10^{12}\mathrm{Pa\cdot s}$。继续冷却，曲线出现弯曲，$fh$ 一段的斜率比以前小了一些，但整个曲线是连续的。通常把黏度为 $10^8\mathrm{Pa\cdot s}$ 对应的温度称为玻璃软化温度，玻璃加热到高于此温度就呈现液态的一般性质。向玻璃转变的过程是在较宽广范围内完成的。随着温度的下降，熔体的黏度增大，最后形成固态玻璃，其间没有新相出现。相反，玻璃加热变为熔体的过程也是渐变的，因此其具有可逆性。玻璃没有固定的熔点，只有一个从软化温度到玻璃化转变温度的范围。在这个范围内，玻璃由塑性变形转变为弹性变形，也就是说，玻璃可在此温度范围内进行塑性变形。不同玻璃成分用同一冷却速率，T_g 一般会有差别，各种玻璃的转变温度随成分而变化。同一种玻璃，以不同冷却速率得到的 T_g 也会不同。但是，不管 T_g 如何变化，对应的黏度值却是不变的，均为 $10^{12}\mathrm{Pa\cdot s}$。

玻璃生产的各道工序都与黏度密切相关。玻璃的黏滞性可用 η 表示，设在单位面积切应力 F/A 的作用下，产生两流层的速度梯度为 $\mathrm{d}v/\mathrm{d}x$，则

$$F/A = \eta \frac{\mathrm{d}v}{\mathrm{d}x} \tag{9-4}$$

此式称为牛顿黏性定律。比例系数 η 称为黏滞系数，简称黏度，它反映了流体内摩擦力的大小，η 的数值可理解为速度梯度为 1 时，作用在单位接触面积上的内摩擦力。η 的单位是 $\mathrm{Pa\cdot s}$。黏度的倒数称为液体流动度 ϕ，$\phi = 1/\eta$。

对于给定材料，黏度主要取决于温度，有

$$\eta = \eta_0 \exp\left(\frac{Q}{RT}\right) \tag{9-5}$$

式中，Q 为黏滞变形的激活能。Q 前为正号，说明随着温度的增加，η 总是减小的。

温度和成分对玻璃黏度的影响如图 9.30 所示，该图常应用在玻璃生产中。

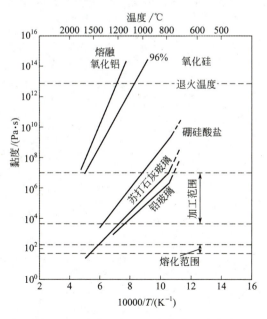

图 9.30 温度和成分对玻璃黏度的影响

在玻璃生产中，可用表面产生残留压应力的方法使玻璃钢化。玻璃钢化是将玻璃加热到退火温度（接近玻璃化转变温度 T_g），然后快速冷却，玻璃表面收缩而内部仍有较好的流动性，玻璃变形，表面的拉应力松弛。当玻璃心部冷却和收缩时，表面已经刚硬，这时表面产生了残留压应力。一般的玻璃多由于表面有裂纹引起破裂，而钢化玻璃使表面微裂纹在附加压应力分量下不易萌生或者不易扩展。经过钢化处理的玻璃称为钢化玻璃。

习　　题

1. 陶瓷材料有何特点？
2. 工程陶瓷和功能陶瓷有何区别？
3. 试分析陶瓷材料有哪几种典型的晶体结构？
4. 试计算 FeO 的密度，已知其晶体结构为 NaCl 型（Fe^{2+} 半径＝0.077nm，O^{2-} 半径＝0.140nm）。
5. 硅酸盐的晶体结构有何特点？
6. 离子晶体的点缺陷有何特点？
7. 陶瓷材料中的位错和金属材料中的位错有何异同？
8. 根据 Al_2O_3 - SiO_2 二元相图，试分析 $w_{Al_2O_3}=60\%$ 的陶瓷熔液在冷却过程中的变化情况。
9. 根据 CaO - SiO_2 - Al_2O_3 三元相图，试分析成分为 50％SiO_2、40％CaO 和 10％Al_2O_3 的陶瓷结晶过程，以及最后产生的各相的相对量。
10. 为什么陶瓷材料的抗压强度远高于抗拉强度？
11. 与金属材料相比，陶瓷材料的塑性变形有何特点？为什么？

第10章 高分子材料

 本章教学要求

知识要点	掌握程度	相关知识
高分子材料概论	理解高分子材料的基本概念及分类	结构单元； 单体； 连续相与分散相
高分子材料的制备	理解连锁聚合及逐步聚合反应； 理解高分子共混物的制备方法	引发剂； 物理共混法和共聚-共混法
高分子材料的结构	理解分子的链结构； 理解高分子材料的聚集态结构； 理解高分子材料共混物的形态结构	旋光异构体； 七个晶系； 球晶的生长过程； 增强和增韧
高分子材料的性能和断裂	理解高分子材料的力学性能； 了解高分子材料的耐热性； 理解高分子材料的断裂	韧性高分子材料被拉伸时的典型应力-延伸率曲线； 典型断口形貌特征

10.1 高分子材料概论

高分子材料是材料科学中的一个重要分支,是当前科学技术发展的一个热点,对高分子材料的研究和开发应用十分活跃。

10.1.1 高分子材料的基本概念

高分子也称聚合物分子或大分子,其分子量高达 $10^4 \sim 10^6$,其分子结构由许多重复单元通过共价键有规律地连接而成。例如,聚甲基丙烯酸甲酯由许多甲基丙烯酸甲酯结构单元重复连接而成,即

$$\sim\sim\sim CH_2-\underset{\underset{COOCH_3}{|}}{\overset{\overset{CH_3}{|}}{C}}-CH_2-\underset{\underset{COOCH_3}{|}}{\overset{\overset{CH_3}{|}}{C}}-CH_2-\underset{\underset{COOCH_3}{|}}{\overset{\overset{CH_3}{|}}{C}}\sim\sim\sim \tag{10-1}$$

式中,符号 $\sim\sim\sim$ 为碳链骨架。为方便起见,上式可缩写成

$$\left[\underset{\underset{COOCH_3}{|}}{\overset{\overset{CH_3}{|}}{C}}-CH_2\right]_n \tag{10-2}$$

式中,方括号为重复连接;n 为重复单元数,或称聚合度(DP)。

大分子中,端基只占很少一部分,故在上式中忽略不计。方括号内是结构单元,对聚甲基丙烯酸甲酯来说,也是重复单元或单体单元。许多重复单元连接成线形大分子,类似一条链,因此有时将重复单元称为链节。合成聚合物的原料称为单体,通过聚合反应,单体转变成大分子的结构单元。聚氯乙烯的结构单元与单体的元素组成相同,只是电子结构有所改变。

高分子材料的分子量 M 是重复单元的分子量 M_0 与聚合度(DP)的乘积,即

$$M = DP \cdot M_0 \tag{10-3}$$

聚乙烯的分子式习惯写成 $\left[CH_2CH_2\right]_n$,以便容易看出其重复单元,而不写成 $\left[CH_2\right]_n$。

由一种单体聚合而成的高分子材料称为均聚物,如上述的聚甲基丙烯酸甲酯和聚乙烯。由两种以上单体共聚而成的高分子材料称为共聚物,如氯乙烯-乙酸乙烯酯共聚物。

聚酰胺一类聚合物的结构式有着另一特征,如聚己二酰己二胺(尼龙-66),即

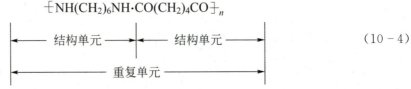

$$\tag{10-4}$$

式(10-4)中,方括号内的重复单元由 $-NH(CH_2)_6NH-$ 和 $-CO(CH_2)_4CO-$ 两种结构单元组成,它们分别是由两种单体己二胺 $NH_2(CH_2)_6NH_2$ 和己二酸 $HOOC(CH_2)_4COOH$

经聚合反应失水的结果,这种结构单元就不能称为单体单元。

聚对苯二甲酸乙二酯也有类似的情况,即

$$\text{\textemdash}(OCH_2CH_2O \cdot CO\text{\textemdash}\bigcirc\text{\textemdash}CO)_n\text{\textemdash} \tag{10-5}$$

这类高分子材料的两种结构单元总数也称聚合度,记作 $\overline{X}_n$。这样,式(10-4) 和式(10-5)中的聚合度将是重复单元数的 2 倍,即 $\overline{X}_n = 2n = 2DP$。

10.1.2 高分子材料的分类

高分子材料的种类繁多,其分类方法也有多种。

1. 单组分高分子材料的分类

对于单一组分的聚合物,可从其来源、结构、性质和用途、合成方法、热行为等不同方面,对高分子材料进行分类。

根据高分子材料的来源可将其分为三类:①天然高分子,即天然存在的高分子化合物,如淀粉、蛋白质和纤维素等;②半天然高分子,即经化学改性后的天然高分子化合物,如由纤维素和硝酸反应得到的硝化纤维素及由纤维素和乙酸反应得到的乙酸纤维素等;③合成高分子,即由单体通过人工合成的高分子,如由乙烯聚合得到的聚乙烯等。

根据高分子链原子组成的不同可将高分子材料分为三类:①链原子全部由碳原子组成的碳链高分子,如聚乙烯和聚丙烯等;②链原子除碳原子外,还含 O、N 和 S 等原子的杂链高分子,如聚乙二醇的链原子包括 C 和 O,聚酰胺-6 的链原子包括 C 和 N;③链原子由 Si、B、Al、O、N、S 和 P 等杂原子组成,不含碳原子的元素有机高分子,如聚二甲基硅氧烷的链原子只有 Si 和 O。其各项分类举例如下。

碳链高分子:

聚乙烯   聚丙烯

杂链高分子:

聚乙二醇   聚酰胺-6(尼龙-6)

元素有机高分子:

聚二甲基硅氧烷

根据高分子材料的性质和用途可将其分为塑料、纤维、橡胶、涂料、胶黏剂和功能高分子材料等。塑料指的是以高分子材料为基础,加入(或不加)各种助剂和填料,经加工形成的塑性材料或刚性材料;纤维是指纤细而柔软的丝状高分子材料,长度至少为直径的100倍;橡胶是指具有可逆形变的高弹性高分子材料。以上三类高分子材料用量最大。涂料是指涂布于物体表面形成的坚韧的薄膜,主要起装饰和保护作用的高分子材料;胶黏剂是指能通过黏合的方法将两种物体表面黏接在一起的高分子材料;功能高分子材料是指具有特殊功能与用途,但通常用量不大的精细高分子材料。功能高分子的研究常常涉及高分子各基础学科间、高分子学科与其他学科领域及与应用领域间的相互交叉与渗透,是近年来高分子科学的热门研究领域之一。

2. 高分子共混物的分类

高分子共混物可按以下方法进行分类。

(1) 按热力学相容性分类。

① 均相高分子共混物。由不同高分子材料组成的多组分体系,若两种或多种高分子材料间是热力学相容的,能形成分子级水平的互溶体系,这种共混体系称为均相高分子共混物。例如,PS(聚苯乙烯)/PPO(聚苯醚)、PVC(聚氯乙烯)/PCL(聚己内酯)及PVC和一系列聚丙烯酸酯形成的共混体系,都是均相高分子共混物。这类高分子共混物的一个重要特征是共混的结果使一些重要性质趋于平均化,即共混物的主要性能介于原两种高分子材料性能之间。

② 非均相高分子共混物。若高分子共混物中组分间是分相的,存在两相结构,这种共混体系称为非均相高分子共混物。大多数高分子共混物都是这种类型。例如,含有聚苯乙烯和聚丁二烯的HIPS(高抗冲聚苯乙烯)就是这类高分子共混物的典型代表。体系中塑料和橡胶构成两相,塑料为主要成分,形成连续相,又称基质;橡胶构成分散相,以胶粒形式分布于基质中,又称微区。这类共混物因为塑料是基质,基本保留塑料强而硬的特点;同时,由于橡胶粒子的存在,共混物表现出很好的韧性。因此,这类高分子共混物可使两种聚合物的性能实现最有利的结合。

(2) 按高分子共混物的组成分类。

① 橡胶增韧塑料。除上面提到的HIPS外,聚丙烯(PP)中加入少量三元乙丙橡胶(EPDM)、PVC中加入少量CPE(氯化聚乙烯)等共混体系都是这种类型。它们都是以塑料为基质、橡胶为分散相组成的两相结构体系,体系中的橡胶相对塑料相起增韧作用。

② 塑料增强橡胶。SBS(苯乙烯-丁二烯-苯乙烯嵌段共聚物)热塑性弹性体的化学组成与HIPS基本相同,但它们的相态结构不同。SBS是以橡胶相为基质,以塑料相为分散相。这样,体系保持橡胶软而富有弹性的特点,塑料相的存在使材料获得增强,并起到物理交联作用。此外,一般橡胶中也可加入塑料进行增强。例如,二元乙丙橡胶(EPR)中加入少量聚丙烯(PP),顺丁橡胶(CPBR)中加入少量聚乙烯(PE),都是以塑料为分散相、橡胶为连续相组成的两相结构体系,体系中的塑料对橡胶起增强作用。

③ 橡胶与橡胶或塑料与塑料共混。由不同橡胶或塑料组成的共混体系,若热力学不相容,则含量高的组分构成连续相,含量低的组分为分散相。共混主要是为了改善单一高分子材料某些性能的不足。例如,顺丁橡胶(CPBR)具有优良的低温柔性、弹性好、耐磨性好,但其强度低、防滑性差,加入少量天然橡胶(NR)或丁苯橡胶(SBR),可使其缺点得到改善。又如,聚碳酸酯(PC)中加入少量聚乙烯(PE),不仅使聚碳酸酯的抗冲

击强度显著提高，而且使其加工性能得到改善。

(3) 按组分间有无化学键分类。

按高分子共混物的组分间有无化学键，可将高分子材料分为两大类：一类是不同高分子材料分子链间不存在化学键；另一类是不同高分子材料分子链（链段）间存在化学键。

10.2 高分子材料的制备

高分子材料及其制品的制备可分为单体合成、单体通过聚合反应合成高分子和高分子材料的成形加工三个阶段。制造高分子材料的单体可以从煤、石油、天然气和农副产品中制取，这些天然资源经过一定的化工过程，制成低分子有机化合物，如乙醇、乙烯、甲苯和苯酚等。它们有的可以直接用于聚合，有的则要加工成可以聚合的各类单体，如苯乙烯、对苯二酸、氯乙烯和己二酸等，这些单体通过聚合反应就可以制成高聚物。根据聚合机理和动力学，可将聚合反应分为连锁聚合和逐步聚合。随着科学技术的发展，为获得综合性能优异的高分子材料，除继续研制合成新型高分子材料外，对已有高分子材料的共混改性也已成为发展新型高分子材料的一种卓有成效的途径。同时，高分子共混物的制备日益引起人们的兴趣和重视。

本节将着重介绍高分子材料的制备方法——连锁聚合、逐步聚合及高分子材料的共混。

10.2.1 连锁聚合

1. 自由基聚合

烯类单体加聚成高分子材料一般由链引发反应、链增长反应和链终止反应等基元反应组成。此外，还可能伴有链转移反应。

(1) 链引发反应。

链引发反应是形成单体自由基活性种的反应。用引发剂引发时，将由下列两步组成：

① 引发剂 I 分解，形成初级自由基 R·：

$$I \rightarrow 2R·$$

② 初级自由基与单体加成，形成单体自由基：

$$R· + CH_2=CH\underset{X}{|} \rightarrow RCH_2CH·\underset{X}{|}$$

单体自由基形成后，连续与其他单体加聚，使链增长。

引发剂分解是吸热反应，活化能高，为 $105 \sim 150 \text{kJ/mol}$，反应速率小，分解速率常数为 $10^{-6} \sim 10^{-4} \text{s}^{-1}$。初级自由基与单体结合成单体自由基是放热反应，活化能低，为 $20 \sim 34 \text{kJ/mol}$，反应速率大，与后继的链增长反应相似。有些单体可以用热、光和辐射等能源直接引发聚合。

(2) 链增长反应。

在链引发反应阶段形成的单体自由基，仍具有活性，能打开第二个烯类分子的 π 链，形成新的自由基。新的自由基活性并不衰减，连续和其他单体分子结合成单元更多的链自

由基，这个过程称为链增长反应，实际上也是加成反应，即

$$RCH_2CH\cdot + CH_2=CH \longrightarrow RCH_2CHCH_2CH\cdot \cdots \longrightarrow RCH_2CH\substack{[CH_2CH]_n}CH_2CH\cdot$$
$$\quad\;\; X \qquad\quad\; X \qquad\quad X \qquad X \qquad\qquad\qquad X \qquad\quad X \qquad\quad\; X$$

为了书写方便，上述链自由基可以简写成 ～～～$CH_2\cdot CH\cdot$，其中 ～～～ 代表由许多单
$\qquad\qquad\qquad\qquad\qquad\qquad\qquad\qquad\qquad\qquad\quad\; X$
元组成的碳链骨架，基团所带的独电子处在碳原子上。

链增长反应有两个特征：一是链增长反应为放热反应，烯类单体聚合热为 $55\sim 95kJ/mol$；二是链增长反应的增长活化能低，为 $20\sim 34kJ/mol$，增长速率最高，在 0.01 秒至几秒内，就可以使聚合度达到数千，甚至上万。这样高的速度是难以控制的，单体自由基一经形成，立刻与其他单体分子加成，增长成活性链，而后终止成大分子。因此，聚合体系内往往由单体和聚合物两部分组成，不存在一系列中间产物。

对链增长反应，除应注意速率问题外，还须研究其对大分子微观结构的影响。

在链增长反应中，结构单元间的结合可能存在"头-尾"和"头-头"或"尾-尾"两种形式，即

结构单元间的结合主要以头-尾形式连接，原因是有电子效应和空间位阻效应。按头-尾形式连接时，取代基与独电子连在同一碳原子上，苯基一类的取代基对自由基有共轭稳定作用，加上相邻次甲基的超共轭效应，自由基得以稳定。然而，按头-头形式连接时，无共轭效应，自由基不太稳定。两者活化能差为 $34\sim 42kJ/mol$，因此有利于头-尾连接。对于共轭稳定较差的单体，如乙酸乙烯酯，会有一些头-头连接形式出现。聚合温度升高时，头-头形式连接的结构将增多。另外，次甲基一端的空间位阻较小，有利于头-尾连接。电子效应和空间位阻效应双重因素，都促使增长量以头-尾连接为主，但序列结构上的绝对规整性还不能做到。

从立体结构看，自由基高分子材料分子链上的取代基在空间上的排布是无规则的，因此这种高分子材料无定型。

(3) 链终止反应。

链终止反应的自由基活性高，有相互作用而终止的倾向，链终止反应有偶合终止和歧化终止两种方式。

两链自由基的独电子相互结合成共价键的终止反应称为偶合终止。偶合终止的结果是大分子的聚合度为链自由基重复单元数的两倍，即

$$\sim\sim\sim CH_2CH\cdot + \cdot CHCH_2\sim\sim\sim \longrightarrow \sim\sim\sim CH_2CH-CHCH_2\sim\sim\sim$$
$$\qquad\qquad\quad X \qquad\quad X \qquad\qquad\qquad\qquad X \qquad\quad X$$

用引发剂引发并无链转移时，大分子两端均为引发剂残基。

某链自由基夺取另一个自由基的氢原子或其他原子的终止反应称为歧化终止。歧化终

止的结果是聚合度与链自由基中单元数相同，即

$$\sim\sim CH_2CH\cdot + \cdot CHCH_2\sim\sim \longrightarrow \sim\sim CH_2CH_2 + CH=CH\sim\sim$$
$$\quad\quad\quad | \quad\quad | \quad\quad\quad\quad\quad\quad\quad | \quad\quad |$$
$$\quad\quad\quad X \quad\quad X \quad\quad\quad\quad\quad\quad\quad X \quad\quad X$$

在自由基聚合所有基反应中，由于链引发反应的速率最小，因此链引发反应成为控制整个聚合速率的关键。

2. 自由基共聚合

由两种（或三种）单体进行共聚合反应，可得到二元（或三元）共聚物。按二元共聚物中两种单体链节（以 A 和 B 代表）的序列排布，大致可将共聚合反应（不包括交联反应）分为如下五类。

(1) 交替共聚合 ～～ABABABAB～～
(2) 无序共聚合 ～～AABAABBABBBAA～～
(3) 嵌段共聚合 ～～AAAAAABBB～～BBAAA～～
(4) 嵌均共聚合 ～～AAAAABAAAAABBAAAA～～
(5) 接枝共聚合 ～～AAAAAAA～～AAAAA～～
　　　　　　　　　　　　|　　　　　|
　　　　　　　　　　　　B　　　　　B
　　　　　　　　　　　　B　　　　　B
　　　　　　　　　　　　B　　　　　B
　　　　　　　　　　　　|　　　　　|
　　　　　　　　　　　　B　　　　　B
　　　　　　　　　　　　B　　　　　B
　　　　　　　　　　　　　　　　　　B

嵌段共聚合与嵌均共聚合的区别为前者包含两者嵌段，后者以一种单体链段为主，另一种单体链段极短或仅为一个链节。这样，两种单体共聚合可以改变大分子的结构和性能，增加品种，扩大应用范围。

3. 离子聚合

离子聚合反应是聚合反应的一种类型，和自由基聚合反应相似，也分为链开始反应、链增长反应和链终止反应等步骤，同属连锁反应。但是，离子聚合反应的活性中心是离子，而不是独电子的自由基。

离子聚合反应因活性中心所带电荷的不同（如碳正离子 $\sim\sim\overset{|}{\underset{|}{C}}{}^+$ 和碳负离子 $\sim\sim\overset{|}{\underset{|}{C}}{}^-$ 等），可分为正（阳）离子聚合反应和负（阴）离子聚合反应两类。

正离子聚合反应通式可表示为

$$A^{\oplus}B^{\ominus} + M \longrightarrow AM^{\oplus}B^{\ominus} \overset{M}{\cdots\longrightarrow} M_n \quad\quad\quad (10-6)$$

式中，$A^{\oplus}$ 为正离子活性中心；$B^{\ominus}$ 为紧靠中心离子的引发剂碎片，所带电荷相反，故称为反离子或抗衡离子。

适合正离子聚合反应的烯类单体分子的基团（X）多属给电子基团，其体结构具有正负偶极。例如，异丁烯 $CH_2=C(CH_3)_2$、苯乙烯和乙烯基醚等烯类化合物，以及环氧化

物、环氧乙烷和四氢呋喃等均能进行正离子聚合反应。

负离子聚合反应通式可表示为

$$A^{\oplus}B^{\ominus} + M \rightarrow BM^{\ominus}A^{\oplus} \cdots \xrightarrow{M} M_n \qquad (10-7)$$

式中，$B^{\ominus}$ 表示负离子活性中心，一般由亲核试剂提供；$A^{\oplus}$ 为反离子，一般为金属离子。活性中心可以是自由离子或离子对，甚至可以是处于缔合状态的负离子活性种。

4. 配位聚合

配位聚合的概念最初是纳塔在解释 α-烯烃聚合（用齐格勒-纳塔催化剂）配位时提出的。配位聚合是指单体分子首先在活性种的空位上配位，形成某种形式的络合物（常称σ-π络合物），然后单体分子相插入过渡金属—烷基键（M_t—R）中进行增长，增长反应可表示为

$$[M_t]^{\delta^+} \cdots \overset{\delta^-}{CH_2} - \underset{R}{CH} - P_n \longrightarrow [M_t]^{\delta^+} \cdots \overset{\delta^-}{CH_2} - \underset{R}{CH} - P_n \longrightarrow \qquad (10-8)$$

（图中含 $CH_2 = CH$ 在空位处配位，R 取代基）

式中，$[M_t]$ 为过渡金属；┆┇为空位；P_n 为增长链；$CH_2=CH-R$ 为 α-烯烃。

由于配位聚合常是在齐格勒-纳塔催化剂的作用下发生的，单体首先和活性种发生配位络合，而且本质上常是单体对增长链端络合物发生插入反应，因此配位聚合又称络合聚合或插入聚合。其反应可表示为

$$\begin{array}{c} \overset{\beta}{R-CH_2} \underline{\qquad\qquad} \overset{\alpha}{CH_2} \\ \overset{\delta^+}{} \overset{\delta^-}{} \\ \underset{\delta^-}{P_n - CH_2} - \underset{R}{CH_2} \underline{} \underset{\delta^+}{M_t} \end{array}$$

配位聚合的特点如下。

(1) 单体首先在嗜电性金属上配位形成 δ-π 络合物。

(2) 反应是负离子性质的。

(3) 反应经过四元环（或称四中心）的插入过程。尽管增长链端是负离子性质的，但配位聚合反应本身既有负离子性质又有正离子性质。这是因为配位聚合反应包括两个同时进行的化学过程：一个是增长链端的负离子对 C=C 双键 β 碳的亲核攻击；另一个是正离子从 δ^+ 对烯烃 π 键的亲电性进攻。

(4) 单体的插入有两种可能的途径：一种是单体插入后不带取代基的一端带负电荷，并和反离子 M_t 相连，称为一级插入；另一种是带取代基的一端带负电荷，并和反离子 M_t 相连，称为二级插入。其反应可表示为

$$\underset{R}{P_n - \overset{\delta^-}{CH} - \overset{\delta^+}{CH_2} - M_t} + RCH = CH_2 \longrightarrow P_n - \underset{R}{CH} - CH_2 - \underset{R}{CH} - \overset{\delta^-}{CH_2} - \overset{\delta^+}{M_t}$$

$$R_n-CH_2-\underset{\delta-}{\underset{|}{CH}}-\underset{\delta+}{M_t} + RCH=CH_2 \longrightarrow R_n-CH_2-\underset{|}{\overset{R}{CH}}-CH_2-\underset{\delta-}{\underset{|}{\overset{R}{CH}}}-\underset{\delta+}{M_t}$$

虽然通过这两种插入途径形成的聚合物的结构完全相同，但用红外光谱（infrared spectrum，IR）和核磁共振（nuclear magnetic resonance，NMR）对高分子材料的端基分析证明，丙烯的全同立构聚合是一级插入，而丙烯的间同立构聚合为二级插入，其原因尚不清楚。

理论上讲，按增长链端的电荷性质，应有配位负离子聚合和配位正离子聚合之分。但是，由于增长链端的反离子经常是金属或过渡金属（如钛和钒等），而单配位又经常是富电子双键在亲电性金属上发生的，因此常见的配位聚合多属配位负离子聚合（如 α-烯烃只有配位负离子聚合）。

配位负离子聚合的特点是可以制备有规立构聚合物。但是，乙烯和丙烯采用典型的齐格勒-纳塔催化剂（主催化剂为 $VOCl_3$，助催化剂为 $Al(C_2H_5)_2Cl$）配位聚合。配位聚合过程虽然属于配位负离子性质，但所得共聚物为无规分子链，不是有规立构聚合物。一般来说，配位负离子聚合的立构规化能力（或定向能力）取决于催化剂的类型、特定的组合和配比、单体种类和聚合条件等。

10.2.2 逐步聚合反应

1. 概述

逐步聚合反应的主要特征是形成大分子过程的逐步性。例如，以○和×表示能相互作用的各类官能团（—COOH、—OH 和—NH_3 等）；以⊗表示反应后形成的新键合基团（—OCO—和—NHCO—等），以○—○，×—×，○—×等分别表示不同类型的双官能团单体。其逐步聚合反应过程示例如下：

① ○—○ + ×—× ⇌ ○—⊗—×
　　○—⊗—× + ○—○ ⇌ ○—⊗—×—○—○
　　○—⊗—×—○—○ + ×—× ⇌ ○—⊗—×—○—⊗—×
　　○—⊗—×—○—⊗—× + ○—⊗—×—○—⊗—× ⇌ ○—⊗—×—○—⊗—×—○—⊗—×—○—⊗—×
　　……

② ○—× + ○—× ⇌ ○—⊗—×
　　○—⊗—× + ○—× ⇌ ○—⊗—⊗—×
　　○—⊗—⊗—× + ○—× ⇌ ○—⊗—⊗—⊗—×
　　○—⊗—⊗—× + ○—⊗—⊗—× ⇌ ○—⊗—⊗—⊗—⊗—⊗—×
　　……

③ △ ⇌ ○—×
　　○—× + △ ⇌ ○—⊗—×
　　○—⊗—× + △ ⇌ ○—⊗—⊗—×
　　……

逐步聚合反应的特点是没有特定的反应活性中心。每个单体分子的官能团都有相同的反应能力。高分子链增长速率较慢，随着反应时间的延长，分子质量逐步增大，每一个单体可以与任何一个单体或高分子链反应,每一步反应的产物都能独立存在,在任何时候都可以终止反应,在任何时候又能使其继续以同样活性进行反应。由于分子链中的官能团和单体官能团反应能力相同,因此在聚合反应初期单体消失很快,会生成许多两个或两个以上的单体分子组成的二聚体、三聚体、四聚体和其他低聚物等。

在工业生产中,合成聚己二酰己二胺(尼龙-66)的聚酰胺化反应和合成聚对苯二甲酸乙二酯纤维(涤纶)的聚酯化反应均属于逐步聚合反应。

逐步聚合反应包括逐步缩聚反应和逐步加聚反应。按卡罗瑟斯的定义,缩聚反应是指在生成聚合反应物的过程中,同时生成低分子副产物(如水等)的反应。然而,某些重键的加成反应,如二异氰酸酯与二元羟基化合物的加成反应和第尔斯-阿尔德反应等,虽然在生成聚合反应物时并没有低分子副产物,但是它们却遵循着与聚酰胺化和聚酯化反应相同的基本规律,即大分子链的增长过程是一个逐步过程。弗洛里·贾金斯则把合成高分子材料的反应按其链增长的历程分为两大类,即逐步增长的聚合反应和链式增长的聚合反应。但是,现在仍沿用"缩聚反应"这个名词。

加聚反应是指具有两个或两个以上反应官能团的低分子化合物相互作用而生成大分子的过程。这里有反应官能团的置换-消除反应,即在生成大分子化合物的同时生成低分子化合物(如水、氯化氢和醇等);也有加成反应,即只生成大分子化合物而没有低分子化合物。官能团除包括通常的基团,如氨基、羟基、羧氨基和异氰酸酯基外,还包括离子、游离基和络合基团等。此外,有些单体的反应官能团是在反应过程中形成的(如合成酚醛树脂时的羟甲基—CH_2OH)。

2. 线型缩聚反应机理

以二元醇和二元酸合成聚酯为例来说明线型缩聚反应机理。二元醇和二元酸第一步反应,形成二聚体(羟基酸),即

$$HOROH + HOOCR'COOH \rightleftharpoons HORO=OCR'COOH + H_2O$$

二聚体也可以同二元醇或二元酸进一步反应,形成三聚体,即

$$HORO=OCR'COOH + HOROH \rightleftharpoons HORO=OCR'CO=OROH + H_2O$$

或

$$HOOCR'COOH + HORO=OCR'COOH \rightleftharpoons HOOCR'CO=ORO=OCR'COOH + H_2O$$

二聚体也可以相互反应,形成四聚体。三聚体和四聚体还可以相互反应、自身反应或与单体、二聚体反应。含羟基的任何聚体和含羧基的任何聚体都可以进行缩聚反应,通式为

$$n-聚体 + m-聚体 \rightleftharpoons (n+m)-聚体 + 水$$

缩聚反应逐步进行下去,聚合度随时间或反应程度的增加而增加。

在缩聚反应中,带有不同官能团的任何两个分子都能相互反应,无特定的活性种,各步反应的速率常数和活化能基本相同,并不存在链引发反应、链增长反应和链终止反应等基元反应。

转化率是指转变成聚合物的单体占起始单体量的百分数。由于许多分子可以同时反应,在缩聚早期单体很快消失,转变为二聚体、三聚体和四聚体等低聚物,转化率很高。之后的缩聚反应则在低聚物之间进行,分子量分布也较宽。

在缩聚反应过程中,聚合度稳步上升。延长聚合时间的主要目的在于提高产物分子质

量，而不是提高转化率。

10.2.3　高分子共混物的制备方法

制备高分子共混物的方法主要有物理共混法和共聚-共混法两类。此外，还有 IPN (interpenetrating polymer networks，互穿聚合物网络) 法。各种方法所得的高分子共混物的理想形态结构大多应为稳定的微观多相体系或亚微观多相体系。这里的"稳定"是指高分子共混物在成形，以及其制品在使用过程中不会产生宏观的相分离。影响高分子共混物形态结构的根本因素是其共混组分的热力学相容性，但并非相容性好的共混体系就一定能形成理想的形态结构，它还受到共混方法及工艺条件的影响。工程上，对于方法、设备及工艺条件的考虑是多方面的，除要顾及共混产物的形态结构和性能外，还要考虑工艺过程实施的难易、设备造价和生产效率，甚至操作是否复杂等问题。下面将简要介绍各种共混方法。

1. 物理共混法

物理共混法是依靠物理作用实现高分子共混的方法，工程界常称机械共混法。共混过程在不同种类的混合设备或混炼设备中完成。

大多数高分子共混物均可用物理共混法制备。在混合及混炼过程中，通常仅有物理变化。有时，由于强烈的机械剪切作用及热效应，一部分高分子材料发生降解，产生大分子自由基，继而形成少量接枝共聚物或嵌段共聚物。这类化学反应不应成为该过程的主体，否则，就不属于物理共混法的范畴。

按物料形态分类，物理共混法包括粉料（干粉）共混法、熔体共混法、溶液共混法及乳液共混法四类。

(1) 粉料（干粉）共混法。

两种或两种以上的细粉状高分子材料在各种通用的塑料混合设备中混合，形成各组分均匀、分散的粉状高分子混合物的方法称为粉料（干粉）共混法。用这种方法进行高分子共混时，也可同时加入必要的各种塑料助剂（如增塑剂、稳定剂、润滑剂、着色剂和填充剂等）。

经粉料（干粉）共混法所得的高分子共混物在某些情况下可直接用于压制、压延、注射或挤出成形，或经挤出造粒后再用以成形。可见，粉料（干粉）共混法具有设备简单、操作容易的优点。其缺点如下。

① 所用高分子材料原料必须呈细粉状。若原料颗粒较大，还需采用粉碎设备制粉。但是，对许多韧性较大的高分子材料（如尼龙和聚碳酸酯等），粉碎相当困难，此类情况就要利用深冷粉碎技术制粉，其能耗很大，使成本增高。在实验室小规模制粉时，可利用溶剂溶解高分子材料，再用非溶剂沉淀的方法实现制粉；但由于溶剂耗费量大，也难以实现工业化。

② 粉料（干粉）共混时，若高分子物料的温度低于它们的黏流温度（$<T_f$），则物料不易流动，混合分散效果较差。高分子材料成形后，相畴较粗大，制品的各项物理力学性能会受到一定程度的影响，严重的还会造成制品各个部位性能不一致。这种不良影响在高分子材料组分之间相溶性欠佳的高分子共混物中尤为明显。

一般情况不宜单独使用粉料（干粉）共混法。然而，对于某些难溶难熔聚合物的共混,这种方法仍有实用价值,如氟树脂、聚酰亚胺树脂、聚苯醚树脂和聚苯硫醚树脂等共混物的制取。此外,当共混高分子材料组分间相容性较好,并且一种组分用量相当少时,也可考虑采用粉料(干粉)共混法。

采用粉料(干粉)共混法操作时,应注意下列事项。

① 高分子材料粉料的粒度应相当微细,并且粒度随高分子材料的种类、所用混合设备、工艺条件及共混物的成形方法等有所不同。

② 异种高分子材料粉料的粒度和密度应比较相近,这样才易于均匀混合,并且不致在运输和加工成形过程引起组分间的分层。

③ 采用粉料(干粉)共混法操作时还需加入增塑剂、润滑剂和防老剂等塑料助剂,则需注意各高分子材料组分对各种塑料助剂吸收能力有无明显差异。若对塑料助剂的吸收能力区别较大,则应按二段加料法进行共混,即先将塑料助剂与吸收该剂能力弱的聚合物组分混合,操作一段时间后,再加入另一种聚合物组分,以免造成塑料助剂在不同聚合物组分中分配不平衡,从而影响制品性能。

(2)熔体共混法。

熔体共混法又称熔融共混法,此方法是先将共混所用的高分子材料组分在其黏流温度以上($>T_f$)用混炼设备制取均匀高分子材料共熔体,再将其冷却和粉碎(或造粒)。熔体共混法的工艺过程如图 10.1 所示。

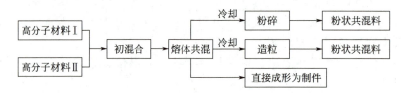

图 10.1 熔体共混法的工艺过程

初混合的设备和操作情况类似于粉料(干粉)共混法,但由于熔体共混法中的初混合并非最终的共混操作,因此对高分子材料原料在粒度上的要求不是很严格。某些情况也可不经初混合,直接在混炼设备中熔体共混。

熔体共混法具有下列优点。

① 熔体共混的高分子材料在粒度尺寸及粒度均一性方面不像粉料(干粉)共混法那样严格,所以原料准备操作较简单。

② 熔融状态下,异种高分子材料分子链间会扩散和对流激化,并且由于混炼设备的强剪切分散作用,熔体共混法的混合效果显著高于粉料(干粉)共混法的混合效果。共混物料成形后,制品内相畴较小。

③ 在混炼设备强剪切力的作用下,一部分高分子材料的分子链会降解,并形成一定数量的接枝共聚物或嵌段共聚物,从而促进不同高分子材料组分间的相容。

采用熔体共混法操作时,应注意下列事项。

① 各原料高分子材料组分均应为易熔聚合物。高分子材料熔融温度过高时会给混炼设备带来较大的影响。

② 一般情况下,各高分子材料原料的熔融温度和热分解温度应相近,以免在一种高分子材料组分的熔融温度下引起另一种高分子材料组分的分解。热敏性高分子材料的共混尤其需要注意。

③ 各原料高分子材料组分在共混温度下，应具有相近的熔体黏度，否则难以获得均匀的共混体系。

④ 各原料高分子材料组分在共混温度下的弹性模量值不应相差过大，因为弹性模量的差异会导致各高分子材料组分受力不均，混炼设备所施加的剪切力将主要集中在弹性模量高的高分子材料组分上，以致不仅影响混合效果，还可能引起一种高分子材料组分的过度降解。

⑤ 在其他工艺条件相同的情况下，延长物料的混炼时间或增加混炼操作次数在一定范围内虽然可以提高共混物料的均匀性，但也应避免高分子材料有可能出现的过度降解，以及由此引起的高分子共混物料性能的劣化。

熔体共混法是一种最常用的高分子共混法。它与初混合操作配合一般可取得较满意的混合效果。

（3）溶液共混法。

溶液共混法是先将各原料高分子材料组分加入共同溶剂中（或将原料高分子材料组分分别溶解，再混合），搅拌溶解混合均匀，再加热蒸出溶剂或加入非溶剂共沉淀，以便获得高分子共混物。

溶液共混法适用于易溶高分子、某些液态高分子，以及高分子共混物以溶液状态被应用的情况。此方法在初步观察高分子材料间的相溶性方面有一定的意义。根据高分子共混物的溶液是否发生分层现象及溶液的透明性可以判断其相溶性。若出现分层且浑浊，则认为其相溶性较差。但是，因溶液共混法制得的高分子共混物混合分散性差，并且此方法消耗大量溶剂，故在工业上应用意义不大。

（4）乳液共混法。

乳液共混法的基本操作是将不同种类的聚合物乳液一起搅拌混合均匀后，加入凝聚剂，使异种高分子材料共沉析，以形成高分子共混体系。

当原料高分子材料为高分子乳液或共混物以乳液形式应用时，此方法最有利。此方法还常与共聚-共混法联用，以作为熔融共混的预备性操作。单一地使用乳液共混法尚难获得相畴细微的高分子共混物。

2. 共聚-共混法

共聚-共混法制取高分子共混物是一种化学方法，这一点与物理共混法明显不同。共聚-共混法有接枝共聚-共混法与嵌段共聚-共混法之分，在制取高分子共混物方面，接枝共聚-共混法更为重要。

接枝共聚-共混法的典型操作程序是先制备一种高分子材料（高分子材料Ⅰ），随后将其溶于另一高分子材料（高分子材料Ⅱ）的单体中，形成均匀溶液后再依靠引发剂或热能的引发使单体与高分子材料Ⅰ发生接枝共聚，同时单体还会发生均聚作用。上述反应产物为高分子共混物，它通常包含着三种主要高分子材料组分，即高分子材料Ⅰ、高分子材料Ⅱ及以高分子材料Ⅰ为骨架接枝上高分子材料Ⅱ的接枝共聚物。接枝共聚组分的存在可以促进两种高分子材料组分的相溶，所以接枝共聚-共混产物的相畴较机械共混法产物的相畴微细。影响接枝共聚-共混产物性能的因素很多，主要有原料高分子材料Ⅰ和原料高分子材料Ⅱ的性质、比例、接枝链的长短和数量等。

接枝共聚-共混法制得的高分子共混物，其性能通常优于物理共混法的产物，所以此方法近年来发展很快,应用范围逐渐推广。目前,此方法主要用于生产橡胶增韧塑料。例如,抗冲聚苯乙烯及丙烯腈-丁二烯-苯乙烯树脂(ABS 树脂)虽然在早期曾用物理共混法制取,但现已几乎全被接枝共聚-共混法取代。另外,橡胶增韧聚氯乙烯等也在研究用此法生产。

接枝共聚-共混法生产高分子共混物使用的设备与一般的聚合设备相同,即间歇式聚合釜或釜式、塔式等连续操作设备。其操作方式除有本体法外,还有本体-悬浮法和乳液法等。

3. IPN 法

IPN 法形成互穿网络高分子共混物,是一种以化学法制备物理共混物的方法。其典型操作是先制备一交联高分子材料网络(高分子材料 I),将其在含有活化剂和交联剂的第二种高分子材料(高分子材料 II)单体中溶胀,然后聚合,把第二步反应所产生的交联高分子材料网络与第一种高分子材料网络相互贯穿,以实现两种高分子材料的共混。在这种共混体系中,两种高分子材料间不存在接枝或化学交联,而是通过在两相界面区域不同链段的扩散和纠缠来达到两相之间良好的结合,从而形成一种互穿网络高分子共混体系,其形态结构为两相连续。

IPN 法虽然研发较晚,但发展很快。以具体操作方式而言,前述的典型操作可称为分步 IPN 法。该方法虽然可得到形态均匀、稳定的共混体系,而且可根据交联固化顺序的不同而调整和改变共混物性能,但其产物成形加工成制品比较困难。同步 IPN 法的开发使方法实施和产物加工都更方便一些,并且可在更宽的范围内改变产物的化学组成。此外,胶乳 IPN 法为制造具有核-壳结构的 IPN 类共混物创造了多种途径。由于 IPN 法的特点和共混组成的局限性,IPN 法对于高分子共混物的制备只能是一种特殊的方法。

10.3 高分子材料的结构

高分子材料的结构是指组成高分子材料的不同尺度结构单元在空间的相对排列,包括高分子材料的链结构和聚集态结构。高分子材料的链结构是指单个高分子的结构和形态,可分为近程结构和远程结构。近程结构包括构造和构型。构造是指高分子材料分子链的形状,如线形、支化和交联网络等;构型是指分子链中原子在空间的几何排列。近程结构属于化学结构,又称一级结构。远程结构又称二级结构,是指单个高分子链的大小和形态、链的柔顺性及分子在各种环境中采取的构象。高分子材料的聚集态结构,属于物理结构,是指大分子堆砌和排列的形式和结构。高分子材料可以采取有序排列的结晶态结构,也可以采取无序排列的非晶态结构;可以形成两者之间的介态——液晶态结构,也可以采取分子链沿某个方向做占优势的平行排列的结构——取向态结构;等等。

10.3.1　分子的链结构

1. 高分子链的近程结构

高分子链的近程结构是指链结构单元的化学组成、键接方式、空间立构、支化和交联及键合序列等。这些近程结构与高分子材料的聚集态结构和性能密切相关。

高分子链结构单元的化学组成直接决定链的形状和性质，进而影响高分子材料的性能。例如，聚乙烯和聚丙烯可以制成丝、薄膜、片材、棒及各种异形材，是典型的热塑性塑料，而聚1，4-丁二烯和聚异戊二烯是典型的合成橡胶。

大分子链是由许多结构单元通过主价键连接起来的链状分子。在缩聚反应过程中，结构单元的连接方式比较固定。但是，在加聚反应过程中，单体构成大分子的连接方式比较复杂，存在许多可能的连接方式。例如，对于$CH_2\!=\!CH$型烯烃单体，若设有取代基X的
$\qquad\qquad\qquad\qquad\qquad\qquad\qquad\qquad\quad |$
$\qquad\qquad\qquad\qquad\qquad\qquad\qquad\qquad\,\,X$
一端为头，另一端为尾，则存在头-尾、头-头及尾-尾连接的不同方式。双烯类单体聚合时，除头、尾连接的问题外，还存在1-4、1-2及3-4加成的问题。结构单元的连接方式对聚合物的化学性能和物理性能有明显影响。例如，用聚乙烯醇制维纶时，只有头-尾连接时才能与甲醛缩合生成聚乙烯醇缩甲醛，头-头连接时不能进行缩醛反应。当大分子中含有很多头-头连接时，剩下很多羟基不能与甲醛缩合。有些维纶缩水性很大，主要原因即在于此。此外，由于羟基分布不规则，聚合物的强度亦下降。

在高分子共聚物中，还存在一个单体单元的键合序列问题。高分子共聚物是由两种或两种以上的单体共同聚合制得的。以两种单体单元A和B制得的二元共聚物可以分为无规共聚物、交替共聚物、接枝共聚物和嵌段共聚物四种，即

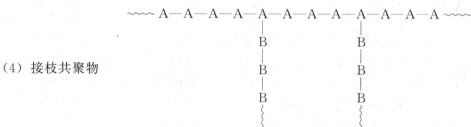

结构单元的键接方式是分子链构型范畴中的一个问题，另一个是立构问题。构型指的是分子中各原子在空间的相对位置和排列，这种化学结构需经过键的破坏或生成才能改变。

当双烯类单体采取1-4加成的连接方式时，因为大分子主链上存在双键，所以有顺式和反式之分。例如，天然橡胶是顺式1-4加成的聚异戊二烯，古塔波胶是反式加成的聚异戊二烯。由于结构不同，两者性能迥异。天然橡胶是很好的弹性体，密度为0.9g/cm^3，熔点$T_m=-70℃$，玻璃化转变温度$T_g=-70℃$，能溶于汽油、CS_2及卤代烃；古塔波胶则等同周期小，容易结晶，无弹性，密度为0.9g/cm^3，$T_m=65℃$，$T_g=-53℃$。

如果碳原子上连接的四个原子（或原子基团）各不相同，则此碳原子称为不对称碳原子。例如，结构单元为$\pm CH_2-CH\pm_n$型的高分子，在每一个结构单元中有一个不对称
$\qquad\qquad\qquad\qquad\qquad\quad\,\,\,\,|$
$\qquad\qquad\qquad\qquad\qquad\quad\,\,\,\,X$
原子C^*，每一个链节有两种旋光异构体，如图10.2所示。它们在高分子中有三种键接方式，即将C—C链拉伸放在一个平面上，H和X分别处于平面的上下两侧。当取代基

在平面两侧不规则分布或两种旋光异构体单元完全无规键接时，称为无规立构；当取代基全部处于主链平面的一侧或者高分子全部由一种旋光异构单元键接而成时，称为全同异构；当取代基相间分布于主链平面的两侧或两种旋光异构单元交替键接时，称为间同立构。

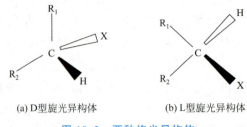

(a) D型旋光异构体　　　　　　(b) L型旋光异构体

图 10.2　两种旋光异构体

对于小分子物质来说，不同的空间构型常有不同的旋光性。高分子链虽然含有许多不对称碳原子，但由于内消旋或外消旋作用，即使空间规整性很好的高聚物也没有旋光性。

2. 高分子链的远程结构

高分子链的远程结构包括高分子的大小（相对分子质量及其分布）和形态。通常，相对分子质量越大，分子的相对尺寸也越大，所以相对分子质量的大小是高分子链远程结构的重要表征之一。但是，除有限的几种蛋白质外，无论是天然的还是合成的高分子，相对分子质量都不均一，即它们具有多分散性。因此，高聚物的相对分子质量只具有统计意义。统计方法和测定方法不同，所得的统计平均相对分子质量也不同。常用的有数均相对分子质量 M_n、重均相对分子质量 M_w 和 Z 均相对分子质量 M_z。高分子材料的相对分子质量及相对分子质量分布对其使用性能和加工性能都有很大影响。例如，相对分子质量及相对分子质量分布对高分子材料的抗拉强度、耐折度及成形加工过程（模塑、成膜和纺丝等）都有影响。常见的聚苯乙烯塑料制品的相对分子质量为几十万，如果其相对分子质量低至几千，就不能成形；相反，当相对分子质量达到几百万到几千万时，又难以加工。所以，高分子材料的相对分子质量在一定范围内才合适。如果高分子材料中含有大量的低相对分子质量尾端，则产品容易起泡，强度低，耐老化性能差，如聚碳酸酯。如果高分子材料中含有较多的高相对分子质量尾端，则在纺丝过程中会出现堵塞纺丝孔甚至加工不能进行的情况，在挤压和吹塑过程中会出现结块现象。在涤纶片基的生产过程中，若相对分子质量分布不均匀，则成膜性差，抗应力开裂能力也会降低。高分子材料的相对分子质量和相对分子质量分布又可作为加工过程中各种工艺条件选择的依据。例如，加工温度的选择、成形压力的确定及加工速度的调节等。此外，相对分子质量分布的测定还可以为聚合反应机理及其动力学和老化过程等研究提供必要的信息。

相对分子质量一定时，分子链在空间的卷曲或伸展状态也是高分子链远程结构的重要表征。不同的分子形态与高分子链的构象有关。C—C 单键可以绕主轴相对自由旋转（内旋转）。以丁烷分子为例，C—C 单键沿连接第二个和第三个碳原子的单键旋转，使构成分子的原子在空间有不同的排列方式，这种现象称为构象。随着旋转角的改变，可以选择不同的空间排列，呈现不同的构象。

对高分子材料来说，分子链含有上万个碳原子，每一个碳原子由于绕着单键的旋转可以有三种不同的空间排列方式，而整个分子链将有可能选择 39997 种不同的空间排列方式，也就是说可能有 39997 种不同的构象。这也是高分子材料具有柔性的原因。高分子材料分子链由于内旋不断改变其构象的性质称为柔性。一般情况下，高分子链呈现最大概率构象是不规则卷曲起来的线团，故其称为无规线团。

10.3.2　高分子材料的聚集态结构

高分子材料的聚集态结构也称超分子结构，是指高分子材料内分子链的排列与堆砌结构。虽然高分子材料的分子链结构对高分子材料的材料性能有着显著的影响，但由于高分子材料是由许多单个高分子链聚集而成的，有时即使相同链结构的同一种聚合物在不同加工成形条件下也会产生不同的聚集态结构，所得制品的性能也截然不同，因此高分子材料的聚集态结构对高分子材料的材料性能的影响比高分子链结构更直接、更重要。研究并掌握高分子材料的聚集态结构与性能的关系对选择合适的加工成形条件、改进材料的性能和制备具有预期性能的高分子材料具有重要意义。

高分子材料的聚集态结构主要包括非晶态结构、晶态结构、液晶态结构、取向态结构和织态结构。有些高分子材料，尤其是结构规整的聚烯烃，具有很高的结晶性，能得到比较完善的结晶形态。例如，聚乙烯甚至可在特定的条件下获得聚合物单晶。但是，任何高分子材料在本体条件下都不能完全结晶。半结晶聚合物中，规整的晶区相互间通过未取向和无规构象的分子链构成非晶区连接；低结晶度聚合物中少量的不完善的结晶微区分散在非晶态的基体中；有些分子链结构规整性差的高分子材料是完全非晶态的，如无规聚苯乙烯和无规聚甲基丙烯酸甲酯等。

在不同的聚集态结构中，分子链的堆砌方式各不相同。

1. 高分子材料的非晶态

高分子材料的非晶态是指高分子材料中分子链的堆砌不具有长程有序性，是完全无序的。非晶态高分子材料也称无定形高分子材料。非晶态结构是比晶态结构更为普遍存在的聚集形态，包括玻璃态、高弹态、黏流态（或熔融态）及结晶高分子材料中的非晶区。玻璃态、高弹态和黏流态为非晶态高分子材料的三种力学状态，可随温度变化而相互转换。其中，玻璃态向高弹态的转变温度为玻璃化转变温度（T_g），高弹态向黏流态的转变温度为黏流温度（T_f）。

非晶态结构的两种模型如下。

（1）无规线团模型［图 10.3（a）］。该模型认为在非晶态高分子材料中，每条分子链都取无规线团构象，分子链间相互贯穿、纠缠。当其分子量足够高时，相互穿透的分子链就会形成稳定的纠缠结构，这种纠缠结构使聚合物分子链的运动受限。就像一团杂乱堆放的毛线，毛线越长，越容易产生纠缠，越难将彼此分开。由于这种纠缠作用，聚合物分子链运动时不是整个分子链的刚性运动，而是以含若干个链单元的链段为运动单元的蠕动。

由于在高分子材料的非晶态结构中不存在有序性，因此非晶态高分子材料在聚集态结构上是均匀的。在这种模型中，分子链间存在不被分子链占据的空隙，即自由体积。自由体积越大，分子链排列越疏松，密度越小。自由体积提供分子链内旋转所需的空间，并且可随温度发生变化。

在无规线团模型中，由于每条分子链都处在许多相同的高分子材料分子链的包围中，分子内及分子间的相互作用是相同的,因此非晶态聚合物中的分子链等同于无扰分子链,分子链取无规构象。

(2) 两相球粒模型 [图 10.3 (b)],又称折叠链缨状胶束粒子模型。该模型认为非晶态高分子材料并不是完全无序的,而是存在局部有序区域,即非晶态高分子材料包含无序和有序两部分。其中的有序部分(图中虚线圆弧内)是高分子材料分子链折叠而成的球粒,其尺寸为 2~4nm。球粒中的分子链折叠排列比较规整,但比晶态的有序性要低得多;球粒间区域内的分子链排列是无规的,其尺寸为 1~5nm。

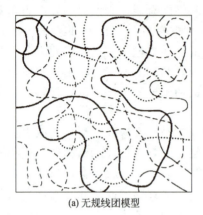 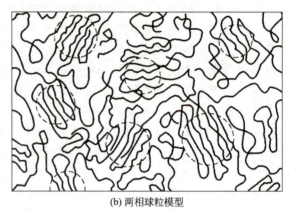

(a) 无规线团模型　　　　　　　　(b) 两相球粒模型

图 10.3　非晶态结构的两种模型

上述两种非晶态结构模型各有一定的实验依据,能从不同角度解释高分子材料的一些结构和性能,但不同观点间还存在较大的争议,有待进一步研究。

2. 高分子材料的结晶态

(1) 高分子材料的晶体结构。

高分子材料的结晶态是一种三维长程有序结构,其晶体结构可用晶胞参数(晶格常数和晶格角)来描述。由于化学键的键长和键角随温度变化小,因此晶格常数 c 基本不随温度变化。但是,分子振动随温度升高而增大,故晶格常数 a 和 b 随温度升高稍有增大。根据晶胞参数的不同,可分为七个晶系,见表 10-1。

表 10-1　七个晶系

晶　系	晶胞参数	晶　系	晶胞参数
立方晶系	$a=b=c$, $\alpha=\beta=\gamma=90°$	正交晶系	$a\neq b\neq c$, $\alpha=\beta=\gamma=90°$
六方晶系	$a=b\neq c$, $\alpha=\beta=90°$, $\gamma=120°$	单斜晶系	$a\neq b\neq c$, $\alpha=\gamma=90°$, $\beta\neq 90°$
四方晶系	$a=b\neq c$, $\alpha=\beta=\gamma=90°$	三斜晶系	$a\neq b\neq c$, $\alpha\neq\beta\neq\gamma\neq 90°$
菱方晶系	$a=b=c$, $\alpha=\beta=\gamma\neq 90°$		

立方晶系和六方晶系均属于高级晶系,四方晶系、菱方晶系和正交晶系均属于中级晶系,单斜晶系和三斜晶系均属于低级晶系。在高分子材料晶体中,由于高分子材料分子链只能采取与主链中心轴平行的方向排列,其他两维为分子间的作用力,其作用范围为 0.25~0.5nm,这种特性导致高分子材料不能形成立方晶系,也很难形成高级晶系,而多形成低

级晶系。同一结晶性的高分子材料可以形成不同的晶体结构，这种现象称为同质多晶现象。不同的结晶结构可在一定条件下相互转变。

（2）高分子材料的结晶形态。

根据结晶条件不同，高分子材料可形成多种结晶形态的晶体。

① 单晶。高分子材料单晶都是具有规则几何外形的薄片状晶体，如菱形聚乙烯单晶，如图10.4所示。

图10.4　菱形聚乙烯单晶

一般高分子材料的单晶只能从极稀溶液（质量分数为0.01%～0.1%）中缓慢结晶而成。单晶的晶片厚度与聚合物的分子量无关，只取决于结晶时的温度和热处理条件。在常压下，晶片的厚度不超过50nm，而高分子材料分子链的长度通常达数百纳米，因此高分子材料分子链在单晶中是折叠排列的。单晶的生长除横向延伸外，还常常沿其螺旋位错中心盘旋生长，从而发展成多层结构。通常，质量分数约为0.01%时可得到单层片晶，质量分数约为0.1%时将发展成多层片晶，质量分数大于1%则不能得到单晶，只能得到球晶。

② 球晶（图10.5）。球晶是聚合物最常见的结晶形态之一，为圆球状晶体，尺寸较大，一般由结晶性高分子材料从浓溶液中析出或由熔体冷却形成。球晶在正交偏光显微镜下可观察到其特有的黑十字消光图像或带同心圆的黑十字消光图像。

图10.5　球晶

在球晶中，高分子材料分子链通常是沿垂直于球晶半径的方向排列的。当偏振光通过高分子球晶时会发生双折射现象，将入射的偏振光分为两束振动方向相互垂直的偏振光，其振动方向分别平行和垂直于球晶的半径方向。由于在这两个方向的折射率不同,这两束光通过球晶的速度也不同,因此会产生相差而发生干涉现象,导致只有通过球晶某部分区域的光可以通过与起偏器正交的检偏器,进而产生明暗相间的黑十字消光图像。

球晶的生长过程如图 10.6 所示。一般认为球晶的生长初期[图 10.6(a)]是以折叠链晶片开始的。由于熔体迅速冷却或其他条件所限,这些晶片来不及规整地堆砌成单晶,为了减小界面自由能而以某些晶核(多层片晶)为中心,逐渐向外扩张生长;经历捆束状阶段[图 10.6(b)~图 10.6(c)]后,它们同时向四周扭曲生长,形成填满空间的球状外形;球晶的生长后期[图 10.6(d)~图 10.6(e)]球晶生长到较大的尺寸。在结晶程度较低时,球晶分散于连续的非晶区中,随着结晶程度的提高,球晶在生长过程中会与相邻球晶相互碰撞,阻碍球晶外缘的正常生长,从而互相挤压成为不规则的多面体。

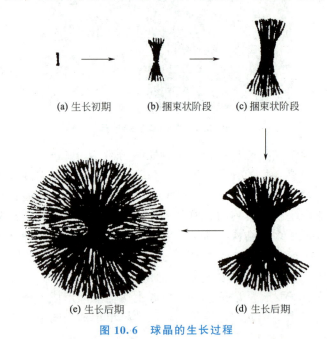

图 10.6 球晶的生长过程

③ 伸直链晶片。伸直链晶片是由完全伸展的分子链平行规整排列而成的小片状晶体。晶体为折叠链结构,晶体中分子链的平行排列方向平行于晶面,晶片厚度基本与伸展的分子链长度相当,甚至更大。这种晶体主要形成于极高压力下,如聚乙烯在高压下进行熔融结晶,或对熔体结晶进行加压热处理,均可得到伸直链晶片。聚乙烯的伸直链晶片如图 10.7 所示。

④ 纤维状晶(图 10.8)和串晶。纤维状晶是在流动场的作用下高分子材料分子链的构象发生畸变,成为沿流动方向平行排列的伸展状态,并在适当的条件下结晶而成。纤维状晶由完全伸展的分子链组成,分子链的取向与纤维轴平行。在显微镜下观察时,纤维状晶具有类似纤维的细长形状。纤维状晶的长度可大大超过聚合物分子链的实际长度,这说明纤维状晶是由不同分子链连续排列而成的。如果剧烈搅拌结晶性聚合物的稀溶液,当结晶温度较低时,则可形成高分子材料串晶。

图 10.7　聚乙烯的伸直链晶片

图 10.8　纤维状晶

(3) 高分子材料的晶态模型。

① 缨状胶束模型。缨状胶束模型是最早、最简单的高分子材料晶态模型，该模型认为结晶高分子材料中晶区与非晶区紧密混合，互相穿插，同时存在。晶区的分子链相互平行排列成规整的结构，而非晶区的分子链堆砌完全无序。晶区的尺寸较小，分子链的长度远大于晶区的长度，因此一条分子链可同时穿越数个晶区和非晶区。晶区在通常情况下是无规取向的。缨状胶束模型有时又称两相结构模型。

② 折叠链模型。高分子材料晶体的折叠链模型常称近邻规整折叠链模型，其后又发展为近邻松散折叠链模型和插线板模型。

近邻规整折叠链模型认为高分子材料晶体中分子链是以反复平行折叠的形式排列的，每条分子链都从相邻的位置上再进入折叠结构，这样折叠时相连的链段在晶片中的空间排列总是相邻的，分子链折叠时其曲折部分所占的比例很小。结晶高分子材料中的非晶区是由分子链折叠时的曲折部分、分子链的末端及分子链的一些错位结构组成的。近邻松散折叠链模型与近邻规整折叠链模型不同的是前者认为虽然分子链再进入折叠结构时也发生在相邻位置，但其曲折部分并不是短小和规整的，而是松散和不规则的，它们构成结晶高分子材料中的非晶区。

插线板模型则认为高分子材料晶体中相邻排列的两段分子链段并不像折叠链模型那样都是属于同一分子相邻接的链段，而可能是非邻接的链段或属于不同分子的链段。在形成多层晶片时，一条分子链可先在一个晶片中进入晶格，之后再穿越非晶区进入另一晶片排列，即使是再进入原来的晶片，其进入点也不在相邻位置上。

(4) 高分子材料结晶过程的影响因素。

① 分子链结构。高分子材料的结晶能力与分子链结构密切相关。分子结构越简单、对称性越高、立体规整性越好、取代基的空间位阻越小、分子链相互作用越强（如聚酰胺等能产生氢键或带强极性基团）的高分子材料越易结晶。聚乙烯和聚四氟乙烯分子结构简单又具有很高的对称性，最容易结晶，几乎无法得到完全非晶态的高分子材料。若在分子链上引入大小或取代位置不同的侧基或侧链，破坏分子链的规整性，高分子材料的结晶能力就会大大下降。对于单取代乙烯基高分子材料，有全同立构、间同立构和无规立构，全同立构高分子能结晶，间同立构高分子有时能结晶，无规立构高分子不能结晶。

分子链的结构还会影响结晶速率，一般分子链结构越简单、对称性越高、取代基空间位阻越小、立体规整性越好的高分子材料结晶速率越快。

② 温度。温度对结晶速率的影响极大，有时温度相差甚微，但结晶速率常数会相差上千倍。

③ 应力。应力能促使分子链沿外力方向进行有序排列，提高结晶速率。

④ 分子量。对同种聚合物而言，分子量对结晶速率有显著影响。在相同条件下，一般分子量低的结晶能力强，结晶速率快。

⑤ 杂质。杂质影响较复杂，有的杂质可阻碍结晶，有的杂质则能加速结晶。能促进结晶的物质在结晶过程中往往起成核作用（晶核），称为成核剂。在高分子材料中，加入成核剂不仅可提高高分子材料的结晶速率，还可增加晶粒数目，使高分子材料晶粒的尺寸减小，有利于获得透明度更高的聚合物材料。

(5) 结晶对高分子材料性能的影响。

结晶使高分子材料的分子链规整排列，堆砌紧密，因而增强分子链间的作用力，使高分子材料的密度、强度、硬度、耐热性、耐溶剂性和耐化学腐蚀性等性能得以提高，从而改善高分子材料的使用性能。但是，结晶会使弹性、断裂伸长率和抗冲击强度等性能下降，对以弹性和韧性为主要使用性能的材料是不利的。例如，结晶会使橡胶失去弹性，发生爆裂。

3. 高分子材料的液晶态

液晶态是晶态向液态转化的中间态，既具有晶态的有序性（导致各向异性），又具有液态的连续性和流动性。

根据形成条件的不同，高分子液晶可分为热致液晶和溶致液晶。热致液晶在受热熔融时形成各向异性熔体；溶致液晶则在溶于某种溶剂后可形成各向异性的溶液。

能够形成液晶的高分子通常由刚性介晶单元和柔性单元两部分组成。刚性介晶单元多由芳香族或脂肪族环状结构组成，柔性单元多由可以自由旋转的键连接而成的饱和链组成。刚性介晶单元可以是棒状的，也可以是盘状的。常见的刚性介晶单元结构如下。

棒状刚性介晶单元　　　　　　　　　盘状刚性介晶单元

根据刚性介晶单元在聚合物分子链中的位置，高分子液晶可分为主链型高分子液晶和侧链型高分子液晶。主链型高分子液晶的刚性介晶单元在主链上，而侧链型高分子液晶的刚性介晶单元通过柔性的间隔基连接在非介晶的主链上。

高分子液晶根据其分子的排列形式和有序性可分为近晶型液晶、向列型液晶和胆甾型液晶三种。

4. 高分子材料的取向态

在理想的无定形高分子材料中，其分子链构象是无规的；但在真实的高分子材料中，其分子链并不是完全无规的。在高分子材料的成形过程中，由于不可避免的外力作用，高分子材料熔体中原本为无规线团的部分分子链或其中的部分链段就会沿外力方向进行占优势的平行排列，如图10.9所示。

高分子材料的分子链或链段在外力作用下沿外力方向进行占优势的平行排列称为取

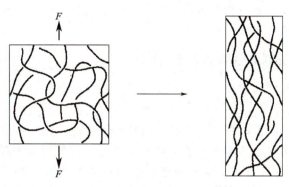

图 10.9　熔融聚合物的取向示意图

向。当将取向的高分子材料熔体迅速冷却至其 T_g 以下时，这种占优势的平行排列就被"冻结"，所得的局部有序结构称为高分子材料的取向态。

高分子材料的取向态与结晶态都是有序结构，但结晶态是三维有序的，而取向态是一维有序或二维有序的。未取向的高分子材料是各向同性的，即各个方向上的性能相同。而取向后的高分子材料，除其标量性能（如密度和比热容等）外，其他的物理性能都与其测试方向有关。随着取向度的增加，在取向方向上的共价键性能得到加强，表现出高刚性、高强度和低热膨胀性等；而在与取向方向垂直的方向上的共价键性能减弱，所体现的性能更多是由范德瓦耳斯力作用所致。取向高分子材料是各向异性的，测试方向不同，材料性能也不同。

利用高分子材料取向结构的这种特性，可以有目的地对高分子材料施加外力作用，使之在一定方向上进行取向，从而提高其力学性能。由于高分子材料分子链的取向必须通过链段运动才能实现，因此非晶态高分子材料的取向必须在高于其 T_g 下进行，而晶态高分子材料的取向必须在高于其 T_m 下进行。根据所加外力方式的不同，高分子材料的取向一般有单轴取向和双轴取向两种方式。

纤维材料只需一维取向，经单轴拉伸即可。薄膜材料如果只单轴拉伸，在垂直拉伸方向上就很容易撕裂，并且保存时还会产生不均匀收缩。用这样的薄膜制作胶片和磁带就会造成变形或录音失真等问题，所以常用的薄膜材料都必须双轴取向。

非晶态高分子材料的取向包括链段取向和分子链取向。链段取向可通过链段运动来实现，这种取向可在高弹态下进行；而分子链取向必须通过整个分子链中各链段的协同运动才能实现，这种取向只能在高分子材料处于黏流态时才能进行。结晶高分子材料取向时，除其中的非晶区可发生链段取向与分子链取向外，其晶粒也会发生取向。

结晶高分子材料的取向过程实质上是球晶的变形过程。在拉伸过程中，球晶先被拉成椭圆形，再拉伸变为带状结构。在球晶的变形过程中，组成球晶的片晶间发生倾斜、晶面滑移、转动甚至破裂，形成新的取向的折叠链结晶结构，原有的折叠链晶片也可能部分地转变成分子链沿拉伸方向规整排列的伸直链结晶。

结晶高分子材料的取向有两种途径：一种是高分子材料在熔融状态下拉伸，使取向的熔体迅速结晶；另一种是球晶高分子材料在固态下拉伸。

高分子材料的拉伸取向结构是由链段运动引起的，是热力学不平衡状态，因此可在升温条件下发生解取向。非晶态高分子材料的取向结构可在升温至其 T_g 附近时发生解取向，使分子恢复其无规线团状态，并收缩至其原来的尺寸。取向的结晶高分子材料也可发生相似的热收缩，但需加热到其熔点。

10.3.3 高分子材料共混物的形态结构

对于不同的加工条件和两相的组分，高分子材料共混物的形态结构不同，从而对高分子材料的性能产生显著的影响。高分子材料共混物可以由两种或两种以上的组分组成。对于热力学上相容的共混体系，有可能形成均相的形态结构，反之则形成两个或两个以上的多相体系，这种多相体系是共混高分子材料中最常见的。在多相体系中，存在连续相和分散相（也称相畴），通常含量多的组分为连续相，含量少的组分为分散相。在非均相双组分体系中高分子材料的形态结构模型如图10.10所示。随着分散相含量的增加，其形态从球状分散发展到棒状分散；当两组分的含量相近时，则形成层状结构；随着两种组分含量进一步变化，分散相和连续相将发生逆转。

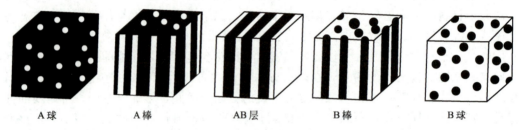

白色—组分A；黑色—组分B。

图10.10 在非均相双组分体系中高分子材料的形态结构模型

下面将针对双组分体系进行讨论，情况同样适用于多组分体系。

（1）两种高分子材料均为非晶高分子材料。

由两种非晶高分子材料构成的两相体系，按相的连续性可分成两种基本类型：单相连续结构和两相连续结构。

① 单相连续结构。单相连续结构是指构成高分子材料共混物的两个相或多个相只有一个连续相，其他的相（即分散相）分散于连续相中。根据分散相的形状、大小及与连续相的结合情况的不同，又可将单相连续结构分为四类：a. 分散相结构不规则，大小分布很宽。物理共混法得到的共混物通常是这种结构，如用物理共混法制得的聚苯乙烯和聚丁二烯橡胶的共混物［图10.11（a）］。b. 分散相结构较规则，一般为球形，颗粒内部不包含或只包含极少量的连续相成分，如用端羧基液体丁腈橡胶（CTBN）增韧的环氧树脂。在SBS中当丁二烯含量较少（约20%）时［图10.11（b）］，也会形成这种结构。c. 分散相具有香肠结构［图10.11（c）］，在分散相颗粒中包含连续相成分构成的更小颗粒。在分散相内部又可把连续相成分构成的更小的包容物当作分散相，而构成颗粒的分散相当作连续相。这时分散相颗粒的截面形似香肠，所以称为香肠结构。d. 分散相为片层状。分散相呈微片状分散于连续相基体中，当分散相浓度较高时，会进一步形成分散相的片层。将阻隔性优异的聚酰胺成微片状均匀分散于聚乙烯中，可以得到阻隔性良好的共混物。

② 两相连续结构。这种形态可以分为两相共连续结构和相互贯穿的两相连续结构。两相共连续结构包括层状结构或互锁结构，当嵌段高分子材料共聚物中两组分含量相近时常形成这类结构，如在SBS中丁二烯含量为60%时（图10.12），即形成两相交错的层状

 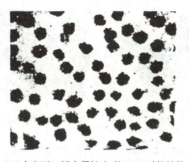 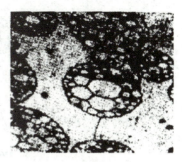

(a) 用物理共混法制得的聚苯乙烯和聚丁二烯橡胶的共混物　　(b) SBS中当丁二烯含量较少(约20%)时的结构　　(c) 香肠结构

图 10.11　单相连续结构

结构。相互贯穿的两相连续结构的典型例子是互穿网络高聚物（IPNs）。在 IPNs 中，两种高分子材料网络相互贯穿，整个共混物成为一个交织网络，两相都是连续的。如果两种组分的相容性不够好，则会发生一定程度的相分离。这种高分子材料网络的贯穿不是在分子水平上的，而是在分散相程度上。两组分的相容性越好，分散相越小。

图 10.12　在 SBS 中丁二烯含量为 60%时的结构

（2）含结晶高分子的共混物的形态结构。

从广义上讲，结晶高分子材料也是一种多相体系。当结晶度较低时，晶区为分散相，非晶区为连续相；当结晶度较高时，晶区为连续相，非晶区为分散相；对于结晶-非晶共混体系或结晶-结晶共混体系，上述的原则也同样适用。但是，除不相容的两组分的相态结构外，还需要考虑晶态结构和晶相同非晶相的织态结构等因素，这使凝聚态结构的研究更加复杂。晶态/非晶态共混物形态结构示意图如图 10.13 所示。

（3）含液晶高分子的共混物。

目前，液晶高分子除用于高强度和高模量材料外，还与一般的结晶或非结晶高分子材料混合，用作增强材料。这一类材料以分子复合材料和原位复合材料为代表。

分子复合材料是将刚性棒状的高分子液晶分散到柔性链分子基体中，使它们尽可能地达到分子级的分散水平，高分子液晶类似于纤维增强复合材料中的纤维，可以起到增强和增韧的作用。已开发出的分子复合材料主要有两类：一类是酰胺类（如聚对苯二甲酰对苯

(a) 晶粒分散在非晶区　　(b) 球晶分散在非晶区　　(c) 非晶态分散于球晶中　　(d) 非晶态集聚成较大的分散相分散在球晶中

图 10.13　晶态/非晶态共混物形态结构示意图

二胺纤维），为刚性分子，另一类是芳杂环类刚性分子。柔性链基体高聚物种类很多，目前已成功开发出聚对苯二甲酰对苯二胺/聚酰胺、聚苯并噻唑/聚 2，5-苯并咪唑和聚对苯二甲酰对苯二胺/聚氯乙烯等高分子复合材料，它们都有很好的机械性能。

　　原位复合材料是将热致液晶与热塑性树脂熔融共混，用挤塑和注塑等常用技术制造。热致液晶微纤起增强剂的作用，它是在共混物熔体的剪切或拉伸流动时在基体树脂中原位形成的。它的增强形式在树脂加工前不存在，而是在加工过程中原位形成的。现在已实现用亚微米直径的热致液晶对热塑性树脂的原位增强。为了获得增强效果，必须考虑两个关键因素：一是要形成直径为 100nm、长径比足够大的热致液晶微纤，二是要在起增强作用的热致液晶微纤与被增强基体树脂之间形成足够强的界面相互作用。

　　(4) 高分子共混物的界面。

　　在共混高分子材料中，在两相间还存在一个过渡区，也就是界面层。界面层在两相间起传递应力的作用。界面层的结构，特别是两种高聚物间的黏合强度，对高分子材料的性质，特别是力学性能，有决定性的影响。一般认为界面层是通过两相的相互接触使大分子链段发生相互扩散形成的。界面层的厚度主要取决于两种高分子材料的相容性，也取决于高分子链的柔性、组成及相分离条件。在界面层中可能存在两种作用力：一种是两相间的化学键合力，如接枝共聚物和嵌段共聚物；另一种是物理作用力，如用机械法得到的共混物。因此，当用橡胶改进聚苯乙烯的力学性能时，用接枝的办法比物理共混的效果好。界面层无论是从结构，还是从性能上，都与单独的两相不同，因此常把它看作第三相。

10.4　高分子材料的性能和断裂

　　高分子材料具有优良的物理化学性能，这些性能是其内部结构的具体反映。在10.3 节的基础上，本节将介绍高分子材料的性能和断裂，可为正确选择、合理利用高分子材料、改善现有高分子材料的性能，以及合成具有特定性能的高分子材料提供可靠的依据。

10.4.1　高分子材料的力学性能

　　高分子材料的力学性能是指其对外力作用的响应特性，包括高分子材料或其表面的变化、变形的可逆性、抗变形性能及抗破损性能等。

1. 表征高分子材料力学性能的物理量

（1）应力与应变。

材料在外力作用下发生变形的同时，在其内部还会产生对抗外力的附加内力，使材料保持原状，当外力消除后，内力就会使材料回复原状并自行逐步消除。当外力与内力达到平衡时，内力与外力大小相等，方向相反。单位面积上的内力定义为应力，用 R 表示。材料在外力作用下，其几何形状和尺寸发生的变化称为应变，通常以单位长度（面积或体积）上发生的变化来表征。材料的受力方式不同，发生变形的方式也不同，应力和应变的定义也有所区别。材料受力方式主要有简单拉伸、简单剪切及均匀压缩三种。

（2）弹性模量。

弹性模量是指在弹性形变范围内材料产生单位应变所需应力的大小。根据受力方式的不同，高分子材料的弹性模量有以下三种。

① 弹性模量（杨氏模量）E。$E=R/e$，R 为应力，e 为应变。

② 剪切模量（刚性模量）G。$G=\tau/\gamma$，τ 为切应力，γ 为切应变。

③ 体积模量（压缩模量）B。$B=p/\gamma_V$，p 为静水压力，γ_V 为体积应变。

其中，弹性模量是材料刚性的一种表征。高分子材料弹性模量的高低取决于其链段运动的难易程度，而链段运动的难易程度又与温度密切相关，因此，高分子材料的弹性模量受温度的影响显著。图 10.14 所示为聚苯乙烯的弹性模量与温度的关系。

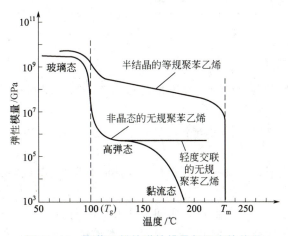

图 10.14　聚苯乙烯的弹性模量与温度的关系

当温度低于 T_g 时，由于链段运动冻结，玻璃态高分子材料都具有大小相近的弹性模量（约为 10^9 GPa）。随着温度的升高，弹性模量开始缓慢下降。当温度升高至 T_g 附近时，链段运动解冻，弹性模量迅速下降。对于非晶态的无规聚苯乙烯，其弹性模量的下降将经历高弹态平台阶段，当温度继续升高时，弹性模量又会迅速下降，开始进入黏流态。对于半结晶的等规聚苯乙烯，当温度接近 T_g 时，由于其中的非晶态区域较少，晶区起物理交联点的作用，限制了链段运动，因而其弹性模量的下降并不像非晶态的无规聚苯乙烯显著。在该温度范围内，半结晶的等规聚苯乙烯的弹性模量明显高于非晶态的无规聚苯乙烯。当温度继续升高时，随着晶区逐渐熔化，弹性模量逐渐下降。当温度到达 T_m 时，晶区全部熔化，弹性模量迅速下降，进入黏流态。对于轻度交联的无规聚苯乙烯，当温度升

高至 T_g 附近时，其弹性模量也会发生显著的下降，但由于化学交联的作用，分子链不会发生相对滑移，不会出现黏流态。

分子量高的高分子材料会出现高弹态平台区的原因是：当温度刚过 T_g 时，分子链间的纠缠作用可以阻碍分子链间的滑移，高分子材料仍保持较高的弹性模量；当温度再升高时，由于分子运动的动能大大增加，分子链间的纠缠解离，弹性模量下降。

（3）力学强度。

当材料所受外力超过材料的承受能力时，材料就会发生破坏。力学强度是用来衡量材料抵抗外力破坏的能力，即一定条件下材料所能承受的最大应力。

根据外力作用方式的不同，力学强度主要有以下三种。

① 抗拉强度（R_m）。抗拉强度是衡量材料抵抗拉伸破坏的能力。

② 抗弯强度（σ_{bb}）。抗弯强度的测定是在规定的试验条件下，对标准试样施加静止弯曲力矩，直至试样断裂。

③ 冲击韧性（α_k）。冲击韧性为试样受冲击断裂时单位截面积所吸收的能量，是衡量材料韧性的一种指标。

采用高速拉伸的拉伸设备成本昂贵，而冲击试验的成本要低得多。最常用的冲击试验是简支梁冲击试验和悬臂梁冲击试验。

冲击韧性可用于衡量高分子材料是否具有足够的能量吸收性能，如应用于饮料瓶或窗等的冲击试验。由于冲击韧性的测定值随温度的降低及变形速度的升高而降低，因此，为了准确地评价高分子材料的应用性能，测定其冲击韧性时的条件应尽量与其实际应用环境相近。

2. 高分子材料的高弹性

高弹态高分子材料最重要的力学性能是其高弹性。与金属等材料的普弹性不同，高分子材料的高弹性具有如下特性。

（1）高弹态高分子材料弹性模量小，变形量很大，可达1000%；而普弹变形的变形量很小，一般不到1%。

（2）金属等普弹变形材料被拉伸时变冷，受热时膨胀；而高弹态高分子材料被拉伸时发热，受热时收缩。

（3）高弹态高分子材料的变形需要时间，变形随时间而发展，直至最大变形量。

普弹性与高弹性之所以有这些差别，在于其本质的不同。普弹性在本质上属于能弹性，而高弹性本质上是熵弹性，是由熵变引起的。在外力作用下，高分子材料分子链由卷曲状态变为伸展状态，分子排列的规整性提高，熵减小，同时由于分子链间的距离减小，分子链间的相互排斥作用增加，体系变得不稳定；当外力移去后，由于热运动，分子链自发地趋向熵增大的状态，分子链由伸展状态再回复到卷曲状态，因此高弹性变形具有可逆性。

高弹性是高分子材料作为橡胶的基本前提。要使高分子材料具有良好的高弹性，高分子材料一般需具备以下基本条件。

（1）具有高分子量。其分子长度是其直径的上万倍，在通常情况下，分子链总是呈卷曲状态。

（2）分子链间的相互作用小。这样有利于产生大变形，分子间的相互作用越小，分子运动的阻力越小，越容易产生变形。

（3）分子的对称小。这样不易形成结晶结构，因为晶区的存在会限制聚合物分子的链段运动，不易产生大变形。

（4）具有适度的交联结构。若没有交联结构，由于橡胶分子间的作用力小，聚合物分子在外力作用下会发生分子链的相对位移，这样的变形不能复原，也就不存在弹性。通过交联，分子链间有化学键连接，在外力作用下只要不破坏化学键就不会发生分子链相对位移，其变形就可以复原。随着交联密度的增大，高分子材料分子的链段运动受到的限制越大，弹性模量越高，变形量越小，因此应根据实际情况适当调节交联度。

3. 高分子材料力学性能的影响因素

高分子材料的力学性能受多种因素的影响，这些影响因素可归纳为有利因素和不利因素。

（1）有利因素。

① 高分子材料的结构。在高分子材料分子链上引入空间位阻大的取代基，主链中引入芳杂环，均可增加链的刚性，分子链易于取向，力学强度增加。适度交联，有利于抗拉强度的提高。对冲击韧性的影响较复杂，分子链刚性的增大在很多情况下会使高分子材料的脆性增大，冲击韧性降低。但是，若分子链的构象有利于分子链在外力作用下快速取向，则可提高高分子材料的冲击韧性。

② 结晶和取向。结晶和取向均可使分子链规整排列，增加其抵抗外力破坏的能力，使高分子材料的力学强度增大；但结晶度过高可导致冲击韧性和断裂伸长率降低，使材料变脆。

③ 共聚和共混。共聚和共混均可使高分子材料综合两种以上均聚物的性能。选择共聚或共混组分，可以有目的地提高高分子材料在某方面的性能，如聚苯乙烯是脆性材料，但将苯乙烯与丙烯腈共聚所得的高分子材料的抗拉强度和冲击韧性都会有明显的提高。

④ 材料复合。高分子材料的强度可通过在高分子材料中添加增强材料得以提高，如由浸渍了不饱和树脂的玻璃纤维织物经层压成形制得的玻璃钢，其抗拉强度可达到甚至超过钢材，其中的玻璃纤维即为增强材料。

（2）不利因素。

① 应力集中。若高分子材料中存在某些缺陷（如高分子材料中的小气泡、生产过程中混入的杂质和聚合物收缩不均匀而产生的内应力等），受力时，缺陷附近局部范围内的应力会急剧增加，即应力集中。应力集中会使其附近的高分子链断裂和相对位移，然后应力向其他部位传递，进而其他部位的分子链相继断裂，最终导致材料断裂。应力集中使材料的性能大大降低，正如撕布料时，先剪一个缺口，这个缺口就成为应力集中点，撕裂时就很容易从缺口处撕裂。

② 惰性填料。有时为了降低成本，会在高分子材料中加入一些只起稀释作用的惰性填料（如在高分子材料中加入的粉状碳酸钙）。惰性填料会使高分子材料的力学强度降低。

③ 增塑剂。增塑剂的加入会使高分子材料的强度降低，因此增塑剂只适用于对弹性和韧性的要求远高于强度的软塑料制品。

④ 老化。高分子材料在加工和使用过程中发生的老化可使高分子材料的强度下降。

4. 高分子材料的力学松弛

在外力作用下,理想弹性体(如弹簧)的平衡变形是在瞬间达到的,与时间无关;而理想黏性流体(如水)的变形则随时间线性发展。高分子材料的变形与时间有关,但又不是线性关系,其变形与时间的关系介乎理想弹性体和理想黏性流体之间。高分子材料的这种性能称为黏弹性。

高分子材料的力学性能随时间的变化统称为力学松弛。最基本的力学松弛现象包括蠕变和应力松弛等。聚合物的蠕变和应力松弛可用来表征高分子材料的尺寸稳定性。

(1) 蠕变。蠕变是指在恒温下对高分子材料快速施加较小的恒定外力时,高分子材料的变形随时间增加而逐渐增大的力学松弛现象,如挂东西的塑料绳慢慢变长。高分子材料的蠕变与其结构密切相关。柔性链高分子材料的蠕变较明显,而刚性高分子材料的蠕变较小。分子量的增大和交联度的提高均有利于减弱蠕变。温度升高和外力加大均可使蠕变增大。高分子材料的蠕变对于选择需长期承受负荷的聚合物特别重要。

高分子材料在外力作用下发生的蠕变包含普弹变形、高弹变形和黏性流动三部分。

(2) 应力松弛。应力松弛是指在恒定温度和变形保持不变的情况下,高分子材料内部的应力随时间增加而逐渐减小的现象,如用塑料绳绑捆东西,时间久了会变松。这是由于当高分子材料被拉长时,高分子构象处于不平衡状态,它会通过链段沿外力方向的运动来减少或消除内应力,以逐渐过渡到平衡态构象。由于应力松弛是通过分子运动产生的,因此与温度有关。当温度高于高分子材料的 T_g 时,高分子材料分子的链段运动充分发展,应力松弛很快,几乎观察不到;当温度低于其 T_g 时,链段运动冻结,应力松弛过程很慢,也难以观察;只有当温度处于由玻璃态向高弹态转变的过渡区域时,应力松弛才较明显。

10.4.2 高分子材料的耐热性

高分子材料的耐热性包含两方面:热变形性,即高分子材料受热时外观尺寸改变的性能;热稳定性,即高分子材料耐热降解和热氧化的性能。

1. 热变形性

大多数应用场合要求高分子材料在受热条件下具有良好的外观尺寸稳定性,这就要求高分子材料在受热条件下不易发生变形。变形小的高分子材料必然处于玻璃态或晶态,而高弹态高分子材料即使在很小的外力作用下也可产生大变形,不可能具有良好的热变形性。高分子材料的 T_g 或 T_m 越高,其转变为高弹态的温度也越高,热变形性越好。高分子材料的 T_g 或 T_m 与其分子链结构和聚集态结构密切相关,为了获得高的 T_g 或 T_m,必须使其分子链内部及分子链间具有强的相互作用,方法如下。

(1) 增加结晶度。

(2) 增加分子链刚性。引入极性侧基,在主链或侧基上引入芳香环或芳香杂环。

(3) 使分子间产生适度交联。交联聚合物既不熔也不溶,只有加热到分解温度以上才会使其破坏。

2. 热稳定性

高分子材料在高温条件下可能产生两种结果:降解和交联。两种反应都与化学键的断裂有关,组成高分子材料分子的化学键能越大,热稳定性越高。为提高热稳定性,应采取如下措施。

（1）尽量避免分子链中存在弱键。

（2）在主链结构中引入梯形结构。因为在环结构中破坏其中的某一个键并不会导致高分子材料的分子量下降，而在同一个环中同时断裂两个键的可能性很低，所以主链上含有环结构的高分子材料的热稳定性较高。

（3）在主链中引入 Si、P、B 和 F 等杂原子，即合成元素有机高分子材料。

高分子材料的热稳定性通常采用热分析手段进行评价，常用的是热重分析法。它测试的是高分子材料在等速升温过程中的质量损失，测试所得的谱图是由试样的质量残余率对温度的曲线（称为热重曲线）或试样的质量残余率随时间的变化率对温度的曲线（称为微商热重法）组成的。

10.4.3　高分子材料的断裂

高分子材料的断裂是与其使用性能丧失有关的一类问题。高分子材料在各种使用条件下表现出的强度和对抗破坏的能力是其力学性能的重要方面。

1. 断裂类型

韧性高分子材料被拉伸时的典型应力-延伸率曲线如图 10.15 所示。

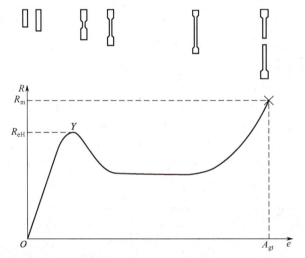

图 10.15　韧性高分子材料被拉伸时的典型应力-延伸率曲线

在曲线上有一个应力出现极大值的转折点 Y，对应的应力称为上屈服强度（R_{eH}）。在上屈服强度以下，特别是在延伸率较小时，应力与延伸率基本成正比关系，材料的变形符合胡克定律。继续拉伸时，热塑性高分子材料常会出现细颈现象，即被拉伸材料的截面积突然减小，应力随之下降。细颈总是从靠近夹具的地方开始发展，因为夹具的作用，该处应力最集中。细颈现象也称冷拉伸现象。弹性体拉伸时不会产生细颈现象。继续拉伸时，细颈部分持续发展，但截面积保持不变，拉伸应力基本不变。当材料继续被拉伸时，由于分子链在拉伸方向上发生取向，从而对继续变形产生抵抗，应力再次增加，直至材料断裂。材料发生断裂时的应力称为抗拉强度（R_m），相应的应变称为最大力总延伸率（A_{gt}）。若材料的断裂发生在上屈服强度以下，则为脆性断裂；若材料的断裂发生在上屈服强度以上，则为韧性断裂。

2. 断口形貌

通过对试样或构件的断口分析，可查找断裂产生的原因，探寻断裂的性质及机理。断裂过程又与材料的成分和结构等特征有关，因而用于材料断口分析的方法也可用于探讨材料成分和结构等特征与材料性能间的关系，为材料设计和加工等提供指导。

（1）断口分析实验方法。

高分子材料的断面易受环境温度和介质的影响。随断口放置时间延长，其断面形貌特征可能改变，因此断口分析应尽快进行。必须清洗高分子材料的断口时，不能用有机溶剂，可用清水清洗并风干。体视显微镜下观察分析断口时，应注意长时间的热光源照明可能会导致断口熔化。

高分子材料的微观断口分析通常采用扫描电镜法，也可采用投射复型法。由于高分子材料一般不导电，因此要在试样断面上喷镀导电层。喷镀导电层的方法一般有离子溅射法和真空蒸发法。断口通常不经过任何处理即可直接喷镀导电层，以使断面的原始形貌特征尽可能完整地保留下来，但有时先将试样断面进行溶剂溶蚀处理或离子刻蚀，以增加图像反差或作特殊的观察分析。例如，弹性体增韧高分子材料通过刻蚀处理将弹性体溶去后观察分析弹性体及基体的变形断裂机理。刻蚀处理过的断面形貌会偏离真实的断面形貌特征，选用该法时要慎重考虑。

用扫描电子显微镜观察分析高分子材料断面时，尽量选用较低的加速电压，一般不超过20kV，否则在较高的电压下，电子流易使试样表面升温熔化而破坏断面形态。

（2）典型断口形貌特征。

① 镜面区。典型脆性玻璃态无定形高分子材料（如聚苯乙烯和聚甲基丙烯酸甲酯）的断面上通常可观察到宏观上平整而高度反光的区域——镜面区。镜面区在自然光照射下可出现彩色光晕，在低倍镜下通常观察不到特征花样；但在高倍镜下，聚苯乙烯镜面区的每一平面（对应单一银纹）除存在无特征区［图10.16（a）］外，还可观察到两种剥离花样，即无规则剥离花样［图10.16（b）］和长条形剥离花样［图10.16（c）］。随着距离无特征区的距离增大，剥离花样越来越细密。

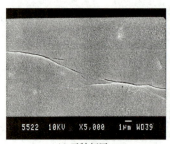 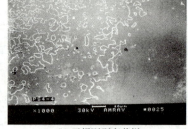 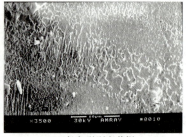

(a) 无特征区　　　　　　　　(b) 无规则剥离花样　　　　　　　(c) 长条形剥离花样

图10.16　在高倍镜下观察到的聚苯乙烯镜面区

对于无定形玻璃态高分子材料的镜面区形成机制，许多学者认为，在外力作用下，裂纹尖端塑性区内的分子链逐渐取向、滑移或断裂，使裂纹沿银纹中脊缓慢向前扩展而形成镜面区。

② 抛物线形貌。很多高分子材料的断面上存在抛物线形态，抛物线的顶点逆指向裂纹

扩展方向。高分子材料断面上的抛物线形貌可分为两类：一类是Ⅰ型抛物线［图10.17（a）］，一般在脆性断口上出现，其两匹配断面上对应的抛物线特征花样凹凸正好相配；另一类是Ⅱ型抛物线［图10.17（b）］，通常在韧性断面上出现，其两匹配断面上对应的抛物线特征都呈凹向。同一材料在不同的试验条件下，两种类型的抛物线都有可能出现。

在两种抛物线焦点［图10.17（c）和图10.17（d）］上都可观察到次级断裂源，这表明其形成机理类似，都是次级裂纹萌生扩展的结果。

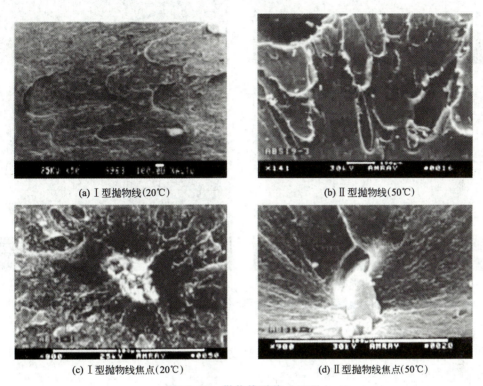

图 10.17　抛物线形貌（ABS）

③ 纤维形态。高分子材料在外力作用下的破坏过程一般都经历了分子链取向（形成银纹或剪切带）及取向分子链束的破坏。后一过程产生的机制可能是构成分子链束的分子链断键，也可能是分子链间解缠和滑移分离的结果。脆性无定形玻璃态高分子材料，如聚苯乙烯，在断口上很难直接观察到分子链间滑移分离下的纤维（束）形貌特征，在一定的试验条件下，在其断面上靠近断裂源的区域才可观察到图10.18所示的纤维（束）形貌特征。随试验温度的增高或裂纹扩展速度的降低，纤维形貌特征越来越多，并且纤维越细、越长。纤维形貌可能是两分离面间分子链滑移分离的结果，也可能是同一平面上基体树脂在横向拉应力作用下撕裂分离而成。

高分子材料的分子链间解缠和滑移分离过程与其运动能力有关。随温度的升高或裂纹扩展速度的降低，分子链间的解缠和滑移分离较易进行，因而在较高试验温度或较低裂纹扩展速度下的断面纤维（束）形貌较多。

④ 周期性条纹。无定形玻璃态聚碳酸酯冲击断面上的周期性条纹如图10.19所示。周期性条纹的形成是弹性应力波在银纹中传播并与裂尖干涉作用的结果。应力波在银纹的两界面上传播，当应力波达到某一银纹/基体界面上时，由于应力叠加作用，该界面上的

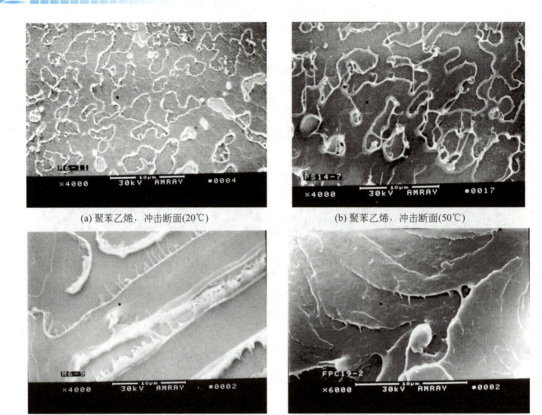

(a) 聚苯乙烯，冲击断面(20℃)　　　　　(b) 聚苯乙烯，冲击断面(50℃)

(c) 聚苯乙烯，冲击断面(20℃)　　　　　(d) 聚碳酸酯，冲击断面

图 10.18　脆性无定形玻璃态高分子材料断面上靠近断裂源的区域的纤维（束）形貌特征

银纹/基体破裂或弱化，裂纹沿该界面扩展；当应力波传播到另一银纹/基体界面上时，同样的作用使裂纹沿该银纹/基体界面扩展，形成周期性剥离花样。由于应力波传播反射间距相等，因此周期性条纹的间距相等。

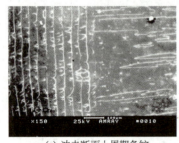 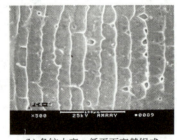 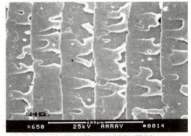

(a) 冲击断面上周期条纹　　　(b) 条纹由高、低平面交替组成　　　(c) 条纹上的一些特征花样

图 10.19　无定形玻璃态聚碳酸酯冲击断面上的周期性条纹

⑤ 肋状形态。在玻璃态无定形高分子材料脆断面上，紧接着起裂平坦区的区域往往会出现肋状形态。聚碳酸酯冲击断面上的肋状形态如图 10.20 所示。两匹配断面上的肋状形态特征相对应，每一个肋状结构的前部均为粗糙区，后部均为光滑区。随裂纹扩展，肋状形态的间距越来越小。肋区形态特征及形成条件有如下特点：a. 一个完整的肋条形态是由粗糙区和光滑区交替构成的，粗糙区在前，光滑区在后；b. 粗糙区由众多高低不平的

小平面组成，其上可能存在银纹破裂特征——剥离花样或次级断裂形貌，也可能观察不到上述特征；c. 光滑区上通常可观察到银纹剥离花样或次级断裂形貌，随裂纹扩展，剥离花样或抛物线形态会越细密，对应的裂纹扩展速度也会越快；d. 肋状形态是在一定条件下形成的，对于脆性材料，肋状形态易在高温断面上出现，而对于韧性材料，肋状形态易在较低的温度下出现，当温度降低到某临界值以下时，断面上观察不到肋状形态。

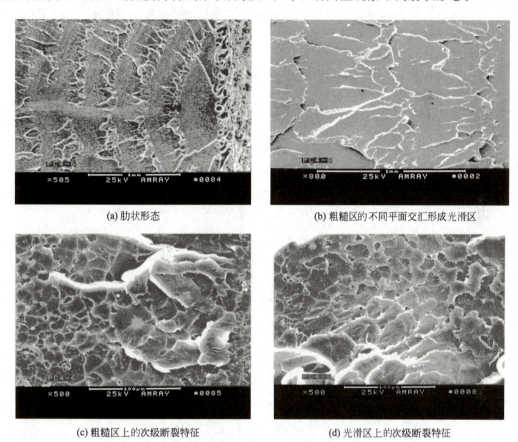

图 10.20　聚碳酸酯冲击断面上的肋状形态

习　　题

1. 解释下列名词。

高分子、重复单元、结构单元、单体单元、聚合度、碳链高分子、杂链高分子、元素有机高分子、均相高分子共混物、非均相高分子共混物、连锁聚合、逐步聚合、自由基聚合、离子聚合、配位聚合、应力、应变、弹性模量、抗拉强度、抗弯强度、冲击韧性、蠕变、应力松弛、脆性断裂和韧性断裂。

2. 塑料、纤维、橡胶、涂料、胶黏剂和功能高分子材料各具有什么特点？其主要应用领域是什么？

3. 为什么自由基聚合可以双基终止而离子聚合不可以双基终止？O_2、H_2O 和 CO_2 可以作为哪种聚合的阻聚剂或终止剂？

4. 高分子共混物的制备有哪些方法？各具有什么特点？

5. 什么是高分子材料的聚集态？高分子材料的聚集态主要有哪些类型？

6. 结晶性高分子材料和晶态高分子材料有什么区别？高分子材料的结晶过程主要受哪些因素影响？

7. 如何得到取向的高分子材料？取向对高分子材料的性能有什么影响？

8. 高分子共混物的形态结构有哪些类型？各具有什么特点？

9. 高分子材料的高弹性有哪些特性？

10. 高分子材料力学性能的影响因素有哪些？

11. 高分子材料典型断口形貌特征有哪些？各具有什么特点？

第11章 复合材料

本章教学要求

知识要点	掌握程度	相关知识
复合材料概论	了解复合材料的发展概况、命名和分类	基体； 增强体
复合材料的增强体	了解增强体的概念、分类及原理	纤维类增强体； 纤维排列； 颗粒类增强体
金属基复合材料	了解金属基复合材料的种类和性能特点； 了解金属基复合材料的制造工艺	比强度和比模量； 固态法、液态法和自生成法
陶瓷基复合材料	了解陶瓷基复合材料的种类及性能特征	强韧化； 热膨胀系数
聚合物基复合材料	了解聚合物基复合材料的种类及性能特征； 了解常用的纤维增强体； 了解热固性和热塑性聚合物基复合材料	玻璃纤维、碳纤维和硼纤维； 热固性聚合物基复合材料； 热塑性聚合物基复合材料

11.1　复合材料概论

11.1.1　复合材料的发展概况

随着科学技术的发展，对材料的性能要求越来越高，在许多方面，传统单相材料的性能已不能满足实际的需求，这就促进人们研究制备出由多相组成的复合材料，以提高材料的性能。把两种材料结合在一起，发挥各自的长处，在一定程度上克服各自固有的弱点，这种材料统称为复合材料。例如，玻璃或纤维有高弹性模量和高强度，而塑料有好的塑性，容易加工成形，把两者结合起来，就产生了玻璃钢或碳纤维增强复合材料。陶瓷材料（碳化物或氧化物）硬度很高，耐磨性很好，但不易加工成形，把它们用金属黏合（通过烧结）起来，即形成硬质合金，这就是金属和陶瓷复合材料。

在复合材料中，通常有一相为连续相，称为基体；另一相为分散相，称为增强体（增强材料）。分散相以独立的形态分布在整个连续相中，两相间存在相界面。分散相可以是增强纤维，也可以是颗粒状或弥散状的填料。复合后的产物必须为固体材料。复合材料既可以保持原材料的某些特点，又能发挥组合后的新特征，它可以根据需要进行设计，从而达到使用要求的性能。

由于复合材料各组分间可取长补短、协同作用，因此它弥补了单相材料的缺点，改善了单相材料的性能，甚至产生了单一材料不具有的新性能。复合材料的诞生和发展是现代科学技术不断进步的结果，也是材料设计方面的一个突破。它综合了各种材料，如纤维（晶须）、树脂、橡胶、金属和陶瓷等的优点，按需要设计，复合成为综合性能优异的新材料。

随着航空航天技术的发展，对结构材料的比强度、比模量、耐热性和加工性能的要求都越来越高。针对不同的需求，开发了高性能树脂基复合材料，之后又开发了金属基复合材料和陶瓷基复合材料。高性能树脂基复合材料已用于飞机的承力结构，后来又逐步进入其他工业领域。其增强体纤维有碳纤维和芳香族聚酰胺纤维等。用高强度、高模量的耐热碳纤维和陶瓷纤维与金属复合，特别是与轻金属复合的金属基复合材料克服了树脂基复合材料耐热性差和导热性低等缺点，具有耐疲劳、耐磨损、高阻尼、不吸潮和热膨胀系数小等优点，已经广泛应用于航空航天等高科技领域。陶瓷基复合材料是用陶瓷纤维增强陶瓷基体，以提高韧性，克服陶瓷材料脆性高的缺点，其主要应用于制造燃气涡轮叶片和其他耐热部件。

复合材料因其具有可设计的特点受到重视，发展很快，与金属、陶瓷和聚合物等材料并列为重要材料。

11.1.2　复合材料的命名和分类

复合材料的分类方法很多，可根据增强材料与基体材料的名称来命名。将增强材料放在前面，基体材料的名称放在后面，再加上"复合材料"四个字。例如，玻璃纤维和环氧树脂构成的复合材料称为玻璃纤维环氧树脂复合材料。为了书写简便，也可仅写增强材料和基体材料的缩写名称，中间用斜线隔开，后面再加上"复合材料"四个字。上述玻璃纤维和环氧树脂构成的复合材料，可写作玻璃/环氧树脂复合材料。有时为突出增强材料或基体材料，根据强调的组分不同，也可简称玻璃纤维复合材料或环氧树脂复合材料。碳纤维和金属基体构成的复合材料称为金属基复合材料，也称碳/金属复合材料。碳纤维和碳构成的复合材料称为碳/碳复合材料。

按基体材料，复合材料可分为如下三类。

（1）聚合物基复合材料，包括热固性树脂基复合材料、热塑性树脂基复合材料和橡胶基复合材料。

（2）金属基复合材料，包括轻金属基复合材料、高熔点金属基复合材料和金属间化合物基复合材料。

（3）无机非金属基复合材料，包括陶瓷基复合材料、碳基复合材料及水泥基复合材料。

按不同增强体的形式，复合材料可分为如下四类。

（1）颗粒增强复合材料，包括微米颗粒增强复合材料和纳米颗粒增强复合材料。

（2）纤维增强复合材料，包括连续纤维增强复合材料和不连续纤维增强复合材料。

（3）片材增强复合材料，包括人工晶片增强复合材料和天然片状物增强复合材料。

（4）叠层复合材料。

11.2　复合材料的增强体

复合材料一般由基体和增强体两部分组成，连续的一相为基体，处于基体中的不连续相为增强体。根据材料性质的不同，基体可以是金属或合金，也可以是高分子材料或陶瓷材料。基体主要起连接增强体和承载作用。增强体根据其外观形态不同可分成纤维（长纤维和短纤维）、晶须（细小单晶）、片状物、球状物和颗粒状物。这些增强体可以由石墨、陶瓷及金属构成，在结构复合材料中主要起承载作用。

11.2.1　增强体的概念

增强体是复合材料中能提高基体材料力学性能的组元物质，是复合材料的重要组成部分，它能提高基体的强度、韧性、弹性模量、耐热性和耐磨性等性能。随着复合材料的发展和新的增强体品种的不断出现，用于复合材料的增强体的范围不断扩大，主要有高性能的纤维、晶须、金属丝、片状物和颗粒状物等。连续长纤维具有很高的强度和弹性模量，是先进复合材料选用的主要增强体，如碳（石墨）纤维、硼纤维和碳化硅纤维等。其中，发展最快、已大批量生产和应用的增强纤维是碳纤维。

作为复合材料的增强体应具有以下基本特性。

（1）增强体应具有能明显提高基体某种所需特性的性能。如高的比强度、比模量、热导率，好的耐热性、耐磨性，低的热膨胀性等，以便赋予基体某种所需的特性和综合性能。

（2）增强体应具有良好的化学稳定性。在复合材料制备和使用过程中，其组织结构和性能不会发生明显的变化和退化，与基体有良好的化学相容性，不会发生严重的界面化学反应。

（3）增强体应具有与基体良好的润湿性。通过表面处理后能与基体良好地润湿，以保证增强体与基体良好地复合和分布均匀。

11.2.2 增强体的分类及原理

用于复合材料的增强体种类很多,根据复合材料的性能需要,主要分为以下几种。

1. 纤维类增强体

在复合材料中,纤维增强的复合材料占有最重要的位置,因此在一般概念中提及复合材料,实际上是指纤维增强的复合材料。将强度和刚度较大的脆性纤维和塑性较好的基体复合在一起,可使材料具有很好的力学性能,如强度、刚度(特别是比强度、比刚度)、疲劳抗力等都很高。纤维增强的复合材料中,纤维承受了绝大部分外载荷,而基体只是将力传给纤维,并保持一定的塑性和韧性。

纤维类增强体有连续长纤维和短纤维。连续长纤维的连续长度均超过数百米,排列有方向性,一般沿轴向均有很高的强度和弹性模量。连续长纤维分为单丝和束丝。碳(石墨)纤维、氧化铝纤维、碳化硅纤维(烧结法制得)和氮化硅纤维等是以500~1200根直径为5.6~1.4μm的细纤维组成束丝作为增强体使用;而硼纤维和碳化硅纤维(化学气相沉积法制得)是以直径为95~140μm的单丝作为增强体使用。连续长纤维的制造成本高、性能高,主要用于高性能复合材料。短纤维的连续长度一般几十毫米,采用生产成本低、生产效率高的喷射方法制造。其性能一般比连续长纤维的差。在使用时可先将短纤维制成预制件,再用挤压铸造、压力浸渗和泥浆渗透等方法制造出短纤维增强复合材料。主要的短纤维有硅酸铝纤维、氧化铝纤维、碳纤维和氮化硼纤维等。短纤维制成的复合材料无明显的方向性。

(1)连续长纤维增强的复合材料力学性能。

下面从力学上来分析纤维增强的原因。

就纤维的长度和分布而言,有连续长纤维和不连续短纤维两种,不连续短纤维有可能是定向排列的或是任意排列的。三种纤维排列示意图如图11.1所示,它们对力学性能的影响也是不一样的。

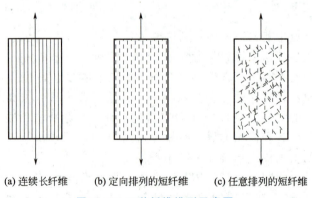

(a) 连续长纤维　　(b) 定向排列的短纤维　　(c) 任意排列的短纤维

图 11.1　三种纤维排列示意图

首先讨论连续长纤维对复合材料力学性能的影响。

对纤维增强的复合材料,有混合定律可以预测复合材料的密度 ρ_c、热导率 λ_c 和电导率 κ_c,其表达式为

$$\rho_c = f_m \rho_m + f_f \rho_f$$
$$\lambda_c = f_m \lambda_m + f_f \lambda_f \quad (11-1)$$
$$\kappa_c = f_m \kappa_m + f_f \kappa_f$$

式中，下角标 c 表示复合材料；下角标 m、f 分别表示基体和纤维；f 表示体积分数。

混合定律不仅适用于纤维增强的复合材料，也同样适用于颗粒状的复合材料。它对复合材料密度和热导率的理论预测和实验测定值符合得很好。

以上只是就材料的物理性能而言，混合定律能否用于理论计算复合材料的力学性能，要看具体情况。力学上考虑复合材料变形时，有一些简单的假定：纤维在基体中均匀分布；纤维与基体结合得很完善；基体内完全致密，没有空洞；施加的载荷平行于纤维或垂直于纤维；材料内未受载前处于无应力状态，即没有残留应力；纤维与基体在小变形量时可看成线弹性材料。

① 载荷平行于纤维。当纤维与基体结合很牢固时，有 $e_f = e_m = e_c$，这是等应变情况。此时纤维与基体各自承受的应力为 $R_f = E_f e_f = E_f e_c$、$R_m = E_m e_m = E_m e_c$（注意此处 R_m 不是抗拉强度符号），又因为 $E_f \gg E_m$，如玻璃纤维的弹性模量是环氧树脂或聚酯纤维的 10 倍，所以纤维承受的应力总是远大于基体承受的应力。

假设复合材料承受的外力 P 分别由纤维和基体承担，则有 $P_c = P_f + P_m$、$R_c A_c = R_f A_f + R_m A_m$，或写为

$$R_c = R_f \frac{A_f}{A_c} + R_m \frac{A_m}{A_c}$$

因为 $A_c = A_f + A_m$，均匀截面中面积比等于体积比，所以有

$$R_c = R_f V_f + R_m V_m = R_f V_f + R_m (1 - V_f) \quad (11-2)$$

即
$$E_c e_c = E_f e_f V_f + E_m e_m V_m$$
$$E_c = E_f V_f + E_m V_m = E_f V_f + E_m (1 - V_f) \quad (11-3)$$

由式(11-2) 和式(11-3) 可知，当载荷平行于纤维时，其强度与弹性模量是符合混合定律的。

由纤维承担载荷的分量为

$$\frac{P_f}{P_c} = \frac{R_f V_f}{R_f V_f + R_m (1 - V_f)} = \frac{E_f V_f}{E_f V_f + E_m (1 - V_f)} \quad (11-4)$$

纤维承担的荷载取决于两个因素：E_f/E_m 和纤维体积分数 V_f。对塑性基的复合材料，通常 $E_f/E_m > 10$，这样即使纤维体积分数为 20%，由纤维承担的荷载也达 70% 以上。虽然纤维承担的总载荷随其体积分数增加而增加，但圆柱形纤维理论上排列的体积分数只能达到 90% 左右，实际上只能达到 80%，超过此极限，基本就不能浸润纤维。因此，用混合定律估算复合材料的强度与弹性模量总是比实际测定值高。

只有纤维体积分数超过临界值时，才能实现纤维增强，这时复合材料的抗拉强度大于基体的抗拉强度。因为 $R_{mc} = R_{mf} V_f + R'_m (1 - V_f)$，当纤维断裂时基体的应力为 R'_m，当 $R_{mc} = R_{mf}$ 时，临界体积分数为

$$V_c = \frac{R_{mm} - R'_m}{R_{mf} - R'_m}$$

复合材料的抗拉强度与纤维体积分数的关系如图 11.2 所示。在环氧树脂基体中用玻璃纤维、碳纤维或硼纤维，其临界纤维体积分数为 2%～3%，通常应用的纤维体积分数都

远大于此数值。

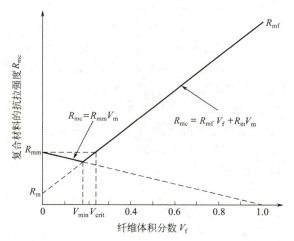

图 11.2 复合材料的抗拉强度与纤维体积分数的关系

② 载荷垂直于纤维。当载荷垂直于纤维时,纤维与基体中的应力相等,属于等应力情况,而应变不等,复合材料的总应变等于纤维与基体各自产生的应变之和。

因为 $e_c = e_m V_m + e_f V_f$,所以有

$$\frac{R_c}{E_c} = \frac{R_m}{E_m} V_m + \frac{R_f}{E_f} V_f \tag{11-5}$$

因为 $R_c = R_m = R_f$,所以有

$$\frac{1}{E_c} = \frac{V_m}{E_m} + \frac{V_f}{E_f} \tag{11-6}$$

$$E_c = \frac{E_m E_f}{V_m E_f + V_f E_m} \tag{11-7}$$

由式(11-7)可知,当载荷垂直于纤维时,用高弹性模量的纤维并不能有效地起到增强效果,而是基体的弹性模量起主要增强作用,除非纤维体积分数很大,才会产生较大的增强效果。

对单相排列的连续纤维,其力学性能明显地有各向异性,当载荷平行于纤维时力学性能最高,而荷载垂直于纤维时力学性能最低。无论是金属基体还是塑料基体的复合材料都有此特性,用硼纤维增强的钛合金的纤维位向对力学性能的影响如图 11.3 所示。

(2) 不连续纤维复合材料的力学性能。

不连续纤维比连续纤维容易加工,但连续纤维的材料强度最高。纤维呈不连续分布时,其强度和刚度降低。不连续纤维有一临界 l_c,当纤维的长度 $l \gg l_c$ 时,不连续纤维可使材料的强度接近连续纤维分布的数值。

现在来分析不连续纤维定向分布,载荷平行于纤维的情况。和连续纤维不同,$\varepsilon_f = \varepsilon_m = \varepsilon_c$,这一关系已不存在。特别是短纤维,由于基体和纤维弹性模量差别甚大,两者变形量的差别使纤维与基体的界面上产生切应力。载荷由基体传递到不连续纤维,正是这种切应力的存在,在不连续纤维短杆上产生了拉应力。在纤维的两端,由于基体和纤维的变形差别较大,因此两端的切应力最高,中间最小。

在不连续纤维短杆上取一微小单元体,其受力情况如图 11.4 所示。

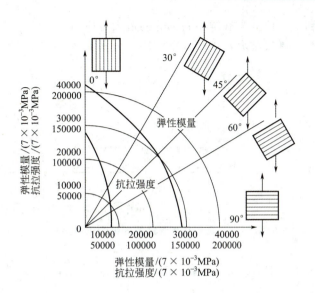

图 11.3　用硼纤维增强的钛合金的纤维位向对力学性能的影响

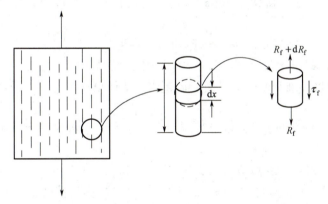

图 11.4　不连续纤维短杆上微小单元体的受力情况

由此，可列出平衡方程，即

$$\left(\frac{\pi}{4}d_f^2\right)(R_f+dR_f)-\left(\frac{\pi}{4}d^2 R_f\right)-\pi d\times dx\times \tau=0$$

整理后，可得

$$\frac{dR_f}{dx}=\frac{4\tau}{d} \tag{11-8}$$

因此，离纤维一端的正应力分布为

$$R_f=\frac{4}{d}\int_0^x \tau dx。$$

假定纤维与基体表面上的切应力为常数，并等于基体的剪切强度，即 $\tau=\tau_m$，则式(11-8)变为

$$R_f=\frac{4\tau_m}{d}x \tag{11-9}$$

自纤维两端起纤维的应力是不均匀的。在端部 $R_f=0$，R_f 随离端部距离 x 线性增加，

到纤维中间部分达到最大值。当纤维中间部分的最大拉应力等于纤维的抗拉强度时,纤维的长度称为临界长度。具有临界长度的纤维的应力分布如图 11.5 所示。

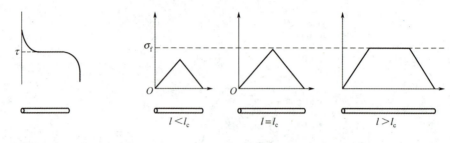

(a) 基体的切应力分布　　　　　　　(b) 纤维的拉应力取决于纤维长度

图 11.5　具有临界长度的纤维的应力分布

由式(11-9)可知,当 $x=\dfrac{l_c}{2}$ 时, $R_f = R_{mf}$。于是,临界长度为

$$l_c = \dfrac{R_{mf}}{2\tau_m} \cdot d \tag{11-10}$$

由式(11-10)可知,临界长度不仅取决于纤维的抗拉强度和基体的剪切强度,还和纤维的直径 d 有关。

在不连续纤维中,临界长度是一个重要的力学参量。

① 当 $l<l_c$ 时,纤维的最大应力总是低于纤维的抗拉强度,纤维不会断裂。复合材料要发生破坏,除非是纤维和基体的界面上损坏或是基体损坏。这种短纤维的抗拉强度潜力未充分发挥。

② 当 $l=l_c$ 时,只有纤维中间部分的应力达到了纤维的抗拉强度,而纤维两端的承载能力没有充分发挥。

③ 当 $l \gg l_c$ 时,纤维增强的效果好。

④ 对给定的纤维直径和纤维强度,l_c 还可用改变基体的剪切强度 τ_m 的方法来控制,可以加入一些偶联剂,使纤维与基体结合更牢固,也就是增加了 τ_m,从而减小了 l_c,而不必改变纤维的长度。

典型复合材料的临界长度 l_c 和长径比 l_c/d 见表 11-1。

表 11-1　典型复合材料的临界长度 l_c 和长径比 l_c/d

基体	τ_m/Pa	纤维	R_{mf}/MPa	$d/\mu m$	l_c/mm	l_c/d
银	55	氧化铝	20800	2	0.38	190
铜	76	钨丝	2900	2000	38	19
铝	80	硼纤维	2800	100	1.75	≈18
环氧树脂	40	硼纤维	2800	100	3.5	35
聚酯纤维	30	玻璃纤维	2400	13	0.52	40
环氧树脂	40	碳纤维	2600	7	0.23	≈33

在 $l>l_c$ 的情况下,虽然纤维两端的应力小于纤维的最大应力,但它们对纤维总的承载能力的贡献不可忽略,考虑两端的应力分布,这里引入平均应力,即

$$\overline{R_f} = \frac{1}{l}\int_0^l R_f \mathrm{d}x$$

$$\overline{R_f} = R_{mf}\left(1-\frac{l_c}{2l}\right) \tag{11-11}$$

运用混合定律时，采用$\overline{R_f}$来代替R_f，即

$$R_{mc} = R_{mf}\left(1-\frac{l_c}{2l}\right)V_f + R'_m V_m \tag{11-12}$$

比较式(11-10)和式(11-1)，可知不连续纤维的抗拉强度总是低于连续纤维，但只要$l>5l_c$，就能达到连续纤维抗拉强度的90%以上。当纤维体积分数$V_f=0.5$时，不连续纤维复合材料与连续纤维复合材料的抗拉强度比值和纤维长度的关系如图11.6所示。

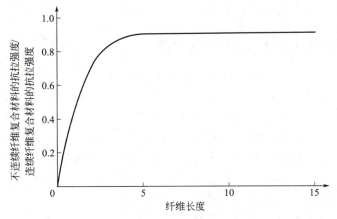

图11.6　当纤维体积分数$V_f=0.5$时，不连续纤维复合材料与连续纤维复合材料的抗拉强度比值和纤维长度的关系

2. 颗粒类增强体

颗粒类增强体一般是硬而脆的颗粒，其均匀分布在软的材料中，就像钢中的两相混合物——铁素体和渗碳体，渗碳体可呈片状或球状分布在铁素体基体内，但钢中这样产生的两相组织并不称为复合材料。凡是因相变而使原材料的单相（如奥氏体或马氏体）析出硬而脆的第二相，都是沉淀强化。复合材料中的硬颗粒并不是通过相变产生的。

颗粒类增强体主要是一些具有高强度、高模量、耐热、耐磨和耐高温的陶瓷等无机非金属颗粒，主要有碳化硅、氧化铝、氮化硅、碳化钛、碳化硼、石墨、细金刚石、高岭土、滑石和碳酸钙等。另外，还有一些金属和聚合物颗粒增强体，后者主要有热塑性树脂粉末，主要包括聚乙烯、聚丙烯、聚酰胺和聚酰胺树脂等。颗粒类增强体是以很细的粉状（<50μm）加入基体中，起提高强度、模量、增韧、耐磨和耐热等作用。制造颗粒类增强复合材料主要用烧结法、热压法、粉末冶金法、液体搅拌法、共喷法和压力浸渍法等。由于颗粒类增强体制成的复合材料具有各向同性，因此在复合材料中的应用发展非常迅速，尤其是在汽车工业中。通常把颗粒类增强复合材料按颗粒尺寸和数量分为弥散强化的复合材料和颗粒强化的复合材料。前者的颗粒尺寸很小，所占体积分数也很小；后者的颗粒尺寸大，所占体积分数也较大。

近年来，颗粒类增强复合材料得到迅速发展，用于金属基复合材料、聚合物基复合材

料和陶瓷基复合材料的增强颗粒主要是陶瓷颗粒,如 Al_2O_3、SiC、Si_3N_4、TiC、B_4C、石墨和 $CaCO_3$ 等。Al_2O_3、SiC 和 Si_3N_4 等常用于金属基复合材料和陶瓷基复合材料,而石墨和 $CaCO_3$ 则常用于聚合物基复合材料。例如,Al_2O_3、SiC 和 B_4C 等颗粒用于增强铝基复合材料和镁基复合材料,而 TiC 和 TiB_2 等颗粒用于增强钛基复合材料。

11.3 金属基复合材料

随着现代科学技术的发展,对轻质高强结构材料的需求十分强烈,金属基复合材料具有质量轻、强度高、耐磨和耐热性好等优点,是一种先进的工程材料,在航空航天、汽车和生物工程等高技术领域得到日益广泛的应用。

11.3.1 金属基复合材料的种类和性能特点

金属基复合材料的发展与现代科学技术和高技术产业的发展密切相关,特别是航空航天、电子、汽车及先进武器系统的迅速发展对材料提出了更高的性能要求。除要求材料具有一些特殊的性能外,还要具有优良的综合性能,这有力地促进了先进复合材料的迅速发展,如航天技术和先进武器系统的迅速发展,对轻质高强结构材料的需求十分强烈。由于航天装置越来越大,结构材料的结构效率变得更为重要。宇航构件的结构强度和刚度随构件线性尺寸的平方增加,而构件的质量随线性尺寸的立方增加。为了保持构件的强度和刚度,就必须采用高比强度、高比刚度和轻质高性能结构材料。

单一的金属、陶瓷和高分子等工程材料已经难以满足这些迅速增长的性能要求。为了克服单一材料性能上的局限性,充分发挥各种材料的优点,弥补其不足,人们已越来越多地根据构件的性能要求和工作条件,设计和选择两种或两种以上化学性能和物理性能不同的材料,并按一定的方式、比例和分布结合成复合材料,充分发挥各组成材料的优良特性,弥补其不足,使复合材料具有单一材料无法达到的特殊性能和综合性能,从而满足各种特殊性能需求和综合性能需求。

金属基复合材料正是为了满足上述要求而诞生的。与传统的金属材料相比,金属基复合材料具有较高的比强度与比刚度;与聚合物基复合材料相比,它又具有优良的导电性与耐热性;与陶瓷材料相比,它又具有较高的韧性和较好的抗冲击性能。

1. 金属基复合材料的分类

金属基复合材料是以金属或合金为基体,以高性能的第二相为增强体的复合材料。金属基复合材料品种繁多,分类方式可归纳为以下三种。

(1) 按增强体类型分类。

按增强体类型,金属基复合材料分为连续纤维增强金属基复合材料、非连续纤维增强金属基复合材料(包括颗粒增强金属基复合材料、短纤维增强金属基复合材料和晶须增强金属基复合材料)、自生增强金属基复合材料、层板金属基复合材料。

(2) 按基体类型分类。

按基体类型,金属基复合材料分为铝基复合材料、镁基复合材料、锌基复合材料、铜基复合材料、钛基复合材料、镍基复合材料、耐热金属基复合材料和金属间化合物基复合材料等金属基复合材料。目前以铝基复合材料、镍基复合材料、钛基复合材料和镁基复合材料发展较为成熟，已在航空航天、电子和汽车等领域中应用。下面介绍几种金属基复合材料。

① 铝基复合材料。这是在金属基复合材料中应用极广泛的一种。由于铝合金基体为面心立方结构，因此铝基复合材料具有良好的塑性和韧性，加之它具有的易加工性、工程可靠性及价格低廉等优点，为其在工程上应用创造了有利的条件。在制造铝基复合材料时通常并不使用纯铝而使用铝合金，这主要是由于铝合金具有更好的综合性能。

② 镍基复合材料。这种复合材料是以镍及镍合金为基体。由于镍的高温性能优良，因此镍基复合材料主要用于制造高温下工作的零部件。研制镍基复合材料的一个重要目的是希望用它来制造燃气轮机的叶片，从而进一步提高燃气轮机的工作温度。但是，目前由于制造工艺及可靠性等问题尚未解决，因此镍基复合材料的研制还未能取得满意的结果。

③ 钛基复合材料。钛比其他结构材料具有更高的比强度。此外，钛在中温时比铝合金能更好地保持强度。因此，对飞机结构来说，当速度从亚音速提高到超音速时，钛比铝合金显示出更大的优越性。随着速度的进一步加快，飞机的结构设计需采用更细长的机翼和其他翼型，为此需要高刚度的材料。钛基复合材料恰好可以满足飞机对材料刚度的要求。钛基复合材料中常用的增强体是硼纤维，这是由于钛与硼的热膨胀系数比较接近。

④ 镁基复合材料。以陶瓷颗粒、纤维或晶须作为增强体，可制成镁基复合材料。它集超轻、高比刚度和高比强度于一身，比铝基复合材料轻。更高的比强度和比刚度，使其成为航空航天方面的优选材料。

（3）按用途分类。

① 结构复合材料。结构复合材料主要用于承力结构，它基本上由增强体和基体组成，具有高比强度、高比模量、尺寸稳定和耐热等特点。该材料用于制造各种航空航天、电子、汽车和先进武器系统等高性能构件。

② 功能复合材料。功能复合材料是指除力学性能外还有其他物理性能的复合材料，这些性能包括电、磁、热、声及力学（指阻尼和摩擦）等。该材料可应用于制造电子、仪器、汽车、航空航天和武器等领域。

2. 金属基复合材料的性能特点

金属基复合材料的增强体主要有纤维、晶须和颗粒，这些增强体主要是无机物（陶瓷）和金属。无机纤维主要有碳纤维、硼纤维、碳化硅纤维、氧化铝纤维和氮化硅纤维等。金属纤维主要有铍纤维、钢纤维、不锈钢纤维和钨纤维等。用于增强金属的颗粒主要是无机非金属颗粒，包括石墨、碳化硅、氧化铝、氮化硅、碳化钛和碳化硼等。

金属基复合材料的性能取决于选用的金属或合金基体和增强体的特性、含量、分布等。通过优化组合，金属基复合材料既具有金属特性，又具有高比强度、高比模量、耐热和耐磨等综合性能。金属基复合材料的性能特点如下。

（1）高比强度和高比模量。

比强度和比模量是指材料的强度和模量与材料的密度的比值。在金属中加的增强体一般为高强度、高模量、低密度的纤维、晶须或颗粒。例如，某种碳纤维的密度为 $1850kg/m^3$，而强度高达 $7000MPa$。如果这种纤维在金属基体中所占的体积分数为 $10\%\sim20\%$ 时，则可以看出金属基复合材料的比强度增长是十分显著的。陶瓷颗粒增强金属基复合材料既具有较高的比强度和比弹性模量,又具有陶瓷材料具有的高耐磨性和高耐蚀性等优点,其目前正在被开发和应用,如由碳化硅颗粒增强的铝基复合材料已用于制造飞机前缘加强筋等结构件。陶瓷颗粒增强金属基复合材料具有高耐磨性,在汽车和内燃机工业上也得到应用。

(2) 良好的导热性和导电性。

金属基复合材料中金属基体占有很高的体积分数,一般在60%以上,因此它仍保持金属具有的良好的导热性和导电性。良好的导热性可以有效地传热,减少构件受热后产生的温度梯度,还能迅速散热,这对尺寸稳定性要求高的构件和高集成度的电子器件尤为重要。良好的导电性可以防止飞行器构件产生静电聚集的问题。

在金属基复合材料中采用高导热性的增强体还可以进一步提高金属基复合材料的热导率,使金属基复合材料的热导率比纯金属基体还高。为了解决高集成度电子器件的散热问题,现已研究成功的超高模量石墨纤维、金刚石纤维、金刚石颗粒增强铝基、铜基复合材料的热导率比纯铝、铜还高,用它们制成的集成电路底板和封装件可有效、迅速散热,提高了集成电路的可靠性。

(3) 热膨胀系数小、尺寸稳定性好。

金属基复合材料中用的增强体碳纤维、碳化硅纤维、晶须、颗粒和硼纤维等既具有很小的热膨胀系数,又具有很高的模量,特别是高模量、超高模量的石墨纤维具有负的热膨胀系数。加入相当含量的增强体不仅可以大幅度提高材料的强度和模量,还可以使其热膨胀系数明显下降,并可通过调整增强体的含量获得不同的热膨胀系数,以满足各种应用的要求。例如,石墨纤维增强镁基复合材料,当石墨纤维含量达到48%时,复合材料的热膨胀系数为0,即在温度变化时使用这种复合材料做成的零件不会发生变形。

通过选择不同的基体金属和增强体,以一定的比例复合,可得到导热性好、热膨胀系数小、尺寸稳定性好的金属基复合材料。

(4) 良好的高温性能。

由于金属基体的高温性能比聚合物好很多,增强纤维、晶须和颗粒主要是无机物(如石墨、碳化硅、氧化铝和氮化硅等),在高温下都具有很高的高温强度和模量,因此金属基复合材料比基体金属具有更好的高温性能,特别是连续纤维增强金属基复合材料,纤维在金属基复合材料中起主要承载作用,纤维强度在高温下基本不下降,纤维增强金属基复合材料的高温性能可以保持到接近金属熔点,并比金属基体的高温性能好许多。例如,石墨纤维增强铝基复合材料在 500℃ 高温下,仍具有 600MPa 的高温强度;而铝基体在 300℃ 时,强度已下降到 100MPa 以下。又如钨纤维增强耐热合金,1100℃、100h 高温持久强度为 207MPa,而基体合金的高温持久强度只有 48MPa。因此,金属基复合材料用在发动机等高温零部件上可大幅度提高发动机的性能和效率。总之,金属基复合材料做成的零部件比金属材料和聚合物基复合材料零部件更能在高的温度下使用。

(5) 良好的耐磨性。

金属基复合材料,尤其是陶瓷纤维、晶须和颗粒增强金属基复合材料,具有很好的耐磨性。这是因为在基体金属中加入大量的陶瓷增强体,而陶瓷材料硬度高、耐磨、化学性质稳定,用它们来增强金属不仅提高了材料的强度和刚度,还提高了材料的硬度和耐磨性。例如,碳化硅颗粒增强铝基复合材料的耐磨性比基体金属高出 2 倍以上;与铸铁相比,SiC_p/Al 复合材料的耐磨性比铸铁好。SiC_p/Al 复合材料的高耐磨性在汽车和机械工业中具有重要的应用前景，可用于制造汽车发动机、制动盘和活塞等重要零部件，能明显提高零部件的性能和使用寿命。

（6）良好的断裂韧性和抗疲劳性能。

金属基复合材料的断裂韧性和抗疲劳性能取决于纤维等增强体与金属基体的界面结合状态、增强体在金属基体中的分布及金属基体和增强体本身的特性，界面结合状态是主要决定因素，适中的界面结合强度既可有效地传递载荷，又能阻止裂纹的扩展，提高材料的断裂韧性。

（7）不吸潮、不老化、气密性好。

与聚合物基复合材料相比，金属基复合材料性质稳定、组织致密，不会老化、分解和吸潮等，也不会发生性能的自然退化，在太空中使用不会分解出低分子物质污染仪器和环境，有明显的优越性。

（8）可设计性强。

改变增强体和基体的种类及相对量、增强体集合形式及排布方式可以满足材料结构与性能的设计要求。

总之，金属基复合材料主要采用高强度、高模量、脆而硬的非金属颗粒或纤维来增强韧性金属基体，使之具有高的比强度、比刚度，优良的耐磨性及热稳定性，因而金属基复合材料广泛应用于航空航天和汽车等工业部门，以满足轻质和高性能的需要，在许多领域都具有广泛的应用前景。例如，纤维增强金属基复合材料具有高强度、低线膨胀系数和良好的高温性能，再如颗粒增强铝基复合材料具有高比强度、高比弹性模量及耐磨损和耐高温等优点。

11.3.2　金属基复合材料的制造工艺

金属基复合材料的制造工艺是影响金属基复合材料迅速发展和广泛应用的关键问题。金属基复合材料的性能、应用和成本等在很大程度上取决于金属基复合材料的制造工艺。目前，多数金属基复合材料的制造过程是将复合过程与成形过程合为一体，同时完成复合和成形。由于基体金属的物理性质和化学性质不同，增强体的形状、化学性质和物理性质不同，因此应选用不同的制造工艺。现有的制造工艺有粉末冶金法、热压法、热等静压法、挤压铸造法、共喷沉积法、液态金属浸渗法、液态金属搅拌法和反应自生法等，归纳起来可将其分成固态法、液态法、自生成法及其他制备法。

1. 固态法

将金属粉末或金属箔与增强体（纤维、晶须和颗粒等）按设计要求以一定的含量、分布和方向混合或排布在一起，再经加热和加压，将金属基体与增强体复合，形成金属基复合材料。整个工艺过程处于较低的温度，金属基体和增强体都处于固态。金属基体与增强体间的界面反应不严重。粉末冶金法、热压法、热等静压法、轧制法和拉拔法等均属于固态法。

2. 液态法

液态法是将处于熔融状态下的金属基体与固体增强体复合成材料的方法。金属在熔融态下流动性好，在一定的外界条件下容易进入增强体间隙。为了克服液态金属基体与增强体浸润性差的问题，可用加压浸渗法。液态金属在超过某一临界压力时，能渗入增强体的微小间隙，从而形成金属基复合材料。也可通过在增强体表面涂层处理使金属液与增强体自发浸润，如在制备 C_f/Al 复合材料时用 Ti-B 涂层。液态法制造金属基复合材料时，制备温度高，易发生严重的界面反应，有效控制界面反应是液态法的关键。液态法可用来直接制造金属基复合材料零件，也可用来制造复合丝、复合带和锭坯等作为二次加工成零件的原料。挤压铸造法、真空吸铸法、液态金属浸渗法、真空压力浸渗法和液态金属搅拌法等均属于液态法。

3. 自生成法及其他制备法

自生成法是在基体金属内部通过加入反应元素或通入反应气体，使之在液态金属内部反应，产生微小的固态增强相（一般是金属化合物 TiC、TiB_2、Al_2O_3 等微粒起增强作用）。通过控制工艺参数获得所需的增强体的含量和分布。自生成法制备的金属基复合材料中的增强体不是外加的，而是在高温下金属基体中不同元素反应生成的化合物，与金属有较好的相容性。

其他制备法有复合涂镀法。它是将增强体（主要是细颗粒）悬浮于镀液中，通过电镀或化学镀将金属与颗粒同时沉积在基板或零件表面，形成复合材料层；也可用等离子等热喷镀法将金属与增强体同时喷镀在基板上形成复合材料。复合涂镀法一般用来在零件表面形成一层复合涂层，以起到提高耐磨性和耐热性等的作用。

11.4 陶瓷基复合材料

陶瓷基复合材料是在陶瓷基体中引入第二相材料，使之增强、增韧的多相材料，因此又称多相复合陶瓷或复相陶瓷。

陶瓷基复合材料具有耐高温、耐磨、抗高温蠕变、热导率和热膨胀系数低、耐化学侵蚀等优点，在树脂基复合材料和金属基复合材料不能满足性能要求的工作条件下可以得到广泛的应用。

11.4.1 陶瓷基复合材料的种类

现代陶瓷材料具有耐高温、硬度高、耐磨损、耐腐蚀及相对密度小等许多优良的性能，但它同时也具有弱点，即脆性，这一弱点正是陶瓷材料的使用受到很大限制的主要原因。因此，陶瓷材料的强韧化问题便成了研究的一个重点问题。这方面的研究已取得了进展，人们探索出了若干种韧化陶瓷的途径，往陶瓷材料中加入起增韧、增强作用的第二相而制成陶瓷基复合材料即是其中一种重要方法。鉴于普通陶瓷材料从广义上讲都是复合材料，这里所述的陶瓷基复合材料专指为获得单相陶瓷材料不具备的性能而人工制造的两相（增强相和基体相）材料。陶瓷基复合材料强韧化的途径有：颗粒弥散、纤维（晶须）补强增韧、层状复合增韧、与金属复合增韧及相变增韧（如 ZrO_2）。在陶瓷中加入纤维（晶须）是提高韧性比较有效的方法。陶瓷基复合材料的分类方法很多，常见的分类方法有以下几种。

（1）按材料作用分类。

按材料作用，陶瓷基复合材料分为两类：①结构陶瓷基复合材料，用于制造各种受力构件；②功能陶瓷基复合材料，具有各种特殊性能（如光、电、磁、热、生物、阻尼和屏蔽等）。

（2）按增强材料形态分类。

按增强材料形态，陶瓷基复合材料分为：颗粒增强陶瓷基复合材料、纤维（晶须）增强陶瓷基复合材料和片材增强陶瓷基复合材料。

颗粒增强体按其相对于基体的弹性模量大小，可分为两类：一类是延性颗粒复合于强基质复合体系，主要通过第二相粒子的加入在外力作用下产生一定的塑性变形或沿晶界滑移产生蠕变来缓解应力集中，达到增强增韧的效果，如一些金属陶瓷、反应烧结 SiC、自蔓延高温合成法制备的 TiC/Ni 等均属此类；另一类是刚性粒子复合于陶瓷中。延性颗粒主要是指金属，而刚性粒子是陶瓷。不论哪类颗粒，根据其尺寸及其对复合材料性能产生的影响，都可进一步分为颗粒弥散强化复合材料和真正颗粒复合材料。其中，弥散颗粒十分细小，直径在几纳米到几微米间，主要利用第二相粒子与基体晶粒间的弹性模量与热膨胀系数上的差异，在冷却时粒子和基体周围形成残余应力场。这种应力场与扩展裂纹尖端应力交互作用，从而产生裂纹偏转、绕道、分支和钉扎等效应，对基体起增韧作用。

选择弥散相的一般原则如下。

① 弥散相往往是一类高熔点、高硬度的非氧化物材料，如 SiC、TiB_2、B_4C 和 CBN 等，基体一般为 Al_2O_3、ZrO_2 和莫来石等。ZrO_2 相变增韧粒子是近年来发展起来的一类新型颗粒增强体。

② 弥散相必须有最佳的尺寸、形状、分布及数量，对于相变粒子，其晶粒尺寸还与临界相变尺寸有关，如 $t-ZrO_2$ 一般应小于 $3\mu m$。

③ 弥散相在基体中的溶解度必须很低，并且不与基体发生化学反应。

④ 弥散相与基体必须有良好的结合强度。

真正颗粒复合材料含有大量的粗大颗粒，这些颗粒不能有效阻挡裂纹扩展，设计这种复合材料的目的不是提高强度，而是获得不同寻常的综合性能，如混凝土和砂轮磨料等属真正颗粒复合材料。

但是，陶瓷基颗粒复合材料尤其是先进陶瓷基颗粒复合材料多是指颗粒弥散增强的陶瓷基复合材料。与纤维复合材料相比，颗粒的制造成本低、各向同性，除相变增韧粒子外，颗粒增强在高温下仍起作用，因而逐渐显示出颗粒弥散增强材料的优势。

许多材料，特别是脆性材料，制成纤维后，其强度远超块状材料的强度。其原因是：物体越小，表面和内部包含能导致脆性断裂的危险裂纹的可能性越小。纤维增强体的种类很多，根据直径和性能特点可分为晶须和纤维两类。晶须是直径很小的针状材料，长径比很大、结晶完善，因此强度很高。晶须是强度最接近于理论强度的。常用的增强陶瓷的晶须有石墨、碳化硅、氮化硅和氧化铝等。陶瓷晶须一般用气相结晶法生产，工艺复杂，造价较高，还没有在工业中广泛应用。增强陶瓷用的纤维大多是直径为几微米至几十微米的多晶材料或非晶态材料，如玻璃纤维、碳纤维、硼纤维、氧化铝纤维和碳化硅纤维等。

一般在设计纤维或晶须补强陶瓷时，选择纤维增强材料有以下几个原则。①尽量使纤维在基体中均匀分散，多采用湿法分散、高速搅拌和超声分散等方法。湿法分散时，常采用表面活性剂，以避免料浆沉淀或偏析。②弹性模量要匹配。一般纤维的强度和弹性模量要大于基体材料。③纤维与基体要有良好的化学相容性，无明显的化学反应或形成固溶体。④纤维与基体热膨胀系数要匹配。只有纤维与基体的热膨胀系数相差不大时,才能使纤维与基体的界面结合力适当,保证载荷转移效应,并保证裂纹尖端应力场产生偏转及纤维拔出;当热膨胀系数相差较大时,可采取在纤维表面涂层或引入杂质等方法使纤维与基体的界面产生新相,以缓冲其应力。⑤要有适量的纤维体积分数。纤维体积分数过低,则力学性能改善不明显;纤维体积分数过高,则纤维不易分散,不易致密烧结。⑥纤维直径必须在某个临界直径以下。一般认为纤维直径与基体晶粒尺寸在同一数量级。

片材增强陶瓷基复合材料实际上是一种层状复合材料,由层片状的陶瓷结构单元和界面分隔层两部分组成。陶瓷基层状复合材料的性能主要是由这两部分各自的性能和两者界面的结合状态决定的。陶瓷结构单元一般选用高强度的结构陶瓷材料,在使用中可以承受较大的应力,并具有较好的高温力学性能。多采用 SiC、Si_3N_4、Al_2O_3 和 ZrO_2 等作为基体材料,此外还加少量烧结助剂以促进烧结致密化。界面分隔材料的选择与优化也十分关键,正是这一层材料形成了整体材料特殊的层状结构,才使承载过程发挥设计的功效。一般来说,不同基体材料选择不同的界面分隔材料,其选择原则如下。

① 界面分隔材料应具有一定强度。尤其是具有高温强度的材料,要保证其在常温下正常使用及在高温下不发生大的蠕变。

② 界面分隔层要与结构单元具有适中的结合。既要保证它们之间不发生反应,可以很好地分隔结构单元,使材料具有宏观的结构,又要能够将结构单元适当地黏接而不发生分离。

③ 界面层与结构单元要有合适的热膨胀系数匹配。这样,材料不会因热应力而造成破坏。

在界面分隔材料的选择中,处理好分隔材料与基体材料的结合状态和匹配状态尤为重要,这将直接影响材料宏观结构起作用的程度。陶瓷基层状复合材料是将陶瓷基片和界面相互交替叠层,经一定工艺烧结而成的。

由于基体材料不同,选择的界面材料差别也很大。目前研究较多的是以石墨(C)作为 SiC 的夹层材料(SiC/C 陶瓷基层状复合材料),以氮化硼(BN)作为 Si_3N_4 的夹层材料(Si_3N_4/BN 陶瓷基层状复合材料)。此外,还对 Al_2O_3/Ni、TZP/Al_2O_3、Ce－TZP 和 Ce－TZP/Al_2O_3 等材料也有研究。

(3) 按基体材料分类。

按基体材料,陶瓷基复合材料分为氧化物基陶瓷复合材料、非氧化物基陶瓷复合材料、微晶玻璃基复合材料和碳/碳复合材料。

用作陶瓷基复合材料的基体主要包括氧化物陶瓷、非氧化物陶瓷、微晶玻璃和碳。其中,氧化物陶瓷主要有 Al_2O、SiO_2、ZrO_2、MgO、ThO_2、UO_2 和 $3Al_2O·2SiO_2$(莫来石)等;非氧化物陶瓷是指金属碳化物、氮化物、硼化物和硅化物等,主要包括 SiC、TiC、B_4C、ZrC、Si_3N_4、TiN、BN、TiB_2 和 $MoSi_2$ 等。氧化物陶瓷主要由离子键结合,也有部分共价键。它们的结构取决于结合键的类型、各种离子的大小及在极小空间内保持电中性的要求。多数氧化物陶瓷的熔点超过 2000℃,随着温度的升高,氧化物陶瓷的强度降低,但在 800~1000℃ 以下强度的降低不大,高于此温度后大多数材料的强度剧烈降低。氧化物陶瓷在任何高温下都不会氧化,所以这类陶瓷是很有用的高温耐火结构材料。

非氧化物陶瓷不同于氧化物陶瓷,这类化合物在自然界很少有,需要人工合成。金属陶瓷的主要成分和晶相主要由共价键结合而成，但也有一定的金属键的成分。由于共价键的结合能一般很高，因此由这类材料制备的陶瓷一般具有较高的耐火度、硬度（有时接近于金刚石）和好的耐磨性（特别对浸蚀性介质），但这类陶瓷的脆性都很大，并且高温抗氧化能力一般不高，在氧化气氛中将发生氧化反应而影响材料的使用寿命。

微晶玻璃是向玻璃组成中引进晶核剂，通过热处理、光照射或化学处理等手段，使玻璃内均匀地析出大量微小晶体，形成致密的微晶相和玻璃相的多相复合体。通过控制析出微晶的种类、数量和尺寸等，可以获得透明微晶玻璃、膨胀系数为 0 的微晶玻璃及可切削微晶玻璃等。微晶玻璃的组成范围很广，晶核剂的种类也很多，按基础玻璃组成，可将其分为硅酸盐、铝硅酸盐、硼硅酸盐、硼酸盐及磷酸盐五大类。用纤维增强微晶玻璃可显著提高其强度和韧性。

11.4.2 陶瓷基复合材料的性能特征

用陶瓷颗粒弥散强化陶瓷复合材料，其抗弯强度和断裂韧性都有提高，但不是很理想，尤其是断裂韧性比金属材料差很多，这限制了它作为结构件的应用范围。用延性颗粒增强陶瓷基复合材料，其断裂韧性可显著提高，但其强度变化不明显，并且其高温性能下降。

在陶瓷基体中加入适量的短纤维（或晶须），可以明显改善其断裂韧性，但其强度提高不够显著，其弹性模量与基体材料相当。如果加入数量较多的高性能的连续纤维（如碳纤维或碳化硅纤维），除弹性、韧性显著提高外，其强度和弹性模量均有不同程度的提高。纤维/陶瓷复合材料的弹性、韧性除与纤维和基体有关外，还与纤维与基体的结合强度、基体的气孔率等有关。纤维与基体的结合强度过大将使韧性降低，过小将使材料的强度降低。基体中的气孔能改变复合材料的破坏模式，气孔率越大，弹性、韧性越差。

纤维增强陶瓷基复合材料的拉伸和弯曲性能与纤维的长度、取向和含量，纤维与基体的强度和弹性模量，纤维与基体的热膨胀系数的匹配程度，基体的气孔率和纤维的损伤程度密切相关。无规则排列短纤维/陶瓷复合材料的拉伸和弯曲性能有时低于基体材料，这是无规则排列纤维的应力集中的影响及热膨胀系数不匹配造成的。将短纤维定向可以提高该方向上的性能。用定向的连续纤维可以明显提高其强度，这是因为提高了增强效果，降低了应力集中，并且提高了纤维体积含量。单向纤维增强陶瓷基复合材料的剪切强度受纤维与基体间的结合强度及基体中气孔率的影响。若结合强度大、气孔率低，则层间剪切强度高。

纤维在陶瓷基复合材料中的作用与在树脂基复合材料和金属基复合材料中的作用不同。纤维在陶瓷基复合材料中主要不是起增强作用（虽然也有一定的增强作用），而是起增韧作用，克服单纯陶瓷材料的固有脆性。陶瓷基复合材料中的纤维之所以能起增韧作用，是因为裂纹在基体中扩散，当遇到纤维时，若纤维与基体的结合不是很强，纤维和基体将在界面上脱开；在裂纹达到界面时，就改变了裂纹的传播方向，扩展方向不是垂直于纤维，而是沿脱开的界面扩散，这就使裂纹传播的路程大大增加，因而消耗更多的断裂功。由于纤维的存在，裂纹的扩展方向改变，其过程示意图如图 11.7 所示。按这种机制的纤维增韧，必须要求纤维与基体的界面结合力不是很强，如果界面结合力很强，裂纹将垂直纤维横贯整个截面，这种情况下材料的断裂韧性也不高。对陶瓷基复合材料，如果要求纤维增韧，它又具有另一个不同于树脂基复合材料或金属基复合材料的特点，即对树脂基复合材料或金属基复合材料，必须要求界面有很高的结合强度，通过界面上的切应力，基体将载荷传递给纤维，以达到纤维增强的作用。但是，陶瓷基复合材料界面不能有很高的结合强度，以免影响纤维增韧。所以，有适中的界面强度是控制陶瓷基复合材料韧性的关键。

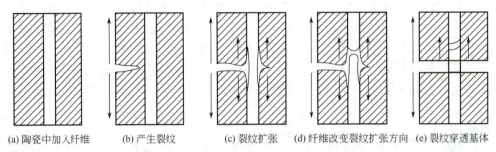

(a) 陶瓷中加入纤维　(b) 产生裂纹　(c) 裂纹扩张　(d) 纤维改变裂纹扩张方向　(e) 裂纹穿透基体

图 11.7　裂纹的扩展方向改变过程示意图

由于陶瓷基体塑性很低而制作陶瓷的温度又很高，纤维与基体热膨胀的不同，产生的热应力是引起基体开裂或界面脱开的主要因素。复合材料中的热应力与 $\Delta\alpha\Delta T$ 成正比，$\Delta\alpha = \alpha_f - \alpha_m$，$\alpha_f$ 为纤维的热膨胀系数，α_m 为基体的热膨胀系数，ΔT 为温度间隔。纤维在轴向和径向上的热膨胀系数有时是不相等的，特别是常用的碳纤维，其轴向热膨胀系数 $\alpha_a \approx 0$，径向热膨胀系数 $\alpha_r = 8 \times 10^{-6}\,℃^{-1}$。如果 $\Delta\alpha_a$ 为正值，则冷却时基体受压，基体内不太容易产生裂纹；如果 $\Delta\alpha_r$ 为正值，则冷却时纤维收缩易和基体脱开，界面结合强度降低。由于纤维与基体热膨胀系数的不同，可得出热膨胀失配参数 Φ_a 和 $\Phi_r = \Delta\alpha\Delta T\left(\dfrac{E_m}{\sigma_m}\right)$，$E_m$ 和 σ_m 分别为基体的弹性模量和强度，可从 Φ_a 和 Φ_r 的大小看出热膨胀对基体损伤的程度。例如，热膨胀系数不匹配而引起碳纤维在不同陶瓷基体中造成的破坏程度见表 11-2。

表 11-2　热膨胀系数不匹配而引起碳纤维在不同陶瓷基体中造成的破坏程度

陶瓷基体	$\alpha_m\,(\times 10^{-6})$ /(℃$^{-1}$)	T_c /℃	E_m /GPa	R_m /MPa	R_a /MPa	R_r /MPa	Φ_a	Φ_r	破坏程度
MgO	13.6	1200	300	200	4900	2020	25	10	严重裂纹
Al$_2$O$_3$(80%)	8.3	1400	230	300	2660	97	9	0.3	严重开裂
钠钙玻璃	8.9	480	60	100	260	26	2.6	0.3	局部裂纹
硼硅酸盐玻璃	3.5	520	60	100	110	−140	1.1	1.4	没有开裂
玻璃	1.5	1000	100	100	150	−650	1.5	−6.5	没有开裂

注：所用碳纤维 α_a 约为 0，α_r 约为 $8\times10^{-6}\,℃^{-1}$；T_c 表示低于此温度几乎不出现应力松弛；R_m 表示基体抗拉强度；R_a、R_r 表示计算的体积中轴向应力和径向应力。

陶瓷基复合材料的研究已经发展到其韧性可与金属相比的阶段，特别是热压法制造的 Si$_3$N$_4$/SiC 晶须和 SiC/SiC 纤维，只是成本太高，应用受到限制。纤维增强陶瓷基复合材料的抗弯强度和断裂韧性见表 11-3。

表 11-3 纤维增强陶瓷基复合材料的抗弯强度和断裂韧性

纤维增强陶瓷基复合材料	抗弯强度/MPa	断裂韧性 K_{Ic}/(MPa·m$^{1/2}$)
Al_2O_3	550	4~5
Al_2O_3/SiC 晶须	800	8.7
Al_2O_3/SiC 纤维	600	10.5
SiC	500	4.0
SiC/SiC	750	25.0
ZrO_2	200	5.0
ZrO_2/SiC 纤维	450	22.0
玻璃-陶瓷	200	2.0
玻璃-陶瓷/SiC 纤维	830	17.0
反应烧结 Si_3N_4	260	2~3
反应烧结 Si_3N_4/SiC 晶须	900	20.0
热压 Si_3N_4	470	3.7~4.5
热压 Si_3N_4/SiC 晶须	800	56.0

11.5 聚合物基复合材料

在三类复合材料中，聚合物基复合材料的应用最广，发展也最快。从出现玻璃纤维增强聚酯复合材料以来，现代复合材料的发展十分迅速。现代聚合物基复合材料的应用极其广泛，如在运输（如汽车、航空和船舶等）、宇航、军事、建筑、工业用罐、管道、电气、机械设备及消费品等方面都有广泛的应用。

11.5.1 聚合物基复合材料的种类及性能特征

凡是以聚合物为基体的复合材料统称为聚合物基复合材料，因此聚合物基复合材料是一个很大的材料体系。聚合物基复合材料的分类具有多种不同的划分标准。按增强纤维的种类可将其分为玻璃纤维增强聚合物基复合材料、碳纤维增强聚合物基复合材料、硼纤维增强聚合物基复合材料、芳香族聚酰胺纤维增强聚合物基复合材料及其他纤维增强聚合物基复合材料。按基体材料的性能可将其分为通用型聚合物基复合材料、耐化学介质腐蚀型聚合物基复合材料、耐高温型聚合物基复合材料及阻燃型聚合物基复合材料。最能反映聚合物基复合材料的是按聚合物基体的结构形式来分类，聚合物基复合材料可分为热固性聚合物基复合材料、热塑性聚合物基复合材料及橡胶基复合材料。

聚合物基复合材料是最重要的高分子结构材料之一，它具有以下特征。

（1）比强度大，比模量大。例如，高模量碳纤维/环氧树脂的比强度是钢的 5 倍，是铝合金的 4 倍，其比模量为铝和铜的 4 倍。

(2) 耐疲劳性好。金属材料的疲劳破坏常常是没有明显预兆的突发性破坏，而聚合物基复合材料中纤维与基体的结合面能阻止材料受力所致的裂纹扩展。因此，其疲劳破坏总是从纤维的薄弱环节开始，逐渐扩展到结合面上，破坏前有明显的征兆。大多数金属材料的疲劳极限是其抗拉强度的 30%～50%，而聚合物基复合材料的疲劳极限可达其抗拉强度的 70%～80%。

(3) 减振性好。较高的自振频率会避免工作状态下引起的早期破坏，而结构的自振频率除与结构本身形状有关外，还与材料的比模量的平方根成正比。在聚合物基复合材料中，纤维与基体的结合面具有吸振的能力。其振动阻尼很高，减振效果很好。

(4) 耐热性好。聚合物基复合材料的耐热性非常好，所以适宜作烧蚀材料。材料的烧蚀是指材料在高温时，表面发生分解，引起汽化，与此同时吸收热量，达到冷却的目的。随着材料的逐渐消耗，表面出现很高的吸热率。例如，玻璃纤维增强酚醛树脂就是一种烧蚀材料，烧蚀温度可达 $1650℃$。其原因是酚醛树脂受到高的入射热时，立刻碳化，形成耐热性很高的碳原子骨架，而且纤维仍然牢固地保持在其中。此外，玻璃纤维本身有部分汽化，而表面上残留的物质几乎是纯的二氧化硅，它的黏结性非常好，可以阻止进一步烧蚀，并且它的热导率只有金属的 0～0.3%，瞬时耐热性好。

(5) 可设计性强，成形工艺简单且安全性好。改变纤维和基体的种类及相对量、纤维集合形式及排列方式和铺层结构等，可以满足对复合材料结构与性能的各种设计要求。工艺过程多为整体成形，一般无须焊、铆或切割等二次加工，工艺过程比较简单。由于一次成形不仅可以减少加工时间，而且零部件、紧固件和接头的数目也随之减少，使结构更加轻量化。另外，聚合物基复合材料中有大量的独立纤维，每平方厘米的复合材料上分布着几千根甚至上万根纤维。当材料超载时，即使有少量纤维断裂，其载荷也会重新分配到未断裂的纤维上，在短期内不至于使整个构件失去承载的能力。

11.5.2 常用的纤维增强体

聚合物基复合材料选用的纤维主要是玻璃纤维和碳纤维，但在重要用途上，如军用航天飞行，则不计成本地选用硼纤维。聚合物基体中，早先主要采用热固性塑料，以后逐渐发展为热塑性塑料。

下面分别讨论纤维与基体的特征，并将聚合物基复合材料与常用的金属材料作比较。

对选用的纤维有如下要求。①尽可能低的密度。②高的抗拉强度和弹性模量。③纤维的直径越细越好，直径越细的材料，内部缺陷和表面缺陷越少，纤维强度越高。图 11.8 所示为碳纤维的直径和强度的关系，一般的玻璃纤维和碳纤维直径均在 $10\mu m$ 左右。④对于不连续的纤维，要有大的长径比，以使大部分外载荷由纤维承担。⑤要有较好的挠度或柔度，以便加工成形或编织成各种形状。⑥纤维与基体间要有好的浸润性和结合性。⑦低的成本。

1. 玻璃纤维

玻璃纤维是复合材料目前使用量最大的一种增强纤维。随着玻璃纤维增强塑料（玻璃钢）工业的发展，玻璃纤维工业也得到迅速发展。

(1) 玻璃纤维的分类。

① 根据玻璃纤维的化学组成可将其分为无碱纤维（含碱量在 1%以下）、低碱纤维

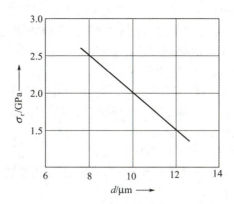

图 11.8 碳纤维的直径和强度的关系

（含碱量为 2%～6%）和有碱纤维（含碱量为 10%～16%）。

② 根据玻璃纤维的外观形状可将其分为长纤维、短纤维、空心纤维和卷曲纤维。

③ 根据纤维特性可将其分为高强度及高模量纤维、耐高温纤维、耐碱纤维和普通纤维。

（2）玻璃纤维的结构及化学组成。

① 玻璃纤维的结构。玻璃纤维的抗拉强度比块状玻璃高许多倍，但玻璃纤维的结构与玻璃相同。关于玻璃结构的假说，比较能够反映实际情况的是微晶结构假说和网络结构假说。

微晶结构假说认为，玻璃是由硅酸块或二氧化硅的微晶子组成的，这种微晶子在结构上是高度变形的晶体，在微晶子间有无定形中间层隔离，即由硅酸盐过冷溶液填充。网络结构假说认为，玻璃是由二氧化硅的四面体、铝氧三面体或硼氧三面体相互连成不规则的三维网络，网络间的空隙由 Na^+、K^+、Ca^{2+} 和 Mg^{2+} 等正离子填充。二氧化硅四面体的三维网络结构是决定玻璃性能的基础，填充的 Na^+ 和 Ca^{2+} 等正离子称为网络改性物。

玻璃结构是近似有序的，这是因为玻璃结构中存在一定数量和比较规则排列的区域，这种规则性是由一定数目的多面体遵循类似晶体结构的规则排列造成的。但是，有序区域不像晶体结构那样有严格的周期性，其微观上是不均匀的，宏观上却又是均匀的，反映到玻璃的性能上是各向同性的。

② 玻璃纤维的化学组成。玻璃纤维的化学组成主要是二氧化硅、氧化硼、氧化钙和氧化铝等，它们对玻璃纤维的性质和生产工艺起决定性作用。以二氧化硅为主的玻璃称为硅酸盐玻璃，以氧化硼为主玻璃的称为硼酸盐玻璃。氧化钠和氧化钾等碱性氧化物为助熔氧化物，它们可以降低玻璃的熔化温度和黏度，使玻璃熔液中的气泡容易排除。它们主要通过破坏玻璃骨架，使其结构疏松，从而达到助熔的目的，因此随着氧化钠和氧化钾含量的增加，玻璃纤维的强度、电绝缘性能和化学稳定性会相应降低。加入氧化钙和氧化铝等，能在一定条件下构成玻璃网络的一部分，改善玻璃的某些性质和工艺性能；用氧化钙取代二氧化硅，可降低其拉丝温度；加入氧化铝可提高其耐水性。总之，玻璃纤维化学成分的制定一方面要满足玻璃纤维物理性能和化学性能的要求，使其具有良好的化学稳定性；另一方面要满足制造工艺的要求，如适合的成形温度、硬化速度及黏度范围。

（3）玻璃纤维的物理性能。

玻璃纤维具有一系列优良性能，抗拉强度高，防火，防霉，防蛀，耐高温和电绝缘性能好等。它的缺点是具有脆性，不耐腐蚀，以及对人的皮肤有刺激性等。

① 外观和相对密度。与天然纤维或人造纤维不同，玻璃纤维的外观是光滑的圆柱体，横断面几乎是圆形。用于复合材料的玻璃纤维，直径一般为 $5\sim 20\mu m$，密度为 $2.4\sim 2.7g/cm^3$，有碱玻璃纤维的密度比无碱玻璃纤维的密度小。

② 表面积大。由于玻璃纤维的表面积大，纤维表面处理的效果对性能的影响很大。

③ 玻璃纤维的力学性能。玻璃纤维的力学性能包括以下方面。

a. 玻璃纤维的最大特点是抗拉强度高，但其扭转强度和剪切强度均比其他纤维低很多。一般玻璃的抗拉强度只有 $40\sim 100MPa$，而直径为 $3\sim 9\mu m$ 的玻璃纤维抗拉强度则高达 $1500\sim 4000MPa$，比一般合成纤维高约 10 倍，比合金钢还高 2 倍。几种纤维材料和金属材料的强度见表 11-4。

表 11-4 几种纤维材料和金属材料的强度

性能/材料	羊毛	亚麻	棉花	生丝	尼龙	高强合金钢	铝合金	玻璃	玻璃纤维
纤维直径/μm	15	16～50	10～20	18	块状	块状	块状	块状	5～8
拉伸强度/MPa	100～300	350	300～700	440	300～600	1600	40～460	40～120	1000～3000

b. 对于玻璃纤维高强的原因，许多学者提出了不同的假说，其中比较有说服力的是微裂纹假说。微裂纹假说认为，玻璃的理论强度取决于分子或原子间的吸引力，其理论强度很高，可达 $2000\sim 12000MPa$，但强度的实际测试结果低很多，这是因为在玻璃或玻璃纤维中存在数量不等、尺寸不同的微裂纹，所以大大降低了其强度。微裂纹分布在玻璃或玻璃纤维的整个体积内，但以表面的微裂纹危害最大。由于微裂纹的存在，玻璃或玻璃纤维在外力作用下，在微裂纹处产生应力集中，先发生破坏。

玻璃纤维比玻璃的强度高很多，这是因为玻璃纤维高温成形时减少了玻璃熔液的不均一性，使微裂纹产生的机会减少。此外，玻璃纤维的断面较小，随着表面积的减少，微裂纹存在的概率也减少，从而使纤维的强度增大。直径小的玻璃纤维强度比直径大的玻璃纤维强度高的原因是其表面微裂纹尺寸和数量较小，从而减少了应力集中，使纤维具有较高的强度。

2. 碳纤维

(1) 概述。

碳纤维是由碳元素组成的一种高性能增强纤维。其最高强度为 $7000MPa$，最高弹性模量为 $900GPa$，其密度为 $1.8\sim 2.1g/cm^3$，并具有低热膨胀系数、良好导热性、耐磨和耐高温等优异性能，是一种很有发展前景的高性能增强纤维。

碳元素是一种非常轻的元素，碳有多种结构形态，有无定形态、金刚石和石墨等。其中，石墨的结构是由碳原子以六方形式在层内排列。在石墨片层中，碳原子以较短的共价键结合，具有很强的结合力。在沿石墨片层方向具有很高的弹性模量，理论上可达 $1000GPa$，而片层与片层之间以范德瓦耳斯力相连，层间距较长，约为 $0.335nm$，结合力弱，因此在垂直片层方向的弹性模量只有 $35GPa$。碳纤维有明显的各向异性。在石墨结构的基面上，原子间以共价键结合，弹性模量很高，而在垂直于基面的 c 轴方向，面间的结合力很弱，范德瓦耳斯力起主要作用，弹性模量也低得多。生产上用的碳纤维在石墨结构的基面上形成很强的定向排列，排列方向平行于拉丝方向，以造成择优取向，这样才能发挥碳纤维的优点。制造碳纤维常用的一种原料为聚丙烯腈（PAN），工艺过程一般包括三个步骤。①稳定化处理。在空气中于220℃加热数小时，主要防止在随后的高温处理中熔化。②碳化处理。在惰性气体中于1000℃加热与拉伸，主要去除非碳元素。③石墨化处理。由于石墨化温度不同，可得到高弹性模量的碳纤维和高抗拉强度的碳纤维两种。热处理温度对碳纤维的抗拉强度与弹性模量的影响如图11.9所示，随着加热温度的升高，碳化处理的丝状材料结构变得更有规则，并向真正的石墨结构转变。石墨化处理的丝状材料在高温下弹性模量约500GPa，但抗拉强度还不太高。在2000℃以上的高温进行热拉伸，使石墨基面按丝状方向排列，则抗拉强度可有较大的提高。

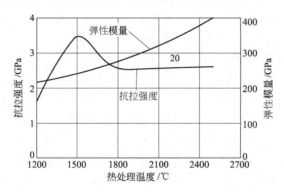

图11.9 热处理温度对碳纤维的抗拉强度与弹性模量的影响

碳纤维有许多品种，有不同的分类方法，一般可以根据石墨化程度、制取碳纤维的原丝、碳纤维的性能和用途进行分类。碳纤维按石墨化程度可分为碳纤维和石墨纤维，一般将小于1500℃碳化处理的碳纤维称为碳纤维，将碳化处理后再经高温石墨化处理（2500℃左右）的碳纤维称为石墨纤维。碳纤维的抗拉强度高，而石墨纤维的弹性模量高。碳纤维按制取碳纤维的原丝可分为聚丙烯腈基碳纤维、黏胶基碳纤维、沥青基碳纤维和木质素纤维基碳纤维。碳纤维其性能可分为高强度碳纤维、高模量碳纤维和中模量碳纤维等，后者有耐火纤维、碳质纤维和石墨纤维等。碳纤维按其用途可分为受力结构用碳纤维、耐焰碳纤维、活性碳纤维、导电用碳纤维、润滑用碳纤维和耐磨用碳纤维。

（2）碳纤维的性能。

碳纤维是黑色有光泽、柔软的细丝。单纤维直径为$5\sim110\mu m$，一般使用数百根至一万根碳纤维组成的束丝。由于原料和热处理工艺不同，碳纤维的品种很多。高强度碳纤维的密度约为$1.8g/cm^3$，而高模量和超高模量碳纤维的密度为$1.85\sim2.1g/cm^3$。碳纤维具有优异的力学性能和物理化学性能。

① 碳纤维的力学性能。影响碳纤维弹性模量的直接因素是晶粒的取向度，而热处理条件的张力是影响这种取向的主要因素。碳纤维的抗拉强度（R_m）、弹性模量（E）与材料的固有弹性模量（E_0）、纤维的轴向取向度（a）、结晶厚度（d）和碳化处理的反应速率常数（K）之间的关系为

$$E = E_0 (1-a)^{-1} \tag{11-13}$$

$$R_m = K [(1-a)\sqrt{d}]^{-1} \tag{11-14}$$

根据阿伦尼乌斯方程,反应速率常数 K 是温度 T 的函数。从式(11-13)可知,碳纤维的弹性模量 E 与材料的固有弹性模量 E_0 成正比;它还是微晶沿纤维的轴向取向度的函数,取向度越高,碳纤维的弹性模量越大。式(11-14)表明,影响碳纤维的抗拉强度除取向度外,反应速率常数也很重要,而该常数主要取决于反应温度。提高反应温度可以提高反应速率,在提高温度的同时提高牵引率还可提高碳纤维的抗拉强度。

随着碳纤维的制造技术的提高,碳纤维的最高抗拉强度为 7000MPa,最高弹性模量为 900GPa,接近石墨单晶的理论弹性模量,但其抗拉强度远低于理论抗拉强度。

碳纤维的应力-延伸率曲线是一条曲线,纤维在断裂前是弹性体。断裂是瞬间开始和完成的。因此碳纤维的断裂是典型的脆性断裂。

碳纤维的力学性能除取决于纤维的结构外,还与纤维的直径、纤维性能测试试样的标距长短有关系。一般用作结构材料的碳纤维直径为 $6\sim11\mu m$。

② 碳纤维的物理化学性能。碳纤维的密度为 $1.5\sim2.0 g/cm^3$,这除与原丝结构有关外,还主要决定于碳化处理的温度。一般经过高温(3000℃)石墨化处理后,其密度可达 $2.0 g/cm^3$。碳纤维具有很好的导热性和导电性。在沿纤维轴向随着石墨化程度的提高,弹性模量提高,碳纤维的导热性提高。碳纤维的比热容一般为 $0.03\sim0.71 kJ/(kg\cdot℃)$,碳纤维的热导率有方向性,平行于纤维轴向的热导率为 $16.74 W/(m\cdot K)$,而垂直于纤维轴向的热导率为 $0.837 W/(m\cdot K)$,热导率随温度的升高而下降。碳纤维导电性好,它的比电阻与纤维类型有关。在 25℃时,高模量碳纤维的比电阻为 $755\mu\Omega\cdot cm$,而高强度碳纤维的比电阻为 $1500\mu\Omega\cdot cm$。

碳纤维的热膨胀系数小,其热膨胀系数与石墨片层取向和石墨化程度有密切关系。碳纤维的纵向热膨胀系数为 $(-1.5\sim-0.5)\times10^{-6} K^{-1}$,而横向热膨胀系数为 $(5.5\sim8.4)\times10^{-6} K^{-1}$。

碳纤维具有优异的耐热性和耐腐蚀性。在惰性气氛下,碳纤维的热稳定性好,在 2000℃的高温下仍能保持良好的力学性能;但在氧化气氛下,超过 450℃时碳纤维将被氧化,其力学性能明显下降。

碳纤维能耐一般的酸、碱腐蚀。在高温下与金属有不同程度的界面反应,严重损伤纤维,因此在用作金属基复合材料的增强体时,应采取有效的防止反应的措施。另外,碳纤维还有良好的耐低温性,如在液氮下也不脆化。

3. 硼纤维

(1) 概述。

硼纤维是一种新型的无机纤维,它是一种将硼通过高温化学气相沉积在钨丝或碳丝而制成的高性能增强纤维。硼纤维具有很高的比强度和比模量,也是制造金属基复合材料最早采用的高性能纤维。用硼纤维增强铝基复合材料制成的航天飞机主舱框架强度高、刚性好,用其代替铝合金骨架可减轻 44% 的质量。

(2) 硼纤维的制造。

制造硼纤维用的钨丝的直径一般为 $10\sim13\mu m$,而碳丝的直径一般为 $30\mu m$ 左右。例如,在超细的钨丝上,用氢气高温还原三氯化硼,生成无定形的硼,并沉积在芯材表面,形成直径约 $100\mu m$ 的硼纤维。其沉积的化学反应为

$$2BCl_3 + 3H_2 \xrightleftharpoons{\text{高温}} 2B + 6HCl \uparrow$$

钨丝需经过仔细清洗,除去表面油污和杂质,在氢气中加热到 1200℃ 左右,除去钨丝表面的氧化物,钨丝通过水银密封触夹通电,靠钨丝本身的电阻加热到 1000℃ 以上,化学气相沉积在钨丝的表面不断进行,硼原子不断地沉积在钨丝的表面,形成直径 100μm 左右的硼纤维。硼纤维的结构和性能与沉积温度密切相关,因此需分段控制。在硼纤维最初形成阶段,硼原子与钨丝直接接触,易形成 W_2B、WB、W_2B_5 和 WB_4,未生成过多的硼化物,在此阶段温度应控制在 1100~1200℃,从而控制硼的扩散,逐渐形成硼层。第二阶段温度较高,应控制在 1200~1300℃,以得到较快的沉积速度,形成硼纤维。

硼纤维的制造技术的发展主要集中在以下三方面。

① 采用新的芯材代替价格昂贵的钨丝。最有代表性的是采用涂钨(或碳)的石英玻璃纤维芯材。用此种纤维制备硼纤维比直接使用钨丝和碳丝要便宜得多,比直接使用碳纤维时的高温膨胀性能要好,还可降低硼纤维的表观密度,以及提高它的比弹性模量。

② 改进化学气相沉积法及其有关设备。在沉积过程中,随着纤维直径的增加及芯材与硼在高温下的化学反应,电阻值变化很大,甚至由于局部电阻增大出现"亮点",造成硼的不均匀沉积,影响硼纤维的质量。因此,采取辅助外部加热装置和射频加热装置可以实现反应温度的均匀分布。

③ 硼纤维的后处理技术。后处理技术主要包括化学处理和表面涂层处理两个方面。化学处理的目的是把影响纤维性能,如裂纹等表面缺陷处理掉,这类处理方法包括用某些化学溶剂对纤维进行浸蚀或抛光,而热处理法则以消除残余应力为目的。表面涂层处理的目的是增加硼纤维的辅助保护层,使其在高温下不与基质材料(如金属)反应。这些保护层有氧化铝、碳化物、硼化物或氧化物合成的各种渗滤障碍层。

(3) 硼纤维的性能。

与其他增强纤维相比,硼纤维具有较低的密度、较高的强度、很高的弹性模量和熔点,以及较高的高温强度。硼纤维的性能见表 11-5。

表 11-5 硼纤维的性能

性　能	典型值	性　能	典型值
抗拉强度/GPa	3.45	热膨胀系数($\times 10^{-6}$)/K^{-1}	4.5
弹性模量/GPa	400	密度/(g·cm^{-3})	2.4~2.6

随着科学技术的不断进步,硼纤维的性能得到不断的提高。弹性模量比玻璃纤维高出约 4 倍,而其抗拉强度超过了钢的抗拉强度。

(4) 硼纤维的应用。

硼纤维在航空工业中也得到应用。2023 年 5 月 28 日,我国国产的 C919 大型客机开启这一机型全球首次商业载客飞行。C919 大型客机是国内首个使用 T800 级高强碳纤维复合材料的民机型号,C919 上受力较大的部件,如后机身和平垂尾等都使用了 T800 级碳纤维复合材料。

11.5.3　热固性和热塑性聚合物基复合材料

聚合物基复合材料是目前应用最广泛的复合材料,其产量远超其他基体的复合材料。

聚合物基体一般指热固性聚合物与热塑性聚合物。热固性聚合物是由某些低分子的合成聚合物（固态或液态）在加热、固化剂或紫外线等作用下，发生交联反应并经过凝胶化阶段和固化阶段形成不熔、不溶的固体，因此必须在原材料凝胶化之前成形，否则就无法加工。这类聚合物耐温性较好，尺寸稳定性也好，但一旦成形后就无法重复加工。热塑性聚合物即塑料，该种聚合物（基本上是线形聚合物）在加热到一定温度时可以软化甚至流动，从而可以在压力和模具的作用下成形，并在冷却后硬化固定。这类聚合物一般软化点较低，容易变形，也可再加工使用。

1. 热固性聚合物基复合材料

热固性聚合物在初始阶段流动性很好，容易浸透增强体，同时工艺过程较容易控制。热固性聚合物早期有酚醛树脂，随后有不饱和聚酯树脂和环氧树脂，再后来发展了性能更好的双马来酰亚胺树脂和聚酰亚胺树脂。这些树脂几乎适合于各种类型的增强体。它们虽可以湿法成形（即浸渍后立即加工成形），但通常都先制成预浸料（包括预浸丝、布、带、片状和块状模塑料等），使浸入增强体的树脂处于半凝胶化阶段，在低温保存条件下限制固化反应的发展，并应在一定时间内加工。加工工艺有手工铺设法、模压法、缠绕法、挤拉法、热压罐法、真空袋法及树脂传递模塑（resin transfer molding，RTM）法和增强反应注射成型（reinforced reaction injection molding，RRIM）法等。各种热固性树脂的固化反应机理各不相同，根据使用要求的差异，采用的固化条件也有很大差别。一般的固化条件有室温固化、中温固化（120℃左右）和高温固化（170℃以上）。此外，还有一类树脂体系（包括固化剂和促进剂等助剂）可以低温成形，然后在脱离模具的自由状态下加热后固化定型。

下面简要介绍环氧树脂和热固性聚酰亚胺树脂。

(1) 环氧树脂。

环氧树脂是聚合物基复合材料中使用最广泛的树脂基体之一。环氧树脂的种类很多，适合作为复合材料基体的有双酚A环氧树脂、多官能团环氧树脂和酚醛环氧树脂三种。其中，双酚A型环氧树脂是由双酚A、环氧氯丙烷在碱性条件下缩合，经水洗，脱溶剂精制而成的高分子化合物，因此透明度高。多官能团环氧树脂的玻璃化转变温度较高，因此耐温性好。酚醛环氧树脂固化后的交联密度大，因此力学性能较好。环氧树脂与增强体的黏接力强、固化时收缩少，基本上不放出低分子挥发物，因此尺寸稳定性好。但是，环氧树脂基复合材料的耐温性不仅取决于环氧树脂的结构，很大程度上还依赖于使用的固化剂和固化条件。例如，用脂肪族多元胺作固化剂，环氧树脂基复合材料可在低温下固化，但会导致其耐温性很差；用芳香族多元胺和酸酐作固化剂，并在高温下固化（100～150℃）和后固化（150～250℃），环氧树脂基复合材料最高可耐250℃，这表明耐温性也取决于固化温度。实际上，环氧树脂基复合材料可在55～177℃使用，并有很好的耐化学腐蚀性和电绝缘性。

(2) 热固性聚酰亚胺树脂。

聚酰亚胺树脂有热塑性和热固性两种，均可作为复合材料基体。耐温性最好的是热固性聚酰亚胺基复合材料。热固性聚酰亚胺经固化后与热塑性聚合物一样在主链上带有大量芳杂环结构，此外，由于其分子链端头上带有不饱和链而发生加成反应，变成交联型聚合物，这样就显著提高了其耐温性和热稳定性。聚酰亚胺聚合物是用芳香族四羧酸二酐（或二甲酯）与芳香族二胺通过酰胺化和亚胺化获得的。热固性聚酰亚胺则是在上述合成过程中加入某些不饱和二羧酸酐（或单脂）作为封头的链端基制成的。

2. 热塑性聚合物基复合材料

热塑性聚合物基复合材料具有不少热固性材料不具备的优点：①聚合物本身的断裂韧性好，可以提高复合材料的抗冲击性能；②吸湿性低，可以改善复合材料的耐环境能力；③可以再加工，而且工艺过程短，成形效率高。

可以作复合材料基体的热塑性聚合物品种很多，包括各种通用塑料（如聚丙烯、聚氯乙烯等）、工程塑料（如尼龙、聚碳酸酯等）及特种耐高温的聚合物（如聚醚醚酮、聚醚砜和杂环类聚合物）。热塑性聚合物基复合材料必须先将聚合物基体与各种增强体制成连续的片（布）状、带状和粒状预浸料，才能进一步加工成各种形状的复合材料构件。特别是粒状预浸料可使用塑料加工设备，如挤出机和塑料注射成型机。然而，由于热塑性聚合物在熔融状态下的黏度也很高，因此会造成预浸困难。现用的预浸方法如下。①薄膜法。薄膜法是将聚合物膜与增强体无纬布、织物和毡等交替层叠，再用热滚筒或热履带热压成连续片材的方法。②溶液法。溶液法是用溶剂溶解聚合物后浸渍增强体，然后将溶剂挥发制成预浸料的方法。③熔融法。熔融法是以聚合物熔体对增强体进行浸渍的方法。④粉末法。粉末法是将聚合物磨细，以流态床法或静电吸附法将其附着在增强体周围，然后热压使之熔化浸渍的方法。⑤纤维法。纤维法是将聚合物先纺成纤维，再与增强体交织，然后热压的方法。⑥造粒法。造粒法是用螺杆挤出机的螺杆将聚合物熔体与切短的增强体混合，由模口挤出细条状，再切成粒料的方法。

下面简要介绍几种热塑性聚合物基复合材料。

(1) 聚丙烯基复合材料。

聚丙烯是通用塑料，产量很大，有较好的使用性能和加工性能。用作复合材料基体的聚丙烯一般为有规立构并为半结晶的结构体，熔点为176℃。所用的增强体主要是廉价的玻璃纤维，有时也加入一些无机填料，以满足性价比的要求。采用造粒法制备预浸料（纤维体积分数一般低于40%，制成的复合材料比未增强塑料的相应性能提高一倍左右，同时制品收缩率低、热稳定性明显提高（变形温度可达150℃）。该种复合材料的原料来源丰富，力学性能及电学性能良好，特别因价格相对低廉、加工方便，受到汽车、家电和仪表等工业的青睐。

(2) 聚醚醚酮基复合材料。

聚醚醚酮是典型的耐高温工程塑料。它是一种结晶度较高的聚合物，各种性能均很好，特别是耐温性。它适合制造高性能复合材料制品，基本上是与碳纤维或聚芳酰胺纤维采用薄膜法复合制成预浸料，然后经剪裁放入模具中热压成形。聚醚醚酮基复合材料的热变形温度为300℃，在200℃以下能保持良好的力学性能，如用60%单向碳纤维增强，抗拉强度为1.8GPa，弹性模量为120GPa；另外，它还具有阻燃性和抗辐射性。该种复合材料适用于航空、航天用制件，如机翼、天线部件和雷达罩等。

(3) 聚酰胺基复合材料。

聚酰胺是常用的工程塑料，具有半结晶结构。聚酰胺类的品种较多，用于复合材料的为聚己二酰己二胺（尼龙66）。它可以与各种增强体复合，多数仍是玻璃纤维布和毡（特别是连续毡）。用熔融法制成片材可以冲压成形。聚酰胺塑料本身就具有良好的断裂韧性，并且有耐磨性和自润滑性，特别是耐油性和抗化学腐蚀性很强。制成复合材料后能进一步提高其力学性能和耐热性，同时保留其他优点，因此特别适合于制造汽车车壳部件和油箱。此外，也可采用造粒法制造中、小型齿轮和机械零件。

习　　题

1. 什么是复合材料？
2. 复合材料如何命名和分类？
3. 复合材料的增强体应具备什么特征？
4. 试分析在以下两种情况下，连续长纤维对复合材料力学性能的影响。
(1) 荷载平行于纤维。
(2) 荷载垂直于纤维。
5. 试证明不连续纤维有一临界长度 l_c，当纤维的长度 $l \gg l_c$ 时，不连续纤维可使材料的强度接近连续纤维分布的数值。
6. 金属基复合材料有哪些种类？
7. 试分析金属基复合材料的性能特点。
8. 陶瓷基复合材料有哪些种类？
9. 试分析陶瓷基复合材料的性能特点。
10. 试分析聚合物基复合材料有什么性能特点。
11. 试分析碳纤维和玻璃纤维作为增强体各有什么特点。

参 考 文 献

曹明盛,1985. 物理冶金基础[M]. 北京：冶金工业出版社.
陈进化,1984. 位错基础[M]. 上海：上海科学技术出版社.
崔忠圻,刘北兴,1998. 金属学与热处理原理[M]. 哈尔滨：哈尔滨工业大学出版社.
崔忠圻,覃耀春,2020. 金属学与热处理原理[M]. 3 版. 北京：机械工业出版社.
杜丕一,潘颐,2002. 材料科学基础[M]. 北京：中国建材工业出版社.
何曼君,张红东,陈维孝,等,2007. 高分子物理[M]. 3 版. 上海：复旦大学出版社.
侯增寿,卢光熙,1990. 金属学原理[M]. 上海：上海科学技术出版社.
胡德林,1994. 金属学及热处理[M]. 西安：西北工业大学出版社.
胡赓祥,蔡珣,2000. 材料科学基础[M]. 上海：上海交通大学出版社.
胡赓祥,蔡珣,戎咏华,2010. 材料科学基础[M]. 3 版. 上海：上海交通大学出版社.
胡赓祥,钱苗根,1980. 金属学[M]. 上海：上海科学技术出版社.
李超,1996. 金属学原理[M]. 哈尔滨：哈尔滨工业大学出版社.
李见,2000. 材料科学基础[M]. 北京：冶金工业出版社.
梁晖,卢江,2006. 高分子科学基础[M]. 北京：化学工业出版社.
刘国勋,1983. 金属学原理[M]. 北京：冶金工业出版社.
刘锡礼,王秉权,1984. 复合材料力学基础[M]. 北京：中国建筑工业出版社.
刘智恩,2003. 材料科学基础[M]. 2 版. 西安：西北工业大学出版社.
潘金生,仝健民,田民波,1998. 材料科学基础[M]. 北京：清华大学出版社.
石德珂,沈莲,1995. 材料科学基础[M]. 西安：西安交通大学出版社.
石德珂,2003. 材料科学基础[M]. 2 版. 北京：机械工业出版社.
宋维锡,2004. 金属学[M]. 2 版. 北京：冶金工业出版社.
谭毅,李敬锋,2004. 新材料概论[M]. 北京：冶金工业出版社.
唐仁正,1997. 物理冶金基础[M]. 北京：冶金工业出版社.
陶杰,姚正军,薛烽,2006. 材料科学基础[M]. 北京：化学工业出版社.
王健安,1980. 金属学与热处理：上册[M]. 北京：机械工业出版社.
谢希文,路若英,1989. 金属学原理[M]. 北京：航空工业出版社.
徐恒钧,2001. 材料科学基础[M]. 北京：北京工业大学出版社.
徐祖耀,1964. 金属学原理[M]. 上海：上海科学技术出版社.
余永宁,2013. 金属学原理[M]. 2 版. 北京：冶金工业出版社.
余永宁,毛卫民,2001. 材料的结构[M]. 北京：冶金工业出版社.
张国定,赵昌正,1996. 金属基复合材料[M]. 上海：上海交通大学出版社.
张钧林,严彪,王德平,等,2006. 材料科学基础[M]. 北京：化学工业出版社.
张联盟,黄学辉,宋晓岚,2004. 材料科学基础[M]. 武汉：武汉理工大学出版社.
张留成,1993. 高分子材料导论[M]. 北京：化学工业出版社.
赵品,谢辅洲,孙振国,2002. 材料科学基础教程[M]. 哈尔滨：哈尔滨工业大学出版社.
郑子樵,2005. 材料科学基础[M]. 长沙：中南大学出版社.
钟家湘,郑秀华,刘颖,1995. 金属学教程[M]. 北京：北京理工大学出版社.
周曦亚,2005. 复合材料[M]. 北京：化学工业出版社.
COTTRELL,1960. 晶体中的位错和范性流变[M]. 葛庭燧,译. 北京：科学出版社.
HENDERSON,1984. 晶体缺陷[M]. 范印哲,译. 北京：高等教育出版社.

附录　AI伴学内容及提示词

AI伴学工具：生成式人工智能（AI）工具，如DeepSeek、Kimi、豆包、通义千问、文心一言、ChatGPT等。

序号	AI伴学内容	AI提示词
1	第1章　金属的晶体结构	原子间键合的分类及特点
2		空间点阵的概念
3		如何选取晶胞
4		七大晶系有哪些
5		14种布拉维点阵有哪些
6		空间点阵和晶体结构有什么关系
7		晶向指数和晶面指数如何确定
8		六方晶系指数如何确定
9		晶带定律的作用
10		晶体的对称性包含哪些对称要素
11		极射投影原理
12		三种典型的金属晶体结构各有什么特点
13		合金相包类型及特点
14	第2章　晶体缺陷	点缺陷的形成及对金属性能的影响
15		位错的基本类型及特征
16		柏氏矢量的意义及确定方法
17		位错滑移和攀移的特点
18		位错的应力场及应变能
19		位错间的交互作用力
20		位错的增殖及位错交割
21		位错反应及面心立方晶体中的弗兰克不全位错和肖克莱不全位错
22		小角度晶界分为几种类型，分别由什么位错组成
23	第3章　金属材料的形变	金属的弹性形变有什么特点
24		金属在常温下发生塑性形变的方式及特点
25		滑移的临界分切应力的推导及应用
26		多晶体塑性形变的特点
27		霍尔-佩奇关系及细晶强化

续表

序号	AI 伴学内容	AI 提示词
28	第 3 章 金属材料的形变	固溶强化的强化机理及影响因素
29		低碳钢的屈服及应变时效
30		塑性形变对金属材料组织和性能的影响
31	第 4 章 二元合金相图及其分类	相平衡和相律
32		二元合金相图的测定方法
33		杠杆定理的应用
34		匀晶相图及非平衡凝固
35		共晶相图及其平衡凝固过程和组织
36		共晶系合金的非平衡凝固过程及其显微组织
37		包晶相图及其平衡凝固过程和组织
38		如何根据相图推测合金的性能
39		铁碳相图分析（特征点、特征线）
40		铁碳合金的平衡凝固过程及显微组织
41		含碳量对铁碳合金平衡组织和性能的影响
42	第 5 章 三元合金相图	三元合金相图的直线法则、杠杆定律和重心定律的应用
43		三元匀晶相图的截面图和投影图
44		固态下完全不溶的三元共晶相图
45		固态下部分互溶的三元共晶相图
46	第 6 章 固态金属中的扩散	菲克第一定律和菲克第二定律的表达式及特点
47		无限长棒和半无限长棒中的扩散
48		互扩散及柯肯德尔效应
49		反应扩散及钢的氮化过程
50		扩散驱动力及上坡扩散
51		扩散机制及短路扩散
52		扩散系数及扩散激活能
53		影响扩散的因素有哪些
54	第 7 章 纯金属和合金的凝固	液态纯金属的凝固及过冷
55		均匀形核及临界晶核半径
56		形核率和过冷度的关系
57		晶核的长大机制有哪几种
58		纯金属的生长形态和温度梯度有何关系

续表

序号	AI 伴学内容	AI 提示词
59	第 7 章 纯金属和合金的凝固	合金的平衡凝固及平衡分配系数
60		合金凝固时溶质的再分配及区域熔炼
61		成分过冷对晶体形态的影响
62		铸锭的三个晶区及铸锭缺陷
63	第 8 章 回复与再结晶	冷变形金属在加热时组织和性能的变化
64		回复机制及回复动力学
65		再结晶动力学曲线及再结晶温度
66		热加工及动态回复和动态再结晶
67	第 9 章 陶瓷材料	陶瓷材料的晶体结构和晶体缺陷
68		陶瓷材料的相图及变形
69	第 10 章 高分子材料	高分子材料的分类及制备方法
70		高分子材料的结构类型
71		高分子材料的力学性能、耐热性和断裂
72	第 11 章 复合材料	复合材料分类及复合材料的增强体
73		金属基复合材料的种类、性能和制备工艺
74		陶瓷基复合材料的种类和性能
75		聚合物基复合材料的种类和性能